LE VÉTÉRINAIRE

MODERNE

OU

Traité simple et pratique de l'Art Vétérinaire

MIS A LA PORTÉE DE TOUS

PAR

H.-C. DEBRY

Ancien Répétiteur de Sciences naturelles,

Médecin-Vétérinaire de l'Ecole d'Alfort,

Inspecteur Sanitaire du bétail,

Ancien Vétérinaire de l'Armée.

———————

A. E. BROQUET, Libraire-Éditeur

CHATEAU DE LA COLLINIÈRE.

A Wargnies-le-Grand (Nord).

—

1910

LE VÉTÉRINAIRE MODERNE

Arras. — Imp. *THÉRY & PLOUVIER,* rue Saint-Maurice, 76.

LE VÉTÉRINAIRE

MODERNE

OU

Traité simple et pratique de l'Art Vétérinaire

MIS A LA PORTÉE DE TOUS

PAR

H.-C. DEBRY ❦

Ancien Répétiteur de Sciences naturelles,

Médecin-Vétérinaire de l'Ecole d'Alfort,

Inspecteur Sanitaire du bétail,

Ancien Vétérinaire de l'Armée.

———— © ————

A. E. BROQUET, Libraire-Éditeur

Chateau de la Collinière

A Wargnies-le-Grand (Nord).

—

1910

PRÉFACE.

Encore un ouvrage de médecine vétérinaire, va-t-on dire — Et pourquoi pas ? — Tous les écrits de ce genre qui se sont succédé jusqu'ici restent incomplets en présence des découvertes remarquables et toujours grandissantes de notre immortel Pasteur et de ses savants élèves.

Le public demandait un livre présentant sous sa forme la plus simple, les éléments de la science vétérinaire mise au niveau du progrès actuel. Je me suis efforcé de le satisfaire en publiant ce Traité que j'ai rédigé en vue des besoins constants du cultivateur ; tout ce qu'il renferme est d'une utilité journalière pour tous les propriétaires d'animaux domestiques.

Il est divisé en quatre parties.

Dans la première, consacrée au cheval, j'ai successivement passé en revue, en écartant les mots techniques difficiles à comprendre, tout ce qui concerne la conservation, l'alimentation, l'âge et les maladies de ce noble animal. Je me suis surtout attaché à faire ressortir le symptôme dominant propre à chaque affection de manière à pouvoir la diagnostiquer avec assurance ; j'indique à chacune d'elles les causes qui les font naître ainsi que le traitement qui m'a procuré le plus de succès.

La ferrure a été traitée longuement avec les maladies et les défectuosités du pied.

La deuxième partie a rapport aux ruminants, au porc, au chien, au chat et aux animaux de basse-cour.

La troisième partie donne la description complète des plantes employées en médecine-vétérinaire ; leurs figures coloriées.

La quatrième partie comprend :

1° La jurisprudence ou étude des droits et des devoirs de chacun dans le commerce des animaux.

2º Quelques formules médicamenteuses souvent employées.

3º Une explication des termes médicaux cités dans l'ouvrage.

Enfin, pour faciliter l'étude, rendre certains faits plus compréhensibles et les mieux graver dans l'esprit, j'ai fait placer dans le texte, de nombreuses figures noires et coloriées.

En écrivant le **Vétérinaire Moderne**, je n'ai pas cherché à charmer le lecteur par des traits d'éloquence, mais j'ai fait part de tout ce qu'il m'a été donné d'apprendre par une pratique de 25 ans, dans une clientèle nombreuse et essentiellement agricole. Jamais je n'ai oublié d'appliquer les résultats récents obtenus par nos illustres maîtres. Mon but a été de rendre service au peuple de la campagne, si j'apprends que j'ai réussi, ce sera ma plus douce récompense.

H.-C. DEBRY.

AVIS.

Comme il est dit dans la Préface, la dernière partie du volume est un dictionnaire donnant l'explication des mots **techniques** ; les noms des produits employés, leur provenance et un grand nombre de recettes utiles et usuelles.

PREMIÈRE PARTIE

CHAPITRE I.

DE LA GÉNÉRATION

Pour conserver le cheval qui nous donne sa force et son intelligence, et qui est, selon la juste expression de Buffon, « la plus noble conquête que l'homme ait jamais faite, » il faut qu'il se reproduise, et cette fonction qui a pour but la conservation de l'espèce, s'appelle la *Génération*.

Elle transmet les caractères spécifiques et souvent les caractères de races. Les caractères individuels peuvent aussi se conserver avec quelque certitude si l'on n'a fait subir aucune influence aux reproducteurs, mais si on prend un caractère qui appartient en propre à un individu, les descendants ne conserveront pas ou peu ce caractère.

On est parfois étonné de trouver des sujets qui ne ressemblent nullement à l'étalon ni à la jument reproductrice ; mais si l'on cherche dans la généalogie, on retrouve chez ces produits les caractères des aïeux : c'est l'*atavisme;* aussi est-il bon de connaître les ascendants et de ne pas toujours exclure de la reproduction des individus inférieurs provenant de bonne souche car ils peuvent donner des produits supérieurs à eux-mêmes et ressemblant à leurs aïeux.

Les reproducteurs peuvent transmettre à leurs descendants leur organisation, leurs formes, leurs instincts ; leur intelligence, leurs aptitudes, leurs qualités et leurs défauts ; mais peut-on assurer d'avance que le produit aura telles aptitudes du père ou telles aptitudes de la mère ? — Le mâle donne, dit-on, à ses produits la vigueur, l'énergie, la conformation de la tête, de l'encolure et des membres antérieurs ; la femelle donne la taille et imprime ses formes à la partie postérieure du corps.

Généralement il y a fusion ou mélange des qualités et des défauts des procréateurs. Il est reconnu que le mâle a de la prépondérance dans l'acte de la reproduction, parce qu'il est souvent mieux soigné, mieux nourri que la jument, et placé dans des conditions hygiéniques supérieures.

Il faudra prendre les reproducteurs de manière à modifier les défauts de l'un par les qualités de l'autre, par exemple : si la jument a des pieds plats, les talons bas, on recherchera un étalon avec de bons sabots et des talons hauts.

Choix des reproducteurs.

On distingue ordinairement deux types essentiels que l'on doit choisir suivant les exercices auxquels on destine les produits :

1° Le cheval de gros trait (boulonnais).

2° Le cheval de selle (anglais).

Le premier a pour caractères définis la force athlétique et la lenteur des allures.

Le second se reconnaît à la légéreté, à la rapidité des allures, et à la noblesse d'origine.

On choisira comme reproducteurs de la première catégorie, des chevaux courts, ayant le train antérieur développé, l'encolure épaisse, la poitrine large, le dos et les reins courts, les membres forts sans être longs, les articulations des jarrets coudées, le pied large sans être plat, le tempérament sanguin, la constitution athlétique et les formes harmonieuses.

Il est préférable que les animaux soient aussi à l'âge adulte : 4 à 5 ans pour la jument : 6 ans pour l'étalon, et qu'ils descendent d'ascendants ayant présenté une conformation régulière et rendu d'excellents services.

Pour les chevaux de selle, les procréateurs devront être un peu longs, avoir l'avant-main légère, la tête petite, l'encolure grêle, l'épaule oblique et longue, l'avant-bras et les jambes allongés pour donner une grande puissance aux allures, les pieds petits, les muscles devront être plus fermes, plus denses pour avoir plus d'énergie de contraction, le tempérament sanguin et nerveux, enfin ce type sera constitué de manière « à dévorer l'espace ».

De la monte.

La monte est l'expression par laquelle on désigne l'accouplement dans l'espèce chevaline.

Il y a des conditions qu'il s'agit de rechercher pour opérer la monte :

Il faut que la femelle soit en chaleur, ce que l'on reconnaît aux signes suivants : la vulve se tuméfie, le clitoris turgescent devient apparent et la jument expulse fréquemment un liquide blanchâtre et gluant ; elle hennit souvent et manifeste le vif désir de s'approcher du cheval.

On a quelquefois recours aux aphrodisiaques (cantharides ou graines de chénevis) pour provoquer les chaleurs, mais on n'arrive la plupart du temps qu'à déterminer de fausses chaleurs qui ne coïncident nullement avec la monte et partant les saillies faites dans ces conditions sont rarement fécondes.

L'époque de la monte a lieu au printemps ; dans le Midi de la France, elle commence vers la fin de février et finit au mois de juin, dans le Nord elle est un peu plus tardive.

Dans les haras on permet deux ou trois saillies par jour, mais si l'étalon marque de la fatigue on le met au repos pendant quelque temps, après quoi on le laisse saillir une fois chaque jour.

L'étalon fait généralement 50 à 70 produits par saison ce qui fait environ 150 saillies (2 ou 3 en moyenne par jument).

Quand la jument est excitable, il est quelquefois nécessaire de la fatiguer par une course longue et rapide, ou de lui pratiquer une légère saignée et de la soumettre au régime blanc, en écartant tous les aliments excitants.

Monte en liberté.

Elle a lieu lorsque le mâle et la femelle sont en liberté et qu'ils accomplissent l'acte suivant l'instinct naturel ; elle a l'avantage d'être fréquemment féconde ; les animaux ne se rapprochant que lorsqu'ils sont disposés l'un et l'autre ; mais il arrive que l'étalon s'épuise en efforts inutiles ; si la jument est chatouilleuse, il est exposé à des ruades; et lorsqu'il y a plusieurs juments pour un étalon, ce dernier en prend une en amitié et délaisse les autres.

Monte en main.

Elle s'accomplit sous la direction de l'homme. Si la jument est difficile on lui met des entravons aux pieds de derrière ; ces entravons sont pourvus de lacs qui viennent se fixer aux boucles d'un collier Cela fait, on trousse les crins de la queue et si la femelle est trop petite, on la place sur de la litière ; si elle est trop grande, on la conduit dans un lieu creusé exprès pour la recevoir. Puis on amène l'étalon, on relève la queue de la jument et on guide le pénis dans l'intérieur de la vulve et du vagin. — Elle est moins féconde que la monte en liberté.

L'étalonnier doit s'entourer de toutes les précautions nécessaires citées plus haut, la jument qui lui est confiée est placée sous sa garde et il est responsable des accidents qui peuvent survenir pendant le court laps de temps que comporte la saillie s'il y a négligence ou imprudence de sa part.

Il peut y avoir une copulation contre nature, c'est-à-dire une *erreur de lieu*, qui est la conséquence de la vigueur de l'étalon ou d'une différence de taille entre ce dernier et la jument, cet accident entraîne souvent la mort de celle-ci et le propriétaire intente un procès.

Voici quelques jugements prononcés en ce cas.

Tribunal civil de Fougères : jugement du 27 août 1874 :

« L'étalonnier est responsable de l'erreur de lieu. »

Appel est fait du jugement.

Cour d'appel de Rennes : jugement du 17 mars 1875 :

« L'étalonnier est responsable de l'erreur de lieu. »

. L'affaire est portée en cassation.

Cour de Cassation : jugement des 23-24 janvier 1876 :

« L'erreur de lieu est un cas de force majeure, le propriétaire de la jument est condamné à payer les frais. »

Conclusion : si on n'arrive pas à prouver qu'il y a eu négligence ou imprudence de la part de l'étalonnier, il ne peut être rendu responsable.

Monte mixte.

Elle a lieu dans une rotonde préparée pour recevoir les reproducteurs ; cette rotonde est pourvue de fenêtres destinées à laisser voir le rapprochement ; aussitôt qu'il est terminé, on retire les animaux.

Précautions après la monte.

Lorsque l'acte est accompli, l'étalon est reconduit dans sa stalle ; s'il a chaud, on le bouchonne et on lui met une couverture ; après quelques minutes on lui présente une demi-ration d'avoine.

La jument est promenée pendant une demi-heure, puis rentrée à l'écurie. Il existe quelques pratiques bizarres qui consistent à frictionner vigoureusement les reins avec un bâton, ou à jeter un seau d'eau froide sur la jument ; l'eau froide dans les oreilles n'a pas non plus sa raison d'être.

Gestation ou plénitude.

C'est l'état dans lequel se trouve la femelle qui a été fécondée. La gestation commence donc à la saillie et se continue jusqu'à ce que le produit de la conception soit expulsé.

D'après les statistiques, on compte 60 à 65 saillies fécondes sur 100.

Les signes qui prouvent que la femelle est en gestation sont : la disparition des chaleurs (ce signe n'est pas absolu) ; le refus de s'approcher du mâle, le refus de franchir des obstacles, l'essoufflement pendant le travail, la nonchalance, la tendance à l'engraissement, l'augmentation du volume du ventre ; le décubitus à gauche et les différents mouvements opérés par le fœtus vers le bas de l'hypocondre droit, après l'ingestion de boissons froides.

Le terme moyen de la gestation est de 340 jours, c'est-à-dire de 11 mois. La jument pleine du baudet porte 15 jours en plus, et l'ânesse 12 mois.

Aussitôt que les juments sont pleines il faut leur réserver des places particulières plus étendues que de coutume, leur donner une abondante litière, les préserver de courants d'air et de refroidissement.

Le local sera bien aéré et si les bêtes sont excitables, on les laissera en liberté dans des stalles ou des boxes. il faudra les traiter avec douceur, les ménager au travail qui sera supprimé quinze jours avant la mise bas et remplacé par la promenade.

Les bêtes pleines seront pansées avec la brosse seule, car la plupart ne supportent plus l'étrille. Enfin on leur donnera des aliments de choix pour ne pas surcharger l'estomac : des graines, des mâches, le régime du vert, des carottes, etc... Il faut surtout empêcher la pléthore et ne donner ni trop, ni trop peu.

Avortement.

C'est l'expulsion du fœtus avant qu'il soit viable. I! se distingue de la parturition prématurée en ce que, dans ce dernier cas, le fœtus bien qu'il vienne avant le terme, réunit toutes les conditions de viabilité. C'est un accident pathologique qui peut avoir des conséquences graves pour les femelles, et on estime que 8 pour 100 des juments pleines sont exposées à avorter.

Causes prédisposantes. — L'alimentation de mauvaise nature, les foins des prairies humides, marécageuses, qui contiennent peu de principes nutritifs en débilitant la mère, entretiennent une vie languissante chez le fœtus et provoquent une expulsion. L'alimentation trop riche qui engendre la pléthore peut produire le même accident. Les mauvaises conditions hygiéniques, l'air chargé de miasmes, les écuries malsaines; la mauvaise conformation et les tumeurs du bassin, les maladies chroniques de la matrice, etc.., favorisent l'avortement.

Causes occasionnelles. — Elles sont très nombreuses ; on cite spécialement les coups sur le flanc, les froissements contre les portes au sortir de l'écurie, les mauvais traitements, les sauts d'obstacles, les travaux fatigants, etc.

Causes physiologiques. — La mauvaise disposition des écuries (plan incliné), l'abaissement brusque de la température, l'ingestion d'eau froide, le pâturage sur une herbe couverte de gelée blanche, la frayeur, la saillie quand la femelle est pleine, les agents qui irritent les voies digestives (seigle ergoté), et toutes les maladies graves qui retentissent sur l'économie entière sont autant de causes physiologiques qui provoquent l'avortement.

Symptômes. — L'avortement survient généralement sans podromes. La jument se couche, se relève, trépigne, regarde son flanc, a des coliques plus ou moins violentes, refuse de manger, fait des efforts expulsifs, puis la poche des eaux apparaît ; souvent l'embryon, les eaux, les enveloppes sont expulsés en une masse unique. quelquefois le travail se fait lentement et il faut l'intervention de l'homme.

Soins hygiéniques. — La bête qui a avorté exige de bons soins, même quand l'avortement a été facile ; on la placera dans un endroit très calme, avec une abondante litière et de chaudes couvertures. On la bouchonnera et on lui donnera des aliments de facile digestion. des boissons farineuses, tièdes et des tisanes de graine de lin. Une bonne pratique est de désinfecter la matrice par des injections tièdes faites avec du crésyl 1 °/₀ ou du permanganate de potasse 2 °/₀.

Il est à remarquer qu'un premier avortement en entraîne souvent un second et même un troisième ; il est donc très sage d'écarter complètement de la reproduction une jument qui a avorté, à moins qu'on y tienne beaucoup pour sa conformation ou sa généalogie.

De la parturition ou mise bas.

C'est l'acte par lequel le fœtus arrivé au terme de son développement est expulsé de la matrice à travers les parties génitales.

Le part est *naturel* quand le fœtus se présente en bonne position et que la mise bas s'opère sans qu'il soit nécessaire de venir en aide à la mère.

Il est *laborieux* quand il nécessite les secours de l'art.

Il est *tumultueux* quand il y a une grande surexcitation de la mère, qui se traduit par des efforts violents et continus.

Il est *languissant* quand la mère est affaiblie, et quand les contractions utérines font défaut.

Il est *contre nature* quand le fœtus est en mauvaise présentation, qu'il est trop gros ou que le bassin de la mère est mal conformé ; il nécessite toujours l'intervention de l'homme.

Indices d'un part prochain. — L'approche du part est annoncée par l'affaiblissement du ventre et de la croupe, l'œdème de la vulve, qui laisse écouler des mucosités plus ou moins abondantes, et le gonflement des mamelles qui donnent un lait blanc jaunâtre, séreux. La jument éprouve un vague sentiment d'inquiétude qui se traduit par l'expression de sa physionomie, des coliques sourdes, des déplacements continuels, les mouvements de la queue, le trépignement des membres postérieurs, les efforts expulsifs et l'apparition de la poche des eaux entre les lèvres de la vulve. Bientôt cette poche se rompt ou on la perce avec les doigts, et le fœtus ne tarde pas à se montrer. Généralement il présente les deux membres antérieurs sur lesquels est appuyée la tête. Plus rarement ce sont les membres postérieurs et la queue qui sortent en premier lieu. Pour les autres présentations il faut recourir à la science.

Lorsque la jument est debout (c'est le cas ordinaire) le fœtus tombe sur le sol et le cordon ombilical se rupture près de l'abdomen ; s'il n'est pas rompu par la chute, il faut le lier près du ventre et le couper ensuite à une longueur de 5 à 6 centimètres.

Une pratique recommandable pour prévenir l'arthrite (glaires) des poulains est de laver ou de faire baigner deux fois par jour pendant 6 jours, le cordon ombilical dans de l'eau phéniquée 2 °/₀.

Lorsque le part est tumultueux on produira un effet salutaire par une saignée moyenne.

Si le part est languissant on provoquera les contractions utérines en administrant quelques bouteilles de cidre, de bière ou de vin chaud, dans lesquelles on ajoutera 10 grammes d'ergot de seigle.

Bientôt l'arrière-fait est rejeté, on bouchonne la jument et on la met en liberté avec une abondante litière ; on lui présente des boissons farineuses tièdes et on s'assure si le poulain est bien couformé.

Allaitement.

C'est l'acte par lequel la femelle donne à son petit le produit de la secrétion des mamelles.

Aussitôt né, le poulain est présenté à la mère qui souvent le lèche pour le débarrasser des mucosités qui recouvrent sa peau, puis il se présente d'instinct pour têter, sinon il faut le guider et lui présenter le trayon.

Le premier lait ou *colostrum* est visqueux, jaunâtre, avec quelques stries sanguines, il a une saveur douceâtre, sucrée ; c'est un excellent purgatif qui doit remplir son but en expulsant le *méconium*. Le colostrum possède une relation nutritive puissante ; il est secrété pendant 3, 4 ou 5 jours.

Le lait ordinaire lui succède : c'est un fluide blanc, opaque, d'un léger reflet bleuâtre, d'une saveur douce et sucrée ; cet aliment renferme tous les principes nécessaires à l'accroissement du corps pendant la première période de la vie ; tous les éléments qui le composent sont facilement digestibles et par conséquent vite absorbés.

Si la jument devient malade pendant l'allaitement, ou si elle meurt, on tâchera de faire adopter le poulain par une autre jument ; si la chose ne peut se faire on donne du thé de foin avec des substances farineuses et des œufs, de manière à répondre à la composition du lait ; s'il survient de la constipation on donnera de la manne (50 grammes) ; si la diarrhée apparaît, il faut recourir aux œufs et aux lavements d'amidon.

Quelques juments difficiles ou excitables ne se laissent pas têter, elles se défendent, mordent ou ruent, et il arrive qu'elles tuent leur poulain ; on cherche à les calmer à l'aide de friandises ou de caresses. — Un moyen qui m'a souvent révssi, est celui qui consiste à entraver les membres postérieurs de la jument, et à faire têter le poulain à des heures fixes (6 fois par jour et 2 fois la nuit), on le sépare de la mère après chaque allaitement ; le troisième ou quatrième jour au plus tard elle se laisse approcher par son petit, se laisse têter, le prend en telle amitié qu'elle devient jalouse si on se dirige vers son nourrisson pour le caresser.

Pendant toute la période de l'allaitement, il faut veiller à la nourriture de la jument ; on la placera dans de bons pâturages ; si elle est nourrie à l'écurie, elle recevra une alimentation riche : avoine, son, farine d'orge, graine de lin, fourrages de choix.

L'époque du sevrage varie avec les pays ; généralement il a lieu dès la première dentition, c'est-à-dire vers le sixième mois ; dans le Nord il a lieu plus tôt, le troisième ou quatrième mois. On réduit peu à peu le nombre d'allaitement de chaque jour : enfin on sépare le poulain de sa mère et on lui donne de l'avoine concassée ou macérée dans l'eau tiède, pour rendre la mastication plus facile ; puis bientôt il est familiarisé avec tous les aliments donnés à ceux de son espèce.

Aussitôt sevré, il faut traiter le poulain avec douceur, le caresser, lui lever les pieds et l'apprivoiser de façon à ce qu'il ne devienne ni farouche, ni difficile à approcher.

Pour tarir le lait des juments, on supprime les aliments très nutritifs et on administre un purgatif (sulfate de soude 300 grammes, ou aloès 30 grammes), et un diurétique (sel de nitre 15 grammes).

DES ALIMENTS DU CHEVAL

Les aliments préférés du cheval sont : le foin des prairies naturelle, l'avoine et la paille de blé ; après ces plantes, on peut donner la luzerne, le trèfle, le sainfoin, le son et les carottes.

Les plantes qui entrent particulièrement dans la composition du foin sont les graminées ; elles appartiennent aux genres pâturin, fétuques, vulpin, fléau, agrostide, amourette, ivraie, houlque, flouve, etc.

On y rencontre souvent aussi quelques légumineuses, des rosacées et des flosculeuses. Ces plantes doivent être fauchées à l'époque de la floraison et bien récoltées. Le foin, pour être de première qualité, doit être vert, d'une odeur agréable légèrement aromatique, les tiges doivent être souples, fines, difficiles à briser, pourvues de leurs fleurs et de leurs feuiles, et lorsqu'elles sont mâchées, elles doivent laisser dans la bouche une saveur douce et sucrée ; le foin est de qualité inférieure s'il contient des plantes dont la tige est dure, grosse et ligneuse comme des ombellifères, des labiées, des souchets, des joncées, etc ..

On donnera toujours la préférence au foin récolté en plaine à celui des bois, des prairies basses ou marécageuses qui est jaune ou noir, gros, ligneux et de mauvaise odeur.

Pour le conserver de bonne qualité, il doit être placé dans des magasins, à l'abri de l'humidité. Sur la fin de l'hiver, il perd une partie de son odeur et se détériore s'il n'est pas remué à temps. Le foin constitue la nourriture par excellence du cheval, son pouvoir nutritif tient le milieu entre l'avoine et la paille et varie suivant le climat et sa composition botanique.

Altérations des foins.

Les foins sont sujets à différentes altérations qui influent sur la santé des animaux qui le consomment.

D'abord les plantes vénéneuses, telles que le *colchique*, la *ciguë*, l'*œnanthe*, les *renoncules* peuvent produire des accidents par leur surabondance ; si elles sont mêlées au foin en petite quantité, elles restent inoffensives.

Le foin *trop mûr* a perdu ses fleurs et ses fruits ; il est sec, dur, cassant et peu nutritif.

Le foin *lavé* est celui qui a reçu la pluie en abondance lors de la fenaison ; il est pâle, inodore, et contient peu de sucs nutritifs.

Le foin est *vasé* quand, par suite de débordements, l'eau inonde les prairies et laisse de la vase, de la terre qui souillent les plantes et les altèrent. — Le foin vasé est poudreux, d'une odeur marécageuse et d'une saveur âcre ; il peut occasionner des maladies graves épizootiques. Il devrait être écarté ; mais en cas de nécessité absolue, on peut l'utiliser en le secouant et en l'arrosant d'eau salée

Le foin est *échauffé* quand, récolté par un temps humide, il est rentré dans la grange ou le fenil sans être séché complètement ; la fermentation s'y développe : il devient friable, poudreux, d'une odeur forte et désagréable, d'une saveur de moisi et d'une couleur brune tirant sur le noir, le foin moisi peut causer des maladies diverses.

Le foin est *rouillé* quand les tiges sont couvertes d'une poussière jaune brunâtre, qui n'est autre chose qu'une plante parasite (cryptogame). On observe cette altération dans les prairies ombragées et humides, surtout dans les années pluvieuses et quand les foins sont versés. Si le foin rouillé est donné pendant quelque temps, il détermine les maladies graves avec altération du sang.

Falsifications du foin.

Les marchands ont souvent l'habitude de faire leurs meules ou leurs tas avec différentes qualités de foin en ayant soin de placer le meilleur en évidence. — Il arrive aussi que l'on rencontre des plâtras, de la terre, de la poussière et des graines de foin qui augmentent le volume au détriment de la ration destinée aux chevaux. Si le foin est en bottes, on fera bien d'en défaire quelques-unes pour s'assurer s'il ne s'en échappe pas, vers le milieu une grande quantité de poussières. D'autres fois, les marchands mouillent le foin pour en augmenter le poids.

De l'avoine.

L'avoine est fournie par une plante de la famille des graminées : l'*avena sativa ;* c'est le plus nourissant de tous les aliments pour le cheval.

Généralement elle est noire, blanche ou jaune : pour être bonne, elle doit couler facilement entre les mains lorsqu'on la prend par poignée ; son écorce doit être luisante, son amande dense, d'une couleur blanche et d'un goût agréable. Elle doit être pesante, car plus elle est lourde, plus elle est farineuse et plus elle est nourrissante ; son poids ne doit pas être inférieur à 45 kilog. l'hectolitre. L'avoine inférieure est légère, sa pellicule est terne, son grain est allongé, peu dense à l'intérieur et s'aplatit sans se casser sous les dents.

Altérations de l'avoine.

L'avoine peut-être altérée par la présence des graines étrangères comme la moutarde, la nielle, l'ivraie énivrante qui sont nuisibles et diminuent la quantité de la ration.

L'avoine peut aussi contenir des corps étrangers, de la terre, des graviers qui usent les dents et altèrent l'appareil digestif.

Les fournisseurs arrosent quelquefois l'avoine pour la faire gonfler, et si elle n'est pas bien vite distribuée, l'écorce devient terne et ridée, l'amende spongieuse et brunâtre ; elle prend une odeur nauséeuse particulière et ne coule plus dans la main : dans cet état le grain est susceptible de troubler les fonctions digestives et ne contribue que d'une faible manière à la nutrition.

L'avoine peut être *moisie* ; on le reconnaît à son odeur particulière : odeur de renfermé, et sa saveur âcre ; elle doit être rejetée de l'alimentation ainsi que l'avoine *charançonnée* qui ne contient généralement plus que l'écorce.

L'avoine nouvelle ne doit être employée que trois mois après la récolte, car elle est moins digestible et peut occa-sionner des perturbations dans les divers appareils.

D'après les analyses de Muller l'avoine contient : 11 p. % de matières azotées, 6 p. % de matières grasses, 3 p. % de principes minéraux dont 1 p. % d'acide phosphorique, 59 p % de matières sucrées et amylacées, 10 p % de ligneux, et 11 p. % d'eau.

Boussiguault a prouvé que 100 grammes d'avoine ren-ferment 0,0131 de fer. Elle renferme en outre un principe amer et un principe aromatique qui produit l'effet excitant.

On donne l'avoine en plus ou moins grande quantité, suivant le service et la taille des animaux ; les chevaux de culture n'en reçoivent que pendant les semailles ou les travaux fatigants ; leur ration est de 5 à 6 kilog. comme le cheval de selle. Les chevaux des camionneurs ou d'entre-preneurs et généralement les gros chevaux n'ayant jamais de repos en reçoivent de 8 à 12 kilog.

De la paille.

La paille est la tige desséchée des graminées ayant par-couru toute la végétation. La plus estimée est la paille de froment ; elle doit être d'un jaune pâle ou doré, ses tuyaux minces, flexibles et encore pourvus de leurs feuilles, d'une odeur agréable et d'une saveur sucrée ; elle est dite four-rageuse quand elle contient des graminées et des légu-mineuses, qui la rendent plus nourrissante.

Pour ne pas décrire les différentes variétés de paille,

je joins ici un tableau donnant leur composition et leur valeur nutritive.

	Paille de froment	Paille de seigle	Paille d'avoine	Paille d'orge	Paille de fèves	Paille de colza
Matières albuminoïdes . .	25	20	28	23	65	45
Corps gras	15	15	18	15	15	15
Matières sucrées et amylacées	315	305	320	360	330	305
Ligneux	140	450	410	445	308	425
Eaux	150	150	145	150	150	100
Cendres	55	60	49	57	55	60

La nature du sol influe sur la richesse de la paille : plus le terrain est riche, plus la paille renferme de principes protéïques. Le degré de maturité a aussi une grande influence ; plus la maturité est avancée, moins la paille est riche surtout en phosphates.

Altérations de la paille.

La paille est sujette aux mêmes altérations que le foin ; elle peut être rouillée, moisie, vasée, salie, échauffée, etc... On ne doit jamais l'employer dans de pareiles conditions ; elle n'est bonne qu'à faire de la litière ; la paille rouillée ne doit même pas entrer dans l'écurie, il faut la placer immédiatement sur le fumier.

La paille se donne en nature, ou hachée et mêlée à l'avoine ou au son ; quand elle est donnée entière et en abondance, les animaux ne mangent que les sommités, le reste leur sert de litière. C'est le cheval de luxe et le cheval de selle qui en font le plus grand usage.

Des aliments divers.

La *luzerne*, le *trèfle* et le *sainfoin* peuvent aussi fournir un bon fourrage et qui procure toujours d'excellents résultats. On le donne un peu plus abondamment que le foin des prairies naturelles qu'il peut remplacer avantageusement lorsqu'il est bien récolté.

On peut aussi donner le *son*, c'est-à-dire l'écorce du blé. Le son de première qualité et frais a une saveur douce, blanchit les mains et l'eau ; il est donné sec ou humecté (frisé). Il s'altère vite, quelque soin que l'on prenne pour le conserver ; il se pelotonne, devient aigre et peut occasionner des coliques ou des indigestions. Il doit être rejeté quand la saveur est âcre et l'odeur nauséabonde.

La *farine d'orge* est souvent donnée en barbottages : mais elle s'altère comme le son et peut devenir dangereuse.

Les *carottes* sont souvent recherchées des animaux à cause de leur saveur sucrée ; elles conviennent surtout à ceux qui sont atteints d'affections chroniques de l'appareil digestif ou de ses annexes et aux juments nourrices pour donner un lait abondant et riche.

Du vert.

L'orge, le seigle, le trèfle incarnat, peuvent être donnés en vert à l'écurie ; mais la prairie convient mieux aux chevaux atteints de maladies de la peau, ou de boiteries anciennes. Le vert est indiqué toutes les fois qu'un travail exagéré aura altéré divers organes ou bien lorsqu'après une longue maladie, le sujet entre en convalescence. Les

signes qui annoncent l'urgence du régime du vert sont
la sécheresse de la peau, son adhérence, le poil piqué,
terne, la chaleur de la bouche ; le flanc cordé ou le ventre
levretté, la dureté des crotins et leur luisant et la rareté
des urines.

On reconnaît vite si le vert produit de bons effets, les
fonctions altérées reviennent à leur état normal, l'appétit
renaît avec la gaîté, le ventre prend de l'ampleur, la peau
devient moite et souple, le poil lisse et les urines abondantes.

Quand le vert est nuisible, les signes fâcheux s'accusent
de plus en plus, les muqueuses deviennent pâles, lavées,
le poil se relève, l'appétit diminue et il survient tous les
symptômes de l'anémie compliquant l'inflammation intestinale.

Le **vert** ne doit être donné qu'aux animaux qui travaillent peu ou modérément ; il doit être rejeté quand on veut
employer les sujets à un fort travail ; on ne les mettra
jamais d'emblée à ce régime. On doit mélanger aux aliments secs une quantité de vert que l'on augmente graduellement, de telle façon qu'au bout d'une semaine les
fourrages secs soient complètement remplacés par le
vert. La même précaution doit être prise avant de remettre les chevaux au sec.

Le vert sera fauché quelques heures avant d'être présenté aux animaux, afin de laisser sortir la rosée ou l'eau de
végétation. Si le vert est mouillé, il faut le faire égoutter
pour éviter les coliques.

La durée moyenne de ce régime est de un mois à six
semaines, et pendant ce temps on pansera les chevaux
avec un soin tout particulier.

Des rafraîchissements et des excitants.

Chaque semaine et de préférence le jour du repos, il sera bon de donner, dans un barbottage, 4 à 5 cuillerées de sulfate de soude, 2 cuillerées de sel marin et une cuillerée de bicarbonate de soude ; on évitera ainsi les irritations de l'appareil digestif qui arrivent fréquemment lors des travaux pénibles sur les chevaux abondamment nourris.

Il est généralement recommandé de donner aussi, une fois par semaine, des mâches qu'on prépare de la manière suivante : On place dans un seau 3 kil. d'avoine, puis une livre de graine de lin formant la deuxième couche et enfin 1 kilog. de son ou de farine d'orge placé sur la graine de lin ; on verse sur le tout un pot d'eau bouillante et on couvre le seau.

Cette préparation se fait le soir pour être donnée le lendemain matin ; elle est encore tiède et les animaux en sont très friands, surtout si l'on y ajoute une pincée de sel de cuisine. Les mâches ont pour avantage d'entretenir la liberté du ventre, la souplesse de la peau et le luisant du poil.

Pour les chevaux de courses et afin de leur donner une longue haleine, les entraîneurs ont pour habitude de faire prendre deux fois par semaine 0,75 centigr. d'acide arsénieux mélangé à l'avoine. Ce médicament donne du ton à l'appareil respiratoire et est d'un puissant secours comme excitant.

De la boisson.

L'étude des eaux potables a une grande importance dans l'hygiène de nos animaux domestiques et elle intéresse tous les propriétaires, car souvent l'eau insalubre devient la cause de nombreuses maladies enzootiques.

D'après l'annuaire des eaux de France, une eau, pour être bonne et potable, doit présenter les caractères suivants : être fraîche, limpide, sans odeur, d'une saveur agréable, sans être ni fade, ni salée, ni douceâtre ; elle doit renfermer suffisamment d'air en dissolution, dissoudre le savon sans former de grumeaux et bien cuire les légumes.

L'eau est susceptible d'éprouver de nombreuses altérations, et on doit la rejeter ?

1° Quand elle est *bourbeuse*, c'est-à-dire qu'elle contient des matières organiques empruntées au sol et que la filtration n'enlève pas.

2° Quand elle présente une *couleur verte* ou vert jaunâtre due à des animaux microscopiques.

3° Quand elle a une légère *odeur* d'acide sulfhydrique ou de putréfaction de matières animales.

4° Quand elle est *trop froide*, ce qui occasionne l'avortement, les coliques et toutes les maladies par refroidissement ; l'eau doit présenter une température de 8 à 15°.

5° Quand elle renferme des *matières salines* en trop grande quantité.

Toute eau bonne à boire doit contenir 0 gr. 13 à 0 gr. 50 de matières minérales par litre, formées de 0 gr. 04 à 0 gr. 17 de carbonate de chaux ; de 0 gr 004 à 0 gr. 015 de chlorures alcalins, spécialement le sodium ; de 0 gr 003 à 0 gr. 027 de sulfates ; de 0 gr. 020 à 0 gr. 050

de silice ou de silicates ; un peu d'alumine, de peroxyde de fer, des traces d'iode, de brome et de fluor (Gautier).

Toutes les fois que les eaux contiennent de plus grandes proportions de ces substances, elles sont dites *lourdes ; crues*, si les sulfates alcalins dominent ; *salées*, si ce sont les chlorures ; *minérales*, si ce sont des minéraux ensemble qui sont en excès ; *séléniteuses*, si c'est le sulfate de chaux ou de magnésie.

La quantité d'eau nécessaire au libre exercice des fonctions et à la conservation de la santé du cheval peut être fixée de 15 à 20 litres, en moyenne par jour. Le cheval, grand buveur, est sujet aux coliques, le sang devient trop aqueux et provoque des sueurs abondantes qui l'affaiblissent.

Si le cheval boit peu, les secretions se ralentissent, la peau devient sèche et on observe bientôt un malaise qui amène l'amaigrissement.

Le cheval doit toujours boire l'eau à la température de l'air ambiant. En été, on a soin de tirer l'eau une heure avant de la lui présenter, et si l'on est pris à l'improviste, on y trempe le bras pour en corriger le grand froid. En aucun cas on ne doit présenter à boire à un cheval en sueur.

De la distribution des aliments.

Le cheval doit faire trois repas par jour. En prenant comme moyenne la nourriture d'un cheval ordinaire, nous trouvons 5 kil. d'avoine, 5 kil. de foin et 5 kil. de paille. Voici dans quel ordre on distribue cette ration.

Déjeûner : 1 kil. 1/2 de foin, ensuite faire boire ; un quart d'heure après donner 1 kil. 1/2 d'avoine ; si le cheval ne doit pas travailler de suite, lui donner 1 kil. 1/2 de paille.

Mêmes proportions pour le diner.

Souper : 2 k kil. de foin, faire boire ; un quart d'heure après donner 2 kil. d'avoine et jeter 2 kil. de paille dans le râtelier.

Cette proportion doit être gardée pour le plus comme pour le moins dans la distribution, car la quantité des aliments varie avec les sujets et les différents services.

DE L'AGE DU CHEVAL

La connaissance de l'âge du cheval par l'inspection des dents incisives est très ancienne ; mais il a fallu que ce siècle parût pour que l'on pût appliquer, par des règles certaines, les remarques des anciens.

Des chercheurs ont cru pouvoir reconnaître l'âge des solipèdes :

1° En pinçant la peau qui recouvre le front et en constatant la plus ou moins grande épaisseur du tissu cellulaire sous-jacent.

2° En explorant la basse de la queue et s'assurant du développement des apophyses épineuses des vertèbres coccygiennes.

3° En explorant l'épaisseur des ganaches.

4° En comptant les plis de la paupière supérieure (l'œil étant ouvert) et en multipliant le nombre trouvé par 3 ; mais on n'arrive à connaître exactement l'âge du cheval que par l'examen des dents incisives ; pour cela il faut étudier la structure de ces dents et leurs divers changements de forme et de direction.

Un vétérinaire militaire allemand vient de signaler un nouveau moyen pour déterminer l'âge des chevaux de plus de 8 ans, en se basant sur le nombre des rides qui se forment au bord de la paupière inférieure. L'auteur admet qu'après 8 ans il apparaît une ride chaque année et qu'ainsi l'âge de l'animal est égal à autant d'années qu'il y a de rides plus huit.

Description des dents.

Les dents sont de petits corps osseux implantés dans les alvéoles des os maxillaires ; ils ressemblent aux poils par leur mode de production, et aux os par leurs propriétés physiques et chimiques.

On compte chez le cheval de 36 à 44 dents, distinguées en incisives, crochets et molaires. Celles qui apparaissent quelque temps après la naissance, portent le nom de dents de lait, dents de poulain ou dents caduques ; ce sont les incisives et les trois premières molaires ; celles qui les remplacent ou qui sont plus tardives, prennent le nom de dents de cheval ou dents d'adultes.

Les dents sont composées de deux substances bien distinctes, l'une extérieure constitue l'émail, l'autre entièrement renfermée dans la première constitue l'ivoire ou subtance osseuse.

Des incisives.

Elles sont au nombre de six à chaque mâchoire et forment l'extrémité antérieure de chaque arcade dentaire qui, dans le jeune âge représente un demi-cercle à peu près régulier ; au fur et à mesure que l'animal vieillit cette courbe s'allonge.

Les incisives portent des noms différents suivant leur

position, les deux antérieures qui occupent le milieu de l'arcade s'appellent les *pinces* ; les deuxièmes qui les touchent de chaque côté sont les *mitoyennes* ; les dernières de chaque côté portent le nom de *coins*. Chaque incisive qui a complété son éruption sans avoir éprouvé d'usure comprend deux parties : une libre, c'est la *couronne*, l'autre enchassée dans l'alvéole, c'est la *racine*. Elles ont une longueur de 65 à 70 millimètres environ, leur usure annuelle est de 3 à 4 centimètres et leur accroisement compense cette usure.

Lorsqu'une dent sort de son alvéole, c'est le bord antérieur qui apparaît le premier, mais les deux bords deviennent bientôt sur le même plan horizontal, car les couches qui composent le bord antérieur s'usent rapidement. Entre les deux bords, on remarque une cavité appelée *cavité dentaire extérieure* ; elle existe dans toutes les dents de la première et de la deuxième dentition et présente à son front une matière noirâtre appelée *germe de la fève*.

La dent incisive présente successivement cinq formes qu'il importe de connaître :

1° La forme *aplatie* d'avant en arrière, c'est-à-dire que le diamètre transversal l'emporte sur le diamètre antéro-postérieur.

2° La forme *ovale* (dent ovale).

3° La forme *arrondie* (dent arrondie) chez laquelle les deux diamètres sont presque égaux.

4° La forme *triangulaire* (dent triangulaire) dont le diamètre antéro-postérieur est plus grand que le transversal.

5° La forme *biangulaire*, c'est-à-dire aplatie d'un côté à l'autre, cette forme est diamétralement opposée à la première.

Si l'on pratique des coupes transversales successives

sur une dent vierge d'usure, on obtient une table présentant les différentes formes précitées, la nature se charge de ces coupes par suite du frottement qui s'opère par le rapprochement continuel des mâchoires.

Outre la cavité ou cornet dentaire externe, on rencontre dans les incisives une autre cavité qui occupe la racine et s'avance en avant du cul de sac ou cornet dentaire, c'est la *cavité dentaire interne* ou *cornet radical*, elle renferme la pulpe dentaire. Avant l'âge cette cavité disparaît et est remplacée par une secrétion d'ivoire d'un jaune foncé qui tranche sur l'ivoire proprement dit et forme *l'étoile dentaire.*

C'est sur la disparition de la cavité dentaire externe (dent rasée), sur l'apparition de l'étoile dentaire, sur le changement de forme des incisives, sur la déformation de l'arcade dentaire qui s'allonge au fur et à mesure que l'animal vieillit et fait éprouver aux dents une direction qui part de la verticale pour se rapprocher de l'horizontale ; c'est sur ces faits, dis-je, qu'est basée la connaissance de l'âge.

Des crochets.

Les crochets au nombre de deux à chaque mâchoire sont placés entre les incisives et les molaires, un à chaque côté de chaque mâchoire. Les crochets supérieurs ne correspondent pas aux inférieurs, ceux-ci sont plus rapprochés des incisives et laissent un grand espace entre eux et les premières molaires (barre).

Les juments sont généralement dépourvues de crochets, on appelle *bréhaignes* celles qui en possèdent ; ils sont toujours plus petits que ceux du cheval. On croyait autrefois que les juments bréhaignes étaient stériles, c'est une erreur, il faut chercher ailleurs la cause de l'infécondité.

Des molaires.

Les molaires sont au nombre de douze à chaque mâchoire, six de chaque côté. On rencontre quelquefois des molaires supplémentaires petites et qui souvent, tombent avec la première molaire caduque pour ne pas être remplacées.

Les trois premières molaires de chaque arcade sont caduques.

Signes auxquels on peut reconnaître l'âge.

Ordinairement le poulain naît sans incisives ; le bord antérieur des pinces se montre du sixième au douzième

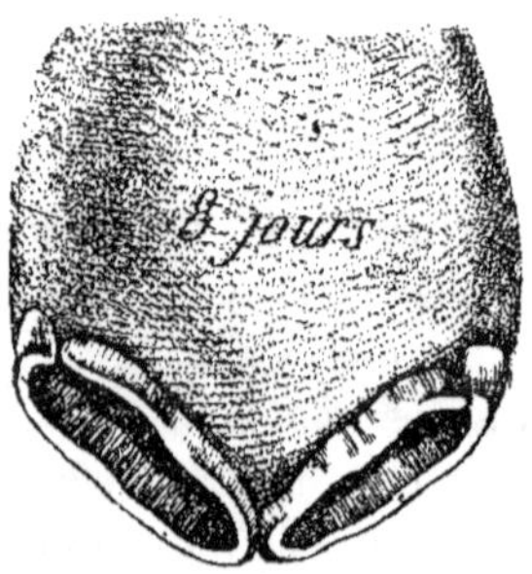

jour et le bord postérieur arrive au niveau un mois après la naissance.

A cette époque les mitoyennes se montrent et les coins
font leur éruption du sixième au dixième mois seulement.

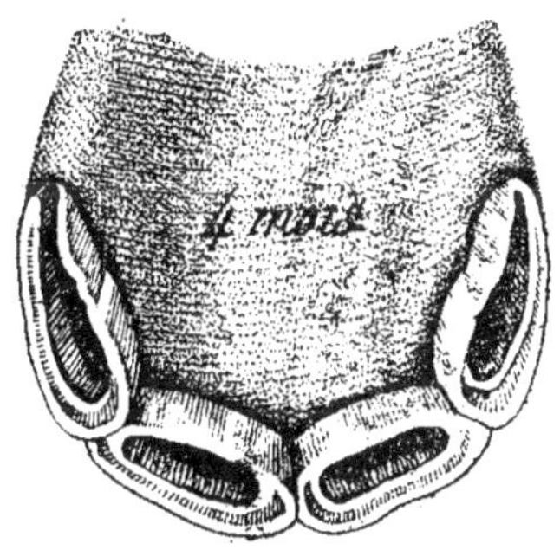

La cavité dentaire externe des dents caduques disparaît
promptement et les pinces et les mitoyennes sont ordinairement rasées vers un an, tandis que les coins ne
rasent qu'à dix-huit mois. A partir de ce moment et pen-

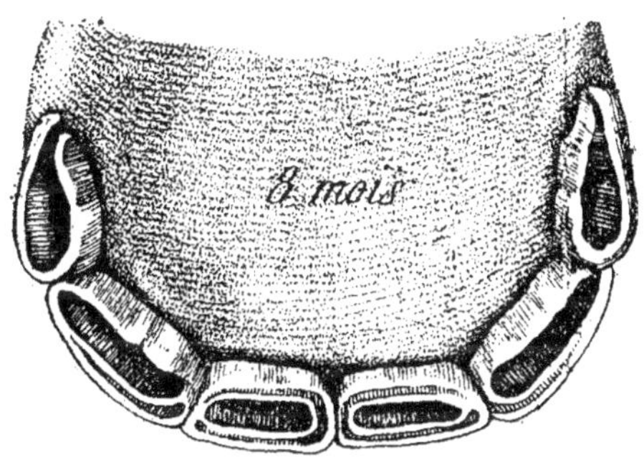

dant un an, on n'a plus pour se guider que l'usure et le
déchaussement des dents ainsi que l'époque présumée
de la naissance ; les poulains naissent ordinairement en
avril ou en mai.

Les pinces tombent vers deux ans et demi et sont remplacées à trois ans.

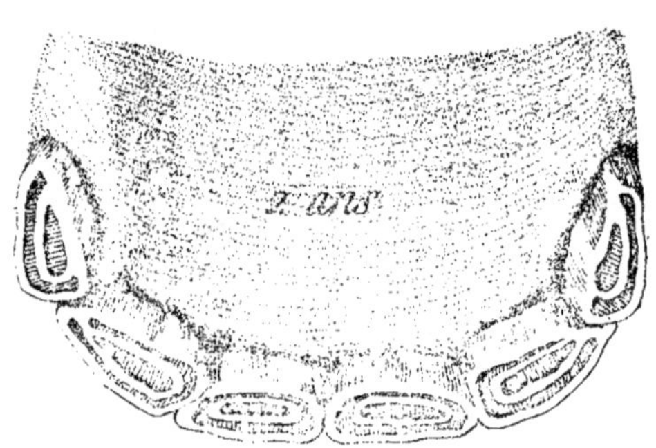

A trois ans et demi les mitoyennes sont chassées par
leurs remplaçantes qui se montrent vers quatre ans.

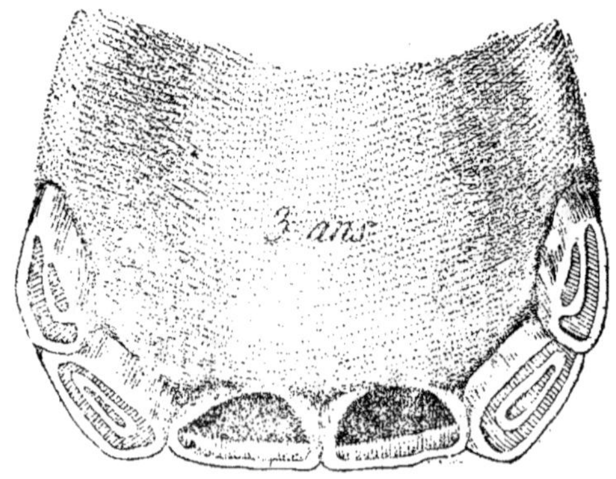

1° Dessinés d'après nature par M. Rigot, Professeur à l'Ecole d'Alfort.

A quatre ans et demi les coins tombent et sont rempla·
cés vers cinq ans.

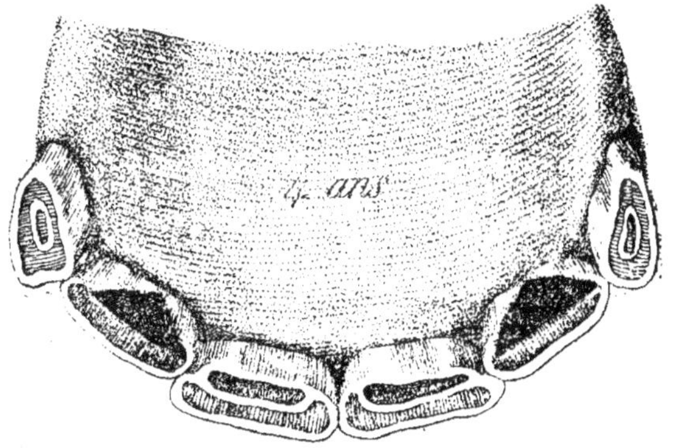

On peut quelquefois aussi faire l'inspection des crochets
qui apparaissent souvent vers trois ans et demi et s'allongent de plus en plus jusqu'à l'âge de sept ans.

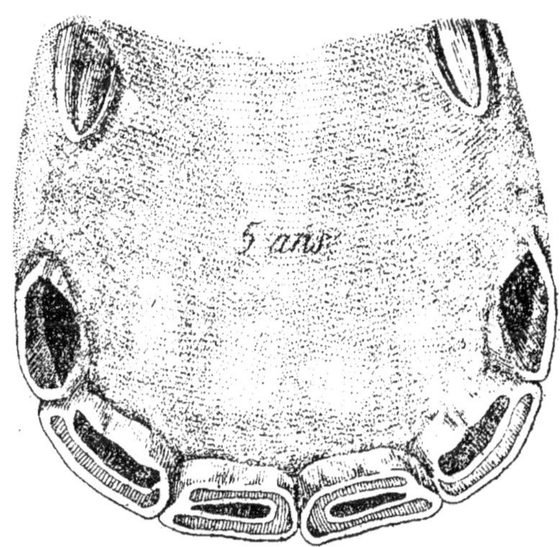

De cinq à huit ans on se fonde principalement sur

l'usure régulière des incisives, sur la diminution et la disparition de la cavité dentaire externe.

Les pinces sont toujours rasées vers l'âge de six ans.

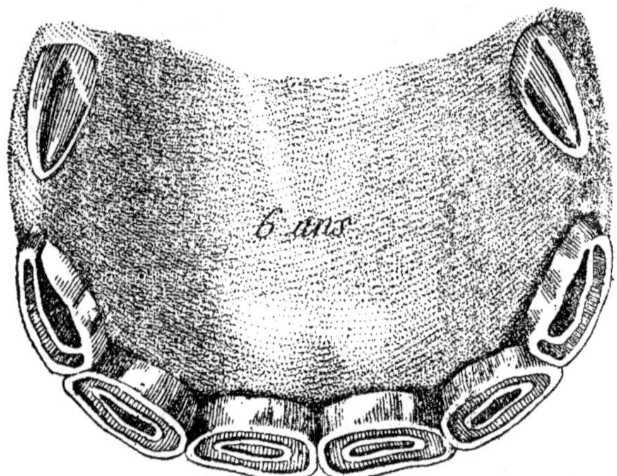

Les mitoyennes rasent vers sept ans. A cet âge le coin de la mâchoire supérieure présente une échancrure qui peut persister longtemps sans jamais apparaître avant sept ans.

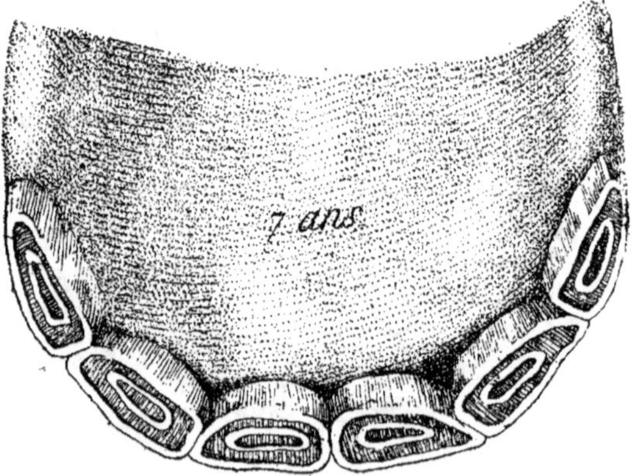

A huit ans les coins sont rasés et on voit apparaître

entre la cheville d'émail central et le bord intérieur des pinces une ligne jaunâtre, c'est l'étoile dentaire de Girard formée par l'ivoire qui a remplacé la pulpe de la cavité dentaire interne.

Dans cette période de cinq à huit ans, la forme de la dent a changé, elle a pris la forme ovale.

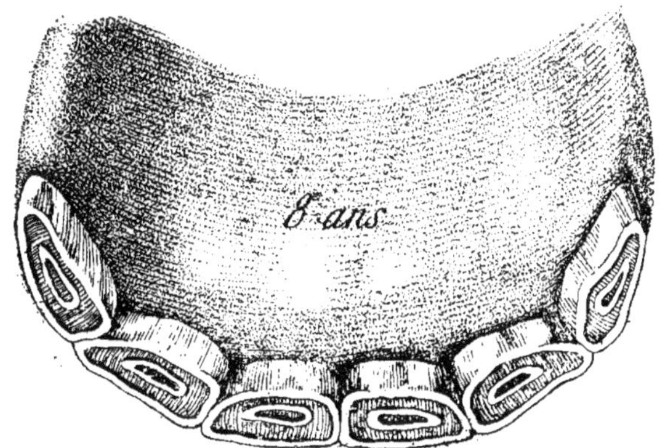

A neuf ans, les pinces s'arrondissent, l'émail central diminue et se porte en arrière, l'étoile dentaire devient plus apparente; les pinces de la mâchoire supérieure sont rasées.

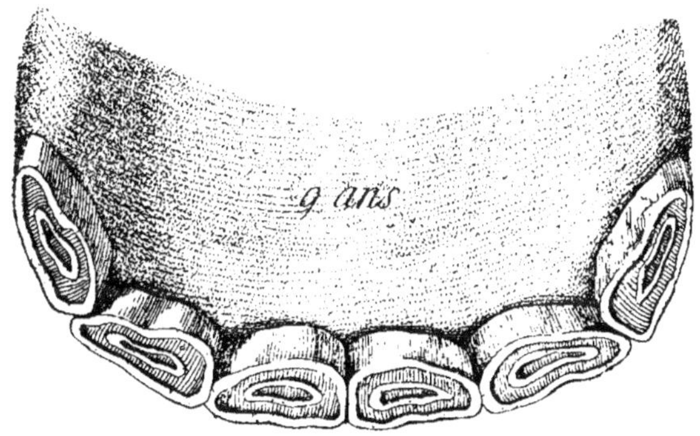

A dix ans, les mêmes changements ont lieu dans les

mitoyennes ; les mitoyennes de la mâchoire supérieure sont rasées.

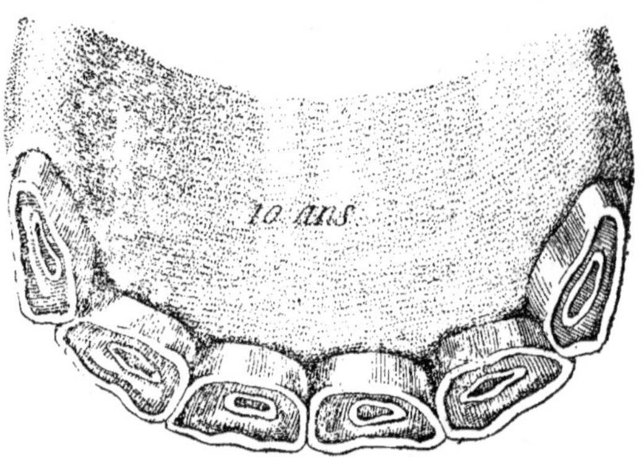

A onze ans, mêmes changements dans les coins, mais la rotondité n'est jamais si accusée. Les coins de la mâchoire supérieure sont rasés.

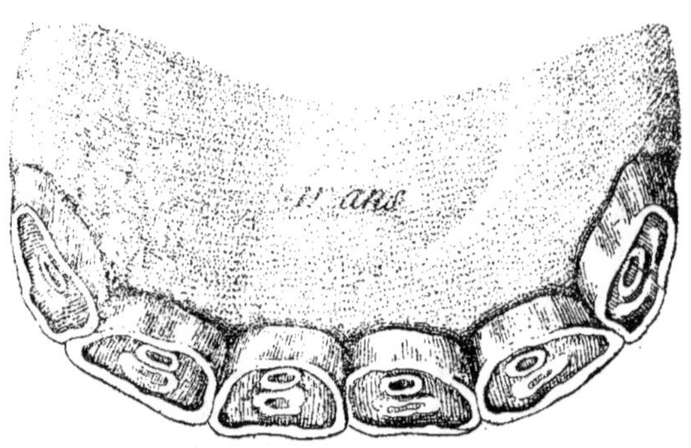

A douze ans, l'émail central a disparu des pinces, et,

l'étoile dentaire occupe le milieu de la table de la dent.

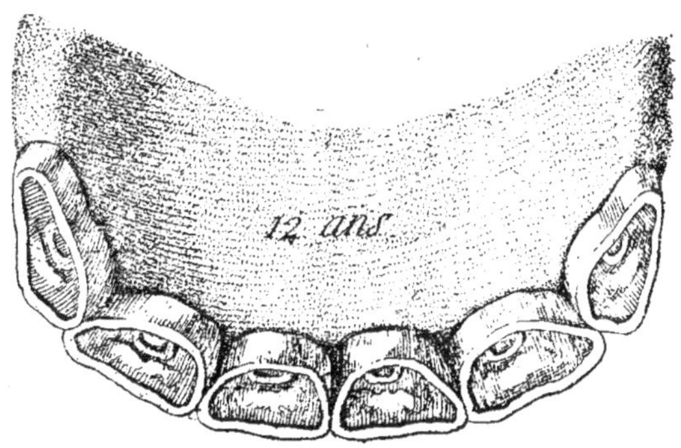

A treize ans, les pinces tendent à prendre la forme triangulaire, l'émail central a disparu de toutes les inci-

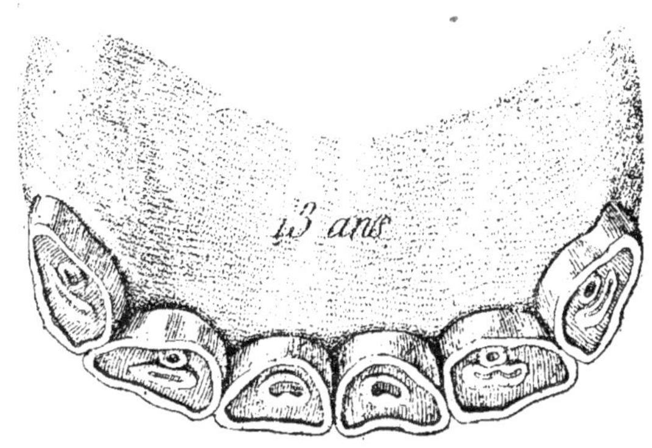

sives et se trouve remplacé par l'étoile dentaire ; l'émail central des coins supérieurs a disparu.

A quatorze ans, les pinces deviennent triangulaires.

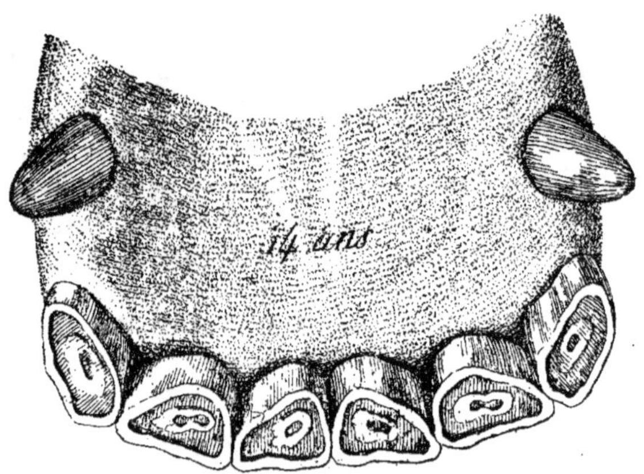

A quinze ans, mêmes changements pour les mitoyennes.

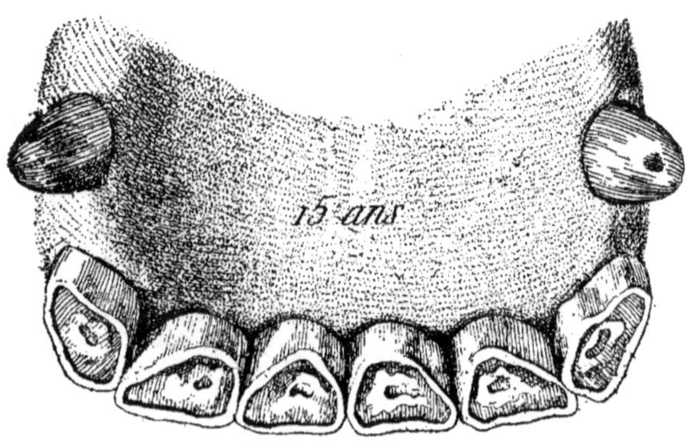

A seize ans, mêmes changements pour les coins ; les

mitoyennes supérieures perdent leur émail central.

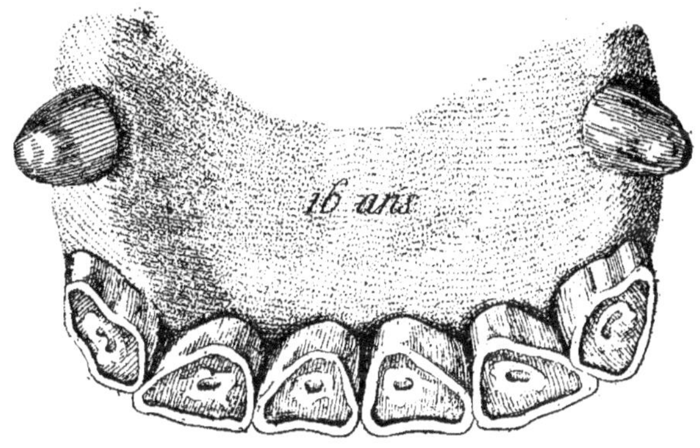

A dix-sept ans, l'émail disparaît dans les pinces supérieures.

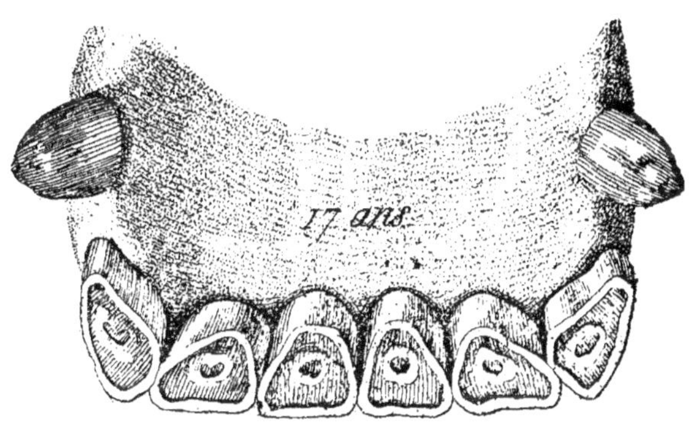

De dix-huit à vingt-deux ans, les dents s'aplatissent
d'un côté à l'autre et deviennent biangulaires ; les pinces
à dix-neuf ans ; les mitoyennes à vingt, et les coins à
vingt-et-un.

En même temps, l'arcade dentaire se rétrécit et les

dents éprouvent un mouvement en avant, elles tendent à se rapprocher de l'horizontale.

A partir de vingt ans, on n'a plus d'indices certains pour apprécier l'âge du cheval.

Moyen de reconnaître l'âge quand les dents usent trop vite ou trop lentement.

Certains praticiens ont démontré qu'une dent vierge d'usure mesure en dehors de la gencive 16 à 17 millimètres, qu'elle use normalement chaque année de 3 à 4 millimètres et qu'elle pousse dans les mêmes proportions.

Si le cheval use trop ou trop peu et qu'on se base sur la forme de la table qui est toujours en raison de la portion de dent usée, on ne peut jamais déterminer l'âge réel ; l'animal paraît plus jeune si la dent use peu ; plus vieux si l'usure est trop rapide.

Quand la dent est trop courte, on doit la mesurer par la pensée et retrancher de l'âge accusé, autant d'années que la dent présente de fois 3 ou 4 millimètres de moins que la longueur normale. Exemple si le cheval marque 14 ans et que ses dents n'ont que 13 millimètres ; il faut le rajeunir d'un an au moins, puisqu'il manque 3 à 4 millimètres, pour atteindre la longueur des dents normales.

Si au contraire le cheval marque 14 ans, et que les dents ont une longueur de 20 millimètres, il faut le vieillir d'un an passé, âge qu'il a réellement.

Chevaux bégus.

Le cheval est dit bégu quand la cavité dentaire externe persiste au-delà du terme normal ; l'animal paraît alors plus jeune qu'il est réellement. Pour rectifier l'âge, il faut recourir à la forme des dents et se baser sur l'élargissement de l'étoile dentaire.

Chevaux faux-bégus.

Quand l'émail central n'a pas disparu vers 12 à 13 ans, on dit que le cheval est faux-bégu. Pour apprécier l'âge dans ces conditions, il faut s'appuyer sur les données fournies par la forme et la direction des dents.

CHOIX DES CHEVAUX

D'APRÈS LE SERVICE AUQUEL ON LES DESTINE

M. Lecoq, ancien directeur de l'Ecole Vétérinaire de Lyon, dans ses leçons et son traité de l'*Extérieur du cheval,* donne dans les lignes suivantes, en un langage clair et bref, les principales indications sur lesquelles on doit se baser pour choisir le cheval que l'on recherche et les divers examens qui doivent précéder l'achat.

Cheval de course.

Ce cheval, destiné à parcourir une énorme distance en quelques minutes, doit se distinguer des autres chevaux de selle par une conformation toute particulière, et joindre la force à la légèreté. Ses formes sont généralement peu développées, surtout à l'approche des courses, à cause du régime auquel on le condamne. Son encolure droite, longue et mince ; son épaule longue et oblique, jouant librement sur une poitrine étroite, mais très haute, sa croupe horizontale, sa jambe longue et son jarret un peu droit, sont autant de conditions qui donnent une grande rapidité à ses allures, en même temps que des articulations larges, des tendons forts et écartés des canons lui donnent la force de les supporter.

La taille est aussi une condition essentielle à rechercher dans le cheval de course ; car, si les sauts sont relativement plus grands chez les petits animaux, ils ne peuvent cependant, avec un même degré d'énergie, égaler ceux des animaux de grande taille.

Le cheval de course est toujours de race noble; sa peau très fine, laisse apercevoir les vaisseaux sous-cutanés et les interstices musculaires ; la vivacité de son regard indique sa grande énergie.

Le cheval anglais de pur sang est le véritable type du cheval de course.

Cheval de selle.

Le cheval destiné à ce service présentera une encolure un peu épaisse, un corps étoffé, des reins larges, plutôt courts que longs, une croupe et des cuisses bien fournies, un poitrail de largeur moyenne, une côte bien arrondie, une grande épaisseur de l'avant-bras et de la jambe, tous les caractères enfin qui annoncent la force unie à un certain degré d'agilité.

Des nuances sont encore à établir dans les chevaux de cette catégorie, suivant leur destination spéciale. C'est ainsi que dans la cavalerie chaque arme réclame des chevaux de force différente, ceux de la cavalerie légère étant de véritables chevaux de selle, tandis que ceux de la grosse cavalerie sont plutôt des chevaux de trait léger détournés de leur destination.

Cheval de carrosse.

Les chevaux de trait léger doivent ressembler beaucoup aux chevaux de selle ordinaire, dont ils diffèrent seulement par une taille plus grande et par des masses musculaires peu développées. Chez eux, le poitrail peut déjà, sans inconvénient, présenter une certaine largeur ; la tête est plus forte, l'encolure plus fournie, l'épaule plus épaisse, les canons plus forts, les pâturons plutôt courts que longs, les sabots un peu volumineux.

Ces caractères doivent varier d'ailleurs, suivant que l'animal est destiné à être employé seul ou appareillé. On doit toujours, dans le premier cas, le choisir plus grand et plus étoffé.

Le cheval du Contentin est, parmi les chevaux français, le type de l'espèce carrossière. Beaucoup de chevaux du Mecklembourg, du Hanovre et du Danemarck, sont importés en France pour le même service.

Cheval de poste, de diligence et de camion.

Le service des postes, et surtout celui des diligences, exigent dans les chevaux une grande force unie à une grande vitesse. Ici l'élégance des formes devient à peu près indifférente, et l'on doit s'attacher à la solidité des membres et à la vigueur de l'animal. Un corps ramassé, des formes musculaires bien marquées, une tête légère, une croupe double, des reins courts et droits, des fesses et des cuisses bien fournies, des allures vives et légères, sont les qualités que l'on doit rechercher dans ces chevaux ; on les trouve surtout dans la race bretonne pour le service de la poste, et dans la race percheronne pour celui de la diligence, qui exige plus de taille.

4

Cheval de gros trait.

Il faut distinguer, parmi les chevaux de gros trait, ceux destinés aux travaux ordinaires de la campagne, et ceux qui doivent servir au roulage, sur des routes solides et peu accidentées.

Les premiers doivent offrir à peu près la conformation des chevaux de diligence, que l'on choisit assez souvent parmi les moins étoffés d'entre eux.

Quant aux chevaux de gros trait proprement dits, chez eux le poids du corps doit concourir avec les efforts musculaires pour ébranler le fardeau. On les choisira donc, autant que possible, de haute taille, à système musculaire très développé. Une tête forte, une encolure chargée, un large poitrail, des épaules épaisses, charnues et plaquées, une croupe double, des membres forts, à canons courts et épais, à pâturons peu allongés, seront des qualités pour ces chevaux, qui ne doivent jamais aller qu'au pas le plus lent.

Le véritable type pour le service du gros trait est le cheval boulonnais.

Dans tous les chevaux destinés au trait, il faut établir une grande différence entre ceux qui tirent seulement le fardeau, et le cheval qui, placé entre les limons de la charrette, porte en même temps une partie de la charge, la retient dans les descentes, la recule dans quelques cas, et reçoit le contre-coup des secousses qu'éprouve à chaque instant la voiture.

On doit toujours choisir les limoniers plus forts que les autres chevaux, rechercher surtout en eux la brièveté et la force du dos et des reins, et apporter la plus grande attention dans l'examen du jarret, qui doit être fort et plutôt coudé que droit ; car le jarret droit n'est pas favorablement disposé pour retenir la charge dans les descentes. Mais d'un autre côté, un jarret trop coudé devient nuisible, en engageant trop les membres postérieurs sous le corps, et en occasionnant des glissades d'autant plus dangereuses, que c'est dans les descentes que la charge se porte plus sur le limonier.

Il n'existe pas de différence entre les chevaux de gros trait et ceux employés pour le halage sur les grandes rivières, service extrêmement fatiguant ; car même dans les moments d'arrêt, le cheval est obligé de se tenir constamment sur les traits pour empêcher le bateau de rétrograder.

Examen de l'animal en vente.

Pour procéder à l'examen aussi complet que possible de l'animal que l'on se propose d'acheter, et pour éviter de se laisser tromper par certaines ruses au moyen desquelles on cherche assez souvent à masquer ses défauts, il y a plusieurs règles à observer.

La première, c'est de ne tenir aucun compte de tout ce que peut dire le marchand sur les qualités de l'animal, et même sur quelques légers défauts qu'il n'avoue que pour en cacher de plus graves ; de ne pas laisser attirer son attention sur telle région plus que sur telle autre ; de ne laisser percer en rien son opinion sur la valeur de l'animal ; enfin d'être impassible, d'être *entièrement à soi*, tant que dure l'examen. En effet si l'on doit établir une différence entre le véritable marchand de chevaux et le maquignon, il n'en est pas moins vrai que tout marchand cherche à présenter sa marchandise sous le jour le plus favorable, et qu'il n'existe pas d'exception à cet usage pour le commerce des animaux.

Examen du cheval dans le repos.

Lorsque l'on visite le cheval chez le marchand, il faut, autant que possible, voir l'animal dans l'écurie pour juger au premier abord de son ensemble. On ne peut guère juger de sa taille dans cette position, car les écuries des marchands sont toujours disposées de manière à élever les chevaux, au moins du devant, pour leur donner plus de taille et une plus belle apparence. On ne peut non plus s'assurer de la vivacité de l'animal ; car le cheval le plus mou paraît vif dès qu'il se voit entouré, se rappelant les coups de fouet qu'il reçoit à chaque visite du marchand ou des palefreniers.

Le premier coup d'œil étant donné on fait sortir l'animal, en examinant avec attention la manière dont il recule et dont il se retourne dans la stalle. La plupart des garçons d'écurie ont soin, en faisant sa toilette, de lui introduire dans l'anus, ou du gingembre ou du poivre, pour lui faire porter la queue en trompe, et lui donner une apparence plus énergique. Il faut fermer les yeux sur cette manœuvre, qui n'est pas encore tombée en désuétude, quoique connue de tout le monde aujourd'hui.

Lorsque l'animal détaché de sa place, est dirigé vers la porte, on l'arrête à une certaine distance pour examiner l'œil. On peut en même temps examiner l'âge, s'assurer de l'état des barres de la langue, de l'auge et des naseaux.

On laisse ensuite sortir le cheval pour l'examiner au grand jour.

S'il est trop long de corps, on a soin de lui placer sur le dos une couverture d'une couleur tranchante avec celle de la robe, ce qui le racourcit en coupant sa longueur. S'il est trop court, au contraire, on a soin de le sortir entièrement nu ; c'est dans cet état d'ailleurs qu'il faut toujours l'examiner.

Le palefrenier a soin en outre, de le placer pour faire valoir sa taille, sur un point un peu élevé et toujours contre un mur, le corps ressortant avec de plus grandes proportions. Il faut tenir compte de cette différence et passer outre, pourvu toutefois qu'il reste assez d'espace pour tourner autour de l'animal.

On l'examine alors de nouveau dans son ensemble, sous le rapport des proportions et des aplombs. Pour reconnaître ces derniers, on examine successivement chaque bipède, de front et de profil, isolément d abord, puis dans leurs rapports réciproques. On passe ensuite à l'examen détaillé de chaque région.

L'ordre a suivre ici n'a rien de fixe ; il suffit d'en adopter un, quel qu'il soit, pour ne rien oublier. On examinera d'abord la tête dans son ensemble et dans ses diverses régions ; puis passant la main sur la nuque, on la descendra en suivant sur le bord supérieur de l'encolure jusque sur le garrot, sur le dos et les reins, en pinçant cette dernière région pour s'assurer si le cheval exécute le mouvement de flexion que l'on observe toujours chez l'animal en bon état de santé. On arrivera à la queue, que l'on doit élever, non seulement pour juger du degré d'énergie de l'animal, mais pour examiner la base du tronçon de l'anus qu'il recouvre.

Revenant en avant, on examinera le poitrail, le ventre, les côtes, et l'on s'arrêtera surtout à l'examen du flanc, que l'on doit étudier d'abord dans l'état de repos pour le revoir plus tard, lorsque l'animal aura été exercé. On n'oubliera pas de comprimer le premier cerceau de la trachée pour s'assurer de la nature de la toux.

La région des testicules doit être examinée avec soin si le cheval est entier, ou s'il est jeune et châtré depuis peu.

Les membres seront ensuite explorés rayon par rayon, surtout à leur partie inférieure, où l'intégrité des tendons et des articulations est d'une si grande importance. On passera la main avec soin sur toute l'étendue des cordes tendineuses, sur la face interne des boulets, dans le pli du pâturon, sur tout le pourtour des couronnes pour rechercher les tares et les défauts qui pourraient exister sur ces régions.

Les sabots exigent le plus scrupuleux examen, sous le rapport de la forme générale, de la nature de la corne. et des diverses maladies qu'ils peuvent présenter. Il est quelques défauts, comme les seimes, que l'on peut masquer par des corps gras, par des mastics, ou même par la boue dans laquelle on fait passer à dessein le cheval. Il en est de même des pertes de substances qu'ont éprouvées les pieds dérobés.

En faisant lever les pieds, on s'assurera d'abord si l'animal est docile, et s'il n'existe aucune lésion à la sole et à la fourchette. On examinera ensuite avec soin la forme des fers pour reconnaître s'ils ne cachent pas quelque maladie, s'ils ne dissimulent aucun défaut, et s'ils ne grandissent pas l'animal par une longueur démesurée de leurs crampons. Une forte ajusture de fers fait paraître creux des pieds entièrement plats ; des fers un peu couverts peuvent cacher un commencement de crapaud.

Examen du cheval dans l'action.

Pour examiner le cheval dans l'action, on tâche, autant que possible, de l'exercer sur un terrain dur ou pavé, et de le faire conduire par une personne étrangère aux intérêts du vendeur. Dans tous les cas, il ne faut jamais que l'animal soit tenu trop court. On doit laisser au bridon une certaine longueur de rênes, afin que, la tête n'étant pas soutenue, les allures de l'animal soient libres, et laissent mieux apercevoir les défectuosités qu'elles peuvent présenter. La plupart des garçons d'écurie exercent les chevaux en leur pliant l'encolure de côté, empêchant ainsi l'acheteur de bien juger de la régularité de l'allure.

On commence par faire partir l'animal au pas, en se plaçant d'abord de manière à l'envisager en arrière au départ, puis en face au retour, pour juger de la régularité des mouvements du tronc, de la tête et des membres ; pour voir surtout si ces dernières ne s'écartent pas trop en dehors ou en dedans, faisant billarder, faucher ou couper le cheval. On l'examine ensuite de profil, pour bien saisir l'harmonie qui doit exister entre l'avant-main et l'arrière-main, voir si les pieds postérieurs prennent bien la place des antérieurs, s'ils ne les dépassent pas trop, ou ne restent pas fortement en arrière, on s'assure en même temps si l'animal a un bon pas et s'exécute franchement. On tâche de reconnaître pendant l'action s'il ne s'effraie pas des objets environnants, s'il n'est pas ombrageux. S'il élève fortement les pieds antérieurs et s'il change à chaque instant la position de ses oreilles, on peut être assuré que la vue est mauvaise.

On fait ensuite passer le cheval à l'exercice du trot, en l'examinant de même que pour le pas. C'et alors qu'il faut redoubler d'attention, non seulement pour s'assurer de la bonté, de l'étendue et de la vivacité du trot, mais pour reconnaître les différentes boiteries qui se manifestent surtout pendant cette allure. On a soin de faire tourner l'animal, tantôt sur la droite, tantôt sur la gauche, afin de surcharger alternativement chaque bipède latéral et de faire arrêter un peu court pour s'assurer de la force des reins et des jarrets. C'est aussi après le trot qu'il faut le faire reculer ; car le cheval immobile exécute ce déplacement avec plus de difficulté après l'exercice qu'en sortant de l'écurie.

On peut, jusqu'à un certain point, reconnaître la bonté

du trot d'un cheval, au peu de bruit qu'occasionnent les battues sur le pavé et à la vivacité avec laquelle elles se succèdent.

Lorsque l'exercice du trot, que l'on a dû prendre de plus en plus accéléré, est terminé, il faut revenir à l'examen de la fonction de la respiration. Ces mouvements du flanc, qui avaient pu laisser de l'incertitude pendant le repos, sont devenus plus fréquents et plus grands après l'exercice, et l'on peut, alors, non-seulement distinguer plus facilement le soubresaut de la pousse, mais reconnaître diverses irrégularités des mouvements respiratoires qui indiquent certaines altérations des organes contenus dans la poitrine.

L'accélération de la respiration après l'exercice peut aussi mettre en évidence un bruit particulier produit par la colonne d'air qui traverse les voies respiratoires, et qui a reçu différents noms selon son intensité. On appelle *gros d'haleine*, le cheval chez lequel ce bruit est encore peu intense, et *cornéur*, celui chez lequel le mouvement respiratoire produit un sifflement particulier plus ou moins rauque. Ces deux symptômes, le dernier surtout, déprécient considérablement l'animal. Le cheval gros d'haleine ne peut supporter longtemps un exercice pénible, une allure rapide. Le cheval corneur y résiste encore moins, et peut tomber asphyxié, si on le force à continuer son travail.

Pour peu qu'il y ait doute après les quelques tours de trot que l'on a exigé de l'animal, on le fait exercer de nouveau, pendant un temps plus long, pour procéder à un nouvel examen.

Le cornage ne devient ordinairement apparent que dans certaines circonstances, lorsque, par exemple, l'animal est soumis à un service pénible; et comme on ne peut pas toujours le voir, avant l'achat, dans cette con-

dition, la loi a placé le cornage au nombre des vices
rédhibitoires.

Pendant les moments de repos qu'on laisse au cheval,
après l'avoir exercé, surtout au trot, il est bon de lui
laisser une grande longueur de rênes, de l'abandonner
presque à lui-même, et d'observer la manière dont il se
place. On peut être assuré que si, quelque membre est
souffrant, il se trouvera soustrait à l'action du poids du
corps et plus dévié de sa ligne naturelle que les autres ;
et si cette position se renouvelle pour le même membre
plusieurs fois de suite, on devra l'examiner de nouveau
avec la plus grande attention

On exige rarement l'épreuve du galop dans la visite du
cheval ; il est cependant essentiel de s'assurer de la
bonté de cette allure, pour les chevaux de selle au moins.
Quant aux chevaux de course, on a toujours à cet égard
des indices exacts par le résultat des courses dans
lesquelles ils ont paru.

Outre l'examen dont nous venons d'indiquer la marche
il en est un autre très essentiel et qui regarde principalement l'acheteur : c'est l'essai de l'animal suivant le
service auquel on le destine. Cette épreuve est d'autant
plus essentielle qu'elle permet de voir le cheval soustrait
à l'influence du marchand et de ses palefreniers, et par
conséquent dépouillé de cette vigueur factice que lui
inspirait la crainte.

Dans cet essai, qui peut se prolonger, on peut aussi
juger des fonds de vigueur de l'animal beaucoup plus
sûrement qu'il n'a été possible de le faire dans le premier
examen, après quelque temps de pas et de trot.

Examen de deux chevaux appareillés.

Lorsqu'on visite des chevaux qui doivent être appareillés
pour le carrosse, il faut, indépendamment de l'examen

détaillé de chacun deux, procéder à un examen d'ensemble.

On place les deux chevaux côte à côte, pour s'assurer si leur taille est semblable, si leur robe est de même nuance, si leur conformation générale est en rapport naturel, en ayant bien soin, pour la taille et le volume du corps, de tenir compte de la différence d'âge qui peut exister entre les deux animaux. Il faut d'ailleurs, autant que possible, appareiller des chevaux de même âge.

C'est surtout à l'égard des allures qu'il faut procéder à un examen d'ensemble, pour éviter de choisir une paire de chevaux dont l'un a des allures très allongées, tandis que l'autre avance peu et s'enlève beaucoup. Cet assemblage mal combiné nuit à l'élégance de l'attelage, et fatigue également les deux chevaux. On doit donc faire marcher ceux-ci placés comme à la voiture, et surtout les faire trotter ainsi accouplés, pour bien juger du rapport qui existe entre leurs allures.

Ce n'est qu'après cet examen qu'il faut les faire atteler et les examiner de nouveau, sur un terrain accidenté, s'il est possible

Il est rare que deux chevaux appareillés présentent les mêmes qualités. Presque toujours les marchands profitent d'une similitude de taille et de robe pour faire passer un cheval médiocre au moyen d'un meilleur, sur lequel ils cherchent à attirer de préférence l'attention de l'acheteur.

Ruses des maquignons pour dissimuler les défauts du cheval.

Un maquignon n'a pas sitôt acheté un cheval qu'il s'ingénie à déguiser les vices ou les imperfections que l'animal présente.

Si le cheval est sans vigueur, il ne manquera pas de

l'exciter plusieurs fois par jour, par le fouet et la voix, jusqu'à ce qu'il le rende sensible et toujours en éveil à son moindre mouvement; s'il est exposé en vente, le marchand ne se lassera pas, même en entretenant le client, de faire claquer son fouet, pour montrer aux amateurs que son sujet est plein d'ardeur.

Si le cheval est foulé, le maquignon le monte et l'échauffe avant de l'exposer en vente, il le bat, le tient toujours en haleine en le faisant marcher sur un terrain meuble. S'il a des crevasses, des eaux aux jambes, le marchand le conduira en foire par un temps pluvieux ou le fera marcher dans la boue ; s'il a des seimes, il les bouchera avec un mélange de gutta-percha et de gomme ammoniaque ; s'il boite de devant, le maquignon enlève le fer du pied boiteux, fait une plaie au talon et vous jure sur l'honneur que la boiterie vient d'apparaître par le manque de fer ou par l'atteinte du talon ; s'il boite d'un pied de derrière le maquignon le fera galoper, et jamais ne le laissera trotter. — Si le cheval est atteint de jetage de mauvaise nature, on peut le faire disparaître pendant 12 à 15 heures en introduisant dans les narines, un mélange d'ail pilé et de moutarde que l'on retient en bouchant les naseaux avec les mains, l'animal éternue considérablement et se débarrasse pour quelque temps de ce jetage incommode. Si le cheval qui doit être vendu présente plusieurs tares, le marchand tâchera d'attirer l'attention du client sur la plus insignifiante, afin que ce dernier ne porte pas ses investigations ailleurs. Lorsque le cheval est hors d'âge, les maquignons le contre-marquent ; pour cela faire, ils pratiquent, au moyen d'un burin, une cavité au milieu des dents et la remplissent d'un corps gras et noir, ou la brûlent pour imiter le germe de la fève; il est facile de découvrir ce dol par l'absence de l'émail qui doit circonscrire la cavité dentaire.

Pour vieillir les poulains, il leur arrive souvent d'arracher les dents de lait pour hâter la venue des dents de remplacement ou pour faire croire que celles-ci ont chassé les premières.

Quand les salières sont trop creuses, ils font une piqûre à la peau, et à l'aide d'un petit chalumeau ils y insufflent de l'air ; on reconnaît facilement cette fraude à la crépitation que l'on perçoit en y passant la main.

Si le cheval est maigre, ils l'engraisseront avec du son, des pommes de terre et du tourteau, de manière à faire croire qu'il est facile d'entretien. Il est digne de remarquer que la plupart du temps, une grande obscurité règne dans les écuries des marchands, et le lieu où l'on présente les chevaux est toujours entouré de murs, le terrain est disposé en dos d'âne afin d'élever l'avant-main et de corriger à l'œil le défaut de conformation assezhabituel d'être bas du devant

M. Bardet, d'Avranches, signale aussi certaines manœuvres frauduleuses. L'emploi des graines de datura stramonium ou stramoine permet de masquer la pousse la plus caractérisée et d'en assurer la vente par des gens insolvables, L'insufflation dans les cavités nasales d'une poudre de charbon de bois ou de crins finement coupés, l'introduction d'un bouchon de liège entre les cornets, l'injection de crin coupé seraient susceptibles de simuler le cornage. Mais pour le provoquer sûrement, on emploie dans les Charentes un fil de cuivre ou d'acier fixé aux oreilles, caché dans le poil et comprimant la gorge. Une grosse bride complète l'outillage opératoire.

Pour faire disparaître l'intermittence d'une boiterie, rien de plus simple. On s'introduit plus ou moins furtivement chez le dépositaire ou le chargé de fourrière et on introduit dans la lacune médiane ou dans les glomes de la fourchette une aiguille à laine que l'on brise avec un marteau dans le pied. Il suffit pour provoquer la fluxion périodique, d'insuffler de la chaux dans l'œil ; l'auteur affirme que le résultat est positif et qu'il a vu de grands maîtres nommés experts s'y faire prendre. Détail curieux l'hippopion ne ferait pas défaut. Pour le tic, il est aisé de le faire disparaître pour 8 à 10 jours en pratiquant l'ébranlement des dents. Cette méthode bien connue dans la Manche serait fort en pratique parmi les fournisseurs de la remonte. On met un pas d'âne puis une planchette de bois dur sur les incisives inférieures. Quelques bons coups de marteau suffisent à provoquer une douleur tellement vive que le tic disparaît pour quelques jours.

Voici comment Garsault racontait, au siècle dernier, quelques ruses des marchands de chevaux.

« Les moyens qu'emploient les maquignons, dit-il, sont d'arracher les dents aux poulains ; de les scier et limer aux chevaux, de les contre-marquer, de leur peindre les sourcils lorsqu'ils ont cilié, de leur faire des taches sur la robe pour qu'on ne reconnaisse pas ceux qui ont été volés, de leur mettre des fausses queues, de leur retrancher une portion de peau entre les oreilles et d'en opérer le rapprochement après la cautérisation, de leur faire mâcher des drogues pour les faire saliver, de faire disparaître les crevasses, les eaux aux jambes, ajoutant à cela mille propos plus faux les uns que les autres et capables de persuader l'homme qui ne serait pas prévenu de leurs audacieux mensonges et bavardages... Puis comme ils sont attentifs à tout ce qui peut faire valoir leur chevaux, s'ils en ont qui soient lourds et paresseux, ils leur donnent tant de coups de fouet, dehors et dedans l'écurie, qu'à la seule vue du maquignon, ils sont tout en l'air.

Quand le cheval est ombrageux, le maquignon le fait passer à force de crier. — Quand il a quelques grosseurs

ou quelques maux apparents aux jambes et aux pieds, il
cherchera un terrain plein de boue pour vous le montrer.
Si son cheval a les jambes raides de fourbure ou autrement, il le dégourdira et l'échauffera à marcher sur un
terrain doux avant de l'exposer en vente... L'habitude de
tous les marchands de chevaux, pour les montrer en main,
est de les brider avec des mors dont les branches sont
très longues, afin de leur tenir la tête haute... On ne peut
enfin limiter toutes leurs fourberies, car ils en inventent
à mesure qu'ils en ont besoin.

S'agit-il de faire monter le cheval ? Premièrement ils
ne le laissent guère en repos ; plus il est pesant et paresseux, moins vous venez à bout d'empêcher celui qui le
monte de le tenir perpétuellement en agitation... s'il part
au galop, et qu'il sache que les reins ou les jambes du
cheval ne valent rien, il s'agitera et lui donnera des mouvements qui sont capables de vous éblouir.

Enfin ces gens-là ont une façon si extravagante de conduire les chevaux, qu'on ne peut presque rien découvrir,
si on ne les fait monter par quelqu'un de confiance, ou si
on ne les monte soi-même. »

DU POULS

Le pouls est le choc que le doigt perçoit en explorant
une artère superficielle. Chez le cheval on peut constater
le pouls aux artères glosso-faciales, latérales du boulet et
coccygiennes. Pour explorer l'artère glosso-faciale, on
pose la main gauche sur le chanfrein, le pouce de la main
droite cherche un appui à la partie inférieure de la joue,
tandis que l'index et l'annulaire appuient sur l'artère située

dans la scissure comprise entre la partie droite et la partie recourbée de l'os de la machoire.

EXPLORATION DU POULS CHEZ LE CHEVAL

Chez les bêtes bovines, l'exploration du pouls se fait
aux artères coccygiennes inférieures, car l'artère glosso-
faciale est petite et difficile à saisir.

Chez les petits animaux, on rencontre le pouls à l'artère
radiale, à la face interne du membre antérieur dans un
petit sillon situé au-dessus du genou.

On doit approcher l'animal sans l'effrayer, et laisser
passer, sans en tenir grand compte, les premières pulsations. On ne commencera à juger de leur valeur qu'autant
que l'animal sera parfaitement tranquille. Pour apprendre
à bien connaitre le pouls, il faut l'explorer souvent chez
les animaux sains et sur différents sujets.

Caractères du pouls.

Le pouls constaté sur un animal sain et en repos donne des sensations régulières, égales en nombre et en force.

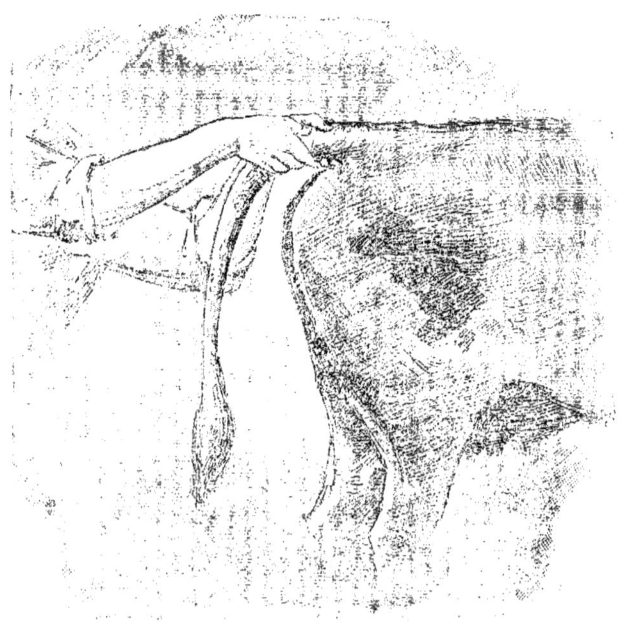

EXPLORATION DU POULS CHEZ LES BÊTES BOVINES

D'après les observations de nos savants professeurs, voici quelle serait la moyenne, pendant une minute, sur nos différents animaux domestiques.

LION, BOULONNAIS, 3 ANS

Chez le cheval . . . . 32 à 40
Chez l'âne et le mulet. . . . 45 à 50
Chez le bœuf . . . . 35 à 40
Chez le mouton et la chèvre . 70 à 80
Chez le porc. . . . . 70 à 80
Chez le chien . . . . 90 à 100

Dans la jeunesse, le pouls bat plus vite ; il est retardé dans la vieillesse. Pendant la gestation, le pouls se montre plus fréquent ainsi que pendant le travail.

Les chaleurs de l'été augmentent constamment la vitesse du pouls.

Variétés du pouls dans les maladies.

Pouls rare. — On appelle pouls rare, celui où les pulsations sont moindres qu'à l'état normal ; et quand la différence est notable, il indique une maladie chronique des centres nerveux, comme l'immobilité, ou un empoisonnement par les narcotiques.

Pouls vite. — Le pouls vite est caractérisé par la courte durée de la pulsation (Entérite, métrite).

Pouls fréquent. — Celui dont les pulsations se succèdent avec rapidité (fièvre).

Pouls lent. — Quand le gonflement de l'artère se développe et se termine lentement, c'est un signe d'anémie.

Le pouls dur et résistant accompagne la fièvre inflammatoire.

Le pouls petit et fréquent indique une inflammation des séreuses (péritonite, pleurésie, péricardite, méningite).

EXPLORATION DU POULS CHEZ LES PETITS ANIMAUX

Le pouls est tendu quand l'artère semble tirée par ses deux extrémités, il accompagne les fièvres éruptives.

Le pouls est plein quand l'artère est ronde (pléthore).

Il est mou quand l'artère est flasque (lymphatisme, hydrohémie).

Il est embarrassé quand les pulsations sont difficiles à saisir, le vaisseau paraît trop plein et indique toujours l'urgence de la saignée.

Il est dicrote quand la pulsation rebondit et se fait sentir une seconde fois, il accompagne certaines maladies de cœur.

Il est intermittent quand il y a absence de quelques pulsations, comme dans le tétanos et les affections des centres nerveux.

Le pouls filiforme qui ne bat que par petits mouvements (comme un fil) annonce une mort prochaine.

DE LA FIÈVRE

La fièvre est un état maladif caractérisé par l'accélération du pouls, par une chaleur plus ou moins intense souvent précédée de frissons et accompagnée de désordres dans l'économie animale. Elle débute ordinairement par des phénomènes qui sont l'abattement, le manque d'ardeur au travail, la pesanteur de la tête, la courbature, le défaut d'appétit, la rumination retardée ou nulle, l'accélération des mouvements du flanc.

Le pouls monte à 60 pulsations chez le cheval, à 80 chez les bêtes bovines et à 100 chez les petits animaux ; en même temps que le pouls acquiert la vitesse, il change de caractère suivant les affections de l'âge.

La fréquence du pouls ne peut pas, à elle seule, caractériser la fièvre, il faut qu'il y ait toujours de la chaleur anormale du corps. On peut la mesurer avec la main appliquée sur la peau ou avec le thermomètre introduit dans le rectum. La température normale chez le cheval sain est de 37 à 38° centigrades ; lors de la fièvre, elle peut monter de 40 et même à 41°.

Chez les bêtes bovines, la température normale est de 39° ; chez le mouton, 40° ; chez le chien, 38°.

On remarque en outre dans la fièvre, la suppression en partie des sécrétions ; quand elles reparaissent abondamment, c'est un signe de bon augure. La diminution de salive rend la bouche sèche. Chez les bêtes bovines, le mufle est sec et chaud. L'urine est moindre, rosée et trouble, les reins ont perdu leur souplesse et la démarche est raide.

DE LA SAIGNÉE

La saignée est l'opération qui consiste à ouvrir une veine pour en extraire du sang.

Beaucoup de maladies étant de nature inflammatoire, il est souvent nécessaire de faire une saignée sur le champ : tout cultivateur doit donc être en état de la pratiquer.

Ou peut saigner à toutes les veines superficielles, telles que les veines de l'ars, de l'avant-bras, de la face interne de la cuisse, etc. On croyait même autrefois que plus la saignée était faite à une veine éloignée du mal, plus de chances on avait de soulager le sujet. Mais depuis les données exactes faites sur la circulation du sang, il est toujours préférable de saigner à un gros vaisseau ; on choisit de préférence aujourd'hui la veine jugulaire.

SAIGNÉE CHEZ LES ANIMAUX DOMESTIQUES

A. — Point de saignée.

Pour les saignées préventives on maintiendra les sujets à la diète, pendant 4 à 5 heures, ou bien on opérera le matin. L'instrument qui sert à saigner s'appelle *flamme* ou *lancette*. Lorsqu'on veut saigner, on prépare du fil, une mèche de chanvre ou des crins, une épingle et un vase pour mesurer la quantité de sang extrait.

Manière de saigner.

Un aide se place en face de la bête, lui tenant la tête un peu relevée et inclinée vers le côté droit si on saigne à gauche ; on couvre avec la main l'œil du côté de la veine à ouvrir afin de ne pas effrayer l'animal. Si le poil qui recouvre la région est trop long ou trop fourni, on le coupe et on le mouille, afin de mieux distinguer la veine. On applique les deux derniers doigts de la main gauche sur le trajet du vaisseau en ayant soin de le comprimer pour le faire gonfler : tenant ensuite la flamme entre le pouce et l'index de la même main dans une direction parallèle à la longueur de la veine et de son milieu de manière que la pointe de l'instrument soit à peu près de deux millimètres de la peau, on frappe avec un petit bâton un coup sec sur le dos de la flamme et le sang jaillit. Si on doit saigner une bête bovine, il est bon de lui passer une corde à la base du cou et de la serrer pour que la veine devienne plus apparente.

Lorsque la quantité de sang est suffisante, on arrête la saignée en perçant transversalement les lèvres de la plaie avec une épingle sur laquelle ou applique le nœud de batelier (fil, chanvre, crins) et on lotionne la région avec de l'eau froide légèrement phéniquée.

On tire généralement 3 à 4 litres de sang chez le cheval et chez la vache ; 4 à 5 litres chez le bœuf.

Si la saignée a été pratiquée sur un animal malade, il est facile de voir si elle était nécessaire. Dans ce cas, le sang se coagule lentement en deux caillots ; un rouge inférieur, et un blanc supérieur qui forme ce que l'on appelle la *couenne* inflammatoire ; elle varie de volume avec la fièvre et peut acquérir plusieurs centimètres d'épaisseur.

La saignée sera toujours indiquée dans le cas de pléthore franche, de congestion des organes vasculaires (poumons, foie), dans la fourbure. Il y a toujours dans ces cas, de l'abattement, de la rougeur des muqueuses, de la chaleur à la peau et le pouls est plein, tendu et fréquent.

On s'abstiendra de saigner dans les *maladies éruptives*, dans la *gourme*, la *pléthore séreuse*, l'*anémie*, l'*hydroémie* et les *hydropisies*.

Accidents consécutifs à la saignée.

Divers accidents peuvent se produire dans le cours d'une saignée.

1° **La piqûre de la carotide** qui se reconnaît à la couleur rutilante du sang s'échappant par saccades ; le moyen pratique de s'en rendre maître est le tamponnement, c'est-à-dire la compression extérieure.

2° **L'introduction de l'air dans la veine** qui fait entendre un bruit de gargouillement isochrone avec les battements du cœur ; s'il ne pénètre qu'un peu d'air, l'animal n'en est pas incommodé, mais dans d'autres cas, il devient agité, anxieux et tombe en syncope ; la mort en est quelquefois le résultat.

3° **Le thrombus** dû à l'infiltration du sang entre la peau et le tissu cellulaire, se traduit par une tumeur plus ou moins volumineuse qui disparaît souvent par une friction excitante, la compression ou les cataplasmes d'argile et de vinaigre

4° **L'hémorrhagie** qui arrive souvent quand l'animal se frotte ; on la combat en plaçant une nouvelle épingle et une nouvelle ligature.

5° **L'inflammation de la veine ou phlébite** qui se reconnaît à la tuméfaction de la veine, à la raideur de l'encolure et au suintement de pus qui s'écoule par l'ouverture de la saignée. Avant d'entreprendre le traitement de cet accident, on attachera l'animal de manière qu'il ne puisse plus se frotter et on appliquera sur la région gonflée une forte friction d'onguent vésicatoire. — Ce simple moyen m'a toujours réussi et je n'ai jamais eu recours à l'opération qui consiste à débrider la plaie pour appliquer une ligature à la veine.

DU SÉTON

Le séton consiste en un corps étranger que l'on place sous la peau pour déterminer une irritation et entretenir un exutoire.

Suivant la nature des corps étrangers, on distingue le *séton à mèche* formé d'une bandelette de toile ou de chanvre que l'on place avec une aiguille ; *le séton à rouelle*, formé d'une rondelle de cuir que l'on introduit sous la peau par une seule incision, et enfin *le trochisque* formé d'une substance irritante (ellébore, sublimé en cône ou

en pâte), que l'on fait pénétrer sous la peau à la manière
du séton à rouelle.

Lieux d'élection. — On peut placer des sétons sur
toutes les parties du corps, mais leurs lieux d'élection
principaux sont le poitrail, le thorax, les joues, l'encolure,
l'épaule, la cuisse, la fesse, la croupe et le grasset.

Pour placer le séton à mèche, on fait à la peau un pli
dont on traverse la base avec un bistouri, puis on introduit par cette ouverture une aiguille longue terminée par
une lame ayant la forme d'une feuille de sauge double ;
l'aiguille est tenue et poussée de la main droite, tandis
que l'autre main soulève successivement la peau et prépare le trajet. Quand l'instrument a pénétré à la longueur
voulue, l'opérateur fait le contre-appui avec un bistouri
et l'aiguille sort de la peau ; on passe la mèche, longue
de 75 centimètres par une ouverture ménagée au côté
tranchant de l'aiguille et on retire celle-ci ; on fait un
nœud à chaque bout du ruban que l'on enduit ordinairement de savon noir, et on attend la suppuration qui a
lieu souvent vers le troisième jour. A cette époque, on
fait le pansement du séton ; on glisse le doigt en pressant
légèrement sur le trajet pour faire écouler le pus qui
s'y trouve accumulé et on nettoie les deux ouvertures
ainsi que les parties environnantes avec de l'eau tiède
légèrement phéniquée. Suivant l'abondance de pus, on
donnera régulièrement ces soins une ou deux fois par
jour. — On doit prendre toutes les précautions pour
empêcher l'animal de s'arracher le séton ; il faut l'attacher
au râtelier ou lui passer le collier à chapelet.

La mèche reste ordinairement un mois en place ; pour
l'enlever, il suffit de couper un des nœuds et de retirer la
bande ; il convient pendant quelques jours de presser le
trajet et de nettoyer les ouvertures, tant que la suppuration continue pour éviter la formation d'abcès.

La pose d'un séton est quelquefois suivie d'accidents tels que l'*hémorrhagie* qui peut nécessiter l'enlèvement de la mèche pour fermer ensuite les plaies par une suture

L'*engorgement gangréneux*, décelé par la mauvaise odeur du trajet dans lequel on injectera de l'eau phéniquée tout en appliquant des pointes de feu pénétrantes dans l'engorgement.

Les *abcès* que l'on ouvrira au fur et à mesure qu'ils se formeront.

Les *bourgeons charnus* qui tendent à oblitérer les ouvertures seront cautérisés au fer rouge.

Les sétons sont surtout employés à titre de dérivatifs et de résolutifs, pour combattre les affections catarrhales les plus invétérées, les maladies des yeux, les maladies de la peau et les engorgements chroniques en amenant la fonte des tissus, etc.

La pose du séton comme moyen de prévention est une opération de convenance qui a complètement disparu de la chirurgie vétérinaire.

CHAPITRE II

MALADIES du CHEVAL, de l'ANE et du MULET

MALADIES INTERNES

MALADIES DE L'APPAREIL DIGESTIF

Stomatite ou inflammation de la bouche.

La *stomatie* est l'inflammation de la muqueuse qui tapisse l'intérieur de la bouche. Elle prend plus spécialement le nom de *lampas*, quand l'inflammation est limitée à la muqueuse du palais.

Causes. — Les aliments irritants, les corps étrangers et certains agents médicamenteux peuvent faire naître la stomatte ; elle est plus fréquente chez les jeunes animaux en raison de la dentition.

Symptômes. — Cette affection peu grave présente comme symptômes essentiels : de la chaleur, de la rougeur et de la tuméfaction ; la bouche exhale une odeur de fermentation et la salive s'écoule plus ou moins abondamment des commissures des lèvres.

Traitement. — Le moyen ordinairement employé consiste à laver la bouche avec de l'eau vinaigrée : les gargarismes à l'eau boriquée 1 °/₀ sont aussi fort recommandables, surtout si on y ajoute quelques gouttes d'eau phéniquée.

Des barbottages et des aliments de facile mastication complèteront le traitement.

Lorsque le gonflement du palais gêne la préhension des aliments, il faut recourir à la saignée locale qu'on fera dans la partie médiane du palais au niveau du cinquième sillon transversal.

Angine pharyngée. — Pharyngite.

L'angine pharyngée est l'inflammation de la muqueuse de l'arrière-bouche.

Causes. — Elle fait souvent suite à la stomatite et reconnaît les mêmes causes : les corps étrangers, les breuvages chauds ou irritants et les refroidissements ; elle complique souvent la maladie contagieuse que nous étudierons plus loin sous le nom de gourme.

Symptômes. — Le cheval affecté d'angine a d'abord une toux sèche qui devient bientôt grasse, la gorge est sensible, la bouche chaude laisse tomber des parcelles alimentaires mêlées de salive visqueuse chaque fois que l'on provoque la toux. La déglutition est douloureuse et le cou est raide comme dans le torticolis. Le symptôme le plus saillant est le rejet, par le nez, des boissons mêlées de mucosités et de débris d'aliments souvent colorés en vert, qui restent adhérents autour des naseaux. Lorsque le jetage est mucoso-purulent, j'ai souvent reconnu les caractères contagieux de l'affection. — La fièvre est quelquefois nulle; il arrive souvent que l'animal ronfle ou fait entendre, en se déplaçant un bruit simulant le cornage.

L'angine franche est bénigne; elle devient grave quand elle se complique de gangrène ou de pneumonie.

Traitement. — Les animaux atteints d'angine seront placés dans une écurie bien aérée, à l'abri des courants d'air. On fera de fréquents lavages de la bouche avec de l'eau vinaigrée et de l'eau miellée. Un dérivatif autour de la gorge favorise toujours la guérison. — J'emploie de préférence une friction d'onguent vésicatoire que je fais enlever au bout de deux jours avec de l'eau savonneuse; j'entoure ensuite la gorge avec une peau de mouton et j'administre chaque jour, en deux fois, un électuaire composé de :

Kermès minéral. . . . . 10 grammes.
Poudre de belladone . . . 5 »
Miel . . . . 250 »

Des fumigations d'eau tiède légèrement phéniquée sont à recommander.

Comme nourriture, du barbottage à discrétion.

Les abcès de l'auge qui se développent quelquefois dans le cours d'une angine, seront ouverts et traités comme les abcès ordinaires.

Œsophagite.

L'*œsophagite* est l'inflammation du conduit qui va du pharynx à l'estomac.

Causes. — Les causes qui engendrent l'œsophagite sont identiques à celles de la pharyngite.

Symptômes. — Les symptômes dominants de cette affection sont la difficulté de dégluter et la sensibilité de la gouttière œsophagienne provoquée par le massage de la région. On observe aussi de la toux et de la raideur de l'encolure.

Traitement. — Faire des frictions sinapisées sur le côté gauche de l'encolure et donner des barbottages trés froids. Les grains cuits et les carottes cuites peuvent être donnés modérément.

Jabot.

Le *jabot* est la dilatation anormale de l'œsophage dans sa région cervicale.

Causes. — Le jabot est souvent développé par l'arrêt des corps étrangers dans l'œsophage. Les violences extérieures, les coups peuvent aussi le faire naître.

Symptômes. — On reconnaît le jabot à la présence, dans la région jugulaire gauche, d'une masse pâteuse, allongée qui disparaît par la pression.

La déglutition est difficile et on constate des efforts de

régurgitatôns en même temps que du météorisme. La toux se fait entendre par intervalles et il n'est pas rare de voir la respiration précipitée.

Traitement. — Le traitement n'est que palliatif. Il faut vider le jabot par des pressions modérées de haut en bas, et nourrir les sujets qui en sont atteints avec des aliments liquides ou très divisés.

Perforation de l'œsophage.

Cet accident est produit par la rupture d'un jabot ou par les manœuvres de la sonde, pour chasser les corps étrangers qui s'y trouvent arrêtés.

Symptômes. — On reconnaît facilement l'affection qui nous occupe par l'engorgement emphysémateux de l'encolure; la peau crépite sous la pression de la main, et si l'on donne un breuvage, le liquide revient par la bouche et par le nez.

Traitement. — Il n'y a que la suture de l'œsophage qui pourrait en avoir raison, mais cette opération es rarement suivie de succès.

AFFECTIONS DE L'ESTOMAC ET DE L'INTESTIN

Irritation gastro-intestinale aiguë.

Causes. — Parmi les causes qui peuvent provoquer l'irrittation gastro-intestinale, il faut placer en tête, les aliments avariés, moisis, malpropres, les plantes âcres, les boissons trop froides prises abondamment, les efforts violents, les refroidissements et les écuries malsaines.

Symptômes. — Le premier symptôme qui apparaît est le défaut d'appétit, quelquefois les animaux mangent la moitié de leur ration mais très lentement, la soif est aussi diminuée. On voit les sujets échauffés lécher l'auge, les murs et témoigner leur préférence pour les aliments grossiers ou le fumier souillé d'urine.

Généralement la bouche est sèche, plus tard, chargée de mucus et exhale une odeur fade ; le ventre est cordé ; les crottins secs, entourés de mucosités, sont expulsés en petite quantité ; ensuite apparaît la diarrhée. Les excréments présentent des aliments non modifiés, de l'avoine, du foin mal digérés. Il n'est pas rare de constater de légères coliques qui se traduisent par des trépignements des membres postérieurs et le décubitus fréquent.

La fièvre est presque nulle et les muqueuses apparentes ne présentent rien d'anormal. La guérison arrive vers le huitième jour ; mais il arrive des cas graves, où la diarrhée devient aqueuse, les poils se piquent, la faiblesse devient extrême, les flancs se retroussent et les animaux tombent dans un marasme qui est l'avant-coureur de la mort.

Traitement. — Il faut commencer par mettre les animaux à la diète et les purger avec 250 grammes de sulfate de soude. Une friction de farine de moutarde sous le ventre aidera puissamment à la résolution. — Des breuvages émollients à la graine de lin ou avec de la crême de tartre (60 grammes) ou du sel marin (60 grammes) seront aussi de précieux auxiliaires.

Contre la diarrhée, on donne généralement le sulfate

VUE GÉNÉRALE DES VEINES DU CHEVAL

LÉGENDE

1, veine cave antérieure; 2. 2, veine cave postérieure; 3, tronc veineux pelvi-crural droit; 4. tronc pelvi-crural gauche; 5, veine fémorale; 6, veine obturatrice; 7, veine sous-sacrée; 8, veine testiculaire gauche; 9, veine abdominale postérieure; 10, veine rénale; 11, 11, branches ascendantes de la veine asternale; 12, veine azygos avec ses branches intercostales, et en avant; 13, le rameau veineux sous-dorsal; 14, veine œsophagienne; 15, veine dorsale ou dorso-musculaire; 16, veine cerviale ou cervico-musculaire; 17, veine vertébrale; 18, veine axillaire droite; 19, veine sus-sternale ou mammaire interne; 20, veine axillaire gauche; 21, terminaison de la céphalique gauche; 22, jugulaire gauche; 23, jugulaire droite; 24, veine maxillaire externe ou glosso-faciale; 25, veine coronaire; 26, veine angulaire de l'œil; 27, veine sous-zigomatique; 28, veine auriculaire postérieure; 29, veine maxillo-musculaire; 30, veine métacarpienne; 31, veine sous-cutanée médiane; 32, veine sous-cutanée radiale; 33, veine radiale postérieure; 34, tronc basilique; 35, veine de l'ars ou céphalique; 36, plexus veineux coronaire; 37, veine digitale; 38, veine métatarsienne interne; 39, racine antérieure de la veine saphène interne; 40, racine postérieure de la saphène; 41, saphène interne; 42, grande veine coronaire; 43, petite veine mésaraïque; 44, différentes branches de la veine

(SUITE)

grand mésaraïque; 45, tronc de la veine porte, dans sa portion sous-lombaire, logée dans l'épaisseur du pancréas; 46, veine porte dans la scissure postérieure du foie, en bas, on la voit se plonger dans l'épaisseur de l'organe. — M, muscle omoplat-hyodien coupant obliquement la direction de la trachée; P, peaucier cervical rabattu pour mettre à nu la gouttière jugulaire; O, oreillette droite du cœur; A, aorte postérieure; C, coupe du poumon droit; F, lobe gauche du foie, situé en arrière de la coupe du diaphragme; R, rein droit porté en avant et en haut; L, œsophage; V, vessie; S, rectum; T, canal thoracique; T', terminaison de ce canal sur le confluent des jugulaires.

de fer à la dose de 10 grammes dans les boissons. Si malgré son emploi, la diarrhée persiste, il sera bon d'administrer, en deux fois dans la journée, 100 grammes de teinture d'opium dans un litre de tisane de graine de lin. Les bouchonnements fréquents suivis de couvertures chaudes ne seront pas négligés. Comme régime, on donnera de la tisane de graine de lin et d'eau de son.

Irritation gastro-intestinale chronique.

Causes. — Identiques à celles de l'irritation aiguë. Les vieux chevaux, ceux surtout dont la table dentaire est irrégulière et partant la mastication incomplète sont souvent atteints de cette affection. Les *œstres gastricoles* imbriqués en grand nombre sur la muqueuse gastrique, les ulcérations, les corps étrangers, les calculs, déterminent aussi l'irritation gastro-intestinale chronique.

Symptômes. — La maladie se manifeste par des troubles de l'appétit qui devient capricieux ; la bouche est sèche, il y a de légères coliques toutes les fois que les animaux mangent plus que de coutume, la diarrhée persiste et forme le symptôme principal du catarrhe gastro-intestinal chronique ; les muqueuses se décolorent, les poils se piquent, la faiblesse augmente et les malades deviennent incapables de rendre aucun service.

Traitement. — Un régime diététique sévère forme la base du traitement. Il faudra examiner avec soin la bouche des chevaux, niveler les dents et donner aux vieux animaux du son sec et de l'avoine concassée dans laquelle on mettra une poignée de sel marin ou de sulfate de soude mélangés. La poudre de rhubarbe et la gentiane rendent aussi de bons services. Pour arrêter la diarrhée, on emploiera les mêmes remèdes que pour l'échauffement aigu.

Pour détruire les œstres de l'estomac et de l'intestin du cheval, le seul remède héroïque est l'emploi des capsules du professeur Ed. Perroncito.

DES COLIQUES EN GÉNÉRAL

On désigne ordinairement sous le nom de coliques les douleurs des organes abdominaux.

Causes. — Le nombre des causes pouvant faire naître des coliques est considérable : une certaine prédisposition, les refroidissements, l'alimentation, les fourrages verts, les foins nouveaux ou avariés, l'eau trop froide, les vers intestinaux, les calculs, la surcharge alimentaire, les changements de rapports de l'intestin (volvulus, hernies, invaginations) sont les causes principales des coliques.

Coliques nerveuses.

Due à un refroidissement, cette colique est d'une intensité extrême ; les animaux se roulent violemment, se relèvent brusquement, se campent sans émettre d'urine, regardent leur flanc et se couvrent de sueur. Le pouls accéléré, irrégulier indique l'état nerveux du sujet. Ces coliques ne durent souvent que deux ou trois heures, puis le calme revient.

Traitement. — Le breuvage employé à l'école d'Alfort en a facilement raison, il se compose de :

Ether. . . . . 15 grammes.
Camphre. . . . 10   »
Assa fœtida. . . 15   »

dans un litre d'eau fraîche. — Quelques lavements, des bouchonnements et de la pommade sont de grande utilité.

Coliques dues à l'indigestion de l'estomac.

Elles se manifestent pendant le repas ou immédiatement après. L'animal gratte avec le pied de devant et se couche avec précaution, il reste assez longtemps dans cette position sans se rouler ; il y a réplétion et lourdeur de l'estomac avec du baleonnement plus ou moins fort. Le pouls est peu ou point changé, les muqueuses un peu infiltrées. La maladie peut se terminer par la rupture de l'estomac, que l'on reconnaît au rejet des matières alimentaires par le nez et la bouche.

Traitement. — Il faut avoir recours aux excitants : le vin, la bière, le cidre, le café, la camomille salée, l'absinthe donnent des breuvages qu'on a sous la main et qu'on peut donner rapidement ; seulement, je recommande de les donner en petite quantité pour ne pas distendre l'estomac déjà trop surchargé.

Les injections sous-cutanées d'un mélange de 5 centigrammes de sulfate d'esérine et 10 centigrammes de nitrate de pilocarpine m'ont donné de bons résultats. — Des lavements à l'eau de mauve avec une cuillerée de sel de cuisine ou d'huile et des bouchonnements fréquents sont toujours à conseiller.

Coliques dues à la congestion intestinale.
Tranchées rouges.

La maladie débute par des signes d'inquiétude, de malaise bientôt portés à une extrême intensité ; les animaux se laissent tomber et se roulent violemment, si on les force à marcher ils buttent fréquemment et ont une démarche automatique ; ils ne sont plus sensibles au fouet et tombent comme une masse malgré les coups et les efforts tentés pour les faire avancer ; les souffrances vont en augmentant, il y a toujours une constipation opiniâtre ; la sécrétion urinaire est tarie, le pouls est accéléré, puis il devient irrégulier et plus tard filiforme. Les muqueuses sont rouges violacées à cause du trouble de la circulation. Le ballonnement ne fait jamais défaut. — Cette colique est une des plus graves affections du cheval.

Traitement. — Il faut débuter par une saignée copieuse pour empêcher l'hémorrhagie intestinale, et appliquer sous le ventre un sinapisme. — On videra le rectum et on glissera de fréquents lavements de graine de lin et d'huile. Il est bon de faire prendre, par intervalles, des breuvages de camomille. Quelques auteurs recommandent de donner, toutes les heures, 1/2 litre d'huile d'olive avec un décilitre d'huile de ricin (pendant 5 heures).

Coliques dues à la constipation.

La douleur est sourde dans cette colique qui présente comme symptôme dominant les efforts que fait l'animal pour expulser quelques crottins durs et coiffés.

Traitement. — Le sulfate de soude à la dose de 200 grammes par jour, pendant deux jours et des lavements sont les moyens ordinairement employés pour combattre cette affection Le calomel, 10 grammes en 5 doses données de 4 en 4 heures amène souvent un résultat plus prompt. — Il sera bon de donner du barbottage et des fourrages verts.

Coliques dues à une pelote stercorale, calcul.

Le symptôme différentiel de ces coliques est la position insolite que prend l'animal qui en est atteint ; il se met sur le dos ou reste assis en chien. La durée est longue et si la pelote n'est pas chassée, il survient tout le cortège des symptômes décrits à l'article tranchées rouges.

Traitement. — L'essence de térébenthine à la dose de 30 grammes dans une infusion de camomille m'a souvent réussi. J'ai employé aussi avec succès le calomel à la dose de 4 grammes, répétée cinq fois dans la journée. — Si la colique dure plusieurs jours, on fera bien de laisser le sujet à la diète après l'expulsion du calcul ou de la pelote et de le soumettre au régime du grain cuit et du barbottage, avec 100 grammes de sulfate de soude chaque jour.

Coliques vermineuses.

Les coliques vermineuses sont souvent légères et ne peuvent être reconnues que par le rejet d'une certaine quantité de vers dans les excréments. Quand l'affection est ancienne, les animaux maigrissent et se frottent volontiers la queue contre les murs de l'écurie.

Traitement. — L'essence de térébenthine, à ls dose de 30 grammes dans une infusion de camomille, deux fois par jour, pendant quatre à cinq jours, expulse fréquemment les parasites de l'intestin. L'acide arsénieux (1 gramme) ou le calomel (4 grammes) mêlé au son et à l'avoine

sont des médicaments recommandables. Un moyen vulgairement employé et qui donne de bons résultats est de
faire prendre à jeun un litre d'infusion de fleur de tanaisie avec une cuillerée de suie de cheminée. — L'ail coupé
en fines tranches et mélangé à l'avoine est souvent conseillé à la campagne.

Vers. — Selon Hupfauf et Lehner, le chloroforme agit
favorablement contre l'helminthiase ; le premier l'administre en le mélangeant à l'huile de croton ; le deuxième
associe 25 grammes de chloroforme et 400 grammes
d'huile de ricin, il continue pendant trois semaines le traitement arsénical et administre à la fin une nouvelle fois
le mélange de chloroforme et d'huile de ricin. Weisen-
thaler emploie contre les ascaris le tartre stibié. Imminger
donne la liqueur de Fowler, aux poulains de trois à six
mois, une à deux cuillerées à café par jour ; aux chevaux
adultes, deux cuillerées à bouche matin et soir.

Coliques dues au volvulus et à l'invagination.

Les symptômes sont plus violents que dans la congestion intestinale, les animaux témoignent par leurs facies
une vive douleur et n'ont aucunement l'instinct de la
conservation ; comme dans l'obstruction intestinale, ils
se mettent sur le dos et prennent toutes les positions
anormales, dans le but d'alléger leurs souffrances. Monsieur Trasbot croit reconnaître un signe certain dans
les mouvements d'encensoir exécutés par la tête et dans
l'état crispé de la face.

Traitement. — Tous les purgatifs ont été employés
sans succès contre cette maladie presque toujours mortelle. Cependant Monsieur Trasbot affirme s'être bien
trouvé de l'huile d'œillette 1/2 litre avec un décilitre
d'huile de ricin, administrée en breuvage d'heure en
heure jusqu'à effet.

Coliques venteuses, gazeuses.

Elles sont caractérisées par le ballonnement qui constitue le mal principal. Si la maladie ne s'amende pas, la respiration devient suffocante, les muqueuses rouges violacées et la marche pénible. Les animaux se jettent par terre avec violence jusqu'à la terminaison qui est souvent fatale si l'on n'arrive pas à temps.

Traitement. — Le seul moyen de remédier à ces désordres rapides est la ponction du cœcum, faite avec le trocart fin, dans la partie moyenne du flanc droit, entre la hanche, les apophyses transverses lombaires et la dernière côte. Il est bon de donner un breuvage de camomille avec 15 grammes d'éther ainsi que des lavements froids.

Coliques par empoisonnement.

L'empoisonnement présente toujours les signes d'une gastro-entérite à marche rapide s'accompagnant d'une grande faiblesse musculaire, d'une marche chancelante et de paralysie consécutive. — On peut aussi observer des convulsions.

Causes. — Les plantes toxiques qui peuvent occasionner l'empoisonnement de nos animaux domestiques sont : l'euphorbe, la mercuriale, le laurier rose, le narcisse, le gland de chêne, le colchique d'automne, la digitale, le tabac, les feuilles de l'if, les feuilles de buis, l'aconi l'ellébore, la renoncule, la ciguë, la nielle des blés, le pavot, l'ergot de seigle. (*Voir aux plantes*).

Traitement. — Le traitement est symptomatique. On doit toujours commencer par un purgatif et donner des calmants, ou des excitants, suivant les symptômes présentés. Souvent tous les soins sont inutiles ; il est donc très prudent de connaître les plantes nuisibles pour les écarter de la présence des animaux.

INFLAMMATION des GLANDES SALIVAIRES

Parotidite ou oreillons
Inflammation de la glande parotide.

Causes. — Les causes de la parotide sont nombreuses ; on cite surtout les coups portés directement sur la glande, les calculs salivaires, les corps étrangers introduits par le canal de sténon (barbillons de seigle, d'orge), l'inflammation du voisinage et les gourmes.

Symptômes. — On constate toujours de la gêne de la mastication et une salivation abondante. Le gonflement de la glande est le symptôme dominant de l'affection.

Traitement. — Quand l'inflammation est aiguë, on hâte la formation de l'abcès par une friction d'onguent vésicatoire ou d'onguent de laurier. Si la maladie tend à la chronicité, on remplacera l'onguent vésicatoire par de la pommade d'iodure de potassium ou de biodure de mercure. Aussitôt que le point fluctuant apparaît, il faut ponctionner sans retard et seringuer la cavité purulente avec de l'eau phéniquée 1 °/₀.

Maxillite ou inflammation de la glande maxillaire.

Causes — Les causes sont toujours dues à l'obstruction du canal salivaire. — Les corps étrangers qui y pénètrent sont des épillets de brome stérile ou des barbes d'orge ou de seigle.

Symptômes. — Au début de l'affection, l'appétit est diminué, les mouvements de la mâchoire sont limités ; bientôt la salivation devient abondante, et on constate à ce moment, sur le côté du frein de la langue, l'ouverture du canal de Wharton (barbillon) formant une saillie d'un rouge brun du milieu de laquelle sort du pus liquide. En comprimant ce barbillon d'arrière en avant, on fait sortir un liquide purulent mêlé de matières alimentaires ; l'auge est empâtée et sensible. La maladie se termine souvent par un abcès d'où résulte quelquefois une fistule salivaire.

Traitement. — La première indication est d'enlever la cause ; pour cela on exercera des pressions modérées, d'arrière en avant, sur le canal malade. Si le corps étranger ne peut être extrait, il se formera un abcès que l'on ponctionnera aussitôt le point fluctuant reconnu. On aura soin de seringuer la plaie avec des désinfectants, car le pus qui s'en écoule est des plus fétides.

Comme nourriture, des barbottages, des grains cuits, du fourrage vert, des racines.

MALADIES DES GLANDES ANNEXES DE L'APPAREIL DIGESTIF

MALADIE DU FOIE

Apoplexie hépatique.

Causes. — Les efforts violents, les coups portés sur l'hypocondre droit, les chutes, la nourriture trop abondante et trop riche sont les principales causes de l'apoplexie du foie.

Symptômes. — Les symptômes se développent très rapidement ; les animaux chancellent, s'appuient sur les brancards, s'ils sont attelés, et tombent bientôt sur le sol. On observe de la pâleur des muqueuses et des sueurs lorsque le foie se rupture. Quand la marche est moins rapide, la teinte ictérique des muqueuses apparaît.

Traitement. — Le foie étant un organe essentiellement vasculaire, on comprend qu'il faille recourir immédiatement à la saignée que l'on fera copieuse, 4 à 6 litres.
Si les muqueuses sont décolorées, ce qui caractérise l'hémorrhagie interne, il faut s'abstenir. On fait à la peau des frictions animées avec de l'essence de térébenthine et on couvre chaudement l'animal. Le repos, des boissons blanches avec du sulfate de soude, de l'eau de graine de lin, des lavements complètent le traitement.

Congestion du foie.

Causes. — On observe cette affection sur les chevaux lymphatiques, abondamment nourris, surtout au moment des grandes chaleurs ; les efforts, les coups contribuent aussi à la faire naître.

Symptômes. — Débute comme le catarrhe gastro-intestinal : appétit diminué, bouche chaude, langue char-gée, mastication lente. coliques sourdes, constipation quelquefois opiniâtre avec un peu de ballonnement ; il y a de l'accélération de la circulation et de la respiration : l'urine est épaisse et colorée en jaune ; plus tard, appa-raît le symptôme dominant : la teinte jaune pâle des muqueuses et de la peau.

Traitement. — La congestion du foie attaquant de préférence les sujets pléthoriques, il sera toujours utile de pratiquer une saignée moyenne, et de la répéter le lendemain, si l'état du pouls l'indique. On a recours aux sinapismes sous le ventre et surtout sur l'hypocondre droit : on fera bien de donner des purgatifs laxatifs, le sulfate de soude, par exemple, à la dose de 100 grammes chaque jour dans les boissons. Si la constipation persiste il faudra recourir au calomel donné dans de l'eau gom-meuse, 16 grammes en 4 paquets, à prendre de cinq en cinq heures.

Comme régime, du barbottage et quelques carottes cuites.

Jaunisse ou Ictère.

Causes. — Les signes de la jaunisse apparaissent

quelquefois sans qu'on puisse en découvrir la cause. On cite cependant les refroidissements brusques, l'alimentation insuffisante, les habitations malsaines, les foins des prairies basses, etc...

Symptômes. — Ce qui dévoile immédiatement cette maladie est la coloration jaune de la peau et de toutes les muqueuses. Quand l'ictère est simple, les animaux ne paraissent pas incommodés ; mais dans d'autres cas, ils ont une démarche raide et deviennent tristes, ils refusent une partie de leur nourriture, puis survient la constipetion. Les urines sont toujours colorées en jaune, plus tard en jaune orange Cette affection peu grave par elle-même dure ordinairement de huit à quinze jours.

Traitement. — La saignée n'a ici qu'un rôle secondaire et je préfère m'en passer. Je recommande spécialement le calomel aux mêmes doses que la congestion.

Des frictions sinapisées sous le ventre et des barbottages avec du sulfate de soude sont à recommander.

Hépatite ou inflammation du foie.

Causes. — Les causes qui engendrent l'hépatite sont les mêmes que celles de la congestion du foie ; c'est-à-dire les coups sur l'hypocondre droit, les chutes et les efforts violents.

Symptômes. — L'animal qui en est atteint exprime par son attitude une vive souffrance ; il gratte le sol avec les pieds de devant et regarde son flanc avec anxiété, la colonne vertébrale est voussée et la démarche chancelante, les reins sont raides, les membres postérieurs traînent sur le sol comme dans la paralysie au début. Le sujet

trépigne des pieds postérieurs, ou se repose alternativement sur l'un et sur l'autre, les membres antérieurs sont
écartés et le décubitus engendre de la souffrance. La cons·
tipation est toujours opiniâtre et la teinte ictérique fait
rarement défaut ; en frictionnant l'hypocondre droit, on
provoque des plaintes. L'urine, rare au début, se colore
bientôt en jaune citron.

Traitement. — L'émission sanguine sera toujours
d'un utile secours au début de l'hépatite, surtout si les
sujets sont pléthoriques. On appliquera ensuite des
révulsifs sous le ventre et sur l'hypocondre droit, les
sinapismes seront d'abord employés ; mais si la résolution
ne se montre pas, on aura recours à l'onguent vésicatoire.

On administrera à l'intérieur du calomel, comme dans
la congestion, et des barbottages avec du sulfate de soude,
de la crême de tartre. Chaque jour on donnera une
cuillerée à bouche de sel de nitre. Le repos sera prescrit
pendant toute la convalescence et les travaux pénibles
devront être écartés pour quelque temps.

Affection du pancréas.

Le pancréas n'étant pas indispensable à la vie et étant
protégé contre toutes les irritations extérieures, n'est pas
sujet aux inflammations comme les autres organes ; il s'y
développe cependant quelquefois des tumeurs mélaniques
et d'autres altérations dues pour la plupart à une diathèse.

Cependant M. Méguin parle d'un cheval atteint de
pancrétite et qui a présenté les symptômes suivants :
nonchalance, mollesse, faiblesse, diminution d'appétit,
constipation, coloration jaunâtre des muqueuses et
amaigrissement. — L'animal succomba deux mois après
le début de la maladie.

AFFECTIONS DE LA RATE

Congestion de la rate.

Causes. — La pléthore, la chaleur et les efforts violents sont les causes ordinaires de cette affection.

Symptômes. — Le train postérieur est vacillant, les animaux trébuchent et tombent, les muqueuses pâlissent, le pouls devient filiforme, les battements du cœur sont tumultueux et les sujets restent étendus sur le sol jusqu'à ce qu'ils meurent.

Traitement. — Recourir vivement à la saignée abondante et aux révulsifs comme il est dit à propos de la congestion du foie.

Inflammation de la rate ou splénite.

Causes. — Le tempérament sanguin, les aliments trop substantiels et le surmenage peuvent occasionner la splénite.

Symptômes. — Ils sont obscurs au début ; plus tard il y a de l'inappétence et de la constipation ; puis on remarque à l'hypocondre gauche une tumeur allongée représentant la rate tuméfiée ; en frictionnant cette région on développe une grande sensibilité.

Cette affection se termine par la résolution, la suppuration ou la gangrène.

Traitement. — Il faut pratiquer une émission sanguine abondante et faire des frictions sinapisées sur l'hypocondre gauche. On donnera des barbottages, des boissons à la graine de lin avec du sulfate de soude. On recommande de fréquents lavements à l'eau de mauve et de mercuriale pour combattre la constipation.

PÉRITONITE

La péritonite est l'inflammation de la séreuse qui tapisse la cavité abdominale ; cette affection, toujours grave, se présente sous deux types : le type aigu et le type chronique.

Péritonite aiguë.

Causes. — Parmi les causes directes, on rencontre les plaies pénétrantes, les ruptures de l'estomac, de l'intestin, de la vessie, la castration, etc.

Les causes indirectes sont les refroidissements et les inflammations du voisinage (entérite, métrite).

Symptômes· — Les animaux grattent le sol, regardent leur ventre, se couchent avec précaution et se mettent promptement sur le dos, position qu'ils cherchent à garder pour soulager le péritoine. La colonne vertébrale est voussée, le pouls est petit, très accéléré, les muqueuses sont à peu près normales. Il y a une constipation opiniâtre, les crottins et l'urine sont expulsés avec douleur.

Vers le quatrième jour, apparaît l'épanchement, le

ventre se retrousse et devient douloureux à la pression, quelquefois un œdème se montre à sa partie déclive. Le pouls s'accélère de plus en plus, la respiration devient difficile et des sueurs apparaissent aux oreilles et à la face interne des cuisses. — Si un traitement approprié n'est pas mis en vigueur au début, la mort est inévitable.

Traitement. — Au début, il faut saigner modérément deux à trois litres, mais réitérer 2 ou 3 fois dans la journée. Les révulsifs doivent être employés concurremment avec la saignée, on appliquera un large sinapisme sous le ventre, il devra être laissé en place pendant 7 heures, afin d'obtenir un fort engorgement dans lequel on fera pénétrer le feu en aiguilles ; si l'engorgement ne se produit pas, on appliquera un deuxième sinapisme le lendemain.

A l'intérieur, on administre des purgatifs, le plus recommandable est le calomel à la dose de 4 grammes répété 3 fois dans la journée ; il sera donné de préférence dans de l'eau gommeuse. Le sel de nitre à la dose de 25 grammes par jour, combiné avec l'émétique, à la dose de 5 grammes dans les boissons donne aussi de bons résultats. M. Trasbot recommande tout spécialement l'application de pommade mercurielle à la face interne des cuisses, 50 à 60 grammes durant trois ou quatre jours ; j'ai été heureux de l'avoir essayé.

Péritonite chronique.

Causes. — Elle est souvent la terminaison de la péritonite aiguë ou bien elle est due à une diathèse carcinomateuse.

Symptômes. — Ce sont les symptômes atténués de la péritonite aiguë ; le caractère dominant est l'augmentation progressive et considérable du ventre avec perte

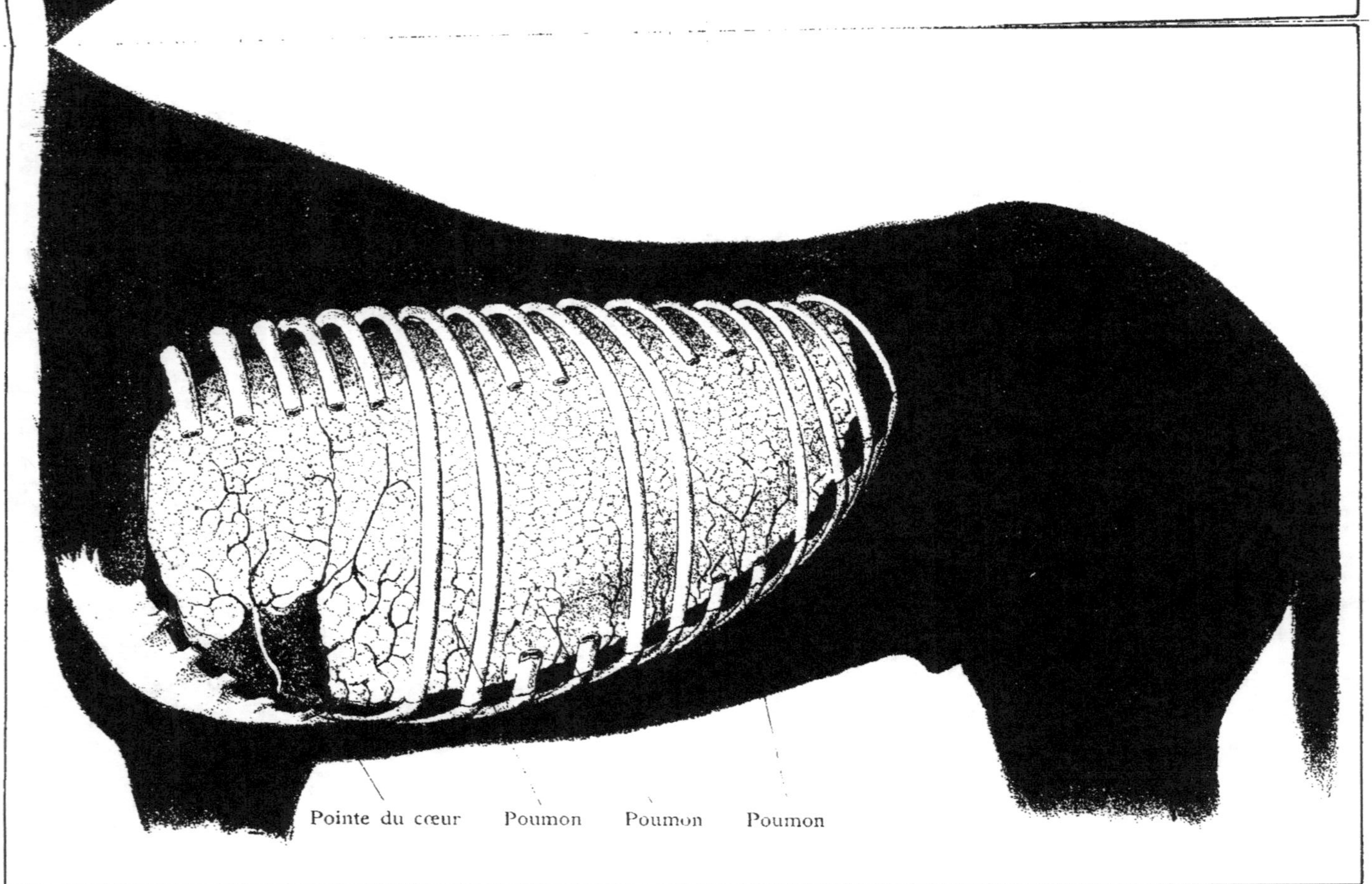
Pointe du cœur   Poumon   Poumon   Poumon

d'appétit et diarrhée chronique. Il se forme quelquefois une infiltration œdémateuse à la partie antérieure du ventre et aux membres.

Traitement. — Dès son début, la péritonite chronique doit être attaquée par les révulsifs et les diurétiques chauds ; on applique sous le ventre deux sétons animés avec de l'onguent vésicatoire, ou bien on fait des frictions réitérées avec le même onguent. A l'intérieur, on donne l'oxymel scillitique, le sel de nitre à la dose de 30 grammes, la poudre de digitale à la dose de 4 grammes.

Des injections sous-cutanées de nitrate de pilocarpine à la dose de 20 centigrammes, répétées deux fois par jour, peuvent donner de bons résultats.

L'électuaire suivant a souvent produit de l'amendement.

Poudre de gentiane. . . .	25 grammes.
Poudre de quinquina . . .	20 »
Alcool	100 »
Essence de térébenthine . .	25 »
Poudre de réglisse	25 »
Miel.	1 kilog.

A donner en deux jours.

Si tous ces moyens échouent, on pratique la paracenthèse ou ponction de l'abdomen.

Hydropisie abdominale. — Ascite.

Causes. — Parmi les causes nombreuses de l'ascite, il faut citer la mauvaise nourriture, les rations trop faibles, l'hydroémie, les maladies chroniques du poumon, du cœur, du foie et les différentes tumeurs qui siègent sur le péritoine.

Symptômes. — Les muqueuses sont pâles, infiltrées, les yeux d'un brillant particulier, le pouls petit, la respi-

ration difficile, le ventre s'élargit par le bas tandis que
les flancs se creusent ; le fourreau, les bourses chez le
mâle, les mamelles chez la femelle, deviennent le siège
d'une infiltration séreuse plus ou moins considérable.
À cet état, la maladie est toujours mortelle.

Traitement. — Identique à celui de la péritonite
chronique.

CHAPITRE III

APPAREIL RESPIRATOIRE

Coryza ou catarrhe nasal aigu.

Causes. — Les variations brusques de température,
les brouillards, les pluies froides, les refroidissements des
animaux en sueur, les arrêts de transpiration sont généralement la cause du coryza aigu.

Symptômes. — Le cheval ébroue souvent, un léger
jetage visqueux s'écoule par les naseaux, la membrane
pituitaire est d'un rouge foncé, les yeux chassieux, quel-

quefois il se développe une conjonctivite par relation de continuité. Au bout de trois ou quatre jours, le jetage devient plus épais et plus abondant ; les ganglions de l'auge se tuméfient et la maladie se termine par la résolution ou l'état chronique.

Traitement. — Au début des fumigations d'eau de sureau ou de tilleul légèrement phéniquées constituent tout le traitement local. Si les ganglions de l'auge sont tuméfiés, il faut recourir aux embrocations émollientes : la pommade de laurier, l'onguent populeum ; on couvrira ensuite la région avec une peau de mouton. Si le mal est plus tenace, on a recours au séton que l'on passe au poitrail ou sur les parties latérales du cou.

Coryza chronique ou catarrhe nasal chronique.

Causes. — La plus commune est la suite de l'état aigu.

Symptômes. — Il s'écoule par le nez un jetage glaireux blanchâtre, qui adhère aux ailes du nez ; la pituitaire est pâle et froide. Les ganglions de l'auge sont gonflés et durs mais non adhérents. La muqueuse présente des traînées variqueuses et se couvre d'érosions qui finissent par former de véritables ulcérations. La conjonctive reste injectée, les yeux chassieux perdent souvent leurs cils sous la chassie persistante.

Traitement — Le goudron de Norwège, l'acide phénique, l'essence de térébenthine en fumigations tiennent encore le premier rang dans le traitement du coryza chronique. — Un moyen qui m'a souvent réussi est le bain de vapeur, l'eau de sureau, dans laquelle on verse une cuillerée à café de teinture d'iode. Des injections dans

les fosses nasales avec une décoction de feuilles de noyer
sont très recommandées. Le séton au poitrail ou à l'encolure est souvent employé. Quand les ganglions de l'auge
deviennent indurés, il faut les faire disparaître par les
fondants ; pommade au sublimé, au biodure de mercure,
onguent rouge de Mérée, etc. ; mais je crois que le fer
rouge est toujours préférable.

Hémorrhagie nasale ou Epistaxis.

Causes. — Les blessures de la pituitaire, les varices,
les ulcérations morveuses, etc., sont les causes ordinaires
de l'épistaxis.

Symptômes. — Ecoulement de sang vif en gouttes
ou en mince filet par les cavités nasales. Pas de toux.
Quand le sang est mousseux, il vient des bronches ou
des poumons.

Traitement. — Quand l'hémorrhagie est abondante
il faut recourir à la saignée, au tamponnement avec de
l'étoupe phéniquée et du perchlorure de fer. On fera en
même temps des aspersions d'eau fraîche sur la tête. Une
injection sous-cutanée d'ergotine (0 gr. 05 centigrammes)
pourrait être essayée dans les cas graves.

Collection purulente des sinus.

Causes. — Le catarrhe chronique des sinus est pro-
voqué par des chocs ou des refroidissements ; il est dû
très souvent à la propagation, à la muqueuse des sinus,
de l'inflammation de la pituitaire.

Symptômes. — Le caractère dominant de cette affection est un jetage grumeleux, d'abord inodore, puis fétide
s'écoulant par un naseau pendant l'exercice ou lorsque la
tête est tenue basse. Les ganglions de l'auge se tuméfient
et s'indurent d'un seul côté (côté du jetage). En percutant
les sinus frontaux et maxillaires, on constate de la matité.

Traitement. — Le seul traitement rationnel est la
trépanation du sinus frontal dans lequel on fera des injections astringentes (sulfate de zinc), et antiseptiques,
(eau phéniquée).

Laryngite aiguë ou inflammation
de la muqueuse du larynx.

Causes. — La laryngite reconnaît pour causes les
refroidissements, l'ingestion d'eau trop froide, les corps
étrangers qui s'attachent à la muqueuse, les médicaments
irritants, les vapeurs âcres, etc... Elle complique souvent
l'affection désignée sous le nom de gourme, ou bien elle
est le résultat de l'extension d'une inflammation de voisinage.

Symptômes. — Le symptôme révélateur est une toux
sèche, quinteuse, douloureuse qui se manifeste au moment
de la sortie des malades, ou lors de la déglutition des
liquides froids. La laryngite s'accuse aussi par une grande
sensibilité de la *région* laryngienne que l'on développe
par la pression ; la tête est étendue, et par la marche le
jetage devient spumeux. En raison du gonflement de la
muqueuse, on entend parfois un bruit râlant ou sifflant
qui donne le degré de difficulté de la respiration.

Traitement. — Les malades seront placés dans une écurie saine, bien aérée, à température modérée. — A l'intérieur on donnera chaque jour 10 grammes de kermès avec du miel et 5 grammes d'iodure de potassium dans les barbottages tièdes. A l'extérieur on emploie généralement les sinapismes et les vésicatoires. Les fumigations avec une décoction de fleurs de pavot sont toujours avantageuses.

Laryngite chronique ou inflammation chronique du larynx.

Causes. — Succède souvent à la laryngite aiguë. D'autres fois, elle est engendrée par les tumeurs qui se développent dans la région de la gorge.

Symptômes. — Le symptôme dominant est une toux sèche accompagnée d'un bruit de ronflement. La fièvre fait ordinairement défaut et les animaux conservent leur gaîté et leur appétit; la respiration est toujours accélérée et il n'est pas rare de voir les quintes de toux suivies d'accès de suffocation. La tête est tendue sur l'encolure pour donner plus de lumière au larynx.

Traitement. — La première indication est de faire des frictions vésicantes autour de la gorge et donner à l'intérieur l'iodure de potassium à la dose de 8 grammes avec le bromure de potassium à la dose de 5 grammes chaque jour. Il faut recourir ensuite aux inhalations de goudron de Norwège, de vapeur d'eau additionnée de quelques gouttes de crésyl. On a recommandé tout récemment les injections directes dans le larynx de liquides astringents (alun 0 gramme 30 p. %), mais ce moyen pouvant amener des complications, il ne faudra y recourir qu'en dernier ressort.

Cornage chronique.

Causes. — Le cornage est engendré par la paralysie du nerf recurrent et reconnaît pour cause l'hérédité, la compression du nerf par les tumeurs diverses et les colliers trop étroits. Souvent aussi, il est une des suites de la laryngite ou de la pharyngite.

Symptômes. — Le symptôme dominant est un bruit qui varie du sifflage au ronflement. Il se fait entendre avec son maximum d'intensité dès que l'animal est mis à une allure accélérée ou après les exercices violents, il disparaît avec le repos. La respiration est proportionnée à la lésion, il arrive qu'elle devient laborieuse et suffocante.

Traitement. — On a recommandé le traitement arsenical longtemps prolongé ; il procure toujours une amélioration, la dose employée au début est de 0 gr. 50, on augmente progressivement jusqu'à 1 gr. 50 chaque jour, que l'on donne dans du son frisé. Les injections sous-cutanées d'arséniate de strychnine 0 gr. 10 dans la région laryngienne rendent aussi de précieux services. Lorsque les chevaux atteints de cornage sont menacés d'asphyxie, on pratique la trachéotomie permanente.

Bronchite aiguë ou inflammation.
des bronches.[1]

Causes. — Elle reconnaît pour causes principales les arrêts de transpiration, les temps humides, les variations

(1) Voir gravure coloriée page 97.

brusques de température, l'aspiration de vapeurs âcres, la pénétration dans les bronches de breuvages irritants, l'extension à la muqueuse bronchique d'une inflammation voisine.

Symptômes. — La bronchite débute toujours par une fièvre assez intense, des frissons et de la faiblesse. Le pouls est accéléré ainsi que les mouvements respiratoires. La toux, d'abord sèche, devient bientôt grasse, rappelante et s'accompagne d'un jetage mucoso-purulent.

L'auscultation révèle des râles humides, dits sibilants, qui caractérisent la bronchite. — La percussion ne donne rien d'anormal. Chez les jeunes animaux, on constate quelquefois des accès de suffocation tant la respiration est laborieuse, l'affection prend alors le nom de bronchite capillaire.

Traitement. — Il faut soustraire le malade à l'influence du froid, le tenir au repos pendant quelques jours dans une écurie à température douce, le mettre a la diète et lui donner du barbottage tiède additionné de sel de nitre (10 grammes par jour). Une petite saignée au début est de toute utilité. Les fumigations d'eau tiède légèrement phéniquée sont à recommander. Si la toux est forte et douloureuse, on donne un électuaire au kermès minéral et à l'extrait de jusquiame (Voir formulaire). — Si la maladie est plus grave, il convient de recourir aux sinapismes sous la poitrine ; si on craint la chronicité, on aura recours aux sétons au poitrail.

Bronchite chronique
ou inflammation chronique des bronches.

Causes. — Ce sont les mêmes que pour la bronchite aiguë ; elle succède presque toujours à cette dernière.

Symptômes. — Identiques à ceux de la bronchite aiguë, sans réaction fébrile. La toux est persistante et le jetage est abondant. L'auscultation révèle des deux côtés de la poitrine des râles humides caractéristiques. Les animaux maigrissent, s'affaiblissent et plus tard on observe tous les signes de la pousse.

Traitement. — Il faut recourir, et pendant long-temps, aux expectorants ; le kermès et l'iodure de potassium associés, 5 grammes de chaque par jour ; les fumigations de goudron de Norwège, les frictions d'onguent vésicatoire sur les côtes, les sétons au poitrail, tels sont les moyens généralement employés pour combattre cette affection.

MALADIES DU POUMON [1]

Congestion pulmonaire.

Causes. — Cette affection s'observe sur les chevaux pléthoriques et abondamment nourris, on la rencontre plus fréquemment aux grandes chaleurs de l'été ou après une course véhémente.

Symptômes. — Les premiers symptômes consistent en un battement très accéléré du flanc, les naseaux sont très ouverts et les muqueuses injectées. Le pouls est plein, dur, embarrassé et la toux est sèche, avortée.

Traitement. — La saignée large constitue la base du traitement. Quand on arrive à temps, la guérison ne tarde

(1) Voir gravure coloriée page 119.

pas. Les frictions sinapisées sur tout le corps et les lavements à l'eau de mauve additionnée de sel sont toujours
utiles

Hémoptysie.

Causes. — Les efforts violents chez les gros chevaux
de trait, la destruction du tissu pulmonaire dans les
affections du poumon, sont les principales causes de
l'hémorrhagie pulmonaire.

Symptômes. — Le symptôme dominant est l'écoulement en jet, de sang mousseux par les naseaux. La respiration est suffocante et les animaux toussent fréquemment.

Traitement.—Une saignée et des frictions sinapisées
sur la poitrine et les reins sont toujours indiquées. Si
l'hémorrhagie est abondante on donnera l'ergot de seigle
en électuaire à la dose de 10 grammes.

Pneumonie
ou inflammation du parenchyme pulmonaire

Causes. — La cause la plus ordinaire de cette maladie est l'arrêt de transpiration. Les travaux pénibles
pendant les grandes chaleurs, les coups sur la poitrine,
les chutes, les fractures des côtes, l'extension de la bronchite au poumon, les médicaments irritants administrés
en breuvages peuvent aussi la faire naître.

Symptômes. — Il y a dans tout l'extérieur de l'animal un défaut d'énergie, une sorte d'atonie dans les

membres, une telle nonchalance dans les mouvements que les anciens l'avaient baptisée du nom de courbature. Les animaux sont tristes, à bout de longe, la tête basse, les membres antérieurs écartés comme pour donner de la dilatation aux organes malades. La respiration est accélérée, quelquefois plaintive quand on force le malade à se déplacer.

La toux est forte et sans appel ; le pouls est large, fort sur les sujets pléthoriques, il est faible, effacé chez les anémiques.

Les muqueuses ont toujours une teinte rouge safranée. Le jetage renferme des stries sanguines qui lui donnent l'aspect roussâtre, on dit qu'il est *rouillé*, c'est un signe d'une grande valeur.

L'appétit fait souvent défaut et la soif varie avec les sujets atteints.

L'auscultation montre d'abord une augmentation du murmure respiratoire et plus tard des signes spéciaux :

1° Absence du bruit respiratoire dans la partie du poumon enflammée ; ce bruit est remplacé par un râle *crépitant* qui est caractéristique ; puis sur les limites de la partie condensée, le bruit de souffle (semblable au bruit donné par le soufflet de forge), et enfin respiration supplémentaire dans les parties saines.

2° La percussion donne une résonnance renforcée dans les points qui correspondent aux parties conservées, et une matité complète dans les parties malades.

La pneumonie est une affection grave qui peut se terminer : 1° par la résolution ; 2° par la suppuration ; 3° par la gangrène ; 4° par l'état chronique.

La suppuration est indiquée par le jetage mucoso-purulent et le râle muqueux des bronches. Toujours très grave.

La gangrène est décelée par la fétidité de l'air expiré et par la faiblesse de l'animal. — Toujours mortelle.

Traitement. — Sur tous les sujets pléthoriques, il faudra recourir à la saignée copieuse répétée dans la journée si le pouls l'indique, c'est-à-dire s'il reste plein et fort. On applique sur la poitrine un large sinapisme qui sera laissé en place pendant huit heures : si l'engorgement ne se produit pas, on renouvellera l'application de moutarde ; on n'oubliera pas les fumigations de vapeur d'eau, et à l'intérieur 10 grammes de kermès en électuaire ; 8 grammes d'émétique et 15 grammes de sel de nitre dans les boissons.

Contre la suppuration et la gangrène, il faut employer les inhalations de goudron de Norwège et d'acide phénique.

L'électuaire suivant m'a quelquefois réussi :

Alcool.	100 grammes.
Essence de térébenthine. .	20 »
Poudre de gentiane . . .	30 »
Poudre de quinquina . . .	20 »
Miel commun	500 »

à donner en deux fois dans la journée et jusqu'à effet.

Pneumonie chronique,
vieille courbature ou inflammation chronique du tissu pulmonaire.

Causes. — Ce sont les mêmes que pour la pneumonie aiguë qui, négligée, passe à l'état chronique.

Symptômes. — Les animaux atteints de vieille courbature ont la peau sèche, les poils ternes, hérissés, la toux quinteuse, un jetage blanc grisâtre, la respiration accélérée, irrégulière. L'auscultation dénote l'absence du murmure respiratoire. La percussion donne un son mat dans certaines parties du poumon.

Traitement. — On donnera à l'intérieur 1 gramme d'acide arsénieux chaque jour dans du son frisé ; un électuaire avec 10 grammes de kermès et 5 grammes de sulfure d'antimoine ; des fumigations de goudron de bois. On appliquera plusieurs fois des vésicatoires sur les côtes et l'on placera deux sétons au poitrail. Comme régime une nourriture très alibile et sous un petit volume.

Pneumonie typhoïde.

Causes. — Certaines conditions climatériques peuvent développer cette affection souvent épizootique. On la rencontre chez les jeunes chevaux fraîchement enrégimentés, chez ceux qui changent de garnison. Elle peut être aussi la conséquence de la mauvaise nourriture : (fourrages avariés, moisis, poudreux).

Symptômes. — Au début les animaux sont extrêmement faibles, titubant, les muqueuses sont rouges safranées avec des pétéchies, le pouls est petit, mou. Les battements du cœur sont tumultueux et retentissants. La respiration est accélérée et les yeux larmoyants sont recouverts, en partie, par la paupière supérieure fortement tuméfiée. Il n'est pas rare de rencontrer un engorgement du bas des membres.

Traitement. — L'électuaire tonique à base d'alcool, d'essence de térébenthine et de poudre de gentiane est toujours employé avec avantage, on peut aussi y ajouter 10 grammes de camphre. Il faut s'abstenir ici de sétons qui ont une tendance à la gangrène.

Asthme.
Pousse ou emphysème pulmonaire.

Causes. — Les causes ordinaires de la pousse sont le rétrécissement mécanique des premières voies respiratoires, la dilatation et la rupture des vésicules pulmonaires, la bronchite chronique, la pneumonie chronique et les maladies de cœur.

Symptômes. — La pousse est caractérisée par une irrégularité de la respiration. L'expiration se fait en deux temps avec un arrêt appréciable ; il y a du soubresaut ou *coup de fouet* qui est la caractéristique de la pousse. La toux est courte, sans rappel, accompagnée d'un jetage séreux ; les cerceaux de la trachée sont mous ; la percussion donne souvent un bruit tympanique et l'auscultation fait entendre toutes sortes de râles dont l'ensemble rappelle le bruit des petits chiens. Dans les cas d'accès de pousse, l'animal est impropre à tout service.

Traitement. — Le médicament qui a rendu le plus de services contre la pousse est sans contredit l'acide arsénieux donné graduellement de 0 gr. 50 à 1 gr. 50 par jour sur du son trisé.

Comme régime, on prescrit une nourriture intensive et très peu de boissons.

MALADIES DE LA PLÈVRE

Pleurésie aiguë ou inflammation aiguë de la plèvre.

Causes. — Les causes directes sont les coups, les fractures des côtes et les épanchements par rupture dans le sac pleural. — Les causes indirectes sont les refroidissements.

Symptômes. — L'animal sous le coup d'une pleurésie a la respiration accélérée et les naseaux ouverts comme s'il venait de fournir une course rapide ; il est triste, se regarde la poitrine comme pour indiquer le siège du mal, souvent la tête est appuyée sur la mangeoire ; il ne se couche pas. Le pouls est petit et vite ; la pression du doigt entre les espaces intercostaux occasionne des plaintes. L'air expiré est froid au lieu d'être chaud comme dans la pneumonie. Il n'y a pas de jetage ; la toux est rare ; si on la provoque, elle est petite, douloureuse et ne se répète pas. Lorsque l'épanchement se produit, l'auscultation ne laisse entendre aucun bruit dans les parties déclives ; dans la région supérieure le bruit vésiculaire s'efface de plus en plus pour faire place au bruit du souffle. La percussion donne lieu à de la matité limitée en haut par une ligne horizontale ; vers le 6e jour, on perçoit aux naseaux et en avant du poitrail un bruit de gouttelettes ; lorsque l'exudation est abondante, on note toujours une respiration abdominale et de la *discordance* dans les mouvemeuts du flanc.

Traitement. — Il faut recourir immédiatement aux couvertures chaudes et aux infusions de fleurs de tilleul ou de sureau additionnées de cognac. Si le mal n'avorte pas, on pratiquera une légère saignée et on appliquera un large sinapisme sous la poitrine ; s'il ne produit pas tout l'effet demandé, on aura recours aux frictions d'onguent vésicatoire, sur les côtes.

A l'intérieur, on donnera les diurétiques, la digitale 4 à 5 grammes en électuaire, et le sel de nitre, 20 grammes dans les boissons.

M. Trasbot d'Alfort recommande chaleureusement le calomel à la dose de 2 à 4 grammes par jour. En dernier ressort on ponctionne le thorax (thoracenthèse).

La thoracenthèse et la sérothérapie procurent des résultats merveilleux, cette pratique est très en honneur dans l'armée.

Hydropisie de poitrine
Pleurésie chronique
Inflammation chronique de la plèvre.

Causes. — Elle est toujours due au passage du type aigu au type chronique.

Symptômes. — La respiration est difficile, pénible, irrégulière. Le pouls est petit, mou, la toux petite, avortée est moins douloureuse que dans la pleurésie aiguë. Il n'y a pas de réaction fébrile. La percussion donne de la matité limitée en haut par une ligne horizontale. A l'auscultation, on observe l'absence du mouvement respiratoire et la présence du bruit de souffle au niveau du liquide. Quand l'épanchement est considérable, la dypsnée de-

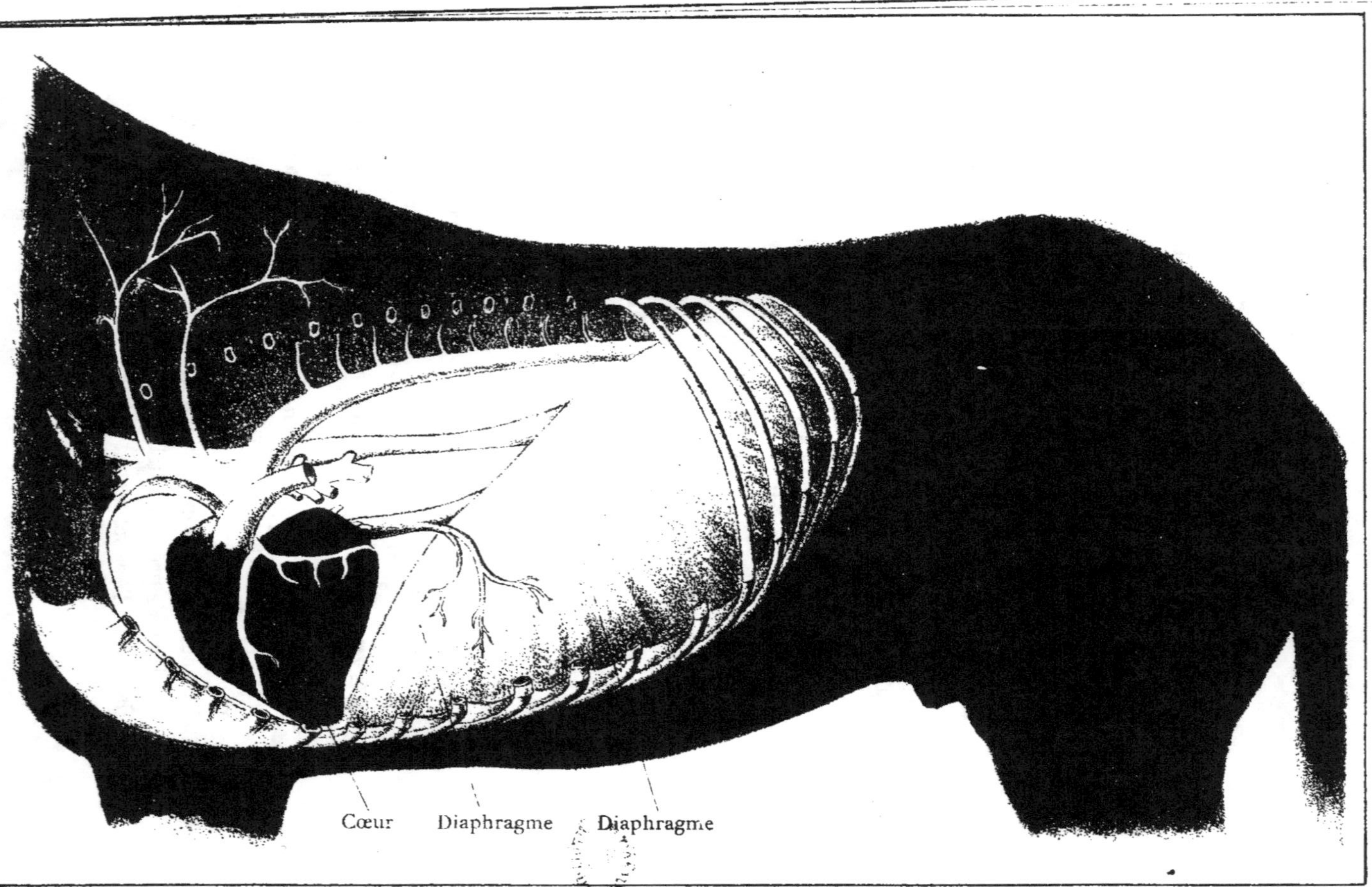

Cœur   Diaphragme   Diaphragme

vient intense, les muqueuses apparentes sont pâles, infiltrées, les naseaux fort dilatés. Il se forme ensuite un épanchement dans le tissu cellulaire s'étendant depuis le poitrail jusqu'à l'origine du ventre, puis l'œdème gagne les membres, les animaux maigrissent et tombent dans le marasme.

Traitement. — Il importe d'abord de placer les animaux dans de bonnes conditions hygiéniques ; une écurie bien aérée, à température modérée, des frictions sèches et une nourriture substantielle. On administrera des diurétiques énergiques : poudre de digitale, 3 grammes, sel de nitre, 20 grammes, oxymel scillitique, etc. On placera deux sétons sur les côtes et on réitérera les frictions d'onguent vésicatoire sur la poitrine. Le feu en raies a été préconisé de préférence aux vésicants. Un moyen mis en pratique, quand la vie est en danger, est la thoracenthèse ; mais il faut opérer souvent car l'épanchement se reproduit rapidement.

Hydro-Pneumo-Thorax.

C'est une affection produite par la pénétration de liquide et de gaz dans la cavité pleurale.

Causes. — Se rencontre après certaines altérations du poumon (ouverture d'abcès, de vomitiques), ou après la déchirure de l'œsophage.

Symptômes. — Ce sont ceux des maladies de poitrine, à cette différence que l'auscultation permet d'entendre un bruit de gargouillement à la partie inférieure de la poitrine. A la percussion, on constate de la résonnance : un autre symptôme caractéristique est la présence d'un œdème sous les ars.

Traitement. — On fera des frictions énergiques avec de l'onguent vésicatoire sur les parois costales et on administrera des breuvages excitants chauds (camomille, tilleul, café) additiónnés d'alcool. La ponction a été essayée mais sans grand succès.

CHAPITRE IV.

MALADIES DE L'APPAREIL CIRCULATOIRE

Palpitations.

Causes. — Les causes sont purement hypothétiques, on signale le refroidissement, la frayeur, les impressions vives et les émotions de toutes sortes.

Symptômes. — Les chocs du cœur sont très violents et on les perçoit au toucher dans toutes les régions du corps. On les entend quelquefois à plusieurs mètres de distance. L'animal conserve tous les signes de la santé, et l'affection disparaît en quelques heures.

Traitement. — On met les sujets au barbottage et on les laisse au repos absolu. On a quelquefois recours à la digitale, 4 grammes en électuaire ; le sel de nitre. 20 grammes; le camphre, 10 grammes; l'éther, 10 grammes ont été souvent employés.

Hypertrophie du cœur.

Causes. — Les courses véhémentes chez les chevaux de course ; les tractions violentes chez les chevaux de trait peuvent la déterminer ; elle est aussi le résultat des inflammations du péricarde, de l'endocarde, des poumons, de l'emphysème pulmonaire et en général de tout ce qui met obstacle à la circulation pulmonaire.

Symptômes. — Le symptôme dominant est une altération des mouvements du flanc avec dypsnée intense, analogue à celle que l'on rencontre dans la pousse, le choc cardiaque rappelle celui des palpitations. La percussion dans la région du cœur indique que cet organe a un développement anormal. Cette affection a une marche très lente et les animaux vivent longtemps avec le cœur hypertrophié.

Traitement. — La digitale, à la dose de 4 grammes, est tout indiquée dans cette affection. L'acide arsénieux à la dose de 75 centigrammes par jour, rend de précieux services. On soustraira les malades aux grandes fatigues et on leur donnera une nourriture peu intensive.

Myocardite ou inflammation du muscle du cœur.

Causes. — Elle est souvent déterminée par les efforts violents, les refroidissements et les maladies infectueuses.

Symptômes. — Ce sont ceux de l'hypertrophie du cœur, palpitations, oppression sans aucun signe d'altération de cet organe.

Traitement. — La digitale tient toujours la première place dans le traitement de cette affection. — Il faut laisser les animaux au repos et leur donner une alimentation riche sous un petit volume. Quand la myocardite complique une autre maladie, c'est cette dernière qu'il est urgent d'attaquer.

Rupture du cœur.

Causes. — Les causes directes sont les commotions sur la région du cœur, les efforts violents et les chutes.

Symptômes. — On observe tous les signes de l'apoplexie ; la respiration est très accélérée, l'animal fléchit, tombe, les muqueuses se décolorent et la mort survient en très peu de temps.

Traitement. — Accident sans remède.

Endocardite aiguë ou inflammation aiguë de la membrane interne du cœur.

Causes. — Le refroidissement brusque et les empoisonnements peuvent faire naître l'endocardite Elle peut provenir aussi de l'inflammation des organes voisins.

Symptômes. — Les animaux sont tristes et indiquent une grande faiblesse, les muqueuses sont injectées, les mouvements du flanc sont accélérés ; il y a de l'essoufflement quand on force les sujets à se déplacer ; les battements du cœur sont très fréquents et forts comme dans les palpitations ; le pouls est petit, intermittent. L'auscultation révèle un bruit de souffle, quelquefois un bruit métallique.

Traitement. — On recommande de pratiquer des émissions sanguines abondantes et de faire une friction d'onguent vésicatoire sur la région du cœur.

A l'intérieur, la digitale (4 grammes), le salicylate de soude (15 grammes) ; l'émétique (8 grammes) ; le sel de nitre (15 grammes) sont des agents très utiles.

Les sujets seront maintenus chaudement, au repos et à la diète. Des boissons rafraîchissantes pourront être données à discrétion.

Endocardite chronique.

L'inflammation chronique de l'endocarde comprend les

affections chroniques des valvules et le rétrécissement des orifices aortiques et pulmonaire.

Symptômes. — Le premier signe qui apparaît est la faiblesse, l'incapacité de travailler quoique les membres soient bien conservés. Les malades ne sont plus excités par le fouet. Les chocs du cœur et le pouls sont irréguliers ; il y a fréquemment des palpitations. L'auscultation permet de reconnaître un bruit de souffle à chaque battement de cœur.

Plus tard, la respiration est difficile comme dans la poussse (pousse cardiaque). Les muqueuses sont cyanosées et on remarque le pouls veineux à la jugulaire. On rencontre parfois de l'hydropisie des grandes séreuses ainsi que de l'œdème du ventre et des membres. Les animaux sont de plus en plus faibles, maigrissent, suent facilement et deviennent inutilisables.

Traitement. — On doit recourir immédiatement à la digitale (4 grammes), à l'acide arsénieux (75 centigrammes) et au bromure de potassium (10 grammes).

Dans la majorité des cas, il est plus avantageux de regarder le mal comme incurable.

Péricardite aiguë ou inflammation aiguë
de l'enveloppe du cœur.

Causes. — Elle complique souvent le rhumatisme articulaire en raison de la sympathie des séreuses ; d'autres fois, elle est la suite de l'inflammation d'un organe voisin ; enfin elle peut naître par suite de refroidissement.

Symptômes. — Au début les battements du cœur sont bondissants; tumultueux, irréguliers et vont en s'affaiblissant au fur et à mesure que l'exsudat augmente. Le pouls est très accéléré, petit et dur, la respiration est laborieuse et la région du cœur est douloureuse à la percussion.

L'auscultation révèle un bruit de frottement quelquefois perçu à la main ; plus tard le pouls veineux apparaît. Lorsque la péricardite passe à l'état chronique, on observe de la cyanose des muqueuses, de la dypsnée et tous les signes de l'hydropisie avec infiltration séreuse du poitrail et des membres.

Traitement. — Les animaux seront tenus au repos et à la diète. Des frictions mercurielles ou sinapisées sur la région du cœur seront toujours utiles. A l'intérieur on donnera chaque jour, le calomel, 5 grammes et la digitale 2 grammes.

Si la vie est menacée par l'abondance de l'exsudat, on ponctionne le péricarde avec le trocart fin.

CHAPITRE V.

MALADIES DE L'APPAREIL URINAIRE

Néphrite aiguë ou inflammation aiguë des reins.

Causes. — Les animaux qui font usage d'une nourriture abondante et très alibile y sont exposés. L'ingestion de plantes irritantes comme l'ellébore, la renoncule, l'euphorbe ; les violences extérieures, les coups sur la région lombaire, les refroidissements, les pluies froides ; l'administration des diurétiques chauds à forte dose, l'application d'un large vésicatoire sur les reins sont autant de causes de cette affection.

Symptômes. — On remarque d'abord une gêne dans

la région lombaire, une sensibilité très grande des reins, la diminution de l'appétit et de la sécrétion urinaire.

Lors de néphrite franche les animaux sont en proie à des coliques assez intenses, ils grattent le sol, se campent, ont de fréquentes envies d'uriner et ne parviennent qu'à rejeter une petite quantité d'urine trouble, rougeâtre, sanguinolente. — Dans la marche comme au repos, la colonne vertébrale éprouve un mouvement de torsion caractéristique.

Les muqueuses sont injectées, le pouls est plein, accéléré. Le moyen d'assurer le diagnostic est de pratiquer la fouille rectale ; on reconnaît d'abord l'état de vacuité de la vessie et en touchant le rein gauche qui est le plus près de la main, on détermine de grandes douleurs qui se traduisent par de violents efforts expulsifs. Lorsque l'urine devient moins foncée, plus abondante, c'est un signe de bon augure. Si au contraire, elle devient lie de vin et fétide, c'est l'apparition de la gangrène qui est toujours mortelle. Si elle renferme du pus qui surnage en flocons dans le vase, c'est la terminaison par la suppuration ; état toujours très grave.

Traitement. — On a recommandé les émissions sanguines ; une ou deux saignées selon l'état du pouls ; on aura recours ensuite aux dérivatifs sur la région lombaire, en préconisant surtout les sinapismes et en écartant les vésicatoires ainsi que l'essence de térébenthine qui pourraient aggraver le mal. Immédiatement après la saignée, on fera prendre 35 grammes d'aloès en breuvage ou en bol. — On donnera des boissons de graine de lin, de mauve, d'orge, additionnées de 3 cuillerées de sulfate de soude et une cuillerée de bicarbonate de soude.

Les animaux seront maintenus au repos absolu et à la diète.

Néphrite chronique.

Causes. — Elle est déterminée par un calcul, ou elle est une des suites de la néphrite aiguë.

Symptômes. — Les animaux éprouvent des coliques intermittentes, ils se campent longtemps et expulsent avec douleur une urine souvent trouble, sédimenteuse, renfermant des phosphates calcaires.

En pratiquant la fouille rectale, on développe de la douleur dans la région lombaire et on constate de l'induration des reins ; la vessie n'est pas douloureuse ni distendue ; quelques praticiens ont remarqué une claudication, sans cause apparente, d'un membre postérieur correspondant au côté malade.

Toujours il y a, dans cette affection, une grande tendance aux hydropisies, aux œdèmes de la poitrine, du ventre et des membres.

Traitement. — On fera des frictions de pommade mercurielle sur la région des lombes, et à l'intérieur, on prescrira l'iodure de potassium 10 grammes ; l'acide arsénieux 1 gramme ; le bicarbonate de soude 20 grammes. L'essence de térébenthine à la dose de 15 grammes dans un breuvage à la graine de lin facilite l'expulsion de l'urine ; elle doit être donnée trois fois par semaine et continuée longtemps.

Généralement cette affection est regardée comme incurable.

Rétention d'urine ou accumulation d'urine dans la vessie

Causes. — Les causes de la rétention d'urine sont : l'action du froid, la paralysie de la vessie à la suite des maladies du système nerveux, l'inflammation du canal de l'urèthre et les calculs.

Symptômes. — Les animaux sont tristes et abattus, l'appétit fait défaut, le pouls est accéléré, il y a un besoin continuel d'uriner. La sortie de l'urine est douloureuse et incomplète, quelquefois elle s'écoule goutte à goutte ; les animaux se campent fréquemment, sortent le pénis du fourreau, agitent vivement la queue. Si on explore la vessie, on la trouve distendue et un peu douloureuse. Lorsque l'urine ne s'écoule pas à temps, la vessie se rupture et on constate alors tous les signes de la péritonite : frissons, tremblements musculaire, odeur urineuse de la peau et de l'air expiré.

Traitement. — Une bonne pratique pour amener la guérison est d'exercer une pression douce et graduée sur la vessie avec la main introduite dans le rectum. A l'intérieur, on recommande une infusion de camomille avec 10 grammes d'éther, le breuvage suivant est souvent donné avec succès.

> Camphre pulvérisé . . . . . 8 grammes.
> Ether . . . . 10 grammes.

dans une décoction de graine de lin. Quand la rétention

d'urine se présente chez la jument, rien u'est plus facile à combattre par l'introduction de deux doigts dans l'urèthre ou d'un poireau dans le vagin.

Les lavements froids avec une cuillerée à café d'éther sont toujours indiqués. On continue le traitement en donnant de la tisane de graine de lin avec une cuillerée à bouche de bicarbonate de soude chaque jour.

Cystite aiguë ou inflammation aiguë de la muqueuse de la vessie.

Causes. On cite comme causes directes l'usage des plantes irritantes : ellébore, renoncule, genêt, l'alimentation abondante et substantielle. Comme causes indirectes, les refroidissements et l'extension de l'inflammation du canal uréthral.

Symptômes. — Les animaux sont tristes et éprouvent des colliques particulières. Ils trépignent des membres postérieurs, la colonne vertébrale se vousse, les campements sont fréquents et le pénis sort du fourreau. Si on pratique l'exploration rectale et qu'on appuie avec la main sur la vessie, on détermine une douleur atroce ; les animaux voussent fortement le dos, se campent et expulsent une petite quantité d'urine. Le rectum est chaud, douloureux et rouge, et il y a de la constipation.

Bientôt la maladie se termine :

1° Par la résolution, qui est annoncée par l'expulsion de l'urine avec abondance et facilité.

2° Par la gangrène, caractérisée par la sortie d'une urine trouble, rougeâtre, lie de vin et fétide.

Par la rupture de la vessie, présentant tous les symptômes de la péritonite suraiguë.

Traitement — Dans le cas de cystite franche et sur les animaux pléthoriques, on aura recours à la saignée moyenne. Avec des boissons à la graine de lin, additionnée de quelques gouttes de laudanum ou de 5 grammes d'acide borique, on cherchera à diminuer les propriétés irritantes de l'urine et à faciliter son expulsion ; le petit lait produit aussi de bons effets.

A l'extérieur, on applique des sachets de son chaud et humide sur les reins. Si la vessie est distendue, on cherche à la vider en exerçant sur elle, d'avant en arrière, une pression légère avec la main introduite par le rectum.

Lorsque l'affection est due à l'infection cantharidée ou si on craint la gangrène, on administre des breuvages mucilagineux renfermant 10 grammes de camphre pulvérisé.

Cystite chronique
ou inflammation chronique de la vessie.

Causes. — Elle est consécutive à la cystite aiguë, ou elle est entretenue par des calculs.

Symptômes. — Il y a de longs et fréquents campements. L'urine difficile à expulser est toujours précédée de la sortie, par l'urèthre, d'une matière mucoso-purulente et elle laisse déposer une matière sédimenteuse jaunâtre ressemblant à de la terre mêlée de sable.

Traitement. — Le bicarbonate de soude donné journellement à la dose de 25 grammes procure quelque bien être. On a recours aussi à l'essence de térébenthine (15 grammes par jour). — Si les animaux sont vieux, le mal est incurable.

Uréthrite ou inflammation du canal de l'urèthre.

Causes. — On peut citer comme causes directes les calculs arrêtés dans l'urèthre, les sondages répétés, l'extension de la cystite et de la vaginite, etc.

Les causes indirectes sont les refroidissements et l'ingestion de plantes âcres ou de diurétiques chauds.

Symptômes. — Chez le mâle, on développe une grande douleur en pressant le pénis et chez la femelle, en introduisant le doigt dans l'urèthre. Il y a de fréquentes envies d'uriner. Quand les animaux sont campés, on remarque, dans la région du périnée, une ondulation, un bondissement particulier dû au refoulement de l'urine par les contractions des muscles ischio-pubiens.

Lors d'uréthrite chronique, on voit à l'extrémité du canal, une matière mucoso-purulente blanchâtre ou verdâtre.

Traitement. — Dans les cas légers, les boissons à la graine de lin avec 20 grammes de bicarbonate de soude suffisent ; des bains de vapeur, des lavements et quelquefois une saignée ordinaire, tels sont les moyens généralement employés. Delafond donnait la térébenthine à la dose de 20 grammes délayée dans quelques jaunes d'œufs.

Si le mal tend vers la chronicité, il faut faire des injections avec de l'acide borique 1°/₀, de la créoline 1/2 °/₀, de l'eau blanche, du perchlorure de fer, etc...

On donnera des barbottages, des carottes et les animaux seront laissés au repos.

Polyurie, diabète ou pisse.

Causes. — Peu connues. — On l'attribue à l'usage de mauvais aliments et aux changements de température.

Symptômes. — Les animaux perdent l'appétit et la gaieté, deviennent mous au travail, maigrissent et se campent très souvent en expulsant à chaque fois une petite quantité d'urine claire et acide. On peut s'assurer de son acidité à l'aide du papier bleu de tournesol. M. Reynal a vu des chevaux qui rendaient plus de 20 litres d'urine par jour. La soif est excessive et bien souvent les boissons ingérées en abondance ne la calment pas. La marche du diabète est toujours lente mais fatalement progressive. Les cas de guérison sont rares.

Traitement. — Mettre les animaux au repos absolu pendant quelques jours et leur donner une nourriture rafraîchissante et substantielle. Les boissons seront additionnées de sulfate de fer, 10 grammes par jour ou d'une décoction d'écorce de chêne.

CHAPITRE VI.

MALADIES DE L'APPAREIL GÉNITAL

Métrite ou inflammation de la muqueuse de la matrice.

Causes. — Ce sont les refroidissements après la parturition, le renversement du vagin, les manipulations exigées lors d'un part laborieux et la non délivrance qui sont les causes ordinaires de la métrite.

Symptômes. — Ils se manifestent par des tremblements généraux ; les bords de la vulve se gonflent, le vagin est chaud et douloureux, le pouls est plein et dur, l'animal fait quelquefois de violents efforts expulsifs ; on constate souvent une faiblesse de l'arrière-train et le lever se fait avec efforts. La respiration est accélérée et le ventre est sensible à la pression.

Par l'exploration rectale, on sent la matrice gonflée et douloureuse, les animaux urinent difficilement et la défécation est rare. Cette affection se termine en 8 ou 10 jours par la résolution, ou elle passe à l'état chronique.

Traitement. — Lors de métrite franche, on aura recours à la saignée, 3 à 4 litres. Il faut enlever les corps étrangers qui pourraient entretenir le mal, et faire des injections mucilagineuses et d'eau phéniquée 1 %. On glissera de fréquents lavements froids et on appliquera des sachets de son humide sur les reins. Des breuvages à la graine de lin avec du sulfate de soude et 10 grammes de sel de nitre, le repos sur une bonne litière, des couvertures, des bouchonnements fréquents seront indipensables pour amener la guérison.

Pour calmer les efforts expulsifs, il est bon d'administrer chaque jour, jusqu'à effet, 20 grammes de laudanum dans un litre de tisane de graine de lin.

Métrite chronique ou inflammation chronique de la matrice.

Causes. — Succède à la métrite aiguë.

Symptômes. — Le symptôme dominant consiste en un écoulement intermittent, par la commissure inférieure de la vulve, d'une matière blanchâtre mucoso-purulente, quelquefois purulente. Cette matière est rendue après des efforts et des campements fréquents.

Dans d'autres cas cette sécrétion s'accumule dans les parties déclives de la matrice, la distend peu à peu et constitue une véritable hydropisie. Les animaux, quoique présentant tous les signes d'une bonne santé, maigrissent et finissent par le marasme.

Traitement. — On a conseillé les sétons à la fesse et les injections astringentes, feuilles de noyer, écorce de chêne, alun, sulfate de zinc, etc.

Si la maladie est ancienne, le traitement est si long et si incertain qu'il y a souvent avantage à se débarrasser de l'animal.

Vaginite ou inflammation de la muqueuse du vagin.

Causes. — Les agents irritants, les injections de liquides trop chauds, les manœuvres pendant l'accouchement peuvent engendrer cette affection.

Symptômes. — La vulve est téméfiée ; le vagin rouge, très sensible, donne écoulement à une matière mucosopurulente, quelquefois sanieuse qui salit la vulve et son contour. Cette affection est toujours bénigne.

Traitement. — Injections émollientes phéniquées, boriquées ou crésyléos, répétées plusieurs fois par jour. Si l'écoulement persiste, on rendra les injections astringentes avec des feuilles de noyer, de l'écorce de chêne ou de l'alun.

MALADIES DES TESTICULES ET DE LEURS ENVELOPPES

MALADIES DES ENVELOPPES

Œdème chaud.

Causes. — Les coups, les substances irritantes, les poussières pierreuses qui s'attachent aux bourses quand les animaux suent, l'embarrure sont les causes qui déterminent cette affection.

Symptômes. — Les bourses sont empâtées, chaudes, douloureuses ; les testicules sont remontés dans la gaine vaginale dont le fond est complètement occupé par l'œdème qui se prolonge quelquefois sous le ventre et au fourreau. Les malades restent debout pour éviter le froissement douloureux de la région scrotale ; cette affection se termine par la résolution au bout de sept à huit jours ; elle n'est jamais grave.

Traitement. — Quand l'œdème est franchement inflammatoire, il faut recourir à la saignée moyenne et pratiquer des mouchetures dans l'engorgement des bourses, du fourreau et du ventre. On arrosera souvent la région malade avec de l'eau de mauve additionnée de fleurs de pavot ; on alternera avec les lotions d'eau blanche.

Les onctions de pommade de laurier, d'onguent populeum saturné seront employées de préférence le soir pour éviter de veiller toute la nuit. Pour faciliter la résorption il est bon de promener les sujets.

Œdème froid.

Causes. — Il est souvent le résultat de l'anémie, de l'hydroémie ou d'une inflammation chronique des bourses.

Symptômes. — On observe à la base des enveloppes une tumeur molle, pâteuse, indolente qui garde l'impression du doigt. Elle diminue par le travail et augmente considérablement par un repos prolongé ; cet œdème peut envahir le fourreau et la partie déclive du ventre, mais jamais il n'est douloureux. Il dure plus ou moins longtemps suivant la cause qui l'a fait naître.

Traitement. — On débute par des applications, trois fois par jour, d'argile et de vinaigre, ou d'argile et de sulfate de fer, une cuillerée de ce dernier dissous dans un litre d'eau avec laquelle on délaye l'argile. Si l'œdème résiste, on pratique des mouchetures avec le cautère en aiguilles chauffé à blanc. On peut aussi essayer une friction d'onguent vésicatoire. Par ces moyens on arrive généralement à faire disparaître cette affection.

Hydrocèle aiguë ou inflammation de la gaîne vaginale.

La gaîne vaginale est la séreuse qui revêt, dans sa partie inférieure, le testicule, et dans sa partie supérieure, le cordon testiculaire. C'est donc un sac fortement rétréci par le haut.

Causes. — Les refroidissements, les coups, les plaies, les embarrures sont les causes ordinaires de l'hydrocèle.

Symptômes. — Tuméfaction douloureuse des bourses avec perception d'un liquide épanché dans leur intérieur, et rétraction des testicules. — Cet épanchement gagne bientôt l'anneau inguinal qu'il ne peut franchir. Pour asseoir le diagnostic et différencier de la hernie étranglée, l'affection qui nous occupe, il faut pratiquer la fouille rectale et s'assurer que la douleur et le gonflement ne sont pas dus à la chute d'une anse intestinale par l'anneau inguinal.

Dans les cas ordinaires, l'hydrocèle se termine par la résolution ; mais il arrive parfois que l'engorgement devient considérable et détermine de la gangrène.

Traitement. — L'émission sanguine est très utile au début et il faut quelquefois la réitérer, en même temps on pratique des mouchetures dans l'engorgement. L'eau blanche alternée avec l'eau de pavot est toujours recommandée. Lorsque l'engorgement commence à diminuer, on se contente d'onguent populéum saturné ou de pommade de laurier laudanisée.

Hydrocèle chronique.

Causes. — Elle est toujours la conséquence de l'hydrocèle aiguë.

Symptômes. — Les enveloppes testiculaires sont engorgées, non douloureuses, et sans œdème voisin. On perçoit facilement la fluctuation à travers les bourses, en remontant les testicules vers l'anneau inguinal, de manière à accumuler la sérosité dans le fond de la gaine vaginale. Pour la différencier de la hernie intermittente, il faut souvent recourir à la fouille rectale qui permet de constater la plus ou moins grande dilatation de l'anneau inguinal. Cette maladie est très lente, elle disparaît en partie par le travail et reparaît par le repos.

Traitement — Si l'on veut conserver le cheval entier, on applique sur la région une friction d'onguent vésicatoire ou de térébenthine, 30 grammes, avec 2 gr. de sublimé. A l'intérieur, on donne des diurétiques et particulièrement l'oxymel scillitique.

La ponction des bourses à l'aide du trocart ne produit qu'une guérison relative, car le liquide se reforme avec rapidité.

La castration à testicules découverts est le dernier moyen à employer.

MALADIES DES TESTICULES

Orchite aiguë ou inflammation aiguë des testicules.

Causes. — Les coups, l'embarrure, les froissements divers de la région constituent les causes de l'orchite.

Symptômes. — On constate un engorgement très douloureux des testicules, en même temps qu'il se développe un œdème considérable gagnant bientôt les parois du ventre. Le pouls est accéléré et dur, les mouvements respiratoires indiquent une forte fièvre et des sueurs générales apparaissent. C'est une affection à marche rapide qui se termine, dans la plupart des cas, par la disparition de tous les symptômes morbides ; d'autres fois par la suppuration ou la gangrène.

Traitement. — Si la fièvre de réaction est très forte, on pratique une saignée de trois ou quatre litres. On a recours ensuite aux cataplasmes de graine de lin laudanisés, maintenus à l'aide d'un suspensoir, et aux onctions d'onguent de laurier mélangé avec 1/4 de pommade de belladone.

Des bains de vapeur dirigés sur la région scrotale, des lavements seront toujours à recommander.

A l'intérieur on administre du sulfate de soude, 250 grammes, du sel de nitre 15 grammes.

Si on découvre un abcès, il faut le ponctionner largement et le nettoyer avec de l'eau phéniquée 1%.

Quand la terminaison a lieu par gangrène, ce que l'on reconnaît au pus séro-sanguinolent et fétide qui s'échappe de la ponction, il faut débrider et faire des injections nombreuses d'eau phéniquée 2 % ou bien pratiquer la castration en ayant soin d'appliquer le casseau sur une partie saine du cordon.

Orchite chronique ou inflammation chronique des testicules.

Causes. — Elle est souvent le résultat de l'orchite aiguë ou bien elle est symptomatique de la morve ou du farcin.

Symptômes. — Les testicules sont durs, adhérents à la gaine vaginale et augmentés de volume, les enveloppes sont souvent indurées et épaissies. Plus tard, les animaux refusent une partie de leur ration, maigrissent et deviennent inutilisables.

Il est bon de la distinguer de l'orchite morveuse qui est relevée par un jetage d'un naseau, des granulations de la muqueuse nasale et l'induration des ganglions de l'auge.

Traitement. — C'est encore la cautérisation au fer rouge (en aiguilles), qui donne le meilleur résultat. — On peut employer aussi des frictions réitirées de pommade mercurielle et en dernier ressort la castration, à la condition d'appliquer le casseau sur une partie saine du cordon.

Epididymite ou inflammation de la tête du cordon testiculaire.

Causes. — Elle est l'apanage des vieux chevaux épuisés, ou elle succède à l'orchite, ou bien encore elle est symptomatique de la morve.

Symptômes. — La sensibilité de la région testiculaire et l'épanchement dans la gaine vaginale sont beaucoup moindres que dans l'orchite, mais si l'on presse la tête du cordon, la sensibilité est augmentée. Cette affection se termine ordinairement par la résolution qui laisse cependant souvent une induration du cordon. Quand l'inflammation a été violente, il peut se former des abcès qui ressemblent en tous points à ceux des testicules. Si l'affection est le résultat d'une prédisposition morveuse, on la reconnaît par l'exploration des naseaux et des ganglions de l'auge.

Traitement. — Le malade est laissé au repos, mis à la diète et saigné si le pouls est fort. On fait des onctions avec les mêmes onguents et on lotionne avec les mêmes liquides que ceux employés contre l'orchite. Si on constate un abcès, il faut l'ouvrir sans retard et le nettoyer par des injections d'eau phéniquée °/₀.

Balanite et acrobustite.

La balanite est l'inflammation du pénis ; l'acrobustite, l'inflammation du fourreau. Ces maladies se confondent et n'en forment généralement qu'une seule.

Causes. — Les violences extérieures, les coups sur la région, l'amas de matières sébacées ou l'introduction de corps étrangers dans le fourreau sont les causes ordinaires de ces affections On cite aussi les polypes de la verge, les infiltrations œdémateuses comme pouvant les faire naître.

Symptômes. — Le premier symptôme est le gonflement de la région avec un œdème qui envahit la partie déclive du ventre. L'exploration du fourreau est douloureuse ; si on y introduit les doigts, ont trouve une quantité plus ou moins grande de matière sébacée noirâtre et fétide. Si le pénis sort difficilement il y a *phimosis*, si au contraire, il ne peut rentrer, il y a *paraphimosis ;* dans ce dernier cas, il prend quelquefois de fortes dimensions, sa tête est chaude, rouge et dans son milieu on aperçoit le méat urinaire faisant saillie.

L'urine est rendue difficilement par petits jets ou en nappe, et toujours on constate un malaise général.

Traitement. — On commence par débarrasser le fourreau en enlevant avec la main toute la matière sébacée et en le désinfectant à l'eau phéniquée 1%. Puis on lotionne les parties gonflées avec de l'eau blanche, du sulfate de fer ou de l'argile et du vinaigre. Quand il y a phimosis ou paraphimosis, il faut pratiquer dans l'engorgement des mouchetures que l'on fait suivre de bains de vapeur et de cataplasmes. A l'intérieur on donne d'abondantes boissons à la graine de lin additionnées de sel de nitre.

CHAPITRE VII.

MALADIES DE L'APPAREIL NERVEUX

Congestion cérébrale.

Causes. — Le tempérament sanguin, l'état pléthorique, l'irritabilité nerveuse, les coups sur le cerveau, les refroidissements, le service fatiguant surtout après l'ingestion surabondante d'aliments, les changements brusques de température, l'encombrement des écuries, telles sont les causes qui agissent ls plus souvent sur le cerveau.

Symptômes. — Au début on constate de l'abattement, la tête est portée basse, jusque sur la litière si elle ne repose pas sur l'auge ; le regard est fixe, il y a de l'incoordination dans les mouvements, l'animal est debout, inconscient, les membres écartés du centre de gravité ; la marche est incertaine, titubante, généralement il y a une tendance à pousser en avant, le front est appuyé contre le mur ; d'autres fois, le sujet recule à bout de longe ou cherche à tourner. Les yeux deviennent vitreux, les oreilles fixes sont privées de mouvement. La digestion est toujours dérangée, il y a de la constipation ; l'urine est épaisse et rare. On constate souvent un claquement particulier des lèvres et de la difficulté dans la déglutition des boissons qu'on serait tenté d'attribuer à une angine.

La respiration est grande, ralentie et irrégulière.

Le pouls est mou, irrégulier et ralenti.

Les terminaisons ordinaires sont l'immobilité et la mort.

Traitement. — Il faut avoir soin de placer les animaux dans une écurie vaste, aérée, les aborder avec douceur, éloigner tout ce qui pourrait les effrayer. On pratiquera une saignée moyenne sur les sujets pléthoriques et on appliquera deux sétons le long du cou. Des compresses de glace ou d'eau très froide sur le front seront toujours utiles.

A l'intérieur on donnera des purgatifs drastiques, l'aloès (30 grammes) ou le calomel (8 grammes) Les breuvages ne seront jamais employés à cause de la difficulté de la déglutition. On glissera de fréquents lavements.

Comme régime, des barbottages avec du sulfate de soude.

INFLAMMATION DU CERVEAU ET DE SES ENVELOPPES

Vertige. — Meningo-encéphalite.

Causes. — Cette affection s'observe plus communément sur les chevaux jeunes, vigoureux et sanguins. — Les refroidissements, les grandes chaleurs, l'insolation, l'habitation dans des écuries chaudes, mal aérées, les courses longues, les efforts après des repas abondants, la frayeur, les mauvais traitements peuvent aussi développer la méningo-encéphalite.

Symptômes. — La maladie se montre du côté de la tête qui est chaude et douloureuse, l'intelligence est pervertie et on rencontre des périodes d'excitation et de

coma ; la tête est appuyée ou pendante, les membres ma[
posés, l'animal chancelle facilement par suite de cet écartement irrégulier. Si on le force à marcher, il titube,
traîne les pieds ou les élève très haut, pousse en avant,
ou tourne en cercle sans s'inquiéter des obstacles. Ses
yeux d'abord sensibles à la lumière deviennent vitreux.

Du côté de l'appareil digestif, le symptôme le plus
remarquable est l'inappétence complète et la constipation.

La soif manque, on voit quelquefois le malade enfoncer
la tête dans le seau et faire le mouvement de déglutition
à vide.

Les muqueuses ssnt injectées, le pouls accéléré, petit,
la respiration irrégulière.

Ce qui différencie cette affection de la congestion cérébrale, c'est la fièvre intense et les alternatives d'excitation
et de coma.

La mort est la terminaison ordinaire de la méningo-
encéphalite.

Traitement. — On pratiquera une forte saignée (4
litres) et l'on appliquera de la glace et de l'eau sédative
sur la tête.

A l'intérieur, le calomel en électuaire, le cyanure de
potassium sont d'anciens spécifiques encore recommandés aujourd'hui.

Dans les périodes d'excitation on peut recourir aux
injections de morphine 0,20 centigrammes.

On donne également du sulfate de soude dans les boissons et de fréquents lavements d'eau salée pour entretenir la liberté du ventre.

Les animaux seront placés dans un endroit calme,
obscur et on les effrayera le moins possible.

Immobilité.

L'immobilité est l'affection chronique des ventricules du cerveau.

Causes. — Elle est souvent une conséquence de l'encéphalite aiguë ou du tétanos. Les causes occasionnelles sont les mêmes que pour la congestion du cerveau et l'encéphalite.

Symptômes. — Les plus importants sont les troubles de la conscience, de la conception et de la sensibilité. Au repos l'animal est indifférent à tout ce qui l'entoure, il paraît endormi, l'œil demi-clos, la tête pendante ou appuyée. La station est anormale, si on lui croise les pieds, il garde cette attitude pendant un temps variable. Il est insensible au fouet, au froissement de la couronne, à l'introduction du doigt dans l'oreille. Les mouvements de la mastication sont quelquefois précipités, quelquefois retardés ou interrompus ; on voit alors l'animal garder une poignée de foin entre les lèvres (Les marchands disent qu'il fume sa pipe). Les boissons sont aspirées lentement, le malade enfonce la tête dans le seau et semble réfléchir, les naseaux plongeant dans le liquide. Au travail l'hébétude est très prononcée, les sujets sont mous, paresseux, et buttent facilement des membres antérieurs ; ils refusent de reculer, ou s'ils le font, c'est avec peine, ils préfèrent se cabrer.

Le pouls est mou et faible, souvent intermittent, la respiration est calme, la défécation est retardée. Cet état dure des années. A la suite d'efforts, d'une nourriture abondante ou d'une chaleur intense, il survient des paroxysmes ; mais lorsque les conditions sont favorables, écurie bien aérée, travail léger, nourriture modérée, la maladie s'amende et on pourrait croire à une guérison.

Traitement. — Au début une saignée moyenne peut être utile. On a conseillé, à l'extérieur, les sétons et les vésicatoires le long du cou ; à l'intérieur, l'aloès, 40 grammes ; le calomel 10 grammes ; l'émétique, 10 grammes ; le sel de nitre, 20 grammes ; la noix vomique, 10 grammes ; l'acide arsénieux, 1 gramme ; mais ces médicaments n'ont qu'exceptionnellement du succès.

C'est une bonne hygiène qui a donné jusqu'ici le plus de résultats : un travail modéré, des aliments choisis, l'aération de l'écurie, le bouchonnement de la peau et le sulfate de soude dans les barbottages.

Epilepsie, mal-caduc, haut-mal.

Causes. — L'hérédité est une cause reconnue de l'épilepsie ; parmi les causes occasionnelles, il faut citer la frayeur, les mauvais traitements, la fatigue, les mauvais soins et les vers intestinaux.

Symptômes. — L'épilepsie ne se manifeste que par des accès plus ou moins rapprochés. Quand l'accès se déclare, l'animal est pris d'un tremblement accompagné de l'abolition des sens, il éprouve une forte agitation. Il chancelle, tombe en se livrant à des mouvements convulsifs ; les mâchoires se meuvent avec rapidité et une salive abondante et écumeuse s'écoule de la bouche sous forme de bave ; les yeux pirouettent dans leurs orbites, l'encolure se raidit. Les membres tendus sont animés de mouvements convulsifs, la respiration est saccadée, les flancs sont retroussés, le corps se couvre de sueur, les excréments sortent involontairement ; bientôt le calme renaît, l'animal devient tranquille, récupère la conscience et reste un moment assoupi, abattu, puis tout disparaît ; le malade se secoue et cherche à manger et à boire.

La durée de l'accès varie de cinq à vingt minutes, il revient à des intervalles plus ou moins rapprochés.

Traitement. — Lorsque la maladie est due à des vers intestinaux, les anthelmintiques ont souvent guéri l'épilepsie, on cite surtout l'essence de térébenthine (30 grammes) dans une décoction de camomille ou de tanaisie, l'huile empyreumatique, 20 grammes ; l'éther, 15 grammes ; la valériane, 25 grammes ; le camphre, 10 grammes ; l'assa-fœtida, 20 grammes, etc.

Si l'épilepsie dépend d'une maladie chronique du cerveau, tous les traitements échouent.

Tétanos, mal de cerf, mal d'encolure.

Le tétanos est dû à l'empoisonnement du système nerveux par le produit septique d'une plaie suppurante.

Causes. — La cause déterminante est toujours une solution de continuité, le tétanos survient plus facilement après les plaies de petites dimensions, après une simple piqûre, qu'après de grands délabrements. La peau étant essentiellement nerveuse, c'est surtout après son traumatisme qu'on observe cette affection. La piqûre des nerfs, des aponévroses peuvent aussi l'engendrer mieux que les plaies des muscles. Mes remarques personnelles m'ont prouvé que pour faire l'ablation d'une tumeur sans accident ou pour opérer la castration par casseaux il faut arriver d'emblée à la mortification complète ; j'ai fait naître *expérimentalement* le tétanos sur un cheval atteint de fic à la face interne de la cuisse en appliquant à la base de la tumeur une bague en caoutchouc ; il survint le 14e jour.

La ligature élastique ou par le fouet, appliquée à la castration des ruminants occasionne souvent le tétanos quand le lien n'est pas assez serré.

Si les casseaux sont trop flexibles ou s'ils ne sont pas assez rapprochés, il faudra toujours craindre le tétanos.

Il se forme alors un produit septique analogue aux ferments qui, absorbés par les vaisseaux incomplètement oblitérès se transmet au cerveau et à la moelle jusqu'à complète saturation, puis le tétanos se déclare. Le froid favorise la formation de cet agent septique.

Symptômes. — Le tétanos se dévoile par la difficulté dans les mouvements, une raideur de l'encolure, des oreilles et de la queue, le jeu des mâchoires est gêné et le regard est fixe. Plus tard tous les muscles du corps sont contractés ; les membres sont tendus et droits ; si on veut faire marcher les malades, les articulations ne fléchissent pas ; si on les fait tourner ou reculer, c'est avec beaucoup de difficulté qu'on y parvient.

Les tétaniques ne se couchent pas, sinon au début, ou s'ils le font, il leur est impossible de se relever. Les mâchoires sont fortement serrées, il y a du trismus et on ne parvient pas, même avec les plus grands efforts, à ouvrir la bouche. Les yeux sont recouverts en partie par le corps clignotant, il y a de la dysphagie et la salive sort en bave filante des commissures des lèvres. Les naseaux sont fortement ouverts et la peau est très sensible. L'appétit est conservé en partie mais la préhension des aliments est impossible ; si on introduit quelques brins de fourrage dans la bouche d'un tétanique, il les mâchonne et salive beaucoup sans parvenir à avaler. Les barbottages même franchissent rarement la gorge.

La respiration est proportionnée à l'étendue du mal, lorsque les muscles respiratoires sont contractés, le battement du flanc augmente.

10

Le tétanos aigu généralisé tue souvent les malades en un temps qui varie de deux à quinze jours. Quand la maladie prend une forme chronique, elle est guérissable ; on admet généralement une guérison de 5 %.

Traitement. — Quelques auteurs ont prétendu qu'il ne fallait pas traiter le tétanos. Suivant eux, il faut placer les sujets dans un local obscur, bien aéré, s'en approcher le moins souvent possible, leur donner des barbottages, des boissons farineuses, des aliments liquides et les soutenir au moyen d'un appareil suspenseur.

Tous les médicaments anesthésiants ont été employés pour combattre cette redoutable affection, mais comme il est souvent impossible de les faire pénétrer dans la bouche on a recours aujourd'hui aux injections souscutanées. La morphine, 20 centigrammes, l'atropine, 10 centigrammes, ont été tour à tour injectées ; on a aussi essayé les lavements additionnés de chloral, d'éther 10 grammes chaque heure, les inhalations d'éther, de chloroforme.

Le traitement le plus rationnel, à mon avis, consiste dans la désinfection et la cautérisation de la plaie qui a donné naissance au tétanos, et à chasser ensuite l'élément tétanigène par la sueur et par l'urine, à l'aide de couvertures chaudes, d'injections de pilocarpine, 20 centigrammes de 3 en 3 heures pendant les deux premiers jours.

Le professeur Brusasco expérimenta l'acide phénique contre le tétanos sur une vaste échelle ; en injections, en lavements, en bols, il en obtint des résultats satisfaisants. Il constata que les injections hypodermiques avaient un résultat assez rapide mais n'étaient pas convenables étant donné la grande excitabilité des malades, et le nombre des injections qui devait être de huit quand on voulait adopter la dose quotidienne de 2 grammes d'acide phénique. L'administration de 6 grammes par jour par la voie buccale serait préférable mais elle est presque toujours impossible à cause du trismus. C'est pourquoi Brusasco conseille l'administration de l'acide phénique en lavements à la dose quotidienne de 15 à 35 grammes dissous dans 4 litres d'eau, dissolution que l'on donne à raison de 1 litre toutes les quatre heures.

Cette méthode a été suivie de bons effets et sa pratique nous a permis d'affirmer que :

Les doses d'acide phénique doivent être d'autant plus élevées que les symptômes sont plus graves.

Ces doses doivent être diminuées avec la diminution des symptômes.

L'acide phénique diminue constamment la température du cheval tétanique d'un 1/2 degré environ, en cessant pendant un jour l'administration de ce médicament? Il y avait eu augmentation de la température de un degré.

Paraplégie ou paralysie lombaire soudaine.

Causes. — Elle est due à des chutes, des efforts violents, une alimentation trop abondante et trop riche en principes alibiles, surtout quand les chevaux ne travaillent pas ; elle est souvent le symptôme de la congestion de la moelle ou de la rupture des muscles psoas.

Symptômes. — On remarque d'abord de la faiblesse dans les boulets postérieurs, la pointe du pied traîne racle le pavé, le jarret fléchit sous le poids du corps et les membres sont soulevés par des mouvements spasmodiques de la hanche, puis la chute arrive.

L'animal, bien qu'assis ne peut plus se relever, il se soulève du devant, se traîne, retombe pour reprendre bientôt son agitation. La queue est flasque, l'anus est relâché et l'on constate de la paralysie de l'intestin et de la vessie.

Cette maladie, d'une gravité extrême, ne se guérit qu'au début.

Traitement. — Le succès dépend de la saignée que l'on fera avant la chute de l'animal ; elle sera copieuse, 4 à 5 litres et répétée si les symptômes ne sont pas disparus. Les frictions avec de l'essence de térébenthine, de la farine de moutarde sont très estimées, elles sont excitantes et révulsives. On entretiendra la liberté du ventre avec le sulfate de soude (250 grammes) et le sel de nitre (15 grammes chaque jour). En général, la saignée pratiquée à temps, c'est-à-dire lorsque l'animal traîne les membres postérieurs, guérit radicalement cette affection sans le secours d'aucun autre agent. Il est inutile d'entreprendre aucun traitement sans avoir préalablement placé le sujet sur un appareil suspenseur.

Une injection sous cutanée de 10 centigrammes de sulfate de vératrine a réussi entre les mains de certains praticiens.

Effort de reins ou Lumbago.

Causes. — On a vu l'effort des reins survenir à la suite de lourdes charges sur les reins, de glissades, de chutes, d'opérations chirurgicales, de refroidissements.

Symptômes. — L'effort des reins est caractérisé par le manque de raideur de la colonne vertébrale. Pendant la marche, l'animal qui en est affecté éprouve dans le train de derrière un fort balancement d'un côté à l'autre et un vacillement dans les membres. Au trot, les membres postérieurs se heurtent, s'entrecroisent et il semble que le sujet doive choir d'un moment à l'autre.

L'action de reculer est presque impossible ; l'animal s'accule ou se jette de côté : il ne peut non plus arrêter une charge à la descente. Quand on veut le faire tourner court, les membres antérieurs seuls manœuvrent, les postérieurs servent de pivot et ne se déplacent que lorsque le cheval est près de tomber. Une charge sur le dos aggrave la marche et il n'est pas rare que l'animal s'affaisse, le déplacement devenant impossible.

Traitement. — Au début, on doit essayer l'irrigation continue d'eau froide, mais plus tard il faut recourir aux révulsifs. Les charges vésicantes exemptes de cantharides, les feux liquides sont généralement employés Si ces moyens échouent, on emploiera le feu en aiguilles ou en raies sur une large surface.

DU TIC

Le tic est une habitude vicieuse qui consiste dans la déglutition d'une certaine quantité d'air mélangé à la salive.

Causes. — Ce vice peut se développer sous l'influence de l'oisiveté, de l'hérédité, de l'imitation, de l'excitation produite par l'étrille, d'une alimentation intensive, d'une maladie chronique de l'appareil digestif

Symptômes. — Le tic se fait en l'air ou avec appui.

Pour tiquer en l'air, le cheval s'éloigne de la mangeoire, rapproche la tête du poitrail, claque les lèvres, puis relève brusquement l'encolure, étend la tête et avale de l'air qui passe dans l'œsophage en faisant entendre un bruit particulier.

Les chevaux qui tiquent à l'appui posent les incisives des mâchoires ou le menton sur un corps résistant (mangeoire, bas flancs, timon, longe) et appuient fortement en ouvrant la bouche et en contractant l'encolure.

Sur beaucoup d'animaux le tic n'occasionne aucun symptôme de maladie, chez d'autres, il développe du ballonnement et des coliques.

Traitement — On a essayé bon nombre de traitements, mais chez les vieux tiqueurs, le mal est incurable.

On a obtenu des résultats avantageux en ne laissant aucun repos aux sujets, en plaçant une couverture de tôle sur la mangeoire, en employant les licols antitiqueurs. Généralement le succès n'est pas durable.

RÉTIVITÉ

La rétivité est un vice caractérisé par le refus d'obéir.

Causes — Les principales causes sont les travaux excessifs, les corrections imméritées et les brutalités des conducteurs. Les blessures douloureuses des épaules, les harnais mal appliqués, les colliers trop étroits peuvent aussi la déterminer.

Symptômes. — C'est ordinairement par le refus de travailler que l'on reconnaît la rétivité, le cheval se jette de côté ou reste obstinément sur place, il trépigne et se retourne volontiers dans la direction d'où il est venu ; d'autres fois il rue, brise les brancards, se cabre et se jette par terre. Le cheval de selle cherche à désarçonner son cavalier en s'encapuchonnant ou en ruant ; toujours il y a une vive excitation, un regard brillant. un pouls accéléré, des battements du cœur tumultueux, une respiration laborieuse, des tremblements et des sueurs. Abandonnés à eux mêmes, les chevaux rétifs se remettent en marche au bout de quelque temps et dans d'autres cas, on est obligé de les dételer.

Traitement. — La rétivité invétérée est incurable. Mais au début on peut obtenir la guérison par la douceur et la patience. Il sera bon d'examiner les harnais, de les ajuster, de ne pas faire trainer de lourdes charges et de ne pas irriter continuellement la bouche en tirant sur la bride.

CHAPITRE VIII.

MALADIES EXTERNES

MALADIES DE L'APPAREIL VISUEL

Blépharite ou inflammation des paupières.

Causes. — Les causes de la blépharite sont les coups de fouet, les piqûres d'insectes, les plaies, les courants d'air, le vent, etc...

Symptômes. — Les paupières sont chaudes, tuméfiées, surtout la supérieure qui descend fortement en cachant le globe oculaire ; les mouvements sont limités ou nuls et toujours douloureux ; les larmes versées avec abondance se condensent, collent les paupières ou s'échappent en sillon le long du chanfrein où elles produisent de la dépilation. Cette affection se termine le plus souvent par la résolution ; quelques cas de suppuration ont été notés.

Traitement. Sur les sujets pléthoriques, il faudra recourir à la saignée locale (angulaire de l'œil) , on lotionnera ensuite les paupières avec de l'eau blanche ou une solution de sulfate de zinc 1%. S'il se forme un abcès, il faut l'ouvrir avec la lancette, par une incision transversale. On emploiera aussi des lotions de camomille additionnées de quelques gouttes d'eau phéniquée.

Verrues.

On rencontre quelquefois des verrues sur le bord des paupières ; elles entravent parfois les mouvements de ces dernières. Il arrive même que les animaux les écorchent en se frottant et déterminent ainsi un épaississement palpébral. Le meilleur mode de traitement est l'excision avec le fer rouge.

Onglet ou inflammation du corps clignotant.

Causes. — Elle est souvent causée par les coups de fouet appliqués sur l'œil ou par un corps étranger adhérent au corps clignotant.

Symptômes. — Le corps clignotant tuméfié se présente sous la forme d'une tumeur arrondie se prolongeant sur la face antérieure de l'œil de manière à empêcher le rapprochement des paupières ; il y a de la sensibilité, de la rougeur et du larmoiement ; l'induration reste simple ou bien le corps clignotant s'altère, puis une ulcération rougeâtre apparaît, atteint le cartilage, le canal lacrymal et la caroncule.

Traitement. — On a recommandé les lotions d'eau blanche, de sulfate de zinc, les cautérisations au crayon de nitrate d'argent et les divers fondants, mais le moyen le plus sûr est l'extirpation radicale de la tumeur au moyen d'une érigine et de ciseuux. On lave ensuite l'œil opéré avec de l'eau fraîche légèrement phéniquée et la cicatrisation ne tarde pas à être complète.

Plaies par déchirures des paupières.

Les plaies par déchirures, doivent être pansées avec soin pour éviter les cicatrices vicieuses. On emploie ordinairement l'eau de camomille phéniquée ou l'eau blanche. Si la déchirure a une trop grande étendue, il faut recourir aux bandelettes agglutinatives ou mieux encore à la suture entortillée.

On implante dans les bords de la plaie des épingles distantes les unes des autres de un centimètre environ autour desquelles on passe un fil double en faisant le 8 de chiffre. On fixe les animaux pour les empêcher de se frotter ou de déranger la suture et la cicatrisation est bientôt faite. On termine par un lavage à l'eau phéniquée.

Conjonctivite aiguë
ou inflammation aiguë de la conjonctive.

La conjonctive est la membrane muqueuse qui unit le globe de l'œil aux paupières.

Causes. — Les causes directes sont les coups sur les yeux, les corps étrangers introduits sous les paupières, l'ardeur du soleil, etc.

Les causes indirectes sont les courants d'air, le vent, les gaz ammoniacaux qui s'échappent de la litière, le séjour des animaux dans les marais, etc...

Symptômes. — Au début la conjonctive est rouge,

chaude et douloureuse, il y a du prurit qui force les animaux à se frotter, les larmes coulent en abondance sur le chanfrein ou se dessèchent en un dépôt blanchâtre albumineux ; il arrive parfois que la conjonctive s'infiltre en formant en apparence des bourrelets sous les paupières, c'est le *chémosis*. Quelquefois la cornée blanchit de la circonférence vers le centre et engendre la *kératite*.

Dans l'intérieur de la chambre antérieure il se forme un dépôt floconneux blanchâtre ; on peut remarquer bien souvent une exfoliation à la surface de la cornée, si c'est un corps étranger qui a blessé l'œil ; il ne faut pas négliger dans ce cas d'examiner avec soin la surface interne des paupières pour extraire ce corps qui peut y rester adhérent, la durée de la conjonctivite aiguë est de cinq à dix jours ; elle se termine par la résolution ou par l'état chronique.

Traitement. — Si l'affection est produite par un corps implanté sur la muqueuse, il faut le retirer avec un linge fin bien huilé que l'on enroule autour du doigt ; on promène ce dernier sous la paupière et on parvient ainsi à extraire la cause qui a fait naître le mal.

Si l'inflammation est très accusée, on saigne à l'angulaire de l'œil et on soustrait les malades à l'influence de la lumière. On pourra également employer les lotions au nitrate d'argent, à l'eau céleste, au sulfate de zinc. Voici une formule qui rend de précieux services :

> Sulfate de zinc. . . . 2 grammes.
> Chlorhydrate de morphine. 0.25 centigrammes.
> Eau distillée . . . . . 250 grammes.

Un excellent moyen pour hâter la guérison de toutes les maladies des yeux est de badigeonner le pourtour de l'œil malade avec du goudron minéral mélangé au sublimé.

> Goudron minéral . . . . 250 grammes.
> Sublimé corrosif . . . . 10 centigrammes.

On renouvelle l'application tous les deux jours pendant dix jours.

Si la conjonctivite tend à passer à l'état chronique, on emploie l'onguent vésicatoire sur la joue correspondante à l'œil malade et on purge les sujets.

Conjonctivite chronique.

Causes. — Elle est la conséquence du passage de l'état aigu à l'état chronique.

Symptômes. — Elle se manifeste par une sécrétion abondante de larmes qui salissent, en les dépilant l'angle nasal de l'œil et le chanfrein. Si on examine la face interne des paupières, on s'aperçoit de l'hypertrophie des petites glandes de meïbomius. La marche de l'affection est lente et après des mois, quelquefois des années, elle détermine les altérations suivantes : nuage, albugo, taie, ulcération et staphylome.

Nuage. — Caractérisé par une opacité ou un léger nuage à bords frangés dû à un principe albuminoïde qui se dépose sur la cornée transparente. Il disparaît facilement quand il succède à la conjonctivite aiguë, tandis qu'il est très tenace quand il fait suite à la conjonctivite chronique.

Albugo. — Lorsque l'inflammation continue, la matière albuminoïde se dépose en plus grande quantité, la couche devient plus épaisse, plus blanche et forme l'albugo. Il envahit plus ou moins la cornée du centre à la périphérie, de sorte qu'il n'intercepte pas complètement les rayons lumineux, il rend la vue douteuse.

Taie. — C'est une tache d'un blanc mat résultant d'un

degré d'inflammation plus avancé, elle est toujours circonscrite et varie de la grosseur d'une tête d'épingle à
une lentille. On aperçoit parfois des vaisseaux de nouvelle
formatton qui se dirigent de la tache à l'angle nasal de
l'œil : on dit alors que la taie se vascularise.

Ulcération — Elle commence par une érosion qui
gagne bientôt en profondeur, elle perfore les lamelles de
la cornée et donne écoulement au liquide de la chambre
antérieure de l'œil. On distingue deux sortes d'ulcérations.

La première, faite comme à l'emporte pièce, a une marche rapide et est facile à guérir. La deuxième à bords
déchiquetés, irréguliers, perfore toujours la cornée et est
fort rebelle, si elle se cicatrise elle laisse à sa place une
taie.

Staphylomie. — Cette lésion s'annonce par une petite éruption conique, le plus souvent au milieu, quelquefois à la circonférence de l'œil. Après quelques jours, elle
augmente de volume, sa base s'élargit et met un obstacle
plus ou moins grand selon son développement, à l'acte
de la vision.

Traitement de la conjonctivite chronique. —
Il faut recourir aux collyres astringents tels que : alun ou
sulfate de zinc 1 °/₀ ; suie de cheminée 60 grammes qu'on
fait bouillir dans un demi litre d'eau, on filtre et on lave
l'œil trois ou quatre fois par jour ; le nitrate d'argent, 25
centigrammes dans 50 grammes d'eau et trois ou quatre
gouttes de laudanum, etc. Tous les collyres doivent pénétrer sous les paupières Il faut pour cela mettre un tord
nez à l'animal qui se défend toujours avec énergie quand
on injecte ces substances sur la conjonctive malade.

Un séton sur la joue correspondante à l'œil affecté aura
souvent de bons effets.

Le **nuage** et l'**albugo** disparaissent avec le traitement de la conjonctivite chronique.

La **Taie** qui est le résultat d'une cause accidentelle disparaît toujours par l'usure de la cornée ; si elle provient d'une cause pathologique, il faut employer les irritants et ramener à l'état aigu cette inflammation chronique. On cite comme ayant donné de bons résultats la pommade de Bernard composée de nitrate d'argent, 10 grammes et axonge, 10 grammes. On en introduit tous les quatre jours, gros comme un pois, sous la paupière supérieure. On emploie aussi le collyre tannique suivant.

Tannin. . . . . 60 centigrammes.
Laudaoum de Rousseau . . 4 grammes.
Eau distillée. . . . . . 64 grammes.

Comme collyre sec on donne la **préférence** à celui-ci ;

Oxyde de zinc . . . . .)
Sel ammoniac . . . . . } 5 gramme de chaque.
Sucre pulvérisé. . . . .)

que l'on insuffle dans l'œil, 1 gramme environ chaque fois et tous les deux jours.

L'**ulcération** taillée à l'emporte-pièce se traite par le crayon de nitrate d'argent ; on touche la partie ulcérée avec cet argent, il se forme une inflammation qui modifie la nature du mal et il suffit de répéter l'opération deux ou trois fois, pour arriver à une complète guérison. Si l'ulcération est à bords irréguliers il faudra employer le même traitement en y revenant jusqu'à complète cicatrisation.

Quant au **stapuylôme**, le traitement doit être essentiellement chirurgical , je ne crois pas qu'il ait été essayé en médecine vétérinaire.

Ophtalmie interne continue.

C'est l'inflammation de toutes les membranes internes de l'œil.

Causes. — Les causes directes sont les coups portés sur la surface de l'œil, les courants d'air, les vents violents de l'ouest, l'ardeur du soleil, le mirage et l'humidité. Les causes indirectes sont les plaies anciennes suppurantes.

Symptômes. — Cette maladie s'annonce par une conjonctivite aiguë très douloureuse ; les paupières se gonflent et ferment complètement l'œil ; la douleur est si vive qu'il faut employer la contrainte pour examiner le malade qui recule, se cabre, et cherche à se soustraire à toute inspection. Si on parvient à relever la paupière supérieure, on constate un développement vasculaire considérable au pourtour de la cornée transparente. L'œil est volumineux et il semble que l'humeur de la chambre antérieure se soit transformée en une matière d'un blanc laiteux. Bientôt on voit se former dans cette partie un segment rougeâtre déterminé par des produits inflammatoires ; c'est la période d'état. Dans les cas ordinaires, l'œil redevient de plus en plus clair et récupère ses fonctions en huit ou quinze jours. Sur quelques chevaux, l'œil reste trouble, grossit, se bombe et vient à fleur de tête, c'est l'hydropisie de l'œil ou *hydrophthalmie*. — Il existe dans son intérieur des matières séreuses épanchées qui déterminent cette hypertrophie ; si elles continuent à augmenter, l'œil se crève, s'ulcère et laisse écouler tous les liquides pathologiques qu'il contient : le cristallin est souvent entraîné par l'ouverture et il ne reste que l'œil vide qui se retire dans le fond de l'orbite.

Il est d'autres cas où la cornée et l'humeur aqueuse reprennent leur transparence ; mais en inspectant l'œil sous la porte d'une écurie, on constate un peu en arrière de la pupille et au travers de celle-ci, des taches blanches ou jaunâtres quelquefois très brillantes, de différentes conformations qui embrassent tout ou en partie le cristallin, c'est la *cataracte*.

Traitement. — Il faut procurer immédiatement le dégagement de l'œil par une saignée à l'angulaire, et soustraire les malades à l'influence des rayons lumineux. Il ne faudra pas négliger les vésicatoires sur la joue et les sétons à l'encolure ; on arrosera constamment l'œil avec de l'eau de mauve additionnée de quelques gouttes de laudanum ou d'extrait aqueux de belladone.

Quand l'hydrophthalmie survient il n'y a rien à tenter. On a beaucoup vanté les frictions ammoniacales sur les paupières dans le cas de cataracte ; mais entre mes mains elle ont toujours été suivies de résultats négatifs.

Amaurose ou goutte sereine.
Paralysie de la rétine.

Causes. — L'amaurose se développe sous l'influence d'une vive lumière, d'une insolation, d'une chute violente, de contusions sur l'œil ; mais elle est souvent aussi le résultat de l'ophthalmie interne.

Symptômes — Les symptômes varient suivant que l'amaurose est double ou simple. Si elle est double, il y a tous les symptômes de la cécité ; l'animal cherche à suppléer par les autres sens à celui qui fait défaut, il porte en avant tantôt l'une tantôt l'autre oreille, il hésite, lève les pieds très haut et n'évite pas les obstacles qu'il a devant lui.

Si l'amaurose est simple ou incomplète, l'animal marche en inclinant la tête de côté, il est ombrageux, s'effraie des objets qu'il distingue mal et devient dangereux.

L'œil malade a conservé toutes les apparences de la santé, mais si on l'examine en le couvrant et en le découvrant ensuite, on s'aperçoit que la pupille est immobile. La lumière quoique vive, succédant à l'obscurité, ne détermine aucun mouvement. Si le fond de l'œil parait un peu verdâtre, on dit qu'il y a *glaucome* ou cataracte verte.

Dans l'amaurose ancienne, l'œil s'atrophie et les paupières se plissent.

Traitement. — L'amaurose qui résulte d'une indigestion vertigineuse ou d'une plaie, guérit avec l'affection qui l'a fait naître.

Il n'en est plus de même pour l'amaurose vraie. La première indication est de soustraire les malades à l'influence d'une lumière trop vive en les plaçant dans une demi-obscurité. Comme moyens curatifs, on a employé tous les excitants capables de ramener la vie dans le nerf optique. On a esssayé les frictions d'onguent vésicatoire autour de l'œil ; on a dirigé contre cet organe des vapeurs ammoniacales, d'alcool, d'essences aromatiques On a instillé sous les paupières la belladone ou son alcaloïde, l'atropine ; on a aussi conseillé l'électricité qui a eu quelques succès.

Je préfère les injections sous-cutanées d'arséniate de strychnine à la dose de 10 centigrammes dissous dans 5 grammes d'eau; elles seront faites deux fois par jour pendant trois jours sur le plat des joues.

Fluxion périodique.

La fluxion périodique est une inflammation de l'iris.

Causes. — Les causes de l'iritis sont nombreuses; on cite particulièrement l'influence du sol (sous-sol argileux), l'humidité, le tempérament lymphatique, les fourrages aqueux peu alibiles, les différentes irritations de l'œil, la gourme, l'insalubrité des écuries, l'hérédité, etc.

Symptômes. — Comme son nom l'indique, la fluxion périodique se présente sous forme d'accès qui laissent après eux des traces de désordre dans l'appareil visuel. Elle se présente sur un œil ou sur les deux à la fois. A chaque accès, l'organe se congestionne et il se forme un épanchement dans son intérieur. Les paupières elles-mêmes participent à cette inflammation, elles se gonflent, s'infiltrent, les larmes s'écoulent en abondance et forment un sillon à l'angle nasal et sur le chanfrein. Puis la cornée s'obscurcit de la circonférence au centre, les humeurs se troublent, deviennent opaques avec un reflet verdâtre considéré autrefois comme caractéristique; c'est la teinte verte *feuille-morte* du fond de l'œil.

A la seconde période, l'humeur aqueuse se charge de flocons nébuleux qui se déposent vers le sixième jour, dans la partie déclive de l'œil, sous la forme d'un segment jaunâtre à concavité supérieure, c'est le faux *hypopion*.

Vers le deuxième jour, ce dernier se condense, devient un peu laiteux, et les troubles du profond de l'œil disparaissent.

Après chaque accès, l'œil conserve néanmoins des traces de la maladie qui vont en augmentant avec le nombre d'accès. Le globe de l'œil s'atrophie, la lumière réfléchie par le fond de l'organe se nuance en jaune verdâtre, la pupille reste contractée, et l'iris prend la teinte *feuille-morte* ; dans la chambre postérieure on aperçoit de petits filaments blanchâtres suspendus au milieu des humeurs, la cornée blanchit et se recouvre d'une multitude de petits vaisseaux sanguins.

Traitement. — Le moyen le plus efficace de combattre cette affection est de l'empêcher de naître, c'est-à-dire de supprimer en partie les causes qui l'engendrent.

La saignée, les sétons, les frictions dérivatives restent souvent sans effet.

Les collyres astringents au sulfate de zinc, alun, etc... laissent toujours en plan.

Les purgatifs, les diurétiques, l'arsenic n'ont pas d'utilité réelle.

La pommade de nitrate d'argent 1/50 introduite sous les paupières pendant huit jours, (gros comme un petit pois chaque fois) retarde les accès, les rend moins violents, et si le malade ne guérit pas, il conserve longtemps la vue.

Quand la fluxion est simple, le dernier moyen est d'enlever l'œil malade pour conserver l'autre.

CHAPITRE IX.

MALADIES DE L'APPAREIL LOCOMOTEUR

Rhumatisme musculaire.

Le rhumatisme musculaire est une inflammation des muscles accompagnée de troubles dans l'appareil locomoteur.

Causes. — Elle reconnaît pour causes les refroidissements, les courants d'air, les écuries humides et froides ; l'alimentation très azotée accumulant des déchets dans le plasma du sang y prédispose (Trasbot).

Symptômes. — On constate au début une certaine raideur qui se dénote par la difficulté de la marche ; le malade se tient immobile et raide. Ce qui constitue le caractère essentiel de l'affection, c'est la douleur pendant les mouvements. L'animal est souvent couché, si on le force à courir on dirait qu'il est sur des échasses ; les membres ont perdu leur souplesse et l'encolure semble raccourcie; le malade ne peut prendre ses aliments sur le sol ; s'il le fait, c'est après de violents efforts. Il n'y a pas de symptômes généraux, l'appétit est conservé ainsi que la soif, mais le poil se pique et l'amaigrissement survient au bout de quelque temps.

Traitement. — On saignera les sujets pléthoriques si le mal débute avec violence. Dans les autres cas, on se contentera de faire des onctions de pommade camphrée, des frictions d'alcool camphré, de liniment ammoniacal camphré Le séton est utile chez les jeunes sujets ; on le placera de préférence au poitrail.

Des douches froides suivies de l'application de couvertures chaudes, des bouchonnements fréquents seront toujours utiles. Quand le rhumatisme est localisé à l'epaule, on recommande les injections sous-cutanées de morphine (20 centigrammes) et d'atropine (0,05 centigrammes). Lors de rhumatisme généralisé on doit recourir au salicylate de soude, à la dose de 25 grammes deux ou trois fois par jour. Le salol et l'antipyrine ont donné des avantages (10 à 15 grammes par jour). Hubner a employé avec succès la pilocarpine, (0,15 centigrammes dissous dans 4 grammes d'eau) chez un poulain de neuf mois atteint de rhumatisme musculaire.

D'autres praticiens préconisent les purgatifs, le calomel, l'émétique. Les malades seront placés dans une écurie bien fermée, avec une nourriture modérée.

Myosite ou inflammation des muscles.

Causes. — Elle se développe sur les chevaux de gros trait, consécutivement à une fatigue musculaire, à un refroidissement subit, à un arrêt de transpiration.

Symptômes. — Elle débute souvent sur les muscles de l'avant-bras qu'elle rend douloureux, il y a de la gêne dans les mouvements du membre malade qui est maintenu dans l'extension forcée ; les muscles enflammés sont tuméfiés et durs comme du bois. La fièvre est intense ainsi que la soif, les flancs sont cordés, et on constate des troubles de la respiration et de la circulation.

Quand on fait marcher les malades, ils buttent, raclent le sol, et ont une démarche automatique caractéristique.

La terminaison la plus ordinaire est la résolution qui se fait lentement. La myosite peut aussi passer à l'état chronique ; dans ce cas les muscles s'indurent, se rétractent, et il en résulte une difformation des membres. Quelques auteurs ont signalé des terminaisons par suppuration et par gangrène ; je ne les ai jamais observées.

Traitement. — La saignée moyenne et la diète constituent la base du traitement ; on frictionne la région malade avec de la pommade camphrée, de la pommade de belladone ; plus tard, il faut recourir au liniment ammoniacal camphré. J'ai souvent employé avec avantage les onctions de graisse de chien. Si le mal passe à l'état chronique, il faut employer l'onguent vésicatoire en frictions répétées.

A l'intérieur, on prescrit l'antipyrine, 20 grammes en deux paquets pour calmer la fièvre ; le sulfate de soude 150 grammes chaque jour avec le sel de nitre 10 grammes dans du barbottage, hâtent la résolution.

Rhumatisme articulaire.

Le rhumatisme articulaire est l'inflammation d'une ou de plusieurs articulations.

Causes. — La cause qui joue le plus grand rôle sur le développement du rhumatisme articulaire est le froid.

Il semble reconnu aujourd'hui que les principes qui l'engendrent généralement, sont de nature infectieuse, et ce qui tend à le prouver, c'est qu'on le rencontre surtout après l'avortement, la non-délivrance et sur les nouvelles accouchées.

Symptômes. — Au début on constate un mouvement fébrile marqué (malaise, frisson). Le symptôme constant est la douleur et le gonflement articulaire.

Généralement une ou plusieurs articulations sont tuméfiées, chaudes, douloureuses et occasionnent une boiterie intense. Les malades ne se déplacent pas et sont souvent couchés ; ils restent longtemps dans cette position, et si les deux membres postérieurs sont atteints, on ne parvient que très difficilement à les faire relever. Habituellement l'appétit a disparu, la soif est intense, les excréments sont rares, les urines foncées.

Parfois cette affection revêt le type chronique, alors les articulations restent gonflées, indurées, elles se nouent. La maigseur s'accuse chaque jour, et les malades s'épuisent lentement, s'ils ne sont pas emportés par une complication d'endocardite.

Traitement. — Comme traitement externe, on recommande de frictionner les régions malades avec du liniment ammoniacal camphré ou de l'onguent vésicatoire, et de les envelopper soigneusement avec de la flanelle.

A l'intérieur on emploie chaque jour le bicarbonate de soude, 25 grammes uni au sel de nitre 10 grammes ; le sulfate de soude 250 grammes, l'émétique 10 grammes, le salicylate de soude 25 grammes ont été conseillés tour à tour. Pour favoriser la sueur, on placera des couvertures chaudes et on donnera des breuvages d'infusion de tilleul et de sureau.

Rachitisme.

Causes. — C'est une maladie du premier âge qui se développe dans les localités où le sol est pauvre en sels de chaux. Le peu de variété des aliments dépourvus de principes excitants, le défaut d'exercice et d'air, peuvent être considérés comme des causes prédisposantes.

Symptômes. — Le développement de l'organisme est retardé et les efforts s'accompagnent de fatigue et d'essoufflement. Bientôt il se forme des tumeurs osseuses aux jarrets, aux mâchoires ; les membres sont déformés, arqués, bas-jointés. Certains animaux sont ensellés ou ont le dos de mulet avec les côtes plates et souvent noueuses.

Traitement. — On doit donner une nourriture choisie avec du phosphate de chaux 10 grammes ; on prescrit aussi l'huile de foie de morue à la dose de 300 grammes unie au phosphore, 0.05 centigrammes. — Des pierres de sel marin doivent être mises à la disposition des malades.

Arthrite ou inflammation de l'articulation.

Causes. — Les causes de l'arthrite sont nombreuses ; nous citerons particulièrement les coups, les violences extérieures, les plaies ; l'arthrite peut compliquer certaines maladies, telles que la métro-péritonite, la péricardite, la pleurésie, etc. .

Symptômes — Le premier symptôme qui apparaît est une douleur intense, accusée par l'attitude que prennent les animaux pour soustraire le membre malade à l'appui ; alors l'articulation qui est le siège du mal devient chaude, tendue et le bas du membre s'engorge.

Si l'arthrite est due à une plaie pénétrante, on voit s'écouler la synovie qui devient mousseuse par la marche.

Si l'inflammation ne se calme pas au début, les symptômes vont en s'aggravant et la douleur est si grande qu'il y a nullité complète de l'appui ; c'est la période de suppuration. Les animaux restent debout dans une immobilité absolue, ou refusent de se relever s'ils sont couchés ; tous maigrissent avec rapidité et l'on constate une fièvre de réaction des plus intenses.

S'il y a gangrène des ligaments articulaires, elle sera toujours décélée par l'odeur fétide de la plaie.

Traitement. — Le meilleur moyen pour combattre l'inflammation articulaire au début est l'irrigation continue d'eau fraîche, c'est le plus efficace et le moins coûteux. L'onguent vésicatoire est souvent employé en friction pour combattre l'excès de synovie, car en faisant gonfler les tissus, il produit une compression salutaire. En même temps on applique sur la plaie, préalablement désinfectée à l'eau phéniquée (lors d'arthrite traumatique), une étoupade imprégnée d'onguent égyptiac, que l'on renouvelle deux fois dans la journée.

Si l'arthrite devient suppurative, il faut ponctionner les abcès, faire des injections avec de l'eau alcoolisée ou phéniquée, et avoir recours ensuite à l'onguent égyptiac.

Dans les cas de fièvre intense il faut pratiquer une saignée de trois à quatre litres, administrer à l'intérieur 250 grammes de sulfate de soude et 20 grammes de sel de nitre.

Le bicarbonate de soude sera continué pendant tout le traitement, à la dose de 20 grammes par jour, dans des tisanes de graines de lin et d'eau de mauve.

Plaies articulaires.

Causes. — Les piqûres, les coups de fourche, les coups de pied, les chutes, les feux en pointes pénétrantes sont les causes ordinaires des plaies articulaires.

Symptômes. — Le premier symptôme est l'écoulement, par la plaie, de synovie blanche, qui devient plus tard grumeleuse, gélatineuse. Au début on n'observe pas de fièvre et il n'y a pas de douleur ; aussi les propriétaires ne s'en inquiètent-ils pas et ils continuent à faire travailler leurs animaux — ils jugent souvent de la gravité par l'étendue de le plaie ; si celle-ci est étroite, ils restent dans une parfaite sécurité Au bout de quatre ou cinq jours les animaux ménagent le membre, il y a du gonflement et de la douleur à l'articulation et tous les signes de l'arthrite apparaissent.

Traitement. — Avant d'entreprendre le traitement, il faut immobiliser l'articulation par le repos absolu, sonder la plaie pour s'assurer qu'elle ne renferme pas de corps étrangers, et faire tous ses efforts pour la fermer avant la suppuration. On a proposé pour cela la compression ou l'emploi de substances agglutinatives, telles que le collodion, le blanc d'œuf mélangé à l'alun ; mais les résultats sont plus certains avec le sublimé corrosif appliqué sur un petit tampon d'étoupes ; la synovie ne tarde pas à se coaguler en formant un bouchon obturateur ; sous l'action de ce caustique, la plaie bourgeonne très vite et se cicatrise. Je l'emploie toujours dans les plaies étroites ; ce médicament est plus recommandable que le fer rouge, préconisé par certains vétérinaires.

Quand les plaies sont étendues, je donne la préférence à l'onguent égyptiac et je fais une friction vigoureuse d'onguent vésicatoire autour de l'articulation.

Arthrite des jeunes animaux. — Glaires.

Causes. — Elle est due à l'infection de la plaie ombilicale par le fumier.

Symptômes. — Cette affection attaque toutes les jointures, mais de préférence le genou, le jarret et le grasset ; elle survient souvent dans les trois premières semaines de la naissance. Lorsqu'elle apparaît, l'articulation se gonfle rapidement, devient douloureuse, chaude et tendue ; il est rare qu'elle n'affecte qu'une jointure ; dans la plupart des cas, plusieurs sont atteintes en même temps. Les malades boîtent et restent couchés ; l'appétit se perd et une diarrhée fétide apparaît. La mort survient habituellement en quelques jours. Les animaux qui guérissent ne le sont jamais qu'imparfaitement.

Traitement. — Il faut surtout s'attacher au traitement préventif et tenir les écuries très propres avec une litière abondante. Un bon moyen est de lotionner le cordon ombilical avec de l'eau phéniquée 2 º/º une fois par jour pendant les six premiers jours de la naissance. Nocard d'Alfort recommande d'enduire le cordon une fois chaque jour avec la pommade suivante :

        Axonge.   .   .   .   50 grammes.
        Acide borique. . .   8   »
        Thymol. .   .   .   .   0,25 centigr.

Avec ces simples moyens et l'application d'un bandeau protecteur sous le ventre, je n'ai jamais constaté un cas de glaires. Quand on doit combattre la maladie il faut également désinfecter l'ombilic, donner à l'intérieur de l'antipyrine, 2 grammes chaque jour avec 4 grammes de sel de nitre ou 10 grammes de bicarbonate de soude, et frictionner les articulations malades avec le feu liquide ou un liniment résolutif quelconque, (pétrole, essence de térébenthine).

Hydarthrose.

On appelle hydarthrose, l'hydropisie des gaînes synoviales articulaires et des gaînes tendineuses,

Causes — Parmi les causes nombreuses, il faut citer les efforts violents, les coups, le travail excessif et l'hérédité.

Symptômes. — L'hydarthrose se présente sous la forme d'une tumeur molle et fluctuante placée au niveau d'une articulation ou d'une gaîne tendineuse. Elle est de forme inégale, généralement bosselée ; quand la capsule . synoviale est soutenue par des tendons, ceux-ci divisent l'hydarthrose en deux parties qui font saillie de chaque côté de la corde tendineuse. Souvent l'animal n'en boîte pas, mais si la grosseur s'est développée vivement et que l'on constate de la chaleur, il y a une certaine gêne dans les mouvements, et parfois de la claudication. Plus tard quand l'hydarthrose est volumineuse, elle détermine de la raideur et une boiterie plus ou moins forte.

L'hydarthrose du jarret s'appelle *vessigon articulaire.*
  » du tendon d'achille — *vessigon tendineux.*
  » du genou — *vessigon carpien.*
  » du grasset — *vessigon rotulien.*
  » du boulet — *mollette articulaire.*
  » du tendon (boulet) — *mollette tendineuse.*
  » en avant du boulet — *hygroma.*

Traitement. — Au début, des frictions d'onguent vésicatoire ou de feu liquide se montrent supérieures aux astringents, tels que l'argile et le vinaigre, ou le sulfate de fer. Plus tard on donnera la préférence aux fondants, à la pommade de biodure de mercure, à l'onguent de Lebas ; au mélange d'onguent vésicatoire, de pommade rouge et de pommade de bichromate de potasse, cette dernière dans la proportion de 1 cinquième.

Sur les plaies produites par l'application répétée de vésicatoires on peut obtenir une guérison rapide et la pousse des poils en pulvérisant deux fois par jour sur les parties dénudées la solution suivante :

Acide picrique . . . . . 10 grammes.
Alcool à 65° . . . . . 50 grammes.
Eau distillée . . . . . 1000 grammes.

Lorsque ces agents restent sans effet, il faut recourir à la cautérisation actuelle ; l'emploi du feu est très ancien et c'est toujours vers lui que l'on se tourne quand les autres traitements sont inefficaces. — *Quod ignis, non sanat insanabile.* Ce que le feu ne guérit pas, rien ne le guérit.

Quand l'hydarthrose résiste à l'action du feu, quelques praticiens ont essayé la compression, ou la ponction avec le trocart ; par ces moyens les récidives sont faciles car la synovie se reforme rapidement, si toutefois une arthrite ne vient pas enlever le sujet.

Exostoses.

C'est l'hypertrophie partielle d'un os.

Causes. — Les causes qui concourent à la formation de l'exostose sont les coups, les efforts, le travail excessif et prématuré, la nourriture peu abondante, peu substantielle et peu riche en phosphate de chaux, l'hérédité.

Symptômes. — Au début, l'exostose s'accompagne d'une douleur locale mise en évidence par de la boiterie ; si on exerce une pression sur la région, le cheval cherche à se soustraire à cet attouchement douloureux. Peu après la tumeur osseuse se développe et la douleur disparaît pour reprendre plus tard. Elle croît à plusieurs reprises, quand elle a son développement complet, l'animal éprouve simplement de la raideur dans la marche, à moins que l'articulation ou un tendon ne soit gêné dans ses mouvements ; dans ce cas il y a claudication.

Les tumeurs osseuses qui se développent au genou sont appelées (1) *osselets* (n° 53), si elles sont séparées et circonscrites ; le genou est dit *cerclé*, s'il est entouré. Les exostoses qui siègent au jarret ont reçu des noms différents.

On nomme *éparvin* (n° 24), celle qui survient à la partie supérieure et interne de l'os du canon ; on appelle éparvin *calleux*, la tumeur molle qui est située au même lieu.

La *jarde* ou *jardon* (n° 23) est située à la face externe du canon à l'opposé de l'éparvin.

La *courbe* (n° 25) se développe à la tubérosité inférieure et interne du tibia, elle est donc située au-dessus de l'éparvin.

Lorsque les exostoses entourent complètement le jarret en l'ankylosant, on dit que le jarret est *cerclé*.

Les exostoses du canon s'appellent *suros* (n°52); ils sont *chevillés* quand il en existe un de chaque côté. On les dit *en fusée* quand plusieurs se suivent sur le même point.

Le pâturon est quelquefois le siège d'exostoses appelées *osselets*.

On appelle *forme* proprement dite (n° 45) celle qui se développe dans le pourtour de la couronne.

La *forme cartilagineuse* (n° 26) est l'ossification du cartilage latéral de l'os du pied.

Traitement — Le traitement général, ou plutôt le régime que j'emploie pour arrêter et même faire disparaître des exostoses récentes est la nourriture avec des féverolles, de l'avoine et de la paille ; j'ai, par ce seul moyen, guéri tous les suros récents

(1) Voir les numéros correspondants, gravure page 191.

Le traitement local comprend les fondants. La pommade de biodure de mercure appliquée de dix en dix jours (3 frictions) donne de bons résultats contre les exostoses ordinaires ; la pommade rouge de Méré lui est encore supérieure.

Le feu, quelquefois répété, est particulièrement iudiqué contre les vieilles tumeurs osseuses, on préfère aujourd'hui le feu en aiguilles ou au moins la cautérisation pénétrante ; ces moyens font disparaître bon nombre d'exostoses et amendent toujours les autres (1).

On peut aussi obtenir d'excellents résultats avec une ferrure légère bien plane, très mince en talon, ce qui est obtenu en abattant la corne en cette région, afin d'obliger la fourchette à poser sur le sol, et en pratiquant à deux centimètres au dessous de la couronne en face de la forme un simple trait de scie horizontale de trois à quatre centimètres de longueur et pénétrant jusqu'au voisinage des tissus vivants. On graisse le pied avec de l'onguent de pied.

Causes. — En raison de sa situation et de son travail, il n'est pas étonnant que le tendon éprouve souvent des altérations plus ou moins graves. Les causes de son engorgement sont : les coups, les efforts et les tiraillements directs ou indirects de la région.

Engorgement du tendon. — Bouleture, Nerf-férure.

Symptômes. — Le premier symptôme qui apparaît est une boîterie souvent prononcée. Il y a de la tuméfac-

(1) Pour améliorer la boiterie produite par la forme, il est souvent nécessaire d'appliquer un fer à planche et de pratiquer 2 ou 3 rainures à la paroi en dessus de la forme. Ces rainures espacées de 3 centimètres environ et creuées jusqu'à la corne blanche ont pour but de faciliter la dilatation du talon.

tion, et en exerçant une légère pression avec la main, sur
la corde tendineuse, l'animal témoigne de la douleur ;
l'appui se fait presque en entier sur le membre sain et
le membre malade est porté en avant. En mouvement,
le cheval vacille sur le boulet et butte facilement. Lorsque l'engorgement devient chronique, la région est moins
sensible, on trouve le tendon plus gros et noueux, il
semble rétracté ; au repos, le boulet est à demi-fléchi
les talons prennent un accroissement exagéré.

Traitement. — Au début, quand l'état inflammatoire
est très marqué, il est bon d'employer les réfrigérants ;
les douches d'eau fraîche sont toujours en honneur et
rendent de très grands services.

Si ce premier moyen échoue on emploie les résolutifs
(feu liquide) ou les fondants (pommade rouge de Méré).

En dernier lieu, la cautérisation actuelle, et de préférence le feu en aiguilles qui tare moins et produit autant
d'effet.

Éponge.

C'est une tumeur qui se développe dans la région du
coude, chez les chevaux qui se couchent en *vache*.

Causes. — Elle est déterminée par l'action conton-
dante de l'éponge du fer quand le cheval est couché dans
la position sterno-costale.

Symptômes. — On rencontre plusieurs variétés
d'éponges.

L'éponge *œdémateuse* est molle, empâtée, chaude et
assez douloureuse pour faire boiter.

L'éponge *phlegmoneuse* est chaude, très douloureuse,
tendue et la boiterie est intense. Souvent la peau se tanne,

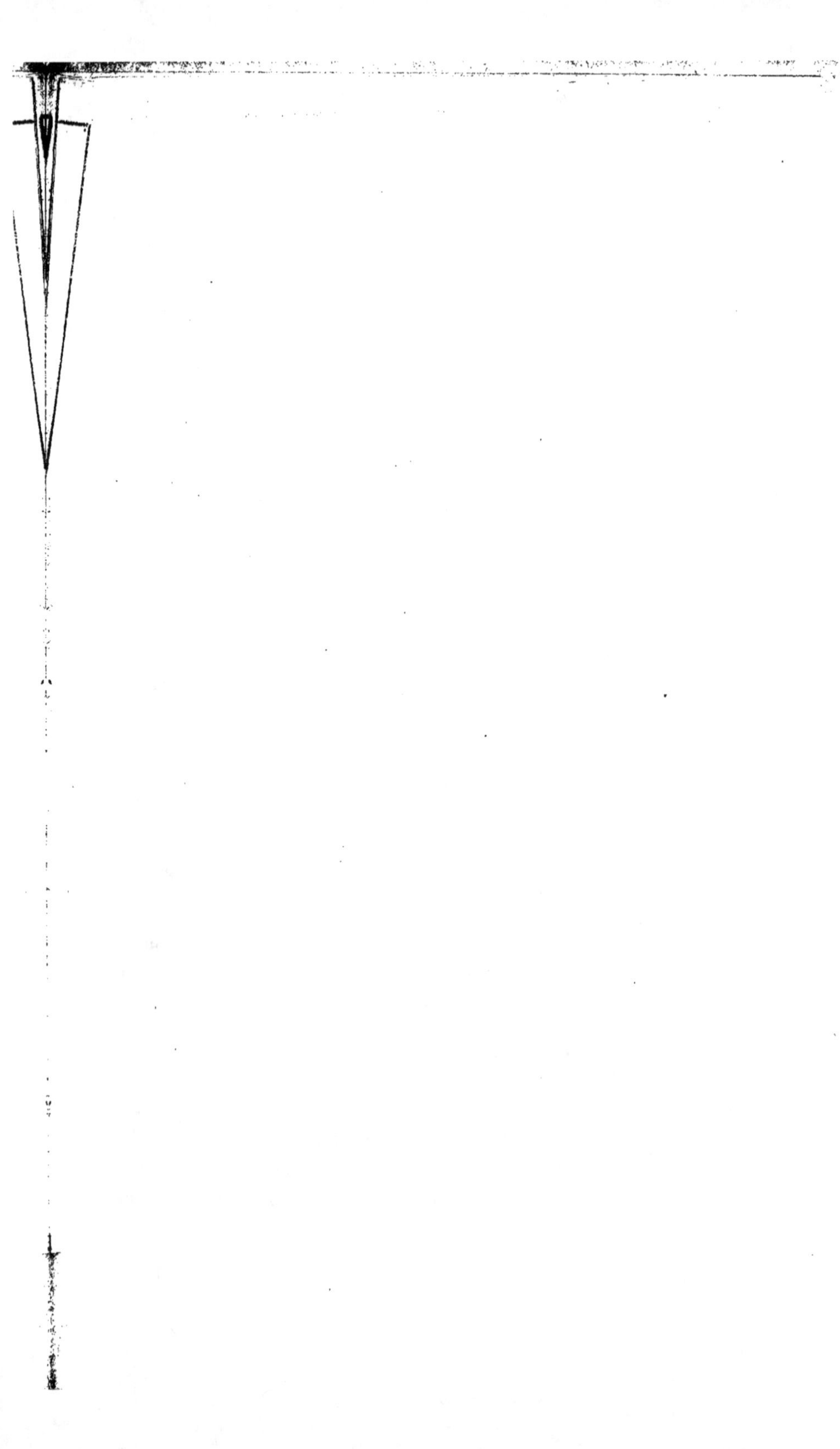

LÉGENDE

1 Chancres morveux.
2 Glande de morve.
3 Glande de gourme.
4 Thrombus ou mal de saignée.
5 Mal de taupe.
6 Rouvieux ou gale de la crinière.
7 Mal d'encolure.
8 Mal de garrot.
9 Cors déterminés par la selle ou la sellette.
10 Mal de rognons.
11 Effort de reins.
12 Fracture de la hanche.
13 Blessures faites par le culeron.
14 Gale de la queue.
15 Tumeurs mélaniques chez les chevaux blancs.
16 Séton de la fesse.
17 Luxation de la rotule, vessigon rotulien.
18 Région où l'on rencontre fréquemment les coups de pied.
19 Thrombus de la saphène.
20 Vessigon tandineux interne (jarret).
21 Vessigon tandineux externe (jarret).
22 Vessigon articulaire (jarret).
23 Jarde.
24 Eparvin.
25 Courbe.
26 Capelet ou passe campagne.
27 Crevasses ou solandres.
28 Eaux aux jambes.
29 Molettes (membres postérieurs).
30 Crevasses du paturon.

(SUITE).

32 Seime en pince.
33 Seime quarte ou en quartier.
34 Hernie inguinale, sarcocèle, hydrocèle champignon.
35 Acrobustite, inflammation du fourreau.
36 Fics — Porreaux — Tumeurs mélaniques.
37 Eventration.
38 Hernie ombilicale ou exomphale.
39 Œdème du ventre.
40 Excoriations occasionnées par la sangle.
41 Eponge.
42 Crevasses ou malandres.
43 Engorgement du tendon, nerf-férure.
44 Molette, membres antérieurs.
44' Hygroma ou dilatation de la membrane synoviale tendineuse.
45 Forme coronaire.
46 Forme cartilagineuse.
47 Crapaudine.
48 Genou couronné.
49 Vessigon carpien tendineux.
49' Vessigon articulaire carpien.
50 Crapaud.
51 Javart cartilagineux.
52 Suros.
53 Genou cerclé osselets.
54 Séton du poitrau.
55 Frayement des ars.
56 Atrophie des muscles sous épineux boiterie de l'épaule.
57 Séton de l'épaule.

se mortifie en un certain endroit, puis des points fluctuants apparaissent et le pus s'écoule.

L'éponge *kysteuse* ou *hygroma* est peu chaude, peu douloureuse, et fluctuante dans toute son étendue ; on sent par le toucher, le liquide qui roule dans l'intérieur de la poche ; elle ne fait pas boiter.

L'éponge *chronique* constitue une tumeur plus ou moins grosse, indolente, dure et résistante ; quand elle est volumineuse, elle est très désagréable à l'œil.

Traitement. — Le moyen préventif est d'appliquer un fer à branche interne tronquée, arrondie et incrustée dans le talon (Voir ferrure).

L'éponge œdémateuse, de peu d'étendue, sera traitée avec de l'argile et du vinaigre ou du sulfate de fer en solution. Si elle est plus développée, il faut employer l'onguent vésicatoire.

L'éponge phlegmoneuse sera frictionnée également avec de l'onguent vésicatoire pour activer la formation des abcès. Aussitôt les points fluctuants reconnus, il faudra ponctionner avec le fer rouge qui joue en même temps le rôle de fondant ; puis on injectera de l'eau phéniquée.

Pour traiter l'éponge kysteuse, on appliquera une friction vigoureuse d'onguent vésicatoire et on ponctionnera avec le fer rouge.

On peut aussi traverser le kyste avec un séton animé par l'onguent vésicatoire.

Quant à l'éponge indurée, d'un certain volume, le moyen radical est l'extirpation, c'est-à-dire, incision longitudinale, énucléation, suture des parois, si elle est petite ; des pointes de feu ou un mélange de pommade mercurielle et d'onguent vésicatoire en ont facilement raison.

Capelet ou passe-campane.

C'est une tumeur molle qui a son siège à la pointe du jarret.

Causes — Les froissements réitérés de la pointe du jarret contre un corps dur, les ruades, les contusions, engendrent cette affection.

Symptômes. — C'est une tumeur molle, ordinairement indolente et vacillante. Elle fait rarement boiter et n'empêche jamais le cheval de rendre des services.

Traitement. — Le capelet récent est traité avec avantage par les douches, les cataplasmes d'argile et de vinaigre, et les étoupades imprégnées d'une solution de sulfate de fer ; l'application de savon noir longtemps continuée donne parfois un succès complet.

Weber recommande de badigeonner tous les jours la tumeur, sans couper les poils, avec un pinceau chargé de la pommade suivante :

> Goudron de Norwège. . . . . 200 gr.
> Savon vert . . . . 200 gr.
> Poudre de tan . . . . 80 gr.

Le travail est continué pendant le traitement.

Si la tumeur est chronique, il faut faire des frictions d'onguent vésicatoire ou mieux de feu liquide. Le spécifique Bornet m'a rendu de réels services.

Enfin, on recommande comme dernier moyen, le feu en raies ou en séton.

Écart. — Boiterie de l'épaule.
Effort de l'épaule.

Causes. — Comme causes d'écart, il faut citer les coups sur l'articulation, les efforts, les glissades et la douleur rhumatismale.

Symptômes. — Les symptômes que l'on rencontre sont d'abord l'engorgement diffus de la région, les manifestations de douleur par la pression ou lorsqu'on fait exécuter aux rayons supérieurs des mouvements l'un sur l'autre. Dans la marche, il y a raccourcissement du pas, et le membre, pour se porter en avant, décrit une courbe en dehors : on dit que le cheval fauche ; le pied pose par toute son étendue.

Lorsque la douleur est trop grande, l'appui sur le membre malade est nul, et si on force l'animal à marcher, il ne le fait que par une succession de sauts.

Si on fait tourner court le cheval boiteux, il pose le pied sans crainte pour soulager l'épaule. Si on le fait reculer, il traîne le membre malade. En le faisant trotter sur un terrain mouvant ou sur le fumier, la boiterie devient plus évidente. Le cheval atteint d'écart butte facilement pour un faible obstacle, et il boite davantage en montant une rampe que quand il la descend. Plus tard on constate souvent une forte émaciation des muscles de la région de l'épaule.

Traitement. — Dans les cas récents, la première indication est de recourir aux douches d'eau froide. Si ce premier moyen échoue on emploiera les frictions d'onguent vésicatoire ou de feu liquide ; la pommade de biodure de mercure a été préconisée par Rey, il faisait trois frictions, une par jour, sur la région reconnue malade ; quand le mal n'est pas bien dessiné, il faut faire la friction large, depuis le sommet de l'omoplate jusqu'à l'avant-bras.

Lorsque l'écart est ancien, il est préférable d'employer le séton, ou le feu en raies ou en aiguilles.

Dans les cas ordinaires de rhumatisme musculaire aigu, on obtient une guérison au bout de vingt-quatre à quarante-huit heures par la morphine unie à l'atropine.

Dans les résultats négatifs le vétérinaire Umberto de Mia essaya le traitement par les injections intra-musculaires successives de la vératrine et de l'arécoline. Voici le résumé du traitement d'un cas de rhumatisme des deux épaules datant de plus de deux mois :

29 Octobre 1898.

Vératrine.	0 gr. 06	
Alcool.		a a 3 gr. 00
Eau distillée.		

Par injections hypodermiques pratiquées à 15 centimètres l'une de l'autre.

30 Octobre. — Amélioration sensible.

Vératrine.	0 gr. 06	
Alcool.		a a 3 gr. 00
Eau distillée.		
Mêmes injections.		

2 Novembre. — Amélioration plus prononcée.

Vératrine.	0 gr. 10	
Alcool.		a a 3 gr. 00
Eau distillée.		

3 Novembre. — Guérison de l'épaule droite.

Vératrine.	0 gr. 12	
Alcool.		a a 3 gr. 00
Eau distillée.		

6 Novembre. — Amélioration très prononcée.

Vératrine.	0 gr. 15
Alcool.	} a a 4 gr.
Eau distillée.	

Le 7 Novembre le cheval était complétement guéri ; il fut attelé plusieurs jours mais le 21 il eut une attaque de rhumatisme aigu généralisé. Des frictions d'alcool camphré et des injections de morphine et d'atropine firent revenir le mal à l'état primitif. De nouvelles injections de vératrine améliorèrent de nouveau cet état rhumatismal.

D'autres cas traités par le même auteur par des injections de vératrine allant jusqu'à la dose de 30 centigrammes furent suivis d'un bon résultat.

Dans un autre cas, il pratiqua pendant une semaine des injections quotidiennes de 8 centigrammes de bromydrate d'arécoline dans 4 grammes d'eau, le résultat fut positif.

Effort de la hanche.
Entorse de la hanche. — Allonge.

Causes. — Les causes les plus ordinaires des efforts de la hanche sont les chocs directs sur la région, l'usage du travail pour ferrer les animaux, les chutes et les fortes glissades des membres postérieurs

Symptômes. — Les mouvements du membre malade s'exécutent avec lenteur et le pas est racourci : parfois il y a une grande raideur avec abaissement de la hanche au moment de l'appui ; souvent aussi on constate une grande difficulté dans le lever du membre pour passer le seuil d'une porte. Quand le sujet y consent, on cherche à exagérer la douleur en faisant exécuter au membre des mouvements en tous sens ; mais ceci n'est pas toujours facile. Enfin l'on voit survenir à la longue une atrophie des muscles de la croupe.

Traitement. — Il faut maintenir l'animal au repos et faire de larges frictions de feu liquide, d'onguent vési-catoire ou de charge vésicante de Lebas. Quand ces moyens ne rendent pas tous les services qu'on en attend, il faut employer les sétons longs ; un en **avant**, l'autre en arrière de l'articulation coxo-fémorale. On peut aussi placer le séton à rouelle en face de la jointure. En dernière ressource, comme toujours, il faut essayer le cautère en pointes ou en aiguilles.

Entorse ou effort du boulet.

Causes. — Les allures rapides, le poids du cavalier, les efforts de traction, les glissades, les faux pas sont les causes ordinaires de l'entorse.

Symptômes. — L'entorse du boulet est toujours suivie d'une tuméfaction plus ou moins grande de la région, avec une douleur qui donne la mesure de l'intensité du mal. La boiterie est légère dans le cas de simple distension articulaire, l'appui est presque nul quand il y a des tiraillements avec déchirure de fibres ligamenteuses.

Avec l'engorgement œdémateux du boulet, on perçoit bientôt une distension de la capsule synoviale, sous forme de molettes, très douloureuses à la pression. Au repos le boulet est à demi fléchi ; pendant la marche on constate la vacillation de l'articulation du boulet. La fièvre de réaction varie avec les lésions.

Traitement. — L'effort léger sera guéri en quelques jours par des douches ou des bains froids, les cataplasmes d'argile et de vinaigre, les solutions d'eau blanche, de sulfate de fer, d'eau phéniquée, sur des étoupades que l'on maintiendra autour du boulet. Un bon moyen est de masser la région et d'appliquer immédiatement après des plumasseaux imbibés d'alcool retenus par des tours de bande. On peut aussi recourir, quand l'inflammation est limitée, au bandage de Dolorme. Ce praticien bat 32 grammes d'alun calciné avec six blancs d'œufs, il en imbibe une toile de deux mètres de long sur six à sept centimètres de large, puis une couche de cette préparation est étendue sur des plumasseaux dont on enveloppe l'articulation forcée, et la bande est enroulée par dessus et serrée assez fortement pour soumettre le boulet à une compression modérée. Quelques heures après, ce bandage a acquis par sa dessiccation assez de rigidité pour s'opposer aux mouvements de la jointure. On laisse cet appareil en place pendant quinze jours au bout desquels la guérison est presque complète.

Si la tuméfaction est forte, on doit donner la préférence au vésicatoire ou au feu liquide dont on fait trois frictions, une chaque jour. Quand le mal devient chronique, on peut essayer la pommade de biodure de mercure, l'onguent rouge de Méré, ou le feu en raies ou en aiguilles.

Effort de la couronne.

Causes. — Les causes qui le produisent sont les efforts et les faux pas.

Symptômes. — On remarque à la couronne un engorgement assez limité et douloureux à la pression. Si, avec la main, on fait exécuter au sabot quelques mouve ments, la douleur est développée et l'animal retire vivement le pied. Si on le fait marcher sur un terrain caillouteux, la boiterie augmente et elle s'accroît avec la marche.

Traitement. — Il arrive souvent qu'une étoupade imprégnée d'une solution de sulfate de fer suffit pour guérir cette affection. Sinon, on emploiera l'onguent vésicatoire, la pommade de biodure de mercure ou le feu.

Fracture des os des membres.

Causes. — Les causes qui déterminent les fractures sont les violences extérieures, les chutes, et les efforts musculaires dans la traction.

Symptômes. — Les signes qui permettent de reconnaître les fractures sont l'irrégularité dans le fonctionnement de l'appareil locomoteur, la déformation du membre et la mobilité contre nature. Elle est facile à reconnaître à moins que la fracture n'ait son siège à l'épaule ou à la cuisse ; là, les masses musculaires soutiennent les os et empêchent de distinguer ces changements anormaux.

En imprimant au membre des mouvements en sens différents, on perçoit par le toucher et par l'ouïe, une sensation de frottement que l'on désigne sous le nom de *crépitation* La douleur, souvent très vive, est augmentée pendant l'exercice de ces mouvements.

Une fièvre de réaction violente, suivie de tremblements musculaires, accompagne toujours les fractures.

Il faut posséder toutes ces données, pour diagnostiquer celles de l'humérus et du fémur, car ces os enveloppés de fortes masses charnues ne peuvent pas être explorés comme les os superficiels. On mettra toujours de la réserve ponr ne se prononcer qu'à coup sûr et après avoir demandé tous les renseignements sur les circonstances qui ont déterminé l'accident

Traitement. — Il est rare qu'on entreprenne le traitement d'une fracture chez le cheval ; mieux vaut sacrifier l'animal que de le traiter.

S'il s'agit de la fracture du canon chez une jument reproductrice de grande valeur, on peut tenter la guérison. Pour cela il faut : 1° Ramener les fragments dans leur situation normale, c'est-à-dire *réduire* la fracture : 2° Contenir ces abouts pendant tout le temps nécessaire à la formation du cal.

Pour réduire une fracture, il faut exercer une traction sur le fragment inférieur, c'est l'*extension*. En même temps, on tirera en sens inverse dans le but d'empêcher le membre et l'animal d'être entraînés par les forces extensives ; c'est la *contre-extension*. On assure ensuite les rapports exacts des deux fragments ; c'est la *coaptation*.

Pour maintenir les abouts en parfait contact, on emploie le plâtre mélangé à des étoupes, ou mieux un mélange fait à chaud, d'alun calciné et d'alcool, qui acquiert la consistance de la pierre, il est très solide et très résistant.

On suspend ensuite les sujets afin de soustraire le membre malade à l'appui. Le cal est formé au bout de deux mois ; à ce moment, on enlève l'appareil contentif.

CHAPITRE X.

DU PIED

Le proverbe ancien qui s'exprimait ainsi en parlant de cette région « pas de pied, pas de cheval » disait vrai, car de sa conformation résulte la véritable aptitude au service. Aussi allons-nous étudier sommairement son organisation, ses beautés, ses défauts et ses maladies.

De l'organisation du pied.

Les parties contenues dans le sabot sont :

1° L'os du pied et le petit sesamoïde ou os navigulaire. L'os du pied a la forme d'une cône tronqué s'articulant par sa face supérieure à l'os de la couronne ; sa face inférieure est divisée en deux parties, l'antérieure reposant sur la sole, la postérieure donnant attache au tendon du muscle perforant. La face antérieure supporte la paroi.

Le petit sesamoïde est appliqué à la partie postérieure de l'os du pied. Ces deux os sont réunis par des ligaments courts et solides.

2° A la troisième phalange sont annexés deux fibro-cartilages, un en dehors, l'autre en dedans. Ils ont pour but d'amortir les chocs résultant de la pression du pied sur le sol.

3° L'expansion tendineuse du muscle perforant qui vient s'attacher à la face inférieure de l'os du pied.

4° Le *coussinet plantaire* qui recouvre le tendon et se trouve compris entre les deux fibro-cartilages, est situé au milieu de la face inférieure du pied. C'est la fourchette de chair. Il fait l'office de coussin élastique pour les parties contenues dans le sabot.

5° Le tissu *vasculo-nerveux*. Les vaisseaux forment un réseau très riche qui enveloppe la troisième phalange ; les artères et les veines sont la continuation de celles du canon. Les nerfs sont très nombreux et très ramifiés, aussi le pied est-il tout à la fois, un organe de tact et de sensibilité.

6° Le *tissu réticulaire* est une membrane qui recouvre toutes les parties précitées. Suivant la région qu'il occupe, on l'appelle tissu réticulaire *du bourrelet.*

  — — *de la paroi.*
  — — *de la sole.*
  — — *de la fourchette.*

Le tissu réticulaire du bourrelet occupe la face supérieure du pied où il forme deux renflements appelés, l'un *bourrelet principal* l'autre *bourrelet périoplique.*

Le bourrelet principal suit le contour du pied et vient se perdre dans la lacune médiane de la fourchette, c'est lui qui sécrète la corne de la paroi.

Le bourrelet périoplique recouvre le précédent et sécrète le périople.

Le tissu réticulaire de la paroi, situé en avant de l'os du pied qu'il recouvre, forme une membrane à plis parallèles qu'on appelle tissu feuilleté ou tissu podophylleux, il produit le tissu kéraphylleux.

Le tissu réticulaire de la sole, ou tissu velouté de la sole, est une membrane appliquée en-dessous de l'os du pied. Sa fonction est de sécréter la corne de la sole.

Le tissu réticulaire de la fourchette s'applique sur le coussinet plantaire et sécrète la fourchette.

Du sabot.

Le sabot se trouve composé de trois pièces distinctes qui sont : la paroi, la sole et la fourchette.

Paroi.

La paroi forme le pourtour du sabot, c'est la partie visible lorsque le pied est à l'appui ; elle se replie en arrière et en dedans pour former les barres.

La paroi se divise en plusieurs régions qui sont :

1° La *pince*, la partie médiane antérieure.

2° Les *mamelles*, les deux côtés de la pince.

3° Les *quartiers*, les deux parties latérales ; ils font suite aux mamelles.

4° Les *talons*, les extrémités postérieures, qui, en se repliant en dedans pour entourer la fourchette forment les *barres* ou *arcs-boutants*.

La face externe de la paroi, lisse, polie et vernissée, doit cet aspect à la lame épidermique qui la recouvre et que tend sans cesse à détruire la râpe du maréchal.

La face interne présente une série de feuillets, de couleur blanche placés les uns à côté des autres et s'engrenant avec les feuillets du tissu podophylleux.

Le bord supérieur de la paroi, en rapport avec la couronne, présente à sa face interne une cavité qui reçoit le renflement que forme la terminaison apparente de la peau et que l'on appelle *bourrelet* ou *cutidure*.

Cette cavité s'appelle *biseau* ou cavité *cutégérale*.

Le bord inférieur repose sur le sol ou sur le fer, si le cheval est ferré. Son épaisseur va en diminuant de la pince au talon. La partie interne du bord inférieur est unie étroitement avec le bord antérieur de la sole.

La paroi a une direction oblique plus prononcée en pince qu'en talon ; sa couleur est noire ou blanche, cela dépend des marques blanches situées à la partie inférieure des membres. La corne noire est plus résistante que la blanche.

L'accroissement de la corne de la paroi a lieu du bord supérieur au bord inférieur. C'est donc au bourrelet que la corne se produit, et de ce point, elle descend jusqu'à la partie inférieure, où elle se trouve usée par la marche ou retranchée par la ferrure. Il ne faut donc jamais détruire le bourrelet dans les opérations chirurgicales.

Sole.

La sole est la partie de corne située à la partie inférieure du pied, entre le bord inférieur de la paroi et les barres.

Elle présente deux faces, une supérieure, l'autre inférieure, et deux bords.

La face inférieure à concavité tournée vers le sol.

La face supérieure, convexe, recouvre la face inférieure du tissu réticulaire, et s'unit à ce dernier au moyen de nombreuses porosités dont la sole est criblée et dans lesquelles pénètrent les papilles du tissu réticulaire.

Le bord externe adhère au bord inférieur de la paroi.

Le bord interne s'unit aux barres qui le séparent de la fourchette.

Fourchette.

La fourchette est située dans l'espace triangulaire formé par les barres. Elle présente deux faces : une supérieure, l'autre inférieure, et deux extrémités : l'une antérieure, l'autre postérieure.

La face interne est moulée sur le coussinet plantaire, elle offre une multitude de porosités dans lesquelles s'introduisent les villosités du tissu réticulaire qui recouvre le coussinet plantaire. L'extrémité antérieure ou pointe de la fourchette se termine vers le milieu de la sole.

L'extrémité postérieure forme deux éminences molles, arrondies, une de chaque côté, qui ont reçu le nom de *glomes*; elle se continue avec le bord supérieur de la paroi par une bande cornée très mince appelée *périople*.

La râpe ne doit jamais l'effleurer, il faut au contraire l'enduire d'une couche de graisse pour éviter les seimes.

Caractères d'un beau pied.

Dans un pied bien conformé, le volume du sabot doit être en rapport avec le volume du corps de l'animal : il dépend de la race et de la localité où les chevaux ont été élevés. Sa forme est celle d'un cône tronqué. La paroi, inclinée à 25° en avant, est lisse, unie, sans fissures ni écailles, son inclinaison diminue au fur et à mesure qu'on se rapproche des talons. Le quartier externe plus arrondi que l'interne, présente partant plus d'obliquité.

La sole offre une concavité bien prononcée. La fourchette présente un grand développement, s'élargit en talons et ne se trouve pas en contact avec le sol à l'action du poser. La lacune médiane ne doit pas être profonde ni se prolonger entre les talons.

La corne noire est généralement plus solide que la blanche et supporte mieux le fer.

Il existe une certaine différence quant à la forme, dans les pieds de chaque bipède, antérieurs ou postérieurs. Les premiers sont plus larges, ont les talons plus bas, la fourchette plus développée, et la sole moins concave. Les seconds sont plus allongés, la paroi est plus verticale, les talons plus élevés et le dessous plus creux.

DE LA FERRURE

Avant d'entreprendre l'étude des défectuosités et des maladies du pied, nous traiterons de la ferrure hygiénique, pour décrire ensuite la ferrure orthopédique appropriée aux pieds défectueux, et la ferrure chirurgicale, exigée pour les pieds malades.

De la ferrure hygiénique.

Le but de la ferrure est de revêtir de fer le sabot des animaux, afin d'empêcher l'usure de la corne. « C'est par la ferrure, disait notre regretté M. Boulet, que le cheval a pu être transformé en machine motrice, et qu'il a été possible d'utiliser ses forces si puissantes au transport des fardeaux à longues distances. Sans le fer, dont la corne de ses pieds est revêtue, le cheval n'eût pas été capable de remplir cet office ; car lorsque ses sabots sont immédiatement en contact avec le sol, les frottements de la marche, pour peu qu'elle se prolonge, et surtout les efforts qui aboutissent à ses pieds, point d'appui des leviers locomoteurs, ont pour conséquence d'amincir tellement l'enveloppe cornée par l'usure, que bientôt les parties vives s'endolorissent à l'excès et mettent les animaux dans l'impossibilité de se tenir sur leurs membres et à plus forte raison de déployer leurs forces. »

Des Fers.

Le fer à cheval est une bande de métal, plus large

qu'épaisse, percée de trous et courbée sur le champ, de manière à s'appliquer exactement sur le bord inférieur de la paroi qu'elle doit revêtir

Le fer se divise en plusieurs régions dénommées comme celles de la muraille ; la *pince* répond à la partie médiane et antérieure du fer.

Les *mamelles* sont les deux portions du fer qui occupent les côtés de la pince.

Les *quartiers* font suite aux mamelles.

Les *éponges* sont les extrémités postérieures des quartiers.

Les *branches* comprennent les mamelles, les quartiers, les éponges et se distinguent en externe et en interne.

Les *faces* sont au nombre de deux, une supérieure en rapport avec le bord inférieur de la paroi, l'autre inférieure qui pose sur le sol.

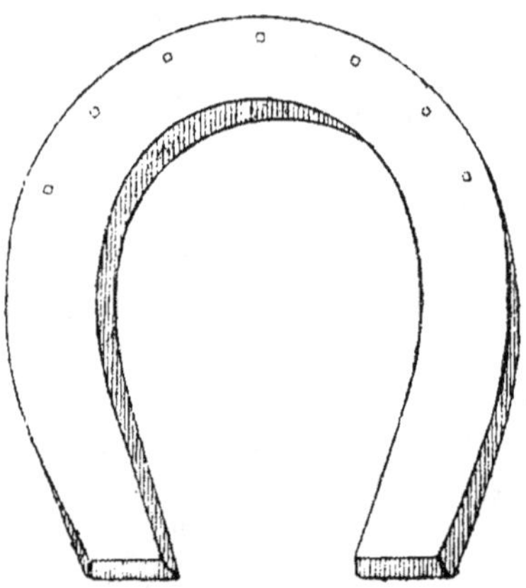

Fer de devant.

L'*épaisseur* comprend la distance entre les deux faces ; c'est elle qui donne la solidité du fer ; généralement ce dernier est trop lrrge et pas assez épais ; dans les pieds postérieurs il doit être plus épais aux pinces qu'aux branches.

Rigoureusement la face plantaire du fer ne devrait pas comporter plus de largeur que le bord plantaire de la paroi, puisque, comme le fait observer très judicieusement Lafosse, à l'état de nature, les talons et la fourchette ne sont jamais endommagés par l'usure ; la muraille seule est usée par la marche sur les terrains durs, et c'est cette partie seule qu'il faut protéger.

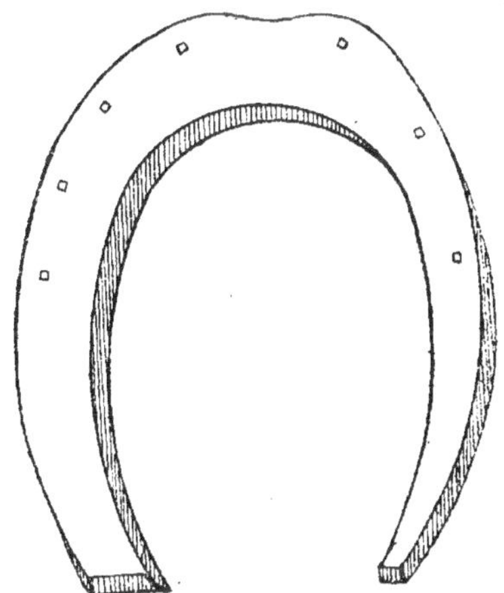

Fer de derrière.

Cependant on doit donner au fer assez de largeur pour ne pas le rendre cassant à l'endroit des étampures, c'est-à-dire que sa largeur ne devra pas dépasser le double de la largeur du bord plantaire de la paroi. Du reste un fer trop large recèle les cailloux et la boue qui, desséchée, comprime la sole et occasionne de la douleur.

Les bords ou rives distingués en externe et en interne circonscrivent le fer. Le centre interne qui correspond à la pince porte le nom de *voûte*.

La *couverture* est la distance d'une rive à l'autre.

Les *étampures* sont les cavités pratiquées à la face inférieure du fer pour donner passage aux clous.

13

Les *contre-perçures* sont les trons du fond des étampures qui laissent passer la lame des clous.

On dit que le fer est étampé *à gras*, lorsqu'il existe une
grande distance entre son bord externe et les étampures,
il est étampé *à maigre*, lorsque cette distance est très
petite. Les fers sont étampés plus gras en dehors pour
donner un peu de garniture. Les étampures, dans les
fers de devant, seront placées le plus près possible de la
pince pour ne pas gêner la dilatation des talons ; la moitié postérieure des branches ne doit pas porter de traces
d'étampures. Quant au nombre de ces dernières il varie
de cinq à sept, généralement six clous pour les fers de
devant et sept pour ceux de derrière.

L'*ajusture* est la concavité que l'on donne à la face
supérieure du fer pour l'empêcher d'appuyer sur la sole.
Elle va de la pince jusque vers la moitié des branches ;
elle est pratiquée pour que le fer, qui doit avoir une plus
large surface d'appui que le bord plantaire de la muraille
ne soit cependant en rapport avec le sabot que sur ce
bord, sans pouvoir exercer de pression sur un autre point.
L'ajusture sera d'autant plus parfaite, dit M. Bouley,
que lorsqu'elle est donnée, le fer placé sous le pied
est en rapport avec le sol par une surface qui se rapproche davantage de la surface plane, tandis, que cependant, sa face supérieure est suffisamment excavée par
le martelage du côté de sa rive interne, pour qu'elle ne
soit en contact direct avec le sabot que dans les limites
de l'espace mesuré par l'épaisseur du bord plantaire de
la paroi.

La *tournure* est la direction que l'on donne au fer pour
qu'il imite fidèlement le bord plantaire de la paroi.

Cependant le fer doit déborder un peu à son pourtour
externe et de chaque côté en talons pour former la *garniture*.

Une garniture restreinte facilite la dilatation du pied et protège les murailles trop minces.

Une garniture exagérée expose le cheval à des accidents ; il peut se blesser, se déferrer et même se désabotter.

Les fers sont quelquefois munis d'appendices qui ont reçu les noms de *crampons* et de *pinçons*.

Les *crampons* sont les replis du fer, à angle droit, situés aux éponges.

Ils ont pour but de permettre au pied de prendre un point d'appui et d'empêcher les glissades en hiver, surtout pour les membres postérieurs ; ils ont l'inconvénient de fausser les aplombs et on ne s'en sert pour les membres antérieurs que pour la rétraction tendineuse afin d'empêcher la fatigue des tendons.

Il faut dans ce cas, pour empêcher leur usure, les faire en acier soudé à la branche du fer.

Les crampons doivent être égaux pour donner aux talons un appui égal sur le sol.

Les *pinçons* sont de petits prolongements du fer, tirés aux dépens de sa rive externe et dirigés du côté de sa face supérieure ; quand le fer est posé, cette griffe est rapprochée de la paroi. Le pinçon est situé ordinairement sur la pince, quelquefois en mamelles.

Poids du fer.

Le poids du fer est proportionnel au service auquel le cheval est destiné. Pour les chevaux de course, il sera plus léger : 350 à 400 grammes ; pour les chevaux de trait il varie de 500 à 750 grammes, il faut chercher par le martelage à rendre le fer léger sans lui enlever de sa solidité.

Application de la ferrure.

Les instruments dont on se sert pour ferrer sont le brochoir, les tricoises, le boutoir, le rogne-pied et le repoussoir.

Si le cheval qui doit être ferré a encore son vieux fer, il s'agit de l'enlever ; pour cela, le pied étant levé, le maréchal redresse les rivets, relève le fer par l'une des éponges, puis par l'autre, en passant le mors des tricoises entre le fer et le talon, et en opérant un mouvement de bascule ; il rabat ensuite le fer sur le pied et il enlève les clous un à un ; si ces derniers tiennent trop il emploie le repoussoir. surtout si le pied est malade.

Le vieux fer peut servir de modèle pour le neuf, et le maréchal doit voir, du premier coup d'œil, les défauts d'usure et où il doit donner par conséquent plus de consitance au nouveau fer.

Avant d'appliquer une nouvelle ferrure il faut *parer* le pied, c'est-à dire enlever l'excès de longueur de la corne ; pour cela le maréchal se sert du rogne-pied et du brochoir ; il nivelle ensuite la surface plantaire avec le boutoir. Il doit s'attacher à donner au pied sa forme naturelle, n'enlever que les parties écailleuses de la sole, laisser aux barres et à la fourchette toute leur force pour empêcher les talons de se resserrer. Le pied doit être paré dans une juste mesure, l'excès de corne expose l'animal à butter et tiraille les tendons ; le pied trop paré devient douloureux par la réaction sur le pavé ; lorsqu'il est paré irrégulièrement, il surcharge le quartier trop bas, ce qui occasionne des souffrances à l'animal.

Le maréchal choisit un fer, lui donne la forme convenable et l'applique au rouge sombre sur le pied paré, en ayant soin de ne le laisser que quelques secondes. Si le fer pose partout, c'est-à-dire si la corne est brûlée dans tout son contour, il ne faut plus y toucher ; si elle ne présente que quelques plaques roussies on les enlève au boutoir.

Il ne reste plus qu'à fixer le fer, c'est-à-dire, le brocher. Les clous dont on se sert sont plus ou moins forts et appropriés aux fers, ils sont plus gros pour les chevaux de trait dont les fers épais ont des étampures profondes·

On commence par brocher deux clous et on s'assure ensuite si l'adaptation est parfaite et si l'aplomb est régulier, puis on achève la ferrure. Il faut avoir soin de frapper à petits coups, de cette manière on sent mieux si la lame du clou suit la bonne corne ; le son mat indique qu'elle se dirige vers les parties molles. Les lames doivent sortir à la même hauteur, ni trop haut, ce qui exposerait à blesser l'animal, ni trop bas, ce qui nuirait à la solidité. A mesure qu'une lame sort, il faut la replier sur la paroi. Lorsque tous les clous sont brochés, il n'y a plus qu'à les river ; pour cela, après avoir coupé avec les tricoises, toutes les lames qui dépassent la corne, on creuse avec le rogne pied, à la base de chacune d'elles une petite excavation dans la paroi, et on rabat la faible portion restante dans la lame, à l'aide du brochoir et des tricoises.

On fait disparaître ensuite, au moyen de la rape, l'excès de corne qui déborde le fer et les inégalités que peuvent présenter les rivets, en ayant soin de ne jamais en faire usage au-dessus d'eux, sinon, le vernis qui sécrète le bourrelet périoplique, serait enlevé et la muraille, à la merci des influences atmosphériques.

Pour terminer, il faut rabattre le pinçon et l'appliquer exactement contre la paroi. La ferrure doit être renouvelée tous les mois ; si le fer n'est pas usé, il faut l'enlever et parer le pied pour le ramener à des dimensions proprès à la conservation des aplombs. On réapplique ensuite le fer.

Ferrure des poulains.

On trouve dans toutes les contrées de la France des chevaux à pieds plats, à talons bas, à bleimes, longs-jointés, etc. ; mais si dès le jeune âge, on avait soigné la ferrure, on en trouverait beaucoup moins.

L'âge auquel il convient de ferrer les poulains est celui de 18 mois à 2 ans, on applique des fers légers avec des clous à petite tête cachée dans l'étampure. Il est recommandé de ne jamais toucher à la sole, aux barres ni à la fourchette quand on pare les pieds des poulains afin de laisser le sabot jouir de son élascité naturelle. On emploie toujours chez les jeunes animaux les moyens de douceur, jamais on ne doit recourir à la contrainte. L'éleveur doit habituer de bonne heure les poulains à donner leurs pieds, soit à l'écurie, soit aux pâturages, afin qu'ils se laissent ferrer sans se défendre.

Ferrure de l'âne et du mulet.

La ferrure du mulet et de l'âne, diffère de celle du cheval quant à la forme ; le pied de ces animaux étant plus étroit et la muraille proportionnellement plus élevée et plus épaisse Pour ces raisons, il est admis dans la pratique d'élargir la base de sustentation du sabot du mulet, en donnant une large garniture au fer et en prolongeant fortement la pince. Si on en exagère la largeur, il arrive que l'animal a le pied moins sûr, il est gêné dans ses allures.

L'adaptation du fer présente quelques difficultés en raison de la direction verticale de la paroi ; on doit se servir de clous à lame fine. et dont l'affilure est rendue plus oblique que pour la ferrure des chevaux.

Du reste la ferrure n'a que peu d'importance chez ces animaux dont les tendons ont une force de résistance étonnante.

ACCIDENTS PRODUITS PAR LA FERRURE

Compression du pied par les clous.

Lorsque le fer est trop étroit, ou étampé trop gras, il peut arriver que dans le brochage, les clous s'implantent près des parties vives, qui, comprimées par la lame, s'enflamment, se gonflent et occasionnent de la douleur L'animal marche en hésitant, à pas raccourcis et simule la fourbure.

Il faut, dans ce cas, déferrer bien vite le pied malade, amincir sur le trajet des clous et s'assurer s'il n'y a pas de pus dans leur voisinage, puis on applique un cataplasme froid de farine de lin, on fait prendre au pied quelques bains d'eau fraîche et on réapplique le fer.

Piqûre. — Enclouure.

En fixant les clous, il arrive quelquefois que l'un d'eux se dirige vers les parties vives ; si le maréchal s'en aperçoit, il le retire et on dit que le cheval est *piqué* ; il s'écoule alors de l'orifice creusé par le clou, quelques gouttes de sang.

La piqûre prend le nom d'*enclouure* lorsque l'un des clous qui fixent le fer, a touché le vif avant de sortir de la muraille et que l'ouvrier ne s'est pas aperçu de l'accident.

Il arrive alors que l'animal témoigne sa douleur par une boiterie, qui va en augmentant et devient intense au bout de trois ou quatre jours, le pied malade est souvent porté en avant de la ligne d'aplomb.

Pour reconnaître le siège de la boiterie, il faut examiner d'abord la hauteur des rivets ; si on constate que l'un d'eux est placé plus haut que les autres, ou qu'une étampure est vide de clou, on peut conjecturer l'enclouure ou la piqûre. Puis on percute le sabot pour s'assurer du point sensible.

On déferre ensuite le pied et il arrive des cas ou l'existence de la piqûre est rendue évidente par la sortie du pus. Si la blessure est plus profonde, on comprime la place des clous avec les tricoises et on relève ainsi l'endroit blessé.

Ce point étant connu, on creuse un sillon avec la rainette et le pus s'écoule ; il peut présenter des colorations différentes, tantôt il est noir, sans odeur ; tantôt il est jaune, épais ; d'autres fois enfin, il est couleur ne de vin et fétide. Dans le premier cas la guérison est facile. Dans le deuxième cas, il existe une plaie sans cornée compliquée de nécrose, et quand le pus est fétide, il dénote de la gangrène des parties molles. Si on donne trop tardivement l'écoulement au pus, il vient sourdre à la couronne c'est ce qu'on appelle *souffler aux poils* ; il y a plus de gravité quand le pus souffle aux poils en pince, qu'en talon.

Traitement. — Si le maréchal a retiré le clou à temps et qu'il ne l'a pas replacé, ordinairement le cheval boite peu. Beaucoup d'ouvriers introduisent dans le trou de la lame, aussitôt l'enlèvement du clou, de l'huile brûlante ou de l'essence de térébenthine ; ils en obtiennent souvent de bons résultats.

Mais si l'animal continue à boiter, il faut creuser une rainure au milieu de la piqûre, amincir tout le contour,

et mettre un plumasseau imbibé d'onguent vésicatoire,
retenu par une éclisse. Si le pus qui s'écoule est jaune,
il est préférable de donner des bains avec une solution
de sulfate de cuivre, de sulfate de zinc et de sulfate de
fer 2 °/₀ de chaque. On peut aussi employer avec succès les
bains d'eau phéniquée ; on alterne avec les précédents.

Quand le pus est fétide, il faut opérer, mettre à nu les
tissus vifs du côté de la paroi et de la sole et aller jusqu'aux parties saines. On excise ensuite, en dédolant avec
la feuille de sauge, les parties gangrénées ou nécrosées,
lesquelles présentent une teinte jaune verdâtre qui con-
traste avec la couleur rouge des tissus sains. Si l'os est
altéré il faut l'attaquer avec la rugine. Puis on complète
par un pansement compressif fait avec des étoupades im-
bibées d'eau phéniquée 2 °/₀.

Sole chauffée ou brûlée.

Ce sont deux degrès différents de la même maladie. Cet
accident résulte de l'application trop prolongée du fer
rouge sur le pied. La sole se dessèche, paraît comme poin-
tillée, et si la brûlure a été forte, il peut y avoir décollement
du tissu réticulaire avec une abondante suppuration entre
ce tissu et la sole. La boiterie est plus ou moins marquée
suivant l'intensité de la brûlure.

Traitement. — Il faut déferrer le pied et amincir à
la rainette toutes les parties brûlées ; si la suppuration est
peu abondante on applique sur cette partie un plumasseau d'étoupes avec de l'onguent de pied au goudron ;
s'il y a abondance de pus avec plaie, le pansement sera fait
avec des étoupades mouillées d'eau phéniquée 1 °/₀. Dans
l'intervalle, des bains froids activent la guérison. Il est
urgent d'appliquer un fer couvert et très léger. page 231.

Cerise.

On désigne sous le nom de cerise, une excroissance rouge, espèce de bourgeon charnu, qui s'élève à la surface d'une plaie du pied, et que sa forme et sa couleur ont fait comparer au fruit du cerisier.

Elle est produite par les coups de boutoir ou de rogne-pied mal portés, par suite des mouvements de l'animal, ou de la maladresse du maréchal ; elle dépend aussi des pansements mal faits, des compressions inégales ou de pincements exercés par la corne au pourtour des plaies.

Traitement. — Une compression méthodique avec l'amincissement des parties voisines peut suffire. Si ce traitement ne réussit pas, il faut exciser ces excroissances ou les traiter par les escharotiques : le sulfate de cuivre, l'onguent égyptiac ou la liqueur de Villatte. Ces médicaments associés à la compression, les parties voisines ayant été préalablement amincies à pellicule, m'ont toujours procuré des résultats heureux.

FERRURE CORRECTIVE

Défectuosités des allures et du pied.

Il est souvent nécessaire dans la pratique, de rétablir, au moyen de la ferrure, l'harmonie dans les allures, dans les aplombs ou dans les vices de conformation du pied. Nous allons passer en revue chacun de ces défauts et indiquer les moyens de les corriger.

Chevaux qui forgent.

Le cheval forge lorsque, pendant le trot, il fait entendre un bruit particulier, provenant du choc du pied postérieur.

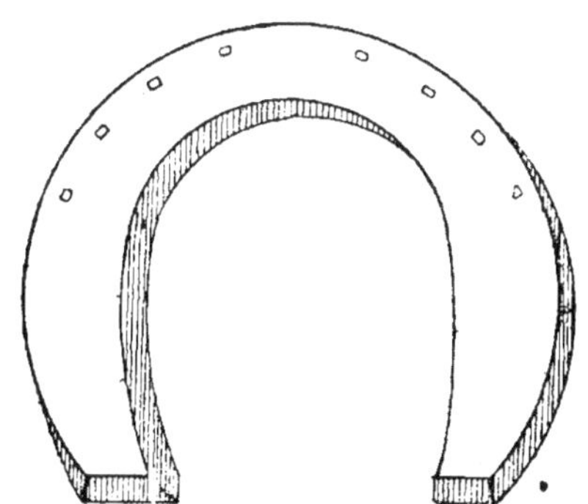

Fer à branches tronquées. — Encastelure.
Chevaux qui forgent.
Chevaux qui se couchent en vache (Eponge).

sur le pied antérieur correspondant. Il forge en éponge ou en voûte suivant la partie du fer de devant qui est frappée.

Ce défaut, résulte toujours de la disharmonie des mouvements des bipèdes antérieurs et postérieurs, et amène quelquefois des inconvénients sérieux. Le cheval peut se déferrer, s'abattre, et si le pied frappe plus haut que le fer, il en résulte des atteintes ou des javarts.

Les chevaux que l'on monte trop jeunes sont sujets à forger, ce défaut disparaît souvent avec l'âge.

Mais quand il est dû à une grande longueur des reins, à des jarrets trop coudés qui font porter les membres postérieurs trop en avant, ou encore, à une pesanteur exagérée de l'avant-main qui retarde le lever des membres antérieurs. la chance est moins grande de le faire disparaître.

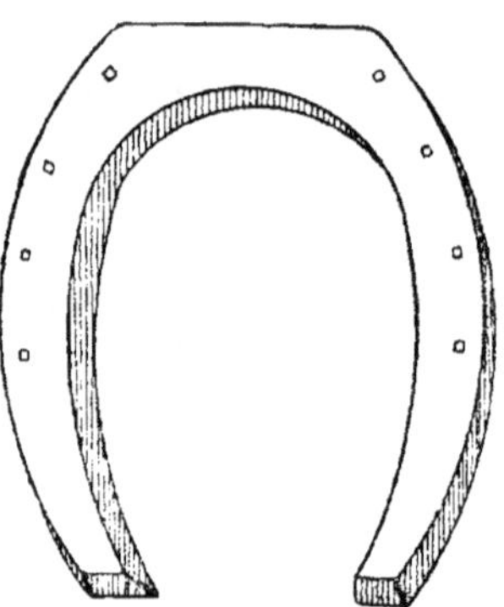

Fer à pince tronquée pour cheval qui forge.

Pour obvier à cet inconvénient, il faut appliquer aux chevaux qui forgent, des fers très dégagés en voûte ou à éponges raccourcies et minces aux pieds de devant, et des fers à pince tronquée aux pieds de derrière.

On n'oubliera pas non plus une alimentation convenable en avoine, un dressage intelligent, un travail modéré et même le repos pour les sujets fatigués.

Chevaux qui se coupent.

L'animal se coupe lorsque, pendant les allures le pied d'un membre, heurte la face interne de l'autre membre et détermine soit une contusion, soit une plaie profonde ; il touche la couronne, le boulet et quelquefois la tubérosité interne de l'extrémité inférieure du radius.

Le cheval peut se couper par suite de faiblesse, de mauvaise conformation ou de mauvaise ferrure. Il se coupe aussi s'il a les pieds très larges. Les jeunes chevaux non exercés présentent souvent ce défaut qui disparaît avec l'âge. La fatigue prolongée peut aussi l'engendrer.

Le défaut de se couper est caractérisé par une simple usure du poil à la face interne du boulet, par une plaie ou par une cicatrice. La boiterie est proportionnée à la douleur occasionnée par la contusion et la gravité de cette dernière.

On doit s'attacher surtout à connaître si le cheval se coupe par défaut d'aplomb ou par suite de la ferrure.

Traitement. — Quand les animaux sont bien conformés et qu'ils ne se coupent que par faiblesse ou par fatigue, il faut les ménager, leur donner un travail modéré, ou les laisser quelque temps au repos. On garnit la partie atteinte avec une guêtre en cuir pour éviter les plaies et on a recours à la ferrure plate avec la branche interne ne dépassant pas la corne en quartier ni en talon.

Si l'action de se couper est la conséquence d'une déformation défectueuse, on emploie une ferrure spéciale, c'est la ferrure à la turque. Pour cela, il faut parer le pied de façon à ce que la hauteur du quartier interne prédomine sur celle de l'externe, puis on applique un fer dont la branche interne, étroite et plus épaisse que l'externe, ne comprend que une ou deux étampures ; on laisse déborder légèrement la paroi que l'on râpe en arrondissant jusque vers le fer dont la branche interne est comme dérobée et reste en dedans du contour externe de la paroi. On arrive au même résultat en appliquant la ferrure à la turque renversée. c'est-à-dire en parant

plus fort le quartier interne et en donnant plus d'épaisseur à la branche externe.

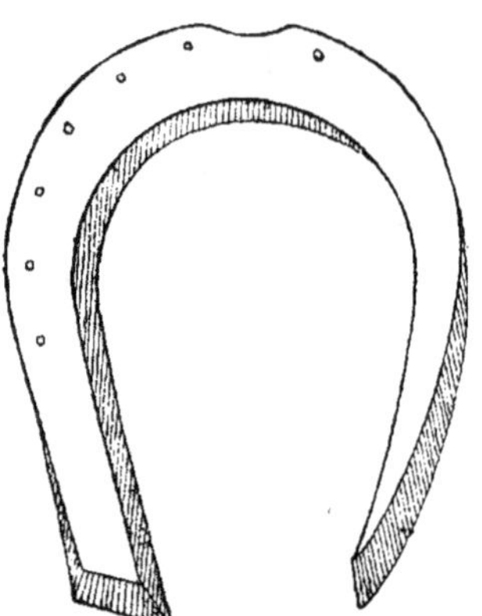

Fer à la turque.
Chevaux qui se coupent. — Pieds panards.

Si avec tous ces moyens, les chevaux continuent à se
couper, on a recours à une petite lame de caoutchouc,
en forme de croissant, que l'on place sous la branche interne du fer, en la faisant déborder légèrement ; c'est ce
petit bourrelet de caoutchouc qui est destiné à amortir
le frottement. D'autre part, on peut employer des guêtres
qui enveloppent la partie touchée.

Chevaux qui billardent.

On dit que le cheval billarde, si dans la marche, il jette
en dehors ses pieds antérieurs, dépensant en cela une
force inutile à la progression. Les sujets à pieds plats et
larges sont prédisposés à ce défaut, forcés qu'ils sont
d'écarter les membres pour éviter de se toucher ; les

chevaux panards, ceux à genoux de bœuf sont aussi sujets à billarder.

La ferrure qui convient dans ce cas est la même que celle que nous allons décrire à propos du cheval panard.

Cheval panard.

On appelle pied panard, celui dont la pince est dirigée en dehors. Le cheval panard est exposé aux atteintes, aux javarts et exige une ferrure spéciale. On pare le pied en respectant le quartier interne et on applique un fer dont la branche interne, est plus courte et plus épaisse que l'externe, surtout en éponge : fer à la turque.

Cheval cagneux.

On appelle pied cagneux celui dont la pince est dirigée en dedans. On doit parer le quartier interne sans toucher à l'externe, et on donne plus d'épaisseur à la branche externe du fer.

Pieds plats.

Le pied plat est celui qui a sa face intérieure presque plane ; la sole ne forme pas de concavité naturelle et la muraille se rapproche beaucoup de la ligne horizontale. Ce défaut se rencontre surtout aux pieds antérieurs ; les sabots ont une grande largeur en même temps que peu de hauteur Le cheval à pieds plats fait son appui sur toute la face inférieure à la fois ; la sole, dépourvue de voûte, est en même temps dépourvue d'élasticité, et les percussions s'y produisent intégralement. Le pied est souvent sensible et le cheval boite facilement, surtout s'il trotte sur des routes empierrées ou pavées ; il se produit alors divers accidents tels que : la sole foulée, les ognons, la bleime, etc... Enfin toutes les opérations chirurgicales pratiquées sur les pieds semblables, sont d'une guérison longue et difficile.

Le maréchal a beaucoup de difficulté pour ferrer ce genre de pied. D'abord il faut le parer en n'enlevant à la sole que ce qui est écaillé, respecter les talons et la fourchette, appliquer un fer couvert, l'ajuster de façon à ce qu'il ne touche en aucun point la sole et le faire porter sur tout le bord plantaire de la paroi. Si la sensibilité persiste, on aura recours à une sole en gutta-percha ou en caoutchouc.

Pied comble.

On appelle ainsi le pied dont la sole est convexe et sur laquelle le cheval appuie lors du poser ; c'est le pied plat exagéré. Ce défaut est toujours acquis ; une des causes ordinaires est le manque de soins donnés au pied plat ; une mauvaise ferrure, une ajusture trop prononcée et ne reposant que sur une faible partie du bord plantaire de la paroi, ou une ajusture insuffisante, en comprimant la sole, amènent ce résultat. Il peut arriver aussi que le pied comble vienne à la suite de la fourbure, dans ce cas, la partie antérieure seule est convexe, les talons gagnent en hauteur et la paroi s'épaissit en pince. Cette défectuosité est plus grave que le pied comble ordinaire, l'appui est toujours douloureux, et le cheval est facilement mis hors de service.

Pour remédier à ce défaut il faut suivre les mêmes règles que pour le pied plat, ménager la sole et la fourchette,
et disposer le fer de manière à reporter l'appui sur le
bord plantaire de la paroi, tout en garantissant la sole.

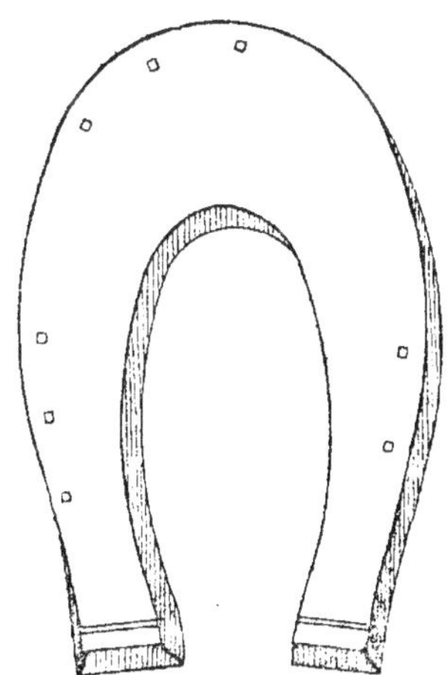

Fer couvert
Pieds combles — Fourbure chronique.

On emploiera pour cela le fer couvert, ou le fer à siège
moins large que le précédent, mais plus épais. Il est bon
d'interposer entre le fer et le sabot une lame de caoutchouc, de gutta-percha ou de feutre goudronné.

Pied pinçard ou rampin.

C'est le pied dont l'appui se fait principalement sur la
pince ; il se rencontre aux pieds de derrière et peut être
dû à la conformation naturelle ou à l'usure des membres.

14

La position du pied, appuyant seulement sur la pince, favorise la rétraction des tendons et l'exhaussement des talons que l'on rencontre toujours très haut dans cette défectuosité. Le boulet, au lieu d'être porté en avant, paraît dévié en arrière comme dans les sujets longs-jointés.

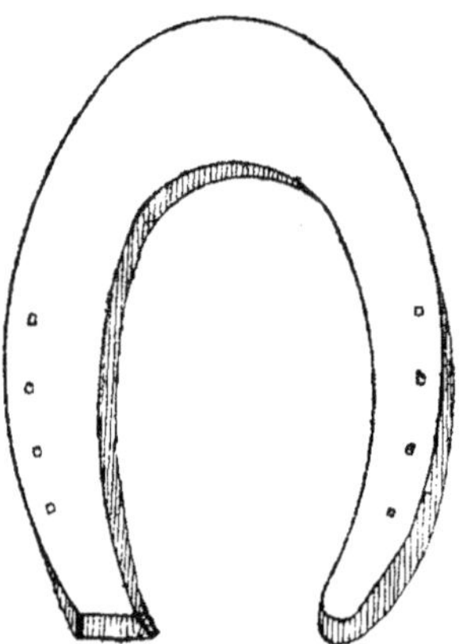

Fer à pince prolongée.
Opération de la seime.
Ferrure de l'âne et du mulet.

Les chevaux ou les mulets pinçards naturellement n'en conservent pas moins une grande force à tirer des charges, et marchent avec assurance, mais les pinçards par usure sont exposés à se couper et à se bouleter.

C'est la ferrure qui est chargée de ménager la pince, et de rejeter une partie de l'appui sur les talons qui ne doivent être que modérément parés. Le fer doit être court, mince aux éponges, épais en la pince qui sera prolongée et un peu relevée. D'autres fois, il est préférable de soulager le tendon en relevant des crampons assez hauts en éponges ; le cheval s'y repose et se fatigue moins.

Lafosse s'est servi avec avantage du fer à branches tronquées, c'est-à-dire d'un fer court, se terminant en quartiers et laissant les talons libres. On fait ce fer très épais en pince et très mince vers les quartiers, de sorte qu'il a la forme semi-lunaire.

Il est quelquefois utile de pratiquer la ténotomie ou de traiter la rétraction tendineuse.

Pied de travers.

Il est toujours le résultat d'un défaut d'aplomb chez les poulains, dont les pieds n'ont pas encore été garnis d'un fer protecteur, ou d'un retranchement inégal de la corne, chez les chevaux soumis à la ferrure.

Le pied peut être de travers en dedans ou en dehors, et suivant les cas, il peut se rapprocher du pied panard ou du pied cagneux. Par suite des tiraillements des ligaments articulaires, le cheval boite souvent ; d'autres fois il se touche, se coupe, s'entretaille.

Pour remédier à cet inconvénient, il faut parer le pied, surtout dans le jeune âge, en abaissant le côté de la paroi qui est le plus élevé et en ménageant le côté opposé ; le ter aura plus d'épaisseur dans la branche correspondante au quartier le plus bas. La ferrure sera renouvelée souvent pour hâter l'égalité de la surface plantaire.

Pied cerclé.

Le pied cerclé est celui qui présente à la surface de la paroi, de distance en distance, des renflements séparés par des sillons, et affectant à peu près une direction horizontale ; ils sont d'autant plus graves qu'ils ont de profondeur ; l'animal en boite si le cercle extérieur se répète en dedans et comprime les parties molles, surtout lorsque le pied est étroit et long. Les cercles se rencontrent sur les pieds qui ont été fourbus, ainsi que sur beaucoup de ceux qui ont été malades. Toujours ils indiquent un vice de sécrétion du bourrelet. Si les cercles sont peu nombreux et n'ont pas de tendance à se reformer, on peut espérer la guérison et leur disparition par avalure.

Pour hâter la direction favorable de la paroi, il faut appliquer de temps en temps un peu d'onguent vésicatoire sur la couronne, et mettre une ferrure légère qui ne fatigue pas le pied. Si les cercles sont remplacés par de nouveaux à mesure qu'il descendent, il est à craindre que le mal ne devienne incurable.

Pied à mauvaise corne.

Si la corne est *molle*, elle n'est pas résistante, et les chevaux, chez qui on la rencontre, ont le pied sensible et peu disposés à marcher sur des terrains caillouteux, il se déferrent facilement par suite de la retraite des rivets.

Il faut parer légèrement la face plantaire du pied et appliquer un fer léger, mince ; on se servira de clous à lames fines qui seront brochés avec précaution.

La corne *sèche* s'éclate facilement quand le cheval se déferre ou par l'action des clous ; elle est très dure, cassante et se renouvelle lentement. Les onctions de corps gras, d'onguent de pied sur le sabot et principalement vers la couronne, peuvent lui donner un peu de souplesse.

Le pied *est dérobé* quand des portions de corne ont été enlevées par éclat ou par usure, de manière à rendre le bord intérieur de la muraille moins arrondi. Il est souvent dû à l'action des clous à grosses lames, ou lorsque l'animal marche quelque temps sans fers.

Ce pied exige beaucoup d'attention de la part de l'ouvrier pour la distribution des étampures et le choix des clous. On pare le pied de façon à faire tomber les éclats de la corne ébrêchée et on achève à la râpe. On broche les clous le plus haut possible, et on enduit toute la paroi de substances grasses, et particulièrement d'onguent de pied au goudron.

MALADIES DU PIED

Fourbure aiguë.

La fourbure est la congestion du tissu qui sécrète la corne.

Causes. — Les causes principales de la fourbure sont les courses longues et rapides, le travail excessif, l'alimentation trop abondante et trop substantielle, les chaleurs de l'été ; elle survient quelquefois comme complication d'autres maladies.

Symptômes. — La fourbure est toujours précédée de symptômes fébriles assez intenses ; il y a de la tristesse, de l'abattement, des tremblements et de la raideur des reins. La bouche est sèche, les muqueuses injectées, le pouls fiévreux, et la respiration accélérée. Les autres signes caractéristiques ne tardent pas à se montrer et on constate alors une grande chaleur du pied, de la sensibilité qui force l'animal à rejeter son poids sur les autres membres ; la marche devient difficile, incertaine.

Si les deux membres antérieurs sont atteints, ils sont portés en avant, avec les postérieurs également engagés sous le centre de gravité. L'action de poser les pieds est faite avec précaution et particulièrement sur le talon ; le reculer est très difficile. La percussion du sabot malade développe une vive douleur que l'animal témoigne en retirant brusquement son pied.

Si la fourbure a lieu sur les pieds de derrière, ceux-ci sont fortement engagés sous le ventre pour porter l'appui en talon, et les membres antérieurs se rapprochent des postérieurs pour les secourir.

L'attitude de la fourbure des quatre membres est la même que pour la fourbure antérieure.

Lorsque cette affection est traitée à temps, elle guérit facilement en huit ou dix jours ; passé ce délai, il est à craindre que le type chronique ne s'établisse.

Traitement. — La saignée générale a été indiquée de tout temps ; il faut la faire grande, 5 à 6 litres et la répéter au besoin. On emploie ensuite les bains froids ; à défaut d'eau vive, on se sert de fosses d'eau ou de purin qui existent dans toutes les fermes.

L'on a souvent conseillé les frictions révulsives sur les épaules ; on les fera avec un mélange d'essence de térébenthine et d'alcool, ou bien avec de la farine de moutarde ; elles procurent toujours des avantages réels.

Pour la nuit on fera bien d'appliquer aux pieds fourbus des cataplasmes d'argile délayée avec une solution de sulfate de fer 10 %.

A l'intérieur, le sulfate de soude, le sel de nitre sont employés pour calmer la fièvre ; j'ajoute très souvent cinq grammes d'émétique chaque jour, pour obtenir une résolution plus rapide.

L'antifébrine agit efficacement contre la fourbure aiguë et doit être préférée à la pilocarpine dont le prix est trop élevé.

Früs a traité la fourbure de la façon suivante ; il a laissé les fers attachés ; les clous légèrement enlevés. les membres, à partir des genoux ou des jarrets jusqu'aux pieds, sont entourés de compresses froides et le cheval est placé sur un sol humide.

Le malade est frictionné énergiquement et couvert avec plusieurs couvertures. Durant les premières vingt-quatre heures on le laisse boire peu, le lendemain on lui donne quelques barbottages clairs aveu du foin ou de la paille ; on donne chaque jour 15 grammes d'antifébrine en deux fois le matin et le soir ; on peut même aller jusqu'à 20 grammes en douze heures.

Au bout de 4 ou 5 jours, il est bon de déferrer le cheval et de le mettre en prairie.

Fourbure chronique.

Causes. — Elle est toujours la suite de la fourbure aiguë.

Symptômes. — Le premier trait qui frappe, ce sont les modifications éprouvées par le sabot.

D'abord, la paroi s'allonge en pince en même temps qu'elle se rétrécit en quartier, donnant ainsi plus de lon-gueur au pied et le rapprochant de la forme d'un sabot chinois. La corne perd son luisant, devient sèche. dure et cassante, les fibres affectent une direction presque horizontale. La surface extérieure possède des cercles séparés par des sillons plus ou moins profonds Les talons acquièrent un fort développement, mais les mamelles et les quartiers s'atrophient.

La face plantaire du pied anciennement fourbu est convexe, surtout à sa partie antérieure, elle est quelque-fois molle et saigne facilement sous l'action du boutoir ou du rogne-pied. Cette convexité est due au mouvement de bascule qu'éprouve l'os du pied par la poussée de corne de nouvelle formation à la partie antérieure de la paroi. Au bout d'un certain temps, l'os appuyant toujours par son bord inférieur, finit par perforer la sole et par apparaître en dehors. C'est ce qu'on appelle le *croissant*. Le tissu nouveau qui se développe ainsi, entre l'os du pied et la paroi, renferme une couche plus ou moins epaisse d'une corne friable, sèche, comme vermoulue ; elle est connue sous le nom de *fourmilière*, à cause des trous nombreux dont ce tissu est criblé.

La boiterie varie d'intensité selon les altérations, elle est moindre quand il y a simple fourmilière ; ordinairement il y a un lever convulsif des pieds postérieurs qui simule l'éparvin sec ; l'appui ne se fait qu'en talons et la boiterie reste intense tant que l'ancienne paroi n'est pas disparue par avalure. Lors de croissant, l'appui est souvent impossible.

Traitement. — Dans le cas de simple fourmilière, on enlève par amincissement, en pince, en mamelles et en quartiers, la portion de paroi ancienne qui est superposée à la paroi kéraphylleuse, on amincit également cette dernière, et on applique un pansement avec de l'onguent de pied au goudron, pour conserver la souplesse à la nouvelle corne et empêcher sa dessiccation. Quand la compression est insignifiante, on se contente de dégager la fourmilière et de la remplir avec une étoupade d'eau phéniquée, s'il y a plaie ; dans le cas contraire, on fera un pansement avec de l'onguent de pied et des étoupes que l'on maintiendra avec un couvert.

Defays conseille de nettoyer la fourmilière, et s'il n'y a pas de plaie, de la combler avec de la gutta-percha fondue, mélangée de gomme ammoniaque (3 pour 1). On lave préalablement la cavité avec de l'éther pour enlever tout corps gras qui empêcherait l'adhérence du mélange avec la corne.

Quelques praticiens creusent avec la rainette une fourmilière accidentelle entre la paroi plantaire proprement dite et la paroi kéraphylleuse. cette opération soulage pour quelque temps. Gross s'est contenté d'amincir à la râpe, jusqu'à pellicule mince, toute la partie supérieure de la paroi sur une longueur de quatre centimètres ; il enduisait ensuite d'onguent basilicum cette corne amincie et frictionnait la couronne avec de l'huile de laurier cantharidée.

Quelque soit le genre de traitement il faut s'attacher à entretenir la souplesse de la corne par de l'onguent de pied, rogner la corne exubérante, et appliquer un fer couvert jusqu'à la pointe de la fourchette. L'ajusture sera assez profonde, pour loger librement et sans pression, la partie convexe de la sole.

Pour adoucir les chocs, on peut interposer entre le fer et le sabot, une lame de caoutchouc, de cuir ou de gutta-percha.

Lorsqu'il y a *croissant*, il faut recourir à la rainette ; on amincit toute la convexité de la sole et on rugine l'os carié, on fait un pansement avec des étoupades phéniquées recouvertes de goudron, que l'on retient avec des éclisses.

La *névrotomie*, quelquefois conseillée, ne donne jamais tout le bien qu'on en attend.

Atteinte.

On appelle ainsi une contusion que le cheval se fait à la couronne avec le fer opposé, ou bien elle provient d'un coup donné par un cheval voisin.

Causes. — Elle est fréquente chez les chevaux qui forgent ; chez ceux qui sont fatigués, ou dans l'action de tourner en labourant.

Symptômes. — On reconnaît l'atteinte à la plaie chaude et douloureuse qui existe ordinairement à la couronne, et à la boiterie plus ou moins intense. Il arrive parfois qu'il y a mortification, puis élimination d'un lambeau de peau à l'endroit touché, c'est le javart cutané ; il est très douloureux. Il est d'autres cas, où l'on rencontre un abcès sous la peau ; le bourrelet est chaud, tuméfié et douloureux.

Traitement. — Dans le cas d'atteinte légère, une compresse d'eau phéniquée, et l'écartement de la cause, suffisent pour la guérir. S'il y a javart cutané, on doit appliquer des cataplasmes jusqu'à élimination du bourbillon, on panse ensuite comme une plaie simple avec de l'eau phéniquée 2 o/°. Quand il y a tendance à la formation d'un abcès, on emploie les cataplasmes chauds et on donne issue au pus.

Si l'atteinte est située sur le bourrelet, il faut amincir la paroi, avec la rainette et la feuille de sauge, pour empêcher la compression du biseau sur le bourrelet, et enduire d'onguent de pied cette partie amincie.

Les moyens préventifs sont : un travail modéré, une ferrure convenable pour les chevaux qui ont l'habitude de se toucher, et l'emploi d'une guêtre en cuir pour ceux qui sont exposés à recevoir des coups de leurs voisins.

Javart cartilagineux.

C'est la nécrose du cartilage complémentaire de l'os du pied.

Causes. — La cause la plus commune du javart est une contusion, un choc, une atteinte, une piqûre, ou une plaie qui met à nu le cartilage. Les pieds plats, à talons bas, sont plus exposés au javart que les autres sabots ; il est plus fréquent au bipède antérieur qu'au postérieur et surtout au quartier externe.

Symptômes. — On constate sur la partie latérale externe de la couronne, une tuméfaction plus ou moins prononcée, plus ou moins douloureuse, au centre de laquelle se trouve une fistule avec une plaie bourgeonneuse. Par cette fistule, s'écoule un pus séreux, de couleur pâle, ordinairement inodore, qui se concrète, adhère aux poils et à la corne. Si le mal est ancien, la corne du quartier correspondant devient rugueuse, cerclée et fendillée ; la boiterie est en général peu intense si la fistule occupe la partie postérieure du quartier ; si elle est située en avant, la douleur est plus grande et partant la boiterie est plus accentuée.

Traitement. — Si le mal est récent, une friction d'onguent vésicatoire est souvent avantageuse. Mais quand il y a fistule profonde, il faut recourir à un traitement énergtque. Le premier moyen employé par les hippiatres était un mélange de sublimé corrosif et d'aloès introduit sous forme de trochisque dans l'ouverture. Aujourd'hui, on se trouve mieux de l'emploi des caustiques liquides et en particulier de la liqueur de Villate. Mais pour que ces injections réussissent, il est essentiel que le liquide injecté, baigne toutes les parties malades qu'il doit modifier. Il est donc souvent nécessaire de débrider le trajet, ou de le contre-percer pour y introduire une mèche à la manière du séton. Pour faire cette contre-ouverture, on se sert d'une sonde en fer, munie d'un œil, et affilée à son extrémité de manière à transpercer les tissus comme avec une aiguille ; si le fond de la fistule se trouve sous la paroi, on amincit celle-ci à la râpe et à la rainette, afin de pouvoir faire aisément la contre-ouverture au lieu d'élection.

L'acide phénique liquide pur a rendu aussi de précieux services ; on introduit dans l'ouverture préalablament essuyée, une petite seringue en étain à moitié chargée de ce caustique et on presse lentement le piston de manière à ce que le liquide imprègne bien les tissus malades.

Si l'acide phénique jaillit trop vite et qu'on est convaincu que le trajet se divise inférieurement on recommence instantanément l'opération. On la renouvelle les jours suivants, à raison d'une injection par jour, pendant trois, quatre, cinq ou six jours suivant l'intensité du mal. Le pus devient très peu abondant, de bonne nature, et bientôt une escharre vient fermer la plaie.

Il arrive parfois qu'on parvient à détruire la partie nécrosée avec un cautère chauffé à blanc, mais ce procédé, utile dans les nécroses postérieures, est infidèle dans les fistules antérieures, aussi est-il délaissé de la plupart des vétérinaires.

En cas d'insuccès des injections on a recours à l'opération, exceptionnellement pratiquée aujourd'hui, et qui consiste à extirper partiellement ou totalement le cartilage nécrosé.

Seime.

On appelle seime une fissure qui s'étend du bord supérieur au bord inférieur de la paroi en suivant les fibres de la corne. On distingue la seime suivant sa position en seime *en pince* ou *pied de bœuf*, et *seime quarte* ou en *quartiér*.

La seime est *incomplète* toutes les fois qu'elle n'intéresse que les couches externes du sabot.

La seime *complète* est celle qui traverse complètement la paroi et s'étend jusqu'aux parties vives.

Causes. — La sécheresse de la corne, en la rendant cassante, la prédispose aux seimes ; la râpe appliquée à la partie supérieure de la muraille, la ferrure, certaines maladies du pied l'engendrent aussi. Les contusions du sabot, les efforts d'impulsion opérés par le bipède postérieur les font parfois survenir.

Symptômes. — Le signe essentiel de cette affection est la fente de la paroi. La boiterie manque dans la seime superficielle, mais elle devient intense dans la seime profonde lorsque par les mouvements de la boite cornée, il y a un pincement des tissus qui les irrite et les meurtrit.

Une seime profonde s'accompagne ordinairement d'hémorrhagie, il y a parfois du sang spumeux qui suinte de la fente et qui augmente lors des allures vives.

Dans la seime en pince, la fente occupe une direction presque verticale, tandis que dans la seime quarte, elle est souvent oblique et parfois sinueuse, de sorte que la fente, à la face interne de la paroi, est plus en avant qu'à sa face externe et qu'un biseau de corne recouvre la solution de continuité.

Traitement. — La première indication est d'empêcher la seime de s'agrandir quand elle est incomplète ; on emploie pour cela le mastic composé de gutta-percha et de gomme ammoniaque (3 pour 4), qu'on introduit dans la fente et que l'on fait pénétrer aussi profondément que possible en le chauffant avec un fer.

Un autre procédé consiste à immobiliser la corne à l'aide d'agrafes en fil de fer courbé sur le plat, à angle droit, et distantes les unes des autres d'un centimètre environ. Elles sont au nombre de trois, logées dans des empreintes faites dans la corne, à l'aide d'un cautère spécial, de manière à rapprocher les bords de la seime. On peut aussi percer la corne en traversant la fente avec un clou dont l'extrémité est rivée, mais cette pratique est dangereuse et exige un maréchal habile.

Pour les seimes quartes, il est préférable d'employer le moyen indiqué par Castandet. Je l'applique aussi bien pour la seime en pince que pour la seime quarte et je m'en trouve généralement bien. Il consiste à faire une rainure à un travers de doigt de chaque côté de la fente, on cesse de raineter lorsque le fond du sillon est blanc.

Quand la seime ne s'étend pas jusqu'au bord inférieur de la mamelle, on fait deux rainures obliques qui se réunissent à leur partie inférieure en forme de V. Par ce procédé, la seime ne peut plus s'agrandir et elle disparaît par avalure, sans qu'il y ait ni pincement ni douleur. Après l'opération, on cautérise légèrement le bourrelet avec un fer rouge ou on y fait des frictions d'essence de térébenthine ou d'onguent vésicatoire de trois jours en trois jours pendant une quinzaine.

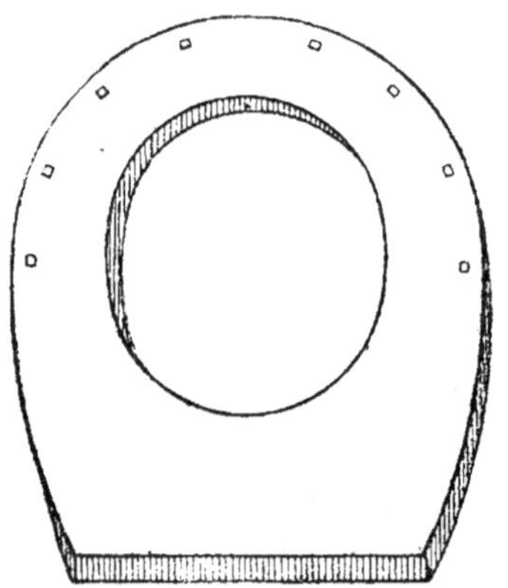

Fer à planche.
Bleimes. — Resserrement des talons.

Dans les seimes antérieures, il faut recourir à l'application d'un fer épais en pince ; on pare le pied de façon à abattre de la corne en talon en respectant la pince pour incliner le sabot en arrière ; on élève deux pinçons en mamelles afin d'immobiliser la seime en empêchant la dilatation du sabot.

Lors de seime quarte, il faut parer le plus possible les quartiers et les talons et appliquer ensuite un fer à planche qui prendra son appui sur la fourchette. S'il y a des lésions profondes dans les tissus sous-jacents à la corne, il faut faire l'opération de la seime, c'est-à-dire enlever une lame de la paroi d'environ deux centimètres de chaque côté de la fente, extirper toutes les altérations et ruginer l'os s'il est carié. On fait un pansement compressif sur la plaie avec des étoupades phéniquées après avoir appliqué préalablement un fer à pince prolongée. On renouvelle le pansement de six en six jours, jusqu'à ce que la corne nouvelle ait pris assez de consistance.

Étonnement du sabot.

C'est un ébranlement des parties vives contenues dans le sabot.

Causes. — Il est déterminé par des coups violents ou par les allures vives, les chevaux frappant fortement les pavés.

Symptômes. — Par la percussion le sabot donne un son sourd, et on développe une certaine sensibilité. Le cheval boite et se tient mal sur le pied affecté qui est chaud. Les symptômes sont les mêmes que pour la fourbure légère d'un seul pied.

Traitement. — Ce mal se dissipe facilement par les bains de pied froids ou les bains préparés avec une solution de sulfate de fer 10 %. Vulgairement, on emploie des cataplasmes d'argile et de vinaigre, ou de suie et de vinaigre, on s'en trouve généralement bien. Si le mal est plus intense, on frictionne la couronne avec de l'onguent vésicatoire, et l'épale, avec un mélange d'essence de térébenthine et d'alcool.

Kéraphyllocèle.

C'est une tumeur de corne qui se forme à la face interne de la paroi du sabot du cheval.

Causes. — Les causes qui favorisent son développement sont les seimes, la fourbure chronique et les ébranlements de la paroi.

Symptômes. — Au début, la boiterie est peu sensible, mais elle augmente avec le volume de la tumeur. La région où elle siège est chaude et douloureuse à la percussion, la couronne présente souvent du gonflement. Quand les signes extérieurs font défaut, on doit parer le pied à fond ; on constate alors à sa face inférieure un renflement de corne plus dure que la corne normale.

Traitement. — Le traitement est chirurgical ; il consiste à enlever la portion de paroi à laquelle tient la tumeur ; les règles à suivre sont les mêmes que pour l'opération de la seime ; dans quelques cas, il est nécessaire d'exciser les parties altérées, de ruginer l'os et de terminer par un pansement en tout point semblable à celui que l'on fait après l'opération de la seime.

Faux-quartier.

On désigne sous ce nom, tout état défectueux de la portion latérale de la paroi dont la corne est inégale, raboteuse et offre quelquefois des plaques cornées qui chevauchent ou poussent l'une sous l'autre.

Il est souvent déterminé par l'opération du javart cartilagineux, et en général par toutes les maladies qui ont altéré l'appareil hératogène. Si le bourrelet n'a pas trop souffert, le faux-quartier disparaîtra par avalure et par l'application d'un fer à planche reposant sur la fourchette. On renouvellera la ferrure à temps et on amincira chaque fois la corne malade que l'on enduira d'onguent de pied au goudron. Si les parties vives sont altérées, il y a nécessité d'enlever tout le quartier et de faire un pansement compressif avec une étoupade phéniquée recouverte de goudron.

Bleime.

On donne le nom de bleime à une contusion de la portion de la sole située en talon entre la partie extérieure de la paroi et l'arc-boutant. On distingue deux sortes de bleimes ; la bleime sèche et la bleime suppurée.

Causes. — Les pieds de devant en sont plus souvent affectés, et elle est plus rare sur le talon externe que sur l'interne. — Bracy-Clark l'attribue à ce que le talon interne descendant plus bas dans le sabot, les maréchaux le parent autant que l'externe pour le mettre à son niveau et laissent ainsi à la sole moins de force pour résister à la pression de ce côté. La bleime est fréquente sur les pieds à talons hauts, sur les pieds plats, à talons bas et écrasés ; sur les pieds encastelés, sur les sabots à paroi mince ; mais la cause principale est la mauvaise ferrure, et on peut juger de la force d'un maréchal par le plus ou moins grand nombre de bleimes que l'on rencontre dans sa clientèle. Il faut toujours se rappeler que l'on doit ménager la corne de la sole, de la fourchette et des arcs boutants. Le fer doit poser sur le bord inférieur de la paroi et ne pas toucher la sole, s'il est trop rentré il favorise la bleime ou l'encastelure, s'il a trop de garniture il s'oppose à la dilatation naturelle. La ferrure doit être renouvelée à temps, car par suite de la poussée de la corne, les éponges du fer viennent en dedans, s'encastrent sur la sole et la meurtrissent. Les cailloux qui s'interposent entre le fer et la sole sont aussi une cause de bleime.

Symptômes. — La bleime sèche est dévoilée par une boiterie peu intense qui n'a rien de caractéristique. Pour s'assurer du mal, on pare le pied à fond avec le boutoir et la rainette. Puis on explore le talon avec les tricoises et le siège de la bleime s'accuse par une sensibilité plus ou moins grande ; la corne de ce côté est friable et sous elle on aperçoit une tache rouge, véritable ecchymose, suite de la contusion.

Quand la bleime est suppurée, la boiterie augmente, la sensibilité étant proportionnelle à l'intensité du mal ; si on enlève la portion de sole altérée, on trouve entre elle et le tissu villeux, un commencement de suppuration. Il arrive souvent que la région de la couronne est tuméfiée, sensible, et que le pus souffle aux poils.

Traitement. — En général on commence par amincir la corne aux parties contusionnées et voisines, pour empêcher la compression des tissus enflammés et on applique des cataplasmes de bouse de vache avec du sel.

Lorsque la bleime est suppurée, on enlève toute la corne décollée et si le pus a soufflé aux poils, on fait des injections de liqueur de Villate après avoir donné écoulement au pus par la région plantaire. S'il y a des complications de gangrène des membranes veloutées et podophylleuses, il faut les exciser, et ruginer l'os s'il est carié ; après quoi on fait un pansement compressif avec une étoupade phéniquée que l'on maintient à l'aide d'éclisses et de tours de bande.

Le fer que l'on applique en pareil cas est le fer à planche qui aura son appui en avant sur la pince de la paroi, les mamelles et le quartier externe, et en arrière, sur la fourchette. On aura soin de parer le talon interne, de l'abaisser pour l'éloigner du fer. L'action protectrice de ce dernier sera complétée par l'interposition entre lui et la sole, d'une plaque de gutta-percha ou de cuir. On ne devra pas oublier qu'il faut toujours conserver à la corne sa souplesse à l'aide d'onguent de pied de goudron ou de corps gras quelconque.

Sole battue ou foulée.

Cet accident, à peu près semblable à la bleime, ne diffère de cette dernière qu'en ce que la contusion n'a pas de siège défini, et qu'elle peut occuper une partie ou toute l'étendue de la sole.

Causes. — Cette affection est produite, soit par un fer mal ajusté qui porte sur la sole par sa rive interne, soit par un clou broché trop près des parties vives et développant une irritation à chaque battue.

Symptômes. — Au début, l'animal ne fait que freindre ou boite peu, mais la claudication augmente avec le pus. En déferrant le pied malade, il s'écoule souvent par le trajet d'un clou, une certaine quantité de pus noir qui soulage immédiatement l'animal. D'autres fois on rencontre la sole soulevée dans une certaine étendue par du pus jaunâtre qui occasionne une grande sensibité et une grande chaleur de la région. Cet accident n'a jamais de suites fâcheuses.

Traitement. — La première indication est d'enlever le fer et d'amincir la sole pour donner issue au pus. On panse ensuite avec des étoupes enduites d'onguent de pied au goudron et on applique un fer couvert.

Ognons.

On désigne sous le nom d'ognons, des bourgeons charnus hypertrophiés, qui appartiennent à la sole ou à l'os phalangien. On les rencontre sur la sole des quartiers et la moindre pression exercée sur ces excroissances, par le fer ou un corps étranger, détermine de la douleur et une boiterie plus ou moins marquée.

Pour que l'animal puisse rendre des services il faut amincir la sole au pourtour de l'ognon et appliquer un fer couvert avec assez d'ajusture pour qu'il puisse le protéger sans le comprimer au moment de l'appui. Il est souvent utile d'appliquer en dessous du fer une lame de feutre goudronné.

Crapaud.

C'est une maladie du pied qui est caractérisée par une altération dans la sécrétion de la corne commençant toujours à la fourchette et s'étendant ensuite à la sole.

Causes. — Le tempérament lymphatique, les chevaux à peau épaisse dont les poils du bas des membres sont très développés, les pieds plats à fourchettes grasses, un état diathésique, l'humidité, les écuries malpropres sont autant de causes prédisposantes au développement du crapaud.

Symptômes. — Le crapaud débute généralement dans la lacune médiane de la fourchette ou dans le pli du paturon par un suintement qui produit la désunion de la corne en talon.

Sous cette corne décollée se trouve une matière caséeuse, d'odeur fétide et n'adhérant nullement avec le tissu velouté qui la sécrète. — Il se propage à la manière des affections cancéreuses, envahit de proche en proche toute l'étendue de l'appareil sécréteur et décolle ainsi toute la boite cornée, depuis la lacune médiane jusque sous la paroi et quelquefois jusqu'au bourrelet.

En enlevant la corne décollée de la fourchette on aper·çoit des végétations de forme et de volume variables, ce sont les fics fournis par les villosités hypertrophiées du tissu kératogène ; ces végétations saignent facilement et repoussent très vite quand on les coupe. Lorque le crapaud est ancien la boite-cornée se déforme, s'accroît en hauteur et en largeur ; la corne, vers les talons, rend un son sourd quand on la percute.

Cette maladie a toujours une forme chronique, elle peut durer des années et ne fait presque jamais boiter.

Traitement. — Le but à atteindre dans le traitement du crapaud n'est pas de détruire les tissus malades, mais bien de leur restituer leurs propriétés physiologiques par l'application à leur surface d'agents modificateurs s'exerçant sur les fonctions nutritives et sécrétoires de ces tissus sans les intéresser dans leurs trames.

La première indication est de parer le pied de façon à

le ramener à sa forme normale, puis d'enlever toutes les
parties de corne qui ne sont plus adhérentes aux tissus
sans jamais entamer les parties vives ; il faut poursuivre
le mal partout où il existe, mieux vaut empiéter sur les
parties saines et les laisser saigner que de négliger de
mettre à nu une partie malade. Ensuite on amincit à
pellicule, toutes les parties voisines afin de leur donner
plus de souplesse pour se prêter au gonflement des parties atteintes. On enlève ensuite la matière caséeuse
fétide et on excise les villosités hypertrophiées, puis on
fixe un fer couvert. On badigeonne avec un pinceau toute
la surface malade avec le mélange suivant qui m'a toujours réussi : acide nitrique et acide phénique liquide
pur, par parties égales . On aura soin de faire le mélange
dans un vase ouvert et en versant goutte à goutte l'acide
nitrique dans l'acide phénique ; sans ces précautions le
vase volerait en éclats.

La surface étant bien imprégnée de ce mélange on la
recouvre de plumasseaux imbibés d'onguent égyptiac
retenus à l'aide d'éclisses, en ayant soin de mettre assez
d'étoupes pour avoir une forte compression.

Le pansement sera renouvelé tous les deux jours, on
enlèvera chaque fois la matière caséeuse et la couche de
tissu jaune mou, résultant de l'action du caustique. On
fera de même à chaque visite jusqu'à ce que la nouvelle
corne soit bien adhérente ; il faut ordinairement quinze
jours pour avoir un commencement de corne de bonne
nature. Puis on espace les pansements, de manière à n'en
faire que deux par semaine, puis un, et enfin un tous les
quinze jours.

Il faut généralement de six semaines à trois mois pour
guérir les crapauds anciens avec ce médicament.

D'autres substances médicamenteuses ont été tour à
tour employées, telles sont : l'onguent égyptiac, le chlo-

rure de chaux, la potasse caustique, l'huile de cade, le goudron, le sublimé corrosif, la liqueur de Villate, l'acide nitrique, l'acide sulfurique avec l'alcool ou l'alun calciné, l'acide arsénieux, le chlorure d'antimoine et la cautérisation actuelle.

Clou de rue.

On désigne ainsi une blessure faite à la fourchette ou à la sole par des corps aigus ou tranchants sur lesquels le cheval marche.

Causes. — Les clous, les chicots, les tessons et tous les corps pointus peuvent donner naisssance au clou de rue.

Symptômes. — Le premier élément de diagnostic est la présence d'un clou ou d'un chicot à la face inférieure du pied ou bien le dire du conducteur qui, s'apercevant de la boiterie, a levé le pied et détaché le corps pointu. La boiterie est plus ou moins accusée au début, mais, si elle augmente après quelques jours, c'est l'indice de complications.

La blessure qui n'intéresse que la corne ne fait nullement boiter et le pied repose sur toute sa surface plantaire; si l'appui n'a lieu qu'en pince, cela dénote une altération du tendon et de la capsule synoviale et il arrive que l'animal marche à trois jambes.

On distingue trois zones par rapport à la gravité, la première ou *antérieure* commence à la pince et finit à la pointe de la fourchette, la zone *moyenne* commence à cette pointe et finit à l'angle de la lacune médiane, la zone *postérieure* va jusqu'aux talons.

Les blessures les plus graves sont celles de la zone moyenne parce qu'elles peuvent intéresser l'aponévrose plantaire et la gaine sésamoïdienne.

Quand l'aponévrose est blessée, on constate la nullité

de l'appui, des douleurs lancinantes et une forte fièvre ;
si la partie touchée ne se cicatrice pas bientôt, elle gagne
le tendon et aggrave fortement l'inflammation.

Si le clou a pénétré dans la gaine sésamoïdienne il y a
écoulement de synovie, la douleur est très intense et
quelquefois, par suite de l'obstruction de la fistule, il se
développe un abcès dans le pli du paturon.

Quand il y a complication d'arthrite, on constate un
engorgement chaud, douloureux, de toute la région coronaire, qui gagne bientôt le boulet. le canon et parfois tout
le membre ; c'est la complication grave par excellence.

Dans la zone antérieure on peut constater la piqûre de
l'os qui se caractérise par une douleur intense et des
lancinations continuelles, le membre est soustrait à l'appui
et la fièvre de réaction est forte. La sonde introduite par
la fistule sent la résistance dé l'os et son état rugueux.

Les blessures de la zone postérieure ne présentent
jamais de gravité, il est rare que l'on constate des complications.

Traitement. — La première indication est d'amincir à pellicule la corne voisine de la blessure et de débrider le trajet du clou. Pour la zone antérieure et la zone
postérieure, on réussit très bien en introduisant dans la
fistule un peu d'étoupe chargée d'onguent vésicatoire ; on
place une autre étoupade avec le même onguent au pourtour de la plaie et on retient le tout avec des éclisses
placées sous un fer mince et légèrement couvert.

Si le clou a pénétré dans la zone moyenne, l'amincissement et débridement étant opérés, on fait prendre
trois bains par jour, pendant une heure chaque fois,
avec une solution ainsi composée :

Sulfate de cuivre. . . .	150 grammes.
Sulfate de fer.	400 grammes.
Sulfate de zinc	200 grammes.
Eau	10 litres.

Par ces seuls moyens j'ai pu guérir les clous de rue les plus graves et éviter l'opération.

Quand il y a écoulement synovial, il faut recourir à la poudre de sublimé corrosif que l'on introduit, sur une mèche d'étoupe mouillée, dans le fond du trajet fistuleux.

On recouvre ce dernier avec de l'onguent égyptiac et il se forme bientôt un bouchon qui ferme la plaie.

Bournay a essayé ce médicament dans plusieurs cas et a toujours obtenu la guérison. Après un amincissement pratiqué tout autour de la plaie il introduit dans celle-ci, et à plusieurs reprises une sonde chargée, toutes les fois, de bichlorure de mercure. Au préalable il désinfecte la plaie avec de l'eau phéniquée à 3 $_0/^0$.

Ce traitement très simple et très économique dispense presque toujours, de faire l'opération du clou de rue.

Si ce traitement est insuffisant on met à nu les tissus altérés, on applique un pansement compressif avec des étoupades phéniquées que l'on renouvelle tous les deux jours ; si la plaie tarde à se cicatriser il sera bon de soumettre le pied à l'irrigation continue.

Si le clou a blessé l'os et que ce dernier a de la tendance à se gangréner, il faut le ruginer, la sole ayant été préalablement amincie, et traiter ensuite cemme une plaie simple, avec de l'eau phéniquée.

Encastelure.

On désigne sous le nom d'encastelure, le resserrement des quartiers et des talons.

Causes. — Elle se remarque surtout chez les chevaux de race fine ; l'inaction, la sécheresse de la corne, les fautes commises lors de la ferrure en plaçant des clous trop en talons, l'ajusture vicieuse, la mauvaise manière

de parer les pieds et l'hérédité, sont les causes généralement admises.

Symptômes. — Le rétrécissement du pied est surtout marqué en qurtier et en talons qui se trouvent
allongés en pointe, au lieu d'être ronds, de sorte que la
circonférence de la couronne est plus grande que la circonférence plantaire ; la sole offre une cavité beaucoup
plus accusée que l'état normal et la fourchette, atrophiée,
enserrée entre les barres, laisse suinter un liquide séreux
et grisâtre.

Si l'encastelure n'existe que d'un côté, le cheval soustrait le pied malade à l'appui en le portant en avant ; il
pointe ; si les deux sabots sont malades, le cheval pointe
alternativement d'un membre ou de l'autre ou se campe
du devant.

La boiterie, au début, est légère ; plus tard, l'allure
est hésitante, gênée, et à chaque foulée un peu forte le
cheval ressent une douleur qui lui enlève la liberté de ses
mouvements ; il semble marcher sur des épines ; au fur
et à mesure que la marche se prolonge, la douleur perd
de son intensité et l'animal une fois échauffé récupère
ses allures, mais à la suite du repos la douleur reparaît
avec tous les symptômes ci-devant décrits.

Si on examine les talons, on les trouve sensibles et
chauds, et en les parant, on observe, où le resserrement
est le plus accusé, des ecchymoses dues à la compression
des parties vives.

Le fer est toujours fortement usé en pince par l'action
de pointer et de gratter le sol.

Traitement. — On aura soin de rendre à la corne
sa souplesse avec de l'onguent de pied au goudron et
d'appliquer ensuite une bonne ferrure. Il faudra surtout
éviter : l'abus de la râpe vers le bireau, l'abaissement trop

fort des talons, l'amincissement de la fourchette et des
barres, la mauvaise ajusture, et renouveler la ferrure à
temps.

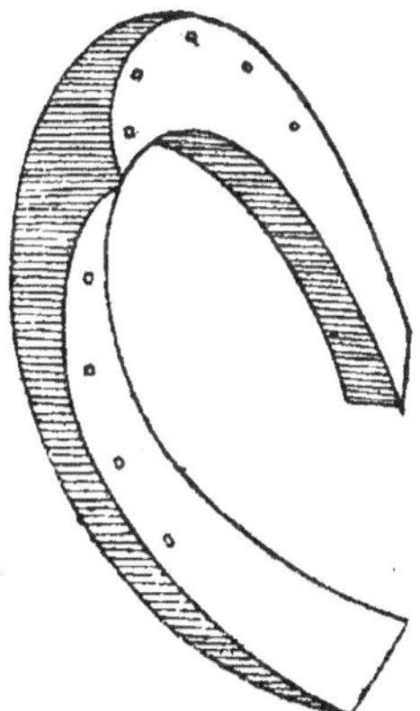

**Fer à ajusture renversée, dit : fer à pantoufle
vu par sa face interne.
Resserrement des talons. — Encastelure.**

On a proposé divers systèmes de ferrure pour remédier à l'encastelure ; d'abord le fer à éponges tronquées
ou fer à lunettes qui n'est autre chose qu'un fer ordinaire léger et très court de branches ; il va de la pince à
la partie antérieure des quartiers, de sorte que les talons
et la fourchette sont à nu. Cette ferrure est excellente si
les talons sont haut et si la fourchette existe encore,
autrement elle n'est pas applicable.

Le fer à ajusture renversée a rendu de grands services.
C'est un fer dont la rive interne est plus épaisse que
l'externe, de sorte qu'il se trouve un plan incliné de
dedans en dehors qui facilite la dilatation du pied. On
interpose une lame de gutta-percha pour empêcher l'appui
du bord interne du fer sur la sole. Ce procédé est recommandable, mais au lieu de donner l'ajusture contraire à
tout le fer, on a proposé de ne la donner qu'à partir de

la dernière étampure et de le laisser plat en pince et en mamelles, c'est le fer à *pantoufle*.

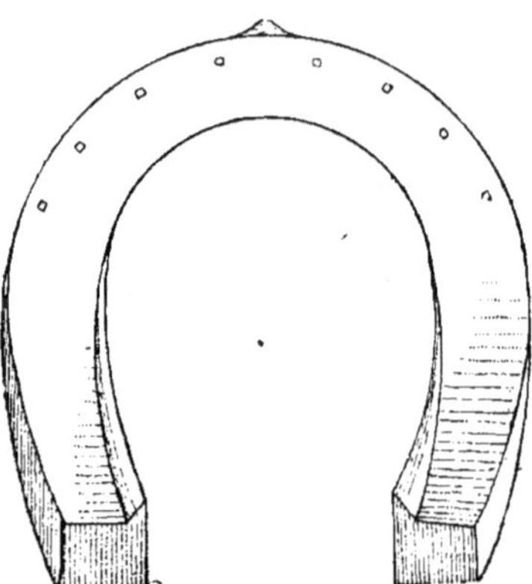

Fer désencasteleur de Defays.

D'autres praticiens ont proposé des fers désencasteleurs c'est-à-dire des fers munis à chaque éponge du côté de de la rive interne, d'un poinçon perpendiculaire qui doit empêcher le sabot préalablement dilaté de revenir sur lui-même.

Chaque jour, on élargit le fer à l'aide d'un étau ad hoc.

Wéber à fait connaître un procédé opératoire de l'encastelure qui a souvent donné de bons résultats ; il consiste dans le débridement du sabot à l'aide de plusieurs rainures creusées jusqu'à la corne blanche suivant le sens de la direction des fibres. — On en fait deux ou trois entre les quartiers et les talons ; ces rainures doivent être retouchées par le haut à chaque ferrure ; en même temps les talons étant abattus, on applique un fer à planche qui s'appuie sur la fourchette, lorsque celle-ci est atrophiée on la remplace par une fourchette artificielle en caoutchouc. Cependant, lors d'atrophie, il est préférable de parer simplement la sole et les arcs-boutants jusqu'à la rosée et d'employer le fer à pantoufle.

Maladie naviculaire.

C'est une inflammation de la gaine sésamoïdienne. Elle est primitive et occasionne l'encastelure, ou bien elle est secondaire et accompagne cette dernière

Causes. — Les deux causes principales de la maladie naviculaire sont l'hérédité des races distinguées et l'influence de l'hygiène du sabot. Toutes les causes prédisposantes de l'encastelure appartiennent également à la maladie naviculaire.

Symptômes. — Le premier symptôme qui apparaît est une boiterie légère. L'animal au repos place le membre affecté en avant de la ligne d'aplomb, le pied appuyant surtout de la pince, il pointe.

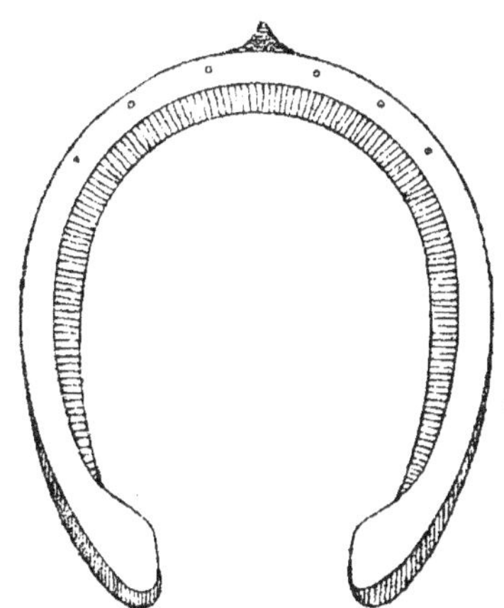

Fer à siège, vu par sa face interne.
Resserrement des talons.
Encastelure. — Maladie naviculaire.

L'examen du sabot ne fournit aucune indication, ni sensibilité, ni chaleur du côté de la couronne et de la paroi. En percutant avec le brochoir ou en pressant les talons et la fourchette avec une tricoise, un mors placé dans une des parties latérales, l'autre sur le quartier opposé, on constate une sensibilité sourde. Si on force le cheval à trotter, il craint l'appui en talon. Brauell recommande comme moyen diagnostic, d'abattre les talons pour laisser déborder la fourchette et d'appliquer un fer à planche portant sur cette dernière. La boiterie de légère qu'elle était deviendra excessive.

Le mal tend toujours à augmenter et quand il dure depuis quelques mois, le sabot se déforme, il s'allonge en même temps qu'il se rétrécit ; le périople disparaît, des cercles se forment, la fourchette n'existe plus qu'à l'état de vestige, la sole se couvre d'ecchymoses et de bleimes et les muscles de l'épaule s'atrophient.

Quand les deux membres antérieurs sont atteints, le cheval se couche fréquemment et présente les caractères de la fourbure, moins la chaleur et la douleur.

Traitement. — Au début on recommande le service modéré, sans tolérer les allures vives et comme ferrure, on adopte le fer à siège qui permet toute expansion du sabot. On aura soin de la renouveler souvent ; on purgera le sujet tous les quinze jours avec 300 grammes de sulfate de soude auquel on ajoutera 15 grammes de sel de nitre.

Si la maladie naviculaire s'accompagne d'encastelure on traitera comme il a été dit plus haut à ce sujet.

En dernière ressource, il faut recourir à la névrotomie pratiquée sur les branches postérieures des nerfs plantaires ; le succès est parfois prodigieux.

DES BOITERIES

On dit qu'un cheval boite quand il présente une irrégularité dans les allures et qu'un des membres ne prolonge pas son appui autant que les trois autres. La boiterie consiste donc dans l'inégalité d'action de l'une des
extrémités et n'est qu'un symptôme annonçant l'existence d'une maladie sur un point quelconque du membre.

Elle présente des degrés variables dans leur intensité ;
quand elle est légère, on dit que l'animal *freint* ; si elle est
plus apparante, on dit qu'il *boite tout bas* ; enfin quand
l'appui ne se fait presque pas sur le membre malade, on
dit qu'il boite *à trois jambes.*

Avant de rechercher le siège du mal, il faut déterminer le membre boiteux ; pour cela on examine le cheval
au repos et à l'exercice. La boiterie bien développée se
reconnaît facilement. Au repos, l'animal porte le membre
en avant de la ligne d'aplomb s'il est boiteux d'un membre antérieur, on dit qu'il *pointe* ; ou bien il gratte le sol,
on dit alors qu'il *marque l'heure ;* quelquefois le membre
est fléchi au boulet.

Si c'est un membre postérieur qui est malade, il est à
demi fléchi reposant sur le sol par l'extrémité de la pince.
Les autres membres sont engagés sous le centre de gravité pour supporter tout le poids du corps.

Si les deux membres antérieurs sont souffrants, l'animal porte en avant les pieds de derrière et lève haut la
tête, il l'abaisse et porte les membres antérieurs en arrière si les postérieurs sont atteints.

La meilleure manière d'examiner un cheval boiteux à
l'exercice est le trot en ligne droite et sur un terrain dur.

Le cheval boitant du devant, au moment où il pose le membre malade, rejette la tête en arrière et un peu de côté, pour repousser le poids du corps sur le bipède postérieur et le membre antérieur sain. La battue est plus forte et plus prolongée pour le membre sain que pour le membre douloureux.

Si le cheval boite d'un membre postérieur, c'est la croupe qui se soulève au moment de l'appui pour diminuer le poids que supportera le membre altéré, en même temps la tête s'abaissse pour attirer le poids de l'arrière-main sur l'avant-main. Dans ce cas, comme pour les membres antérieurs, le membre souffrant fait son lever le plus vite, son soutien le plus long et son appui le plus court qu'il est possible.

Il est des cas où il faut exercer les animaux sur un terrain mou, en cercle, en montant ou en descendant.

Après l'exercice, il est souvent plus facile de reconnaître le membre boiteux, car l'animal cherche à se soulager et le soustrait généralement à l'appui, il pointe s'il est boiteux du devant et porte le membre postérieur en demi flexion s'il est boiteux du derrière.

Il s'agit ensuite de reconnaître le siège de la boiterie, cette partie est la plus importante et aussi la plus difficile.

Hurtel d'Arboval avec sa longue pratique en a fait un récit juste dans ses mémoires et voici comment il en parle dans son dictionnaire. « Il faut, dit-il, s'informer de la durée du mal, de son origine probable, il faut demander si la boiterie est survenue après une nouvelle ferrure, après une chute, après un coup ; s'enquérir si dans certains moments la boiterie est plus forte.

Un autre moyen c'est l'exploration directe, qui bien souvent fournit des symptômes positifs, soit qu'elle se fasse par l'application de la main sur la région, soit par divers procédés de sondage, par certains mouvements imprimés aux articulations, ou par la comparaison faite avec la même région du membre congénère sain ; souvent on constate un changement dans la forme, dans le volume, dans la direction ou la continuité d'une partie ; d'autres fois ce sont des modifications de la consistance, de la sensibilité ou de la chaleur de la région.

Dans l'attitude du membre malade au repos, on peut parfois reconnaître quelque chose de caractéristique pour le siège du mal ; si en pointant, l'animal appuie sur toute la sole, le mal n'est pas dans le sabot, mais plus souvent dans l'épaule ; tandis que, s'il provient d'une bleime, d'une maladie naviculaire, l'appui n'a lieu que sur la pince. La bouleture douloureuse indique quelque lésion des phalanges, des tendons ou de la région rotulienne. La chute de l'épaule et l'assiette du membre sur la face antérieure de la paroi, impliquent une lésion des muscles de la région olécranienne (coude).

Pour le membre postérieur, l'action d'avoir le pied levé indique une douleur du sabot ; la pose du membre dans l'abduction est l'expression d'une souffrance dans le jarret.

Les symptômes observés, pendant l'exercice, sont quelquefois des éléments d'un diagnostic certain ; ainsi, dans le cas d'entorse du boulet, on voit un vacilement caractéristique de cette région, une incertitude dans le poser accompagnée de douleur.

Dans la *luxation rotulienne*, le membre est traîné dans la progression et frotte sur le sol par la face antérieure des phalanges et de la paroi ; il y a manque d'action des muscles extenseurs de la jambe. L'effort du genou ou du jarret se manifeste par la difficulté qu'éprouve l'animal à fléchir ces articulations et par l'arc de cercle que le membre décrit généralement en dehors. La rupture de la corde du tibia-pré-métartasien, certaines fractures, la fourbure, ont quelque chose de caractéristique dans la progression, et ces symptômes sont suffisants pour permettre de porter un diagnostic exact.

L'on constate souvent qu'une douleur dans les régions supérieures des membres impose plus ou moins d'immobilité ou de la gêne au restant du membre ; mais il n'y a là rien de bien général et de concluant, tel animal que l'on est disposé à croire souffrant des épaules, parce que le mouvement de cette région est très borné, a sa douleur localisée dans le sabot. Il en est de même de l'action de faucher, c'est-à-dire de porter le membre en dehors, tout en marchant ; longtemps on a cru que ce mouvement, qui part d'en haut, était caractéristique d'un mal de l'épaule (on l'observe en effet lors de la douleur des muscles du devant de cette région), mais on le constate cependant aussi dans l'encastelure et dans d'autres maladies du pied, on ne l'observe pas lors de douleurs de la région olécranienne ou du dessous de l'épaule. La même chose arrive pour les membres postérieurs, et tel cheval a été traité pour une boiterie de la hanche, qui avait une boiterie du jarret.

Il est souvent nécessaire de faire marcher le cheval lentement, de suivre attentivement le jeu de chaque articulation, de le comparer avec celui du membre congénère sain, et de chercher à saisir certaines différences.

Pour distinguer si la boiterie est due à la souffrance du pied ou des autres régions, on a proposé quelquefois de faire marcher l'animal sur un fumier épais, la claudication diminue ou disparaît si elle provient d'une altération du pied, et elle persiste, ou elle augmente, si elle est occasionnée par une toute autre cause. Si l'on fait descendre un chemin incliné à un cheval boiteux, la douleur augmente si elle provient du pied ; elle diminue si elle provient de l'épaule. Sur un terrain inégal, on voit des faux-pas fréquents chez les chevaux qui ont quelque entorse phalangienne.

Généralement, le diagnostic d'une boiterie, basé sur les signes plus ou moins certains fournis par l'exercice, serait très incertain si on ne pouvait y ajouter les symptômes objectifs que donne l'exploration directe. Nous n'avons qu'à signaler pour les maux de pieds les symptômes fournis par l'examen du sabot ; une seime, un javart, un crapaud, etc., sont faciles à reconnaître.

C'est au *sabot* qu'il faut chercher particulièrement le siège des boiteries dans les membre du devant, tandis que, pour les membres postérieurs, c'est le *jarret* qui est le siège le plus ordinaire des douleurs. Sans admettre, comme le faisait Lafosse, une proportion de 99 p. 100 de boiteries du sabot, l'on ne peut assez insister sur l'utilité de déferrer tout cheval boiteux, et de sonder, non pas avec les tricoises, mais avec une pince spéciale, il ne faut même pas se fier aux maréchaux ; le plus souvent il convient de faire enlever un peu de corne, quelquefois on est obligé de recommencer l'opération. Un soin important lorsqu'on déferre un pied boiteux, est d'arracher les clous l'un après l'autre, à mesure qu'on en casse les rivures, afin de ne pas causer d'ébranlement, toujours douloureux et inutile ; pour peu qu'il y ait d'obscurité dans la reconnaissance du pied malade, on amincit la sole, dans toute son étendue, jusqu'à ce qu'elle fléchisse partout sous la pression du pouce, et l'on explore ensuite comme il a été dit. On examine s'il ne s'est pas glissé quelque parcelle de fer enfoncée profondément, et cachée par les couches extérieures de la sole ou de la fourchette ; l'endroit le plus dangereux est près de la pointe de la fourchette, ou la lésion peut intéresser l'articulation même du pied Étant profonde, elle est aussi fort grave.

Un examen attentif de toutes les régions, depuis le bas jusqu'au haut du membre, est souvent nécessaire jusqu'à ce qu'on trouve quelque modification dans la forme, dans la consistance, dans le volume, dans la sensibilité ou la mobilité des parties, modification qui autorise à conjecturer qu'elles sont le siège d'une lésion à laquelle la boiterie puisse être attribuée. La douleur que l'on fait développer par la pression des différentes régions du membre, et par les divers mouvements que l'on fait exécuter à leurs rayons, est un bon moyen de diagnostic, malheureusement les fortes masses musculaires qui entourent les rayons supérieurs des membres en rendent difficile, même impossible, l'exploration complète. Quelquefois dans la comparaison avec le membre sain il faut recourir à la mensuration, et alors l'on constate soit de l'atrophie, soit quelque tumeur, etc... La chaleur que l'on aperçoit par l'application de la main, surtout après l'exercice, l'existence de tumeurs, de plaies, etc.., surtout près des articulations, sont de bons moyens de diagnostic.

Mais il est des cas, trop nombreux dans la pratique, où l'on n'arrive pas à trouver le siège de la boiterie, et où l'on est obligé de se livrer aux conjectures, d'admettre quelque douleur rhumatismale, un éparvin, une forme naissante, etc... Bien des boiteries ne sont apparentes que dans certains moment. »

Une injection de cocaïne morphine avec la solution suivante :

Chlorhydrate de morphine. . . 0 gr. 10
Chlorhydrate de cocaïne . . . 0 gr. 15
Eau distillée. . . . . . . 5 gr.

poussée un peu au-dessus et des deux côtés du boulet sur le trajet des nerfs plantaires au point d'élection de la névrotomie haute (toutes les injections doivent être faites à cet endroit) fait obtenir en huit ou dix minutes une démarche franche quand la boiterie vient du pied.

De plus la boiterie peut disparaître dans une période qui varie de un à douze jours.

Quand le délai maximum de douze jours se sera écoulé sans amener d'amélioration on recommencera l'injection. En cas de nouvel insuccès on pratiquera la névrotomie haute et double ou bien on sectionnera le médian.

CHAPITRE IX.

MALADIES DE LA PEAU

La peau est sujette à de nombreuses maladies, car elle est l'organe protecteur de tous les autres organes et le siège de sécrétions et d'excrétions qui rivalisent avec les plus importantes fonctions de l'économie. On divise généralement les maladies de la peau en maladies parasitaires et non-parasitaires. Avant d'aborder cette classification il est bon de définir quelques termes ordinairement employés comme symptômes.

On désigne sous le nom *d'efflorescence* ou *furfure* une exfoliation de l'épiderme qui se détache sous forme de pellicules semblables à du son ou à de la farine.

Les *taches* sont des colorations de la peau ou des dépilations circonscrites sans élevure ni dépression.

Les *papules* sont des petites élevures pleines et solides en forme de cône tronqué et ne contenant ni pus, ni sérosité.

Les *vésicules* sont des élevures molles du volume d'un grain de mil à celui d'une lentille et renfermant un liquide séreux.

Les *bulles* ou *phlyctènes* sont de grosses vésicules.

Les *boutons* sont de petites saillies qui n'aboutissent pas à la suppuration.

Les *pustules* sont de petites tumeurs renfermant du pus.

Les *squames* sont des lamelles épidermiqnes sèches qui se détachent sous forme de minces pellicules ou d'écailles lorsqu'elles sont agglomérées.

Les *croûtes* sont des lamelles plus ou moins épaisses composées de débris épidermiques, de produits sébacés, purulents, et de sang desséché.

MALADIES NON-PARASITAIRES

Erythème.

L'érythème est la congestion simple de la peau.

Causes. — Comme causes principales on note le froid, la chaleur, les coups de soleil, les irritants de toutes sortes en frictions sur la peau, les contusions, les piqûres d'insectes, le contact de fluides comme la sueur, le pus, l'urine, les larmes, etc.

Symptômes. — L'érythème se traduit par une teinte rosée ou rouge disparaissant et reparaissant vite sous la pression du doigt, et accompagnée de chaleur, de démangeaison et de dépilation.

La teinte rouge ne se montre chez les animaux qu'aux surfaces dépigmentées, comme aux taches de ladre de la tête, et aux extrémités.

Traitement. — Le traitement de l'érythème est simple, le mal ne pouvant disparaître sans aucune intervention. S'il est accompagné de fortes démangeaisons, il faut recouvrir la peau de glycérine iodée et de poudre d'amidon. S'il y a en même temps de la douleur, on emploiera de préférence une solution de nitrate d'argent 5 ₀/° ou les lotions d'eau de son additionnée de quelques gouttes de laudannm.

Eczéma.

Presque toutes les maladies de la peau non parasitaires sont de nature eczémateuses et Freidberger et Frohner rattachent ces différentes affections à trois types qui sont :

1° L'Eczéma *papulo-vésiculeux* comprenant le *lichen*, le *strophulus*, la *gale d'été*, la *gale de selle*, les *boutons de chaleur* et les *éruptions d'eté*.

2° L'Eczéma *squameux* ou *chronique* comprenant le *pityriasis* et le *psoriasis*.

3° L'Eczéma *impétigineux* chronique comprenant la *gale de la crinière*, da la *queue* et la *queue* de rat.

Eczéma papulo-vésiculeux.

Causes. — Toutes les irritations locales, le frottement par les harnais combiné avec l'action de la sueur et de la poussière, peuvent engendrer cet eczéma.

Symptômes. — Cette maladie est caractérisée par de petites vésicules très rapprochées les unes des autres ; on peut les constater en passant la main sur la peau. Les poils se hérissent à leur niveau et la peau est sensible à la pression. Bientôt ces vésicules crèvent, laissent écouler leur contenu en mettant à nu le derme, d'où suinte un liquide séreux. Ce liquide colle les poils et forme en se desséchant de petites croûtes lamelleuses qui tombent facilement. Il persiste alors des taches dépilées circonscrites recouvertes d'une pellicule épidermique. Les démangeaisons sont vives et les animaux se frottent continuellement.

Traitement. — Cette affection est bénigne, on ne conseille ordinairement que les soins hygiéniques.

Cependant si le mal est aigu, il faut recourir aux lotions d'eau de son additionnée d'eau phéniquée dans la proportion de deux cuillerées à bouche de cette dernière dans un pot de liquide. La glycérine est aussi employée avec avantage.

Il est quelquefois urgent de saigner modérément et de purger les animaux atteints.

Eczéma squameux chronique.

Causes. — Les causes sont le frottement des harnais, la malpropreté, et l'alimentation incomplète.

Symptômes. — C'est une affection chronique qui se traduit par une desquamation furfuracée, une exfoliation farineuse, permanente de l'épiderme.

Elle est accompagnée d'un prurit modéré, de la chute des poils et a pour siège le chanfrein, le bord supérieur de l'encolure, les épaules, les coudes, les hanches et la base de la queue.

Traitement. — Si le mal se déclare au printemps, on mettra les animaux au vert ; sinon, on leur administrera un purgatif léger. Comme traitement local on a conseillé la pommade camphrée pour ramollir les croûtes ; lorsque celles-ci sont tombées, il faut laver à l'eau phéniquée 2 %. Si l'eczéma est ancien, on aura recours à l'acide arsénieux donné à la dose de 0,75 centigrammes par jour, dans du son frisé. Cette médication est interrompue après huit doses pour la reprendre quinze jours plus tard.

Eczéma impétigineux ou eczéma des crins.

Causes. — La malpropreté des crins qui permet l'accumulation de substances irritantes constitue la cause principale.

Symptômes. — Cette affection est caractérisée par de petites pustules agglomérées dont le pus ne tarde pas à se dessécher en croûtes épaisses qui agglutinent les crins.

Les animaux se mordent, se frottent, se grattent. les crins deviennent fragiles et forment un feutre plus ou moins épais, ceux de la queue tombent ; plus tard la peau s'épaissit et reste nue.

Cette éruption s'observe surtout sur les chevaux entiers, au bord supérieur de l'encolure (rouvieux) et à la queue, (queue de rat).

Traitement. — Il faut commencer par laver les crins avec de l'eau de savon pour enlever toutes les croûtes. On applique ensuite de la glycérine iodée, une solution de nitrate d'argent 5 °/₀ ou une solution de sublimé 1 pour 1000. Si ces moyens ne réussissent pas, on a recours à la médecine substitutive et Hurtrel recommande un mélange de parties égales d'onguent vésicatoire et de pommade de laurier délayés dans deux parties d'essence de térébenthine. On en imprègne la région préalablement lotionnée à l'eau de savon. Le traitement est toujours long.

Eczéma des parties inférieures des membres.
(Eaux aux jambes.)

Causes. — Les chevaux mous, lymphatiques, ceux dont les membres sont garnis de poils longs et grossiers y sont prédisposés. Le froid, la poussière, la boue, la malpropreté des écuries sont les causes déterminantes de cette affection.

Symptômes. — Le premier symptôme que l'on observe est un engorgement plus ou moins considérable qui commence dans le pli du paturon ou à la face postérieure du boulet et qui monte ensuite jusqu'au milieu du canon ; cette partie est chaude et sensible à la pression· Les animaux éprouvent des démangeaisons légères qui les portent à se frotter contre les corps étrangers ou avec le pied opposé.

Puis la région se recouvre de petites vésicules qui crèvent et donnent écoulement à un liquide séreux, peu odorant dès le début, qui humecte les poils. Ce liquide est quelquefois assez abondant pour couler sur le sabot, plus tard il agglutine les poils sous forme de pinceaux. La peau distendue, se crevasse, se gerce, s'ulcère et forme quelquefois des plaies bourgeonneuses qui saignent facilement. Ensuite il se développe sur la partie postérieure du boulet une quantité de végétations charnues qu'on a désignées sous le nom de *fics, grappes,* ou *verrues ;* alors le liquide se présente sous la forme d'une matière purulente, sanieuse, très irritante et fétide. Après des mois ou des années, les membres sont très engorgés, très raides et souvent rendent impossible le travail de l'animal.

Traitement. — Le premier moyen consiste à placer l'animal atteint d'eaux aux jambes dans une écurie saine et propre, couper les poils de la région, la nettoyer à l'eau de savon et donner une nourriture très substantielle.

Comme moyens thérapeuthiques on conseille les bains avec de l'eau blanche, une solution de sulfate de fer, une décoction d'écorce de chêne ou les poudres absorbantes telles que le plâtre, le charbon de bois, l'alun et l'amidon.

L'eau phéniquée 5 % apliquée en pansement procure toujours d'heureux résultats. J'emploie de préférence le mélange d'acide nitrique et d'acide phénique liquide comme il est expliqué à l'article *crapaud.*

L'acide chromique dissous dans l'eau à 10 % donne d'excellents résultats contre les eaux aux jambes.

Plusieurs animaux traités pendant plusieurs mois avec

d'autres traitements ont été guéris alors même que la peau était fortement indurée par l'acide chromique ; la boiterie disparaissait en général le quatrième jour. Après une désinfection préliminaire on passe la solution de cet acide avec un pinceau et l'on fait un bandage ; on renouvelle ce traitement quotidiennement jusqu'à guérison.

Plusieurs vétérinaires ont obtenu un excellent résultat avec un traitement fort simple. On commence par faire d'abord un bon nettoyage du membre avec une solution antiseptique soit avec la solution acide de sublimé (5 gr. d'acide chlorhydrique pour 1000 gr. de solution de sublimé) soit avec la solution de permanganate de potasse à 1 pour 100

La peau est bien essuyée et on fait ensuite une applica-de vésicatoire qu'on a bien le soin de faire pénétrer entre les fics. Au bout de 5 à 6 jours un nouveau savonnage détache les croûtes qui sont formées puis on revient au traitement habituel, à l'usage de lotions répétées 2 fois par jour avec la solution suivante :

> Sulfate de cuivre. . . . . 60 gr.
> Vinaigre . . . . 1 litre.

La guérison est obtenue dans les 15 ou 20 jours qui suivent. Si après ce traitement il reste encore un peu de suintement on a recours à un nouveau vésicatoire. Et si le mal est très ancien on peut avoir recours à l'application successive de plusieurs vésicatoires.

Urticaire ou Echauboulure.

Causes. — L'urticaire s'observe particulièrement au printemps sur les jeunes chevaux abondamment nourris. Elle peut être due à un refroidissement, à l'usage du vert ou du foin nouveau, à une course longue et vive.

Symptômes. — Cette affection est caractérisée par

l'éruption soudaine, à la surface de la peau, de tumeurs plates, régulières, circonscrites. On les rencontre le plus ordinairement à l'encolure, le long de la colonne vertébrale, sur les côtes et la croupe. Quand l'urticaire est partielle on ne rencontre aucun dérangement dans les principales fonctions ; l'animal est gai, mange de bon appétit et il est rare qu'elle occasionne des démangeaisons. Quant l'échauboulure est générale, les boutons sont irréguliers, on en trouve de petits et de très larges formant des plaques de la largeur de la main. Sur toutes ces élevures, les poils sont hérissés, et en les comprimant, le doigt laisse son empreinte comme lorsque l'on comprime un œdème. Il arrive alors que leur surface laisse suinter un liquide séreux qui agglutine les poils et forme une croûte jaunâtre. Plusieurs praticiens ont rencontré de l'urticaire sur la pituitaire, la vulve, l'anus et au pourtour des yeux ; toutes ces régions étaient fortement tuméfiées.

Dans les premiers temps de l'échauboulure générale, on constate une fièvre assez aiguë avec du malaise, de la tristesse, de la chaleur et de l'inappétence.

Traitement — Cette affection étant toujours bénigne, le traitement est des plus simples. Si l'urticaire est partielle, il suffit de couvrir chaudement les animaux et de leur administrer quelques litres d'infusion de tilleul ou de fleurs de sureau avec 20 grammes de sel de nitre. Il est bon de faire purger le lendemain avec 300 grammes de sulfate de soude. Dans le cas de fièvre et sur les animaux pléthoriques, il faut recourir à la saignée moyenne et employer le même traitement que pour l'urticaire simple.

Pemphigus.

Causes. — On ignore les vraies causes de cette phlegmasie, et on est tenté de l'attribuer aux irritations intenses produites sur la peau.

Symptômes. — Cette affection commence par des démangeaisons ; puis apparaissent des bulles pouvant atteindre les dimensions d'un œuf de poule. Ces cloches, renfermant un liquide jaunâtre ou transparent, se déchirent au bout d'un ou deux jours et se dessèchent à leur base. Cette dermite se termine toujours d'une manière heureuse.

Traitement. — On se borne à évacuer le liquide en piquant les ampoules ; on panse ensuite avec la glycérine ou l'eau de son additionnée de quelques gouttes d'eau phéniquée.

AFFECTIONS DE LA PEAU
DÉTERMINÉES PAR DES PARASITES VÉGÉTAUX

Causes. — Elle est due à un champignon parasite appelé trichophyton-tonsurans.

Symptômes. — La maladie est caractérisée par des dépilations arrondies siégeant de préférence sur les côtes : la croupe, la tête, l'encolure et les membres, les poils qui restent sont en partie brisés à leur naissance ; puis, les tonsures s'élargissent jusqu'à atteindre la largeur d'une pièce de cinq francs. Il arrive souvent que le centre reprenne de bon poil, tandis que le pourtour continue à grandir ; on a alors l'herpès *circiné*. Ces plaques dépilées sont recouvertes de furfures développées par le frottement ; le prurit étant assez fort.

Traitement. — On commence par enlever les croûtes avec de l'eau savonneuse, puis on applique plusieurs fois par jour sur les parties dépilées le bisulfate de cuivre en solution 3 %. On peut aussi employer la glycérine phéniquée, le pétrole, le sublimé corrosif au millième et le baume du Pérou uni à l'alcool dans la proportion de 1 %.

Acné contagieuse.

Causes. — Cette maladie se communique par les couvertures, les harnais, la selle, sangle et les instruments de pansage.

Symptômes. — Cette inflammation est caractérisée par des pustules isolées ou rassemblées en groupe ; à leur niveau le poil est hérissé et la peau est chaude et tuméfiée. Au bout de deux ou trois jours, ces pustules éclatent, et leur contenu forme des croûtes jaunes plus ou moins épaisses qui tombent bientôt en entraînant les poils, elles laissent à nu des plaques circulaires, puis tout rentre à l'état normal.

Les démangeaisons sont légères ou nulles.

Mais il est des cas plus graves ou le pus atteint le derme et le tissu conjonctif sous-cutané en produisant des élevures semblables à celles occasionnées par les œstres cuticoles. Ces tumeurs en se vidant forment des ulcères plus ou moins profonds d'où partent des lymphangites qui vont abcéder les ganglions voisins et font craindre le farcin.

La guérison survient lentement et il faut généralement deux mois pour faire disparaître ces traces profondes.

Traitement. — Dans les cas légers il suffit de laver la peau à l'eau savonneuse pour enlever les croûtes ; quand l'acné est plus grave, on panse avec l'eau phéniquée 5 % ; la solution de sublimé 1 %₀ ; la solution de sulfate de zinc ou de sulfate de cuivre 1%.

MALADIES DE LA PEAU

DÉTERMINÉE PAR LES PARASITES ANIMAUX

Gale.

La gale èst une maladie produite par des acares qui appartiennent à trois genres différents ; ils provoquent chacun une gale spéciale. Ce sont ;

. 1° Les sarcoptes qui produisent la gale sarcoptique pouvant s'étendre à toute la surface du corps.

2° Les psoroptes donnent la gale psoroptique qui siège à l'auge, à la face interne des membres, au fourreau, à la crinière et à la queue.

3° Les symbiotes provoquent la gale symbiotique n'atteignant que le bas des membres. .

Gale sarcoptique.

Symptômes. — Le premier symptôme est un prurit très fort qui engage les animaux à se frotter ou à se mordre. Au pansage lorsqu'on porte la brosse sur la région malade, le cheval éprouve une telle satisfaction qu'il étend l'encolure et retrousse la lèvre supérieure en lui imprimant des petits mouvements de claquements.

Les démangeaisons sont plus fortes *la nuit,* dans une *écurie chaude* ou après un lourd travail. On constate ensuite à la tête, aux épaules et à l'encolure, de petits boutons, durs comme de petits grains, qui crèvent bientôt en formant une légère croûte facile à détacher avec l'ongle. Il reste alors des plaques dépilées qni gagnent de proche en proche et vont quelquefois jusqu'a envahir toute la surface du corps.

Si la maladie est ancienne, la peau se plisse, s'épaissit, se fendille et présente des excoriations plus ou moins nombreuses dues au grattage.

La gale sarcoptique généralisée, abandonnée à elle-même fait maigrir les animaux et peut les faire périr d'épuisement.

Elle est contagieuse à l'homme ; elle atteint surtout les mains et les bras des personnes qui pansent les chevaux galeux.

Traitement. — On commence par nettoyer les surfaces malades avec du savon noir, puis on applique sur le tégument de la glycérine phéniquée et l'on alterne avec la solution de sublimé corrosif 1 p. 500. On fera dans l'intervalle des lavages fréquents à l'eau phéniquée 1"/₀.

La charge Trasbot est employée avantageusement dans les cas de gale généralisée ; elle se compose de :

> Benzine. . . . . 380 grammes.
> Huile de cade. 100   »
> Coaltar. 100   »

On en fait une seule application et on ne traite à la fois qu'un tiers de la surface du corps.

La pommade d'Helmerich en frictions répétées pendant quatre à cinq jours, est aussi d'une grande efficacité.

Gale psoroptique ou dermatodectique.

Symptômes. La première chose que l'on remarque est une vive démangeaison accompagnée de boutons siégeant surtout au bord supérieur de l'encolure, à la queue, dans l'auge, au fourreau et à la face interne des membres. Ces élevures sont plus grandes que celles de la gale sarcoptique et se réunissent pour former de vastes plaques croûteuses d'un gris jaunâtre, elles progressent lentement à la façon d'une tâche d'huile sur un vêtement

de drap ; cette marche lente et progressive est caractéristique de cette forme de gale ainsi que sa prédilection
pour les régions abritées. Peu à peu la peau s'épaissit,
se plisse et présente des excoriations multiples.

Traitement. — La guérison est moins longue à obtenir que dans la gale sarcoptique. Après avoir bien net-
toyé les régions atteintes avec de l'eau et du savon noir,
on lotionne avec de l'eau phéniquée 2 %. On applique
ensuite du pétrole légèrement étendu d'eau dans la proportion de 1/3 d'eau pour 2/3 de pétrole. On peut remplacer
cet agent par du jus de tabac 5 %, de la glycérine phéniquée ou une solution de sublimé 1/500.

Gale symbiotique ou gale des parties inférieures des membres.

Symptômes. — La démangeaison n'est pas aussi
vive que dans les gales précédentes, on ne la constate
souvent que la nuit ; l'animal se gratte de temps en temps
avec le pied opposé, ou bien il gratte brusquement le
sol avec les pieds postérieurs. Il est des chevaux qui se
mordent le boulet. Puis la surface atteinte se couvre d'une
abondante desquamation furfuracée et le poil tombe partiellement, ensuite il se forme des croûtes et des crevasses
plus ou moins profondes. Le siège de la gale symbiotique
est le boulet et le paturon ; de là elle remonte de proche
en proche, mais il est rare qu'elle dépasse le jarret ou le
genou. Sa marche est lente et on juge de son ancienneté
par l'épaississement de la peau et l'hypertrophie de ses
papilles. Elle se distingue des eaux aux jambes par la
démangeaison vive qui fait souvent défaut dans cette dernière affection.

Traitement. — On commence par enlever les croûtes avec des savonnages réitérés. On emploie ensuite

l'essence de térébenthine étendue d'eau, deux parties de la première pour une d'eau ; le pétrole dans les mêmes proportions, le jus de tabac, 5 °/° ; l'eau phéniquée 2 °/₀ ; ls pommade d'Helmerich ; le baume du Pérou et l'alcool 1/30. Tous ces moyens ont été préconisés tour à tour, par bon nombre de praticiens.

Phthyriase aviaire *(poux des oiseaux).*

Les dermanysses ou poux des poules vont quelquefois se loger sur la peau du cheval quand l'écurie se trouve près du poulailler. Ces parasites siègent de préférence à la crinière, à l'encolure, sur le dos et à la queue. Ils occasionnent de petites dépilations circonscrites pouvant s'agglomérer et former de vastes plaques dénudées s'accompagnant d'un prurit intense surtout pendant la nuit. Cette affection a quelquefois été prise pour de la gale, mais en examinant la peau avec soin, on parvient toujours à découvrir ce petit acarien de 1 à 2 millimètres de long, tâcheté de brun et de blanc.

Traitement. — Il faut éloigner les poulaillers, les nids d'hirondelles et laver les animaux atteints avec du savon noir, de l'eau phéniquée 5 °/₀ ou du jus de tabac. Le moyen le plus pratique est la tonte, car il est souvent difficile d'atteindre les parasites si le poil est très fourni.

L'écurie sera ensuite lavée et badigeonnée avec de l'eau phéniquée 10 °/₀.

MALADIES CONSTITUTIONNELLES

Anémie.

L'anémie est un état maladif caractérisé par une diminution de la masse sanguine.

Causes. — Elle s'observe à la suite d'hémorrhagies abondantes, de maladies épuisantes comme la diarrhée chronique, de plaies suppurantes, de privations d'aliments, d'excès de travail, etc...

Symptômes. — Ce qui frappe tout d'abord c'est la pâleur des muqueuses, le regard mat, la faiblesse et l'amaigrissement. La respiration est accélérée, le pouls petit, les battements du cœur faibles et fréquents, l'appétit capricieux avec des troubles digestifs.

L'animal sue facilement, se fatigue vite et est très sensible aux influences atmosphériques. Cette affection est plus ou moins grave suivant la cause qui l'a fait naître.

Traitement. — On commencera par s'enquérir de la cause pour la supprimer. Ensuite on donnera une alimentation de bonne nature et de facile digestion, et on soumettra les animaux à un travail facile. Puis on emploiera le fer qui est l'agent supérieur pour la reconstitution des globules rouges, on le donnera sous forme de fer porphyrisé à la dose de un gramme par jour dans l'avoine, ou bien on le remplacera par le sulfate de fer à la dose de 10 grammes dans les boissons.

Le sel marin et la poudre de gentiane ou de chicorée à la dose d'une cuillerée à bouche matin et soir sont aussi d'une grande utilité.

Dans les cas d'anémie profonde, quand il y a fièvre intermittente, on peut essayer l'arsenic à la dose de 0,75 centigrammes par jour dans du son frisé.

Hydrohémie ou hydrémie.

C'est un état du sang où la quantité d'eau est proportionnellement considérable, relativement aux autres éléments.

Causes. — Elle s'observe après la préhension de nourritures aqueuses et peu riches en principes alibiles ;

les fourrages des prairies humides, marécageuses, les racines cuites et les pulpes de betterave données en abondance, l'état humide de l'atmosphère et de l'écurie, le travail excessif, constituent les facteurs principaux de l'hydrohémie.

Symptômes. — Le début passe souvent inaperçu, mais au bout de quelque temps, l'animal devient non-chalant, on constate de la faiblesse, de la somnolence, de la fatigue ; les conjonctives sont pâles, infiltrées, souvent variqueuses, le poil est terne et piqué, le pouls est plein et mou ; la respiration fortement accélérée après le moindre exercice est due à de l'œdème pulmonaire. L'animal maigrit, perd l'appétit, la soif augmente, le pouls devient petit et les battements du cœur se perçoivent des deux côtés. Souvent une diarrhée fétide apparaît, ainsi qu'un engorgement des membres ou quelquefois de l'ana-sarque.

La guérison ne peut être obtenue qu'au début, plus tard il se forme des hydropisies qui causent presque toujours la mort.

Traitement. — Ici, comme dans l'anémie, on doit rechercher la cause, si l'affection est due à une mauvaise alimentation il faut changer le régime, s'il y a excès de travail il faut prescrire le repos ou l'exercice modéré.

Si la cause échappe, on doit, à une nourriture substantielle, associer les toniques, tel que le fer porphyrisé, 1 gramme, le sulfate de fer 10 grammes, la poudre de gentiane 20 grammes, le phosphate de chaux 10 grammes. On aura soin de frictionner énergiquement la peau plusieurs fois par jour. La tonte a souvent donné d'excellents résultats.

Leucémie.

C'est un état du sang caractérisé par l'abondance des globules blancs.

Causes. — Les causes de cette affection sont purement hypothétiques.

Symptômes. — On observe généralement les mêmes symptômes que dans l'anémie, c'est-à-dire de la faiblesse, de la fatigue, de l'essoufflement, de la sudation et une grande pâleur des muqueuses. Cet état s'accompagne d'un engorgement des ganglions lymphatiques et surtout des ganglions péri-pharyngiens. On ne peut reconnaître sûrement la leucémie que par l'examen microscopique du sang. La marche est lente, elle est souvent mortelle.

Traitement. — Le traitement est identique à celui de l'anémie, il faut chercher à rétablir l'équilibre dans les éléments du sang en donnant une nourriture saine et substantielle avec le fer, la gentiane et le sel marin.

L'acide arsénieux est aussi recommandable.

Hémophilie.

C'est un état qui s'accuse par une grande tendance aux hémorrhagies sans causes appréciables.

Causes. — On connaît peu les causes de l'hémophilie mais on cite l'hérédité.

Symptômes. — Par une plaie insignifiante ou sans cause apparente, il s'échappe du sang en plus ou moins grande abondance. L'hémorrhagie persiste quelquefois des journées entières sans qu'on puisse s'en rendre maître. Les muqueuses deviennent de plus en plus pâles, et les animaux s'affaiblissent graduellement ; quelquefois ils meurent avant qu'on ait pu arrêter l'hémorrhagie.

Traitement. — On essayera d'abord le tamponnement de la plaie et les hémostatiques ; on emploie la poudre de chicorée, la poudre d'écorce de chêne ou le perchlorure de fer. A l'intérieur on donne l'ergot de seigle à la dose de 10 grammes dans un litre de vin ou de bière.

Obésité.

L'obésité est caractérisée par une surabondance de graisse dans l'organisme et surtout sous la peau.

Causes. — L'alimentation abondante et le défaut d'exercice sont les causes principales de cet excès d'embonpoint.

Symptômes. — Le développement excessif de la graisse rend l'animal lourd, paresseux ; les forces sont affaiblies, il s'essouffle au moindre exercice et la sudation est facile. Puis des troubles digestifs apparaissent, le pouls s'accélère ainsi que la respiration et il peut survenir différents états maladifs du cœur et du poumon.

Traitement. — C'est dans le régime et l'exercice qu'il faut chercher les moyens de guérir l'obésité. On commence par diminuer la ration qui sera toujours composée d'aliments peu succulents et l'on activera le travail.

Si le mal est trop intense, on peut essayer l'iodure de potassium à la dose de cinq grammes par jour ; on alterne avec le sulfate de soude à la dose de 100 grammes. Ce traitement est continué pendant huit jours pour être repris après trois semaines.

MALADIES DIVERSES

Abcès.

On donne le nom d'abcès à une collection de pus produite dans l'épaisseur des tissus ou dans les cavités closes de l'économie. Le pus blanc crémeux est dit *louable*, il indique un abcès qui doit guérir vite ; si le pus est séreux, jaune verdâtre, on le dit de *mauvaise nature* et il ne conduit pas facilement à la cicatrisation.

Abcès chauds.

Symptômes. — Lorsqu'il y a tendance à la formation d'un abcès, le gonflement qui accompagne l'inflammation s'accroît et se circonscrit ; la tumeur est tendue, douloureuse. chaude et on peut reconnaître la douleur lancinante comme chez l'homme si l'abcès siège sur un membre.

Au pourtour de la tuméfaction, on constate un œdème qui se dirige vers les parties déclives ; au centre l'abcès se ramollit, la peau s'amincit, les poils tombent et on observe de la fluctuation. Bientôt on aperçoit un suintement séreux, puis le pus perce l'épiderme et s'écoule au dehors ; en même temps la fièvre s'atténue et disparaît.

Dans les abcès profonds, la fluctuation est difficile à constater, et alors, il faut se guider sur la douleur développée par la pression, la réaction fébrile et l'œdème qui doit toujours exister.

Lorsque tout le pus s'est échappé, les parois de l'abcès se rétractent et finissent par s'unir au moyen d'une cicatrice.

Traitement. — Il est toujours indiqué de recourir aux cataplasmes émollients pour calmer la douleur et hâter la formation du pus. Si la suppuration tarde trop à s'établir, il convient de stimuler les parties enflammées avec les maturatifs comme l'onguent de laurier, le basilicum, la pommade camphrée et quelquefois l'onguent vésicatoire.

Lorsque la collection purulente est formée il ne faut pas attendre son ouverture spontanée, mais pratiquer sans retard une ponction avec le bistouri ou le fer rouge. On enfonce ordinairement l'instrument au centre du point fluctuant, et on débride en contre-bas. Si les vaisseaux et les nerfs s'opposent à ce débridement il faut faire une contre-incision et passer un séton. De cette façon, on évite les grandes incisions et les cicatrices plus ou moins difformes

Pour les abcès profonds, il est préférable d'employer le cautère chauffé à blanc, il est moins susceptible de blesser les gros vaisseaux et arrête l'hémorrhagie capillaire sur tout son trajet ; de plus l'ouverture se ferme moins rapidement et permet un complet écoulement du pus.

Dans la majorité des cas, les abcès ouverts n'exigent que des soins de propreté et des lotions phéniquées. Si le pus est de mauvaise nature, on panse avec de la térébenthine, de la teinture d'aloès, et on fait des injections phéniquées.

Si la suppuration dure longtemps, il faut en rechercher la cause ; on la trouvera dans la présence d'un corps étranger, d'une nécrose de parties fibreuses ou de la carie d'un os.

Abcès froids.

Symptômes. — Ils débutent ordinairement par une tumeur arrondie, peu douloureuse et peu chaude, qui s'accroît graduellement, puis elle reste stationnaire et ressemble aux tumeurs indurées. Au bout d'un certain temps et sans cause appréciable, le peau s'amincit, le centre se ramollit et le pus se fraye une voie au dehors.

On rencontre quelquefois des abcès froids sous forme de tumeurs molles, fluctuantes dans toute leur étendue et qui n'ont pas de tendance à s'ouvrir, on les confond facilement avec les kystes.

Traitement. — Le moyen auquel je donne la préférence est la ponction exploratrice avec le fer chauffé à blanc, je le fais pénétrer jusqu'au centre de la tumeur où il est rare que je ne rencontre pas une légère collection de pus. Celui-ci étant enlevé, je fais frictionner l'abcès avec de l'onguent vésicatoire et j'introduis une mèche d'étoupe chargée de cet onguent dans le trajet du cautère.

Certains praticiens traversent la tumeur avec un séton ;
le séjour de ce corps étranger la transforme en abcès
chaud et entraîne la fonte des tissus. Si l'abcès se montre
sous la forme d'une tumeur molle (forme chronique), on
emploie les mêmes moyens : il faut la ponctionner au fer
rouge et appliquer une forte couche d'onguent vésicatoire
ou passer un séton.

Kyste séreux.

Le kyste est constitué par de la sérosité logée dans les
mailles du tissu cellulaire.

Au début, il se présente sous la forme d'une petite
tumeur molle, fluctuante, élastique ; quand on la presse
avec la main, on sent parfaitement le liquide onduler
dans la poche.

Sa forme, souvent arrondie est quelquefois bosselée.
Les kystes n'engendrent aucune fièvre de réaction ; ils
ne sont ni chauds, ni douloureux, ce qui les distingue
des abcès ; mais s'ils deviennent purulents, on constate
les mêmes symptômes que pour ces derniers.

Traitement. — On a recours aux révulsifs et surtout
à l'onguent vésicatoire que l'on applique en frictions énergiques. Si le kyste contient du pus, il faut l'ouvrir et le
recouvrir d'une couche d'onguent vésicatoire.

PLAIES

Les plaies sont des solutions de continuité faites aux
parties molles par une cause qui agit mécaniquement.

Dans toute plaie, il y a trois phénomènes primitifs constants : ce sont la *douleur*, *l'effusion du sang* et *l'écartement des bords*. Vers le deuxième ou troisième jour, si
ces bords sont maintenus rapprochés, on remarque un
suintement séro-sanguinolent qui se solidifie, s'organise,

établit une adhérence intime entre les tissus lésés, suivie de la guérison ; c'est la cicatrisation par première intention, c'est-à-dire sans formation de pus.

Mais si la réunion des bords ne peut avoir lieu, le suintement change de nature, il est visqueux, puis il se trouble, s'épaissit et devient du pus. La plaie apparaît alors avec une couleur rouge parsemée de petites granulations molles saignant facilement ; ce sont les bourgeons charnus. Au bout de quelques jours, la suppuration devient moins abondante et il se forme une membrane mince sous laquelle se rétractent et s'affaissent ces bourgeons. Cette pellicule s'épaissit peu à peu pour former une croûte qui abrite la plaie du contact de l'air.

C'est le commencement de la cicatrisation qui est d'autant plus prompte que le sujet est plus jeune, la plaie moins étendue, et les tissus lésés moins complexes

La plaie peut se transformer en ulcère quand il y a quelque nécrose ou des corps étrangers qui entretiennent la suppuration.

Traitement. — Lorsque le sang a cessé de couler, il faut nettoyer la plaie à l'eau fraîche et la bien sécher avec une éponge, puis on fait de suite le rapprochement des bords pui doit être aussi parfait que possible. S'il y a des parties dilacérées ou si la plaie est déjà ancienne, ou ravive les lèvres avec le bistouri et l'on assure leur réunion au moyen d'une suture.

Le traitement consécutif se borne à des lotions d'eau phéniquée 1 °/₀, d'eau alcoolisée, de teinture d'aloès, etc. Lorsque les bourgeons charnus prennent un excès de développement, on emploie l'alun, le nitrate d'argent ; si la plaie tend à devenir ulcéreuse, il faut recourir aux escharotiques comme la liqueur de Villate.

Dans les plaies par écrasement avec pertes de substance étendues, après avoir lavé soigneusement avec les antiseptiques, on aura un sérieux avantage en employant l'eau bouillie contenant en solution du chlorure de sodium à raison de 1 pour 1000.

On doit dans toutes les circonstances donner écoulement au pus, pour l'empêcher de fuser dans les chairs, former sous la peau des clapiers ou être résorbé et engendrer l'infection purulente.

Enfin si le décollement de la peau, rend impossible l'agglutination des lèvres, ou si la peau se rétracte en formant des replis qui mettent obstacle à la cicatrisation, il faut la retrancher. Il arrive souvent que ces lambeaux forment des cicatrices désagréables et des bosses irrégulières aux environs des plaies.

Hygroma de la nuque.

Causes. — Il est dû à des frottements réitérés sur le tissu cellulaire de la région de la nuque.

Symptômes. — L'hygroma se forme de chaque côté de la corde du ligament cervical, il se développe avec une certaine lenteur, et souvent sur les chevaux âgés. Il constitue une poche molle, fluctuante, qui diffère de l'abcès en ce qu'elle est insensible. Une fois constitué, l'hygroma peut acquérir de grandes proportions, et mettre obstacle au mouvement de l'animal ; la tête est inclinée, portée basse et gênée dans le relever.

Cette tumeur peut rester longtemps dans ces conditions, mais une simple contusion peut donner naissance au mal de taupe.

Traitement. — On laissera le cheval en liberté dans l'écurie, le licol sera enlevé et les poils de la région, rasés. Puis on frictionnera la tumeur deux fois, à un jour d'intervalle, avec de l'onguent vésicatoire.

Mal de taupe.

Causes. — La cause déterminante est la têtière du licol souvent trop étroite ou mal adaptée ; elle frotte incessamment sur la nuque, engendre l'hygroma ou la nécrose des tissus et forme le mal de taupe. Les contusions, les frottements à la suite de prurit de la région peuvent aussi amener le même résultat.

Symptômes. — Les animaux ont la tête basse et prennent des attitudes particulières par suite des lancinations qu'ils éprouvent, ils s'éloignent de la mangeoire et sont en proie à une profonde tristesse. Le pouls est accéleré, les muqueuses sont injectées, la respiration est tremblottante et le poil est piqué. Cette partie est très sensible au toucher, et la douleur est portée à son comble si on fait relever fortement la tête. Les mouvements de cette dernière sont gênés et si l'on examine la nature de la grosseur, on perçoit la sensation d'un liquide qui établit une sorte de fluctuation à l'intérieur.

Traitement. — Si on constate du pus dans la tumeur, il faut se hâter de l'ouvrir afin d'éviter sa fusion dans les muscles de la région. On fait ensuite une contre-ouverture dans les parties déclives, et on passe une mèche de chanvre. On lave à l'eau phéniquée, la guérison ne se fait pas attendre si le ligament cervical est intact ; s'il est altéré on a recours aux injections de liqueur de Villatte.

Comme complément de traitement, il faut immobiliser la tête et supprimer tout travail.

Cor à l'encolure.

Causes. — Il est produit par le collier mal ajusté, trop grand, trop étroit ou trop lourd. Les affections

eczémateuses en occasionnant les chevaux à se frot
l'encolure sont aussi des causes de cor.

Symptômes. — Par la pression constante exerc
sur une région, le sang se trouve refoulé et la vie s'étei
insensiblement, la partie se dessèche et se transfor
en un durillon qui transmet aux parties sous-jacen
une pression qui diminue de la surface à la profonde
il en résulte que les couches profondes sont plus étroit
que les superficielles. Au point où le cor existe, il y a u
dépression formée par la destruction des parties qui
sont mortifiées ; au toucher elle donne la sensati
d'un corps dur, parcheminé, et autour existe une infla
mation accusée par de la chaleur, de la douleur et de
tuméfaction. Il s'établit ensuite un sillon disjoncteur
élimine le cor.

Traitement. — La première indication est de fav
riser l'élimination du cor en l'enduisant de corps gr
ou mieux d'onguent vésicatoire. Si le sillon disjoncte
n'est pas assez profond pour le faire tomber, on l'enlè
avec le bistouri. On panse alors à l'eau phéniquée com
une plaie simple.

Il faut dans tous les cas, remédier au harnacheme
et l'ajuster adroitement.

Mal de Garrot.

Causes. — Elles sont identiques à celles du cor.

Symptômes. — Le mal de garrot est caractérisé p
une plaie au centre de laquelle existent de gros bourgeo
charnus qui masquent une ouverture par laquelle s'écou
en grande quantité, un pus mal lié, de mauvaise natur
quelquefois mêlé de débris de matières organiques
fistule étroite, droite ou sinueuse aboutit au ligame
sus-épineux ou à une apophyse cariée que la sonde pe

met de reconnaître. La carie du ligament cervical, comme
les caries de tous les tissus de cette nature a une tendance
à progresser par une espèce de reptation, aussi, toute
lésion qui se manifeste sur le garrot est succeptible de
devenir très grave et de constituer un mal assez rebelle
po ur exiger un long traitement.

Traitement. — Lorsque le mal de garrot est bien
établi, on cherche à éviter le séjour du pus dans la fistule,
ou sa fusée dans les parties musculeuses. Pour cela, on
pratique une contre-ouverture dans la partie la plus
déclive et on passe un séton. On fait des injections, dans
le trajet de la fistule ainsi débridée, avec de l'eau phéniquée
5 °/₀ ou de l'onguent vésicatoire délayé dans de l'huile
d'œillette. Si l'apophyse est cariée, il faut la ruginer avec
la rainette ; si le ligament cervical est altéré, on peut
recourir aux injections de liqneur de Villatte. Généralement l'eau phéniquée et la contre-ouverture suffisent.

Mal d'encolure.

Il est en tout semblable au mal du garrot ; il affecte le
ligament cervical, reconnaît les mêmes causes, présente
les mêmes symptômes et se traite de la même manière.

Frayement aux ars et à l'aine.

Causes. — Cette lésion se montre toujours à la suite
d'un frottement quelconque de ces régions ; on la rencontre lors des grandes chaleurs sur les chevaux fins et
gras, ou lorsque ceux-ci se sont pris dans leur longe ou
se sont embarrés.

Symptômes. — La peau est excoriée et laisse suinter une sérosité citrine ; elle est le siège d'une vive douleur qui fait boiter l'animal ; quand le frayement va plus
loin que le corps muqueux, il se forme une plaie ou un
sillon analogue aux crevasses.

Ce mal est tonjours sans gravité et la sensibilité ne dure généralement que deux jours.

Traitement. — On commence par laver la région avec de l'eau fraîche et on laisse les animaux au repos. Le lendemain on lotionne avec de l'eau phéniquée 1 % puis on enduit la partie avec de la glycérine saturnée.

Crevasses.

Causes. — La malpropreté, le travail dans les boues, les enchevêtures, les atteintes, les substances irritantes sont des causes de crevasses.

Symptômes. — La peau se fendille dans les plis du pâturon et présente de la chaleur et de la douleur. Bientôt il s'ajoute un suintement séro-purulent qui humecte la région. Dans quelques cas le boulet et le canon s'engorgent, la boiterie devient intense chez certains sujets, puis la fente s'élargit et va jusqu'au tissu cellulaire; la suppuration s'établit au fond de la plaie, et il arrive que les bords s'indurent. Si on néglige ces sortes de crevasses, il peut en résulter un bourrelet qui fait facilement boîter.

Traitement. — Au début il est bon de donner des bains d'eau de son tiède et d'appliquer des cataplasmes chauds. On pourra aussi recourir à la glycérine saturnée.

Quand la suppuration est établie, il faut laver à l'eau phéniquée et faire des pansements avec du miel camphré, si la plaie tend vers la cicatrisation on fera bien d'employer la teinture d'aloès et l'eau blanche qui forment par leur mélange un vernis protecteur.

La pommade à l'oxyde de zinc est aussi très recommandable.

Hernie ombilicale.

Causes. — La hernie ombilicale peut-être considérée

comme un accident congénital ; toujours après la naissance, la condition anatomique existe pour que cette
descente d'intestin s'effectue.

Elle est souvent héréditaire et si on observait les éta-
lons ou les juments qui donnent des poulains atteints de
la hernie ombilicale, on verrait que l'un ou l'autre en
pcssédait dans sa jeunesse.

Symptômes. — Elle se reconnaît à la présence
d'une tumeur à la région de l'ombilic, sur la ligne blanche, au lieu précis où existe l'ouverture ombilicale. Elle
est molle, fluctuante et facilement réductible ; la pression
de la main la fait disparaître, et elle reparaît quand cette
pression fait défaut. Son volume est variable, elle peut
avoir la grosseur d'une noix, d'un œuf, ou du poing d'un
homme ; il est souvent proportionnel à l'ouverture. La
hernie ombilicale n'est pas une affection grave, la circulation et le parcours des matières de l'intestin ne sont pas
gênés comme cela peut arriver dans la hernie inguinale ;
mais elle n'en est pas moins une tare, et, comme les
moyens de traitement peuvent amener des complications
de la plus haute gravité, on comprend qu'elle diminue
toujours la valeur des sujets.

Traitement. — La hernie ne doit pas être traitée
immédiatement après la naissance, car les tissus ne présentent pas assez de solidité. Mieux vaut opérer après
trois mois et soumettre les poulains au régime du grain
pour leur donner peu de ventre. Les moyens employés
pour réduire la hernie ombilicale sont nombreux ; les
plus anciens sont les bandages faits avec des sangles
munies de pelottes épaisses qui correspondent à la hernie. Leur application n'est pas toujours commode car le
jeune animal irrité cherche à s'en défaire ; par ses mouvements continuels le bandage change de place et comme
il doit rester longtemps, quelquefois trois ou quatre mois,

il arrive que la colonne vertébrale se déforme et que les côtes s'aplatissent.

Pour ces raisons, cette méthode, quoiqu'ayant donné quelques bons résultats ne doit pas être recommandée.

Les topiques ont été employés aussi dès la plus haute antiquité et Celse en parle déjà sous le règne d'Auguste ; ce procédé était complètement abandonné lorsque le hasard fit découvrir au vétérinaire Dayot, la grande vertu de l'acide nitrique sur la tumeur herniaire. Ce patricien devait opérer une hernie ombilicale, mais comme il existait près de cette région des verrues en assez grand nombre, il les cautérisa avec l'acide nitrique après les avoir excisées. Bien grande fut sa surprise lorsqu'il vit, après quelque temps, que tout était rentré dans l'ordre, les verrues et la hernie avaient disparu.

Etait-ce là un fait accidentel, ou se reproduirait-il par l'expérience ?

M. Dayot s'en occupa immédiatement et constata les mêmes faits ; il fit connaitre sa méthode et dès lors, l'acide nitrique fut préconisé par bon nombre de vétérinaires.

L'opération se fait debout, le poil est coupé avec des ciseaux, on met un tampon au bout d'un bâton de bois, on l'imprègne de liquide et on le promène sur la tumeur ; il faut environ 20 grammes d'acide pour réduire une hernie moyenne et l'application ne doit pas durer plus de trois minutes. On doit tenir compte de l'épaisseur de la peau et de l'âge du poulain. Par l'action de l'acide nitrique, la peau prend une teinte jaune et forme une escharre parcheminée ; du dixième au douzième jour un sillon disjoncteur se creuse, et l'escharre se détache de la péripétie vers le centre où son épaisseur est la plus grande, à sa place apparaît une plaie bourgeonneuse qui protège l'ouverture. Il ne faut jamais se hâter pour faire une application nouvelle plusieurs vétérinaires croyant que la vitalité était conservée et que l'acide n'avait pas produit d'effet, ont renouvelé l'application du caustique et ont déterminé une éventration. Dans le cas d'insuccès il faudra donc attendre au moins trois semaines avant de recommencer l'opération.

Après 15 jours on pourrait essayer le traitement Leroux c'est-à-dire appliquer sous le ventre un sinapisme et le laisser pendant 7 heures en ayant soin de désserrer l'appareil à sinapisme après 3 heures pour permettre à l'œdème de se former.

La pommade de bichromate de potasse a été préconisée par Fœlen qui en a obtenu des avantages marqués; je l'ai employée quelquefois mais elle obligea à trois frictions à un jour d'intervalle et le résultat n'est jamais complet, une large cicatrice et une peau très épaisse en sont toujours la conséquence.

Le topique Terrat a été conseillé par Prangé ; mais j'estime que l'on doit, dans tous les cas, donner la préférence à l'acide nitrique.

Les moyens chirurgicaux sont en grand nombre, je ne ferai que les citer.

Le premier, le plus ancien peut-être, consiste dans la ligature du sac herniaire qu'on a préalablement vidé et dont on serre les parois au moyen d'un lien circulaire ; c'est un fouettage de la hernie ombilicale et il expose au tétanos.

Le deuxième est un procédé par les casseaux, et le troisième par les sutures.

Éventration.

L'éventration est une chute de l'intestin par une déchirure des parois abdominales et de la peau. L'organe sorti se souille de poussière, de boue ou de corps étrangers quelconques ; l'animal a des coliques, se roule et cherche à porter des coups sur la région ; généralement une péritonite se déclare comme complication.

Il faut bien vite rentrer l'intestin après l'avoir lavé à l'eau phéniquée et l'avoir dépouillé de tous les corps étrangers qni pourraient le souiller, puis on fait des sutures appropriées que l'on doit pratiquer à la fois sur les parois musculaires et cutanées et on applique par-dessus un bandage contentif.

On pratique ensuite une saignée moyenne, on applique un sinapisme sous le ventre et on fait des frictions de pommade mercurielle à la face interne des cuisses.

A l'intérieur, on donne le calomel à la dose de quatre grammes par jour, uni à dix grammes de sel de nitre. Malgré tous les soins, il est rare que les chevaux ne succombent à une péritonite consécutive.

MALADIES CONTAGIEUSES

Septicémie ou infection putride.

C'est une maladie qui résulte de l'absorption des matières septiques provenant d'une plaie ou d'une inoculation.

Causes. — Les plaies du pied, les maux de garrot, la phlébite, les abcès profonds sont les causes les plus fréquentes de la septicémie.

Symptômes. — Elle débute ordinairement par une fièvre intense, des frissons alternant avec une chaleur exagérée de la peau ; le pouls est accéléré, petit, faible, les muqueuses sont d'un jaune tirant sur le gris et parsemées de pétéchies ou d'ecchymoses. L'animal est faible, somnolent, sa démarche est incertaine, titubante, l'appétit est nul, il y a de la constipation au début ; plus tard de la diarrhée profuse. Les urines sont rares, troubles, rougeâtres et quelquefois fétides.

Si la maladie se montre à la suite d'une plaie, on remarque des changements dans le caractère du pus, qui, d'abondant et de bonne nature, devient séreux et de mauvais aspect. La durée de cette affection est courte, elle varie ordinairement de quelques heures à trois ou quatre jours, on l'a vue quelquefois se prolonger plusieurs semaines et amener la fièvre hectique.

Traitement. — Si l'infection putride provient d'une plaie, il faut vite enlever ce qui est en train de se gangréner, et nettoyer avec de l'eau phéniquée ; si la plaie est fistuleuse, on emploie l'acide phénique pur ou le fer chauffé à blanc. S'il y a un abcès, il faut l'ouvrir sans retard et faire des injections phéniquées 2 %.

A l'intérieur, on administre le camphre (10 grammes) en électuaire avec la poudre de quinquina, l'essence de térébenthine et l'alcool. L'électuaire suivant m'a donné quelques succès.

Camphre pulvérisé . . .	15	grammes
Essence de térébenthine. .	30	»
Alcool	250	»
Poudre de quinquina. . .	60	»
Poudre de gentiane . . .	60	»
Miel commun	1	kgr.

A donner dans la journée et jusqu'à effet.

Quelques praticiens recommandent l'acétate d'ammoniaque à la dose d'un décilitre toutes les six heures dans une infusion de camomille ou d'absinthe. L'acide salicylique (10 grammes) a été souvent conseillé.

Gangrène traumatique ou œdème malin.

Causes. Elle a lieu, lorsque la circulation est entravée autour d'une plaie récente, par une action mécanique quelconque, (ligature, pansement trop serré) ce qui rend le terrain propre à l'absorption du vibrion septique.

Symptômes — Cette affection apparaît autour d'une plaie par une tuméfaction œdémateuse, bientôt crépitante,

(ce qui est dû au développement des bulles de gaz fétide)
le centre est mou, indolent et froid, tandis que le contour
est chaud et sensible. On constate une forte fièvre de
réaction et souvent de l'œdème pulmonaire. La gangrène
traumatique se différencie du charbon symptomatique par
la présence d'une plaie et par le défaut d'engorgement de
la rate. La mort arrive généralement du deuxième au
troisième jour.

Traitement. — Le moyen le plus efficace conseillé
par M. Trasbot d'Alfort est de ponctionner l'œdème avec
le cautère chauffé à blanc en espaçant les ponctions
de dix à quinze centimètres, jusqu'à la limite de la tuméfaction, et d'introduire dans chacune d'elles, un centimètre cube de teinture d'iode. On désinfecte ensuite avec de
l'eau phéniquée 4 %.

Anasarque. — Fièvre pétéchiale.

Causes. — L'anasarque est l'hydropisie du tissu
cellulaire sous-cutané et reconnaît pour cause, le froid
humide ou l'immersion dans l'eau froide lorsque l'animal
est en sueur. Elle est souvent de nature microbienne,
mais la voie d'introduction de l'élément infectieux n'est
pas bien connue.

Symptômes. — Elle débute par l'apparition de pétéchies de diverses dimensions sur les muqueuses et en
particulier sur la muqueuse nasale. Il y a un jetage de
mauvaise nature et l'air expiré a une odeur fade quelque
fois fétide. En même temps qu'il se forme de ces taches
rouges, on voit survenir aux membres, aux lèvres et sous
le ventre, des engorgements souvent circonscrits comme
par le bourrelet.

La peau qui les recouvre est chaude, douloureuse et si on
presse cet œdème avec le doigt, il garde un enfoncement
qui ne disparaît que par degrès quand la pression cesse.

Au niveau des articulations la peau se crevasse, et on constate un suintement séreux ou des phlyctènes semblables à celles produites par l'onguent vésicatoire ; la démarche est raide, quelquefois impossible, souvent les animaux ne peuvent se coucher. La mastication est difficile à cause de l'engorgement des lèvres et des joues, les yeux sont recouverts en partie par les conjonctives tuméfiées et la respiration est souvent gênée par l'infiltration des naseaux.

L'anasarque peut se terminer par la résolution qui est annoncée par une crise urinaire, de la diarrhée ou des sueurs, l'abaissement de la température, la diminution des engorgements. D'autres fois, elle passe à l'état chronique ; la gangrène a été souvent signalée ainsi que les métastases et l'invagination.

Traitement. — On placera le malade en liberté dans un local bien aéré et on lui donnera des barbottages additionnés de sulfate de soude, de sel marin et de bicarbonate de soude. Les membres et le dessous du ventre seront frictionnés avec la charge vésicante de Lebas, puis on y appliquera des pointes de feu, avec le cautère chauffé à blanc. A l'intérieur on administrera chaque jour quatre litres d'infusion de café avec un décilitre d'acétate d'ammoniaque. On alternera avec le vin chaud.

S'il y a de la tendance à l'asphyxie, il faut pratiquer sans retard la trachéotomie, ou en attendant, introduire des cylindres métalliques creux dans les naseaux.

Les injactions de sérum antistreptococcique paraissent avoir donné quelques bons résultats, 3 injections de 10 gr. chacune doivent être faites à 25 centimètres les unes des autres, chaque jour, d'une façon aseptique.

Gourme.

Causes. — Les causes principales de la gourme sont

le jeune âge, les tempéraments sanguins et lymphatiques, les refroidissements, l'émigration et la contagion due à un agent infectieux appelé streptacoque.

Symptômes. — La gourme débute par une fièvre intense et tous les symptômes de l'angine ; on remarque du jetage et de l'engorgement des ganglions de l'auge et de la parotide qui se résolvent quelquefois spontanément ; on dit alors que la *gourme avorte*. Le plus souvent l'engorgement augmente, dépasse les ganaches et se répand sur les joues, bientôt les poils tombent, la peau s'amincit, et l'abcès s'ouvre en donnant écoulement à un pus bien lié, de bonne nature. Aussitôt le pus écoulé, la fièvre se calme et les animaux récupèrent la santé dans l'espace de huit à quinze jours. On dit alors que l'animal a *jeté ses gourmes*

Il arrive souvent que l'on constate des abcès dans différentes régions : au poitrail, à la cuisse, au garrot, dans les glandes parotides, au fourreau. D'autres fois, on rencontre une éruption exanthémateuse, semblable à l'urticaire ou à l'échauboulure, elle se développe vite et sa disparition est aussi très rapide.

La gourme maligne est celle qui n'est pas régulière dans sa marche ; le jetage est de mauvaise nature, les ganglions de l'auge n'ont pas de tendance à s'abcéder, ils sont indolents et présentent quelque analogie avec les ganglions de la morve ; la pituitaire est pâle, la nutrition générale s'alanguit, le poil se pique, l'animal maigrit, etc . Cette gourme a fait souvent considérer les malades comme suspects de morve

La gourme peut se compliquer de pneumonie, de pleurésie, d'arthrite, de synovie, d'orchite et de métastases dans les différents organes.

Traitement. — Dans la gourme bénigne, il faut placer les animaux dans un local sain, à température modérée, et les couvrir s'il fait froid. On leur fera prendre quelques bains de vapeur chaque jour et on enduira les ganglions de l'auge avec un mélange d'onguent de laurier et de savon vert ou de l'onguent populeum ; une peau de mouton sera placée sous la gorge pour y entretenir une température uniforme.

Lorsqu'un point fluctuant apparaîtra, il faudra ponctionner immédiatement, faire écouler le pus et laver avec de l'eau phéniquée. Si le ganglion n'a pas de tendance à s'abcéder, il faut recourir à l'onguent vésicatoire.

On donnera dans tous les cas de gourme, une alimentation de facile digestion avec des boissons abondantes additionnées de son ou de farine d'orge. Dans le grain cuit, on met généralement dix grammes de kermès minéral chaque jour, et dans les barbottages, quatre à cinq cuillerées à bouche d'un mélange de sulfate de soude, de sel marin et de bicarbonate de soude.

Quand la gourme n'a pas une marche franche, il est bon de placer deux sétons au poitrail et si elle se complique, on traite la complication comme maladie spéciale.

Influenza — Fièvre typhoïde
Typhus — Grippe.

Causes. — La contagion est la seule cause connue.

Symptômes. — Friedberger et Grohner, dans leur pathologie spéciale des animaux domestiques donnent une symptomatologie exacte de cette affection et s'expriment ainsi :

« Après une période d'incubation de quatre à sept jours en moyenne, la maladie apparaît. Elle éclate sans prodromes et peut arriver à sa période d'état en vingt-quatre heures.

Elle se fixe principalement sur l'appareil circulatoire, les centres nerveux, les muqueuses digestive et respiratoire, les yeux et le tissu conjonctif sous-cutané.

1º Ses premiers symptômes sont l'inappétence, l'abattement, la faiblesse. La température monte rapidement à 42° C., chiffre qui est quelquefois dépassé ; elle reste stationnaire pendant trois à six jours, en éprouvant de légères oscillations, puis la défervescence se produit aussi subite que l'élévation. Comparé à l'hyperthermie, le pouls est peu accéléré ; au début, on compte de 30 à 50 pulsations à la minute, plus tard, 60 à 70 ; et de 80 à 100 dans le cas où la maladie doit se terminer par la mort ; en revanche, lorsque la température est redevenue normale, le pouls reste accéléré pendant un certain temps. La réaction fébrile se fait en outre remarquer par une distribution irrégulière de la chaleur aux régions périphériques. L'hyperthermie constatée sur des sujets ayant séjourné dans les écuries infectées et présentant encore les apparences de la santé est un signe diagnostique précoce très important, aussi doit-on considérer comme une excellente mesure de prendre tous les jours la température des sujets qui ont été exposés à la contagion.

2º La fièvre s'accompagne d'une dépression nerveuse considérable et d'une grande faiblesse musculaire. Les animaux tiennent la tête basse et ont la physionomie somnolente du cheval immobile. Ils tremblent au repos et chancellent pendant la marche ; quelques-uns sont paralysés de l'arrière-main.

3º Dans un grand nombre de cas, les symptômes gastriques dominent la scène : les malades baillent fréquemment, la muqueuse buccale est rouge, sèche, chargée, chaude, lorsque l'inflammation buccale se propage au pharynx, on note des phénomènes dysphagiques. Assez souvent on observe des coliques, au début la constipation est la règle ; les crottins sont durs, enduits d'une couche membraneuse ou muqueuse, plus tard, la diarrhée survient, ordinairement accompagnée de ténesme violent ;

les excréments sont pâteux, mous ou tout à fait liquides, parfois ils répandent une odeur fétide. Les mouvements péristaltiques sont généralement suprimés ; l'exploration de l'abdomen dénote de la sensibiliié en certains points. Au début et malgré l'hyperthermie, l'urine a une réaction alcaline ; elle devient acide dès que la maladie est localisée sur l'intestin ; il est rare qu'elle soit albumineuse mais habituellement elle renferme en petite quantité des débris d'épithélium vésical desquamé. Dans la plupart des cas, la mixtion est très fréquente (cystite catarrhale légère).

4° Les troubles oculaires, presque constants, sont caractéristiques, ordinairement les deux yeux sont atteints. On observe bientôt une conjonctivite d'abord catarrhale, puis phelgmoneuse, avec tuméfaction considérable des paupières (chémosis), tantôt une kératite parenchymateuse et quelquefois une inflammation exsudative ou hémorrhagique de l'iris. Les premiers symptômes sont le larmoiement, la photophobie, la teinte rouge foncé de la conjonctive et le rétrécissement de la pupille. Les paupières. fortement tuméfiées, chaudes, sensibles au toucher, restent fermées. La conjonctive est œdématiée ; parfois elle saille entre les voiles palpébraux en formant un bourrelet rouge jaunâtre. La sclérotique présente souvent une teinte jaunâtre ; fréquemment aussi elle forme autour de la cornée un anneau saillant de couleur grisâtre. Les sacs lacrymaux sont remplis d'une matière muco-purulente. Le globe oculaire est très sensible à la pression ; au début la cornée est onctueuse, irisée, parfois elle semble saupoudrée ou fumée ; plus tard elle devient bleuâtre ou laiteuse ; sa périphérie est marquée d'une forte injection vasculaire. L'iris est hyperémié, tuméfié ; on peut constater un exudat hémorrhagique dans la chambre antérieure de l'œil. Ces lésions inflammatoires disparaissent d'ordinaire avec une étonnante rapidité.

5° Au cours de la maladie, des engorgements dus à la faiblesse cardiaque se manifestent aux extrémités, au fourreau, au ventre, au poitrail. Froids, incolores, de consistance pâteuse, ils présentent tous les caractères de l'œdème passif ; ce n'est qu'exceptionnellement qu'ils deviennent inflammatoires ou phlegmoneux, lorsqu'ils existent aux membres, la démarche est raide, génée. Dans la grande majorité des cas, leur résolution s'effectue rapidement et annonce la guérison. Sur quelques malades, on observe une éruption urticariforme.

6° La muqueuse de l'appareil respiratoire est le siège d'une phlegmasie catarrhale, qui s'accuse par un jetage séreux au début, mucoso-purulent plus tard, par une tuméfaction légère des ganglions lymphatiques de l'auge, une accélération modérée de la respiration et par de la toux, On note encore une hyperémie de la muqueuse vaginale.

Pour peu que l'affection se prolonge, les animaux maigrissent considérablement.

Marche et complications. — La durée moyenne de la maladie est de six à dix jours. Dans les cas graves, elle est de deux à trois semaines ; dans les cas bénins, de trois à six jours. Au stade de défervescence, l'appétit renaît, les mouvements péristaltiques se rétablissent et deviennent de plus en plus actifs, l'état général s'améliore, les tuméfactions disparaissent, et la guérison est complète au bout de huit à quatorze jours. Dans un petit nombre de cas, cette marche régulière est troublée par des complications, dues habituellement à ce que les malades sont employés à un service pénible, à la période initiale de l'affection ou pendant la convalescence. Ces complications sont :

1° **La pneumonie.** — Elle peut se développer lorsque la muqueuse respiratoire est le siège d'une phlegmasie aiguë. Tantôt la pneumonie est catarrhale avec tendance à la gangrène ; tantôt elle revêt le type croupal et alors elle se complique généralement de pleurésie. Elle est dénoncée par une forte accélération de la respiration et du pouls, par une hyperthermie intense, par l'aggravation de l'état général. Dans quelques cas, l'influenza s'accompagne encore d'une tuméfaction phlegmoneuse de la muqueuse laryngienne, accusée par une dyspnée grave et par des bruits de rétrécissement.

2° **L'asthénie cardiaque.** — Les battements du cœur deviennent plus rapides, le choc est palpitant, le pouls accéléré, petit, puis imperceptible. On constate encore de la dyspnée et une hyperémie passive des muqueuses.

3° **Des symptômes cérébraux graves** et la paralysie cérébrale, ou des troubles d'origine médullaire et la paralysie spinale.

4° **Une diarrhée colliquative** à terminaison mortelle.

5° **La fourbure.** — Elle est due à l'extension au tissu podophylleux de la phlegmasie développée aux extrémités.

Traitement. — L'influenza est souvent une maladie bénigne, aussi se borne-t-on à laisser les animaux au repos dans une écurie bien aérée, on leur donne des barbottages avec quelques cuillerées de sulfate de soude et 20 grammes de bicarbonate de soude chaque jour ; des bouchonnements fréquents et des frictions sinapisées sont toujours indiqués. Lors de complication du côté de la poitrine on a recours aux sinapismes sur les côtes et sur les reins, quelquefois aux vésicatoires ; on administre à l'intérieur l'électuaire suivant :

Miel commun.	1 kilog.
Alcool.	150 grammes.
Poudre de gentiane. . .	150 »
Camphre pulvérisé. . .	6 »

à donner dans la journée et jusqu'à effet.

DE LA MORVE

La morve est une maladie contagieuse ainsi nommée parce que le symptôme extérieur le plus saillant est l'écoulement par les voies nasales d'une matière purulente.

Causes. — La principale cause est la contagion, due à un bacille. On cite aussi les chevaux des pays froids et humides, ceux qui ont un tempérament lymphatique, comme payant un large tribut à la morve. La plus puissante des causes déterminantes est sans contredit le travail outré. L'alimentation pauvre, les aliments de mauvaise qualité, altérés, rouillés peuvent aussi préparer le terrain et faire contracter la morve.

Symptômes de la morve aiguë. — Ils comprennent trois périodes :

1° **Période d'invasion.** — Les animaux sont tristes, portent la tête basse, se tiennent à bout de longe et sont insensibles à tout ce qui les entoure, les poils se hérissent, les flancs se creusent et les frissons généraux apparaissent. Le pouls devient serré et petit, les battements du cœur sont forts, les muqueuses apparentes sont injectées ou prennent une teinte jaune safranée. La pituitaire est d'aspect marbré.

2° **Période d'éruption.** — Au bout de trois jours la muqueuse nasale se tuméfie, devient rouge jaunâtre, douloureuse et se recouvre de pustules blanchâtres entourées d'une petite auréole rougeâtre. Cette muqueuse donne naissance à un écoulement par un ou par les deux naseaux, d'un liquide séro-purulent, safrané, floconneux, souvent mélangé à des stries sanguines. En même temps les ganglions sous-glossiens s'engorgent et deviennent douloureux. Puis on constate du côté de la peau une éruption de petits boutons, de volume variable,

douloureux à la pression et œdémateux à leur circonférence. Ces boutons d'abord durs et pleins se ramollissent
et se relient aux ganglions lymphatiques voisins par des
cordes qui, d'abord grosses comme un tuyau de plume,
deviennent œdémateuses et montrent s ur leur trajet une
série de petites grosseurs qui ne tardent pas à présenter
un point fluctuant. Les ganglions auxquels ces cordes se
rendent, se tuméfient et forment des tumeurs ganglion-
naires. Ces phénomènes se remarquent surtout dans les
endroits où la peau est fine comme à l'encolure, sur les
côtes et la face interne des membres. Cette période
dure souvent trois à quatre jours.

3⁰ **Période d'ulcération**. — Aux pustules nasales
succèdent des ulcérations plus ou moins profondes,
rugueuses, souvent déchiquetées d'où s'échappe un
liquide purulent, jaunâtre, filant, parsemé de stries sanguinolentes de mauvaise odeur et formant en se desséchant une croûte qui dissimule l'ulcère. Ces ulcérations
toujours entourées d'un cercle rouge saignent au moindre
contact. Il arrive quelquefois qu'elles perforent les cloi-
sons nasales d'outre en outre. En même temps les boutons des cordes tendent à l'ulcération et laissent échapper un liquide blanc, jaunâtre, glaireux ou couleur lie
de vin. Les animaux succombent ordinairement du
dixième au quinzième jour, ou bien la morve passe à
l'état chronique.

Symptômes de la morve chronique. — Les
animaux sont lents, mous, mangent avec dégoût, la peau
est sèche, les poils ont perdu leur lustre et la conjonctive
est pâle avec un reflet jaunâtre Les ganglions de l'auge
sont tuméfiés, bossués, durs et adhérents à la face interne
du maxillaire inférieur. Il s'écoule par les deux narines
ou par une seule, ce qui est plus ordinaire, un jetage de
matières mal liées, grumeleuses, jaunes ou verdâtres, se

concrétant en couches gluantes sur les poils de l'orifice du nez. La muqueuse nasale, pâle, présente des chancres et des érosions épithéliales, à bords irréguliers, taillés à pic, à fond d'un gris plombé et jamais entourés de cercle rouge. Ces chancres choisissent comme lieu d'élection le repli de l'aile interne du nez

Il existe souvent à côté d'eux des érosions épithéliales qui ressemblent à des trainées d'ongle qui auraient enlevé le vernis de la muqueuse en lignes plus ou moins sinueuses semblables à des traces de vers ; ce qui lui a quelquefois fait donner le nom de morve larvée.

La durée de la morve chronique est de deux à trois mois, mais elle peut durer plus d'un an.

Traitement. — La morve est incurable. Toutes les ressources de la thérapeuthique ont été épuisées en pure perte. Il est reconnu que les praticiens qui ont prétendu avoir eu du succès dans cette terrible maladie, ont fait des erreurs de diagnostic.

Il faut, lorsqu'elle est reconnue, faire appliquer strictement les mesures de police sanitaire prescrites par les lois en vigueur et prendre les plus grandes précautions car la morve est contagieuse à l'homme. Le bacille nerveux produit dans ses cultures une *toxine*, appelée *malléine*, possédant une action révélatrice d'une grande valeur pour la diagnostic des cas douteux de morve.

Lorsque l'animal soumis à une injection de *malléine* accuse une élévation de température de 1° 5 et que l'œdème produit à l'endroit de la piqûre est volumineux, sensible et persistant, on peut assurer que le sujet est morveux.

LÉA, croisement flamand-hollandais, vache extra, 8 ans, donnant 14 à 15 livres de beurre par semaine
et tenant son lait très longtemps.

DE LA FIÈVRE CHARBONNEUSE

Causes. — La fièvre charbonneuse reconnaît pour causes l'infection miasmatique qui a lieu par l'appareil digestif, l'appareil respiratoire et la peau.

L'agent infectueux est un schigomycète ou bactéridie charbonneuse.

Symptômes. — L'invasion de la fièvre charbonneuse est brusque, rapide et présente tous les symptômes des congestions pulmonaires ou cérébrales : stupéfaction, faiblesse, démarche chancelante, respiration accélérée, chocs du cœur forts et métalliques, cyanoses des muqueuses, hémorrhagies par les ouvertures naturelles et mort apoplectiforme.

Comme moyens de diagnostic différentiel des congestions, il faut noter l'élévation de la température qui n'a pas lieu dans les congestions simples ; l'état du sang qui ne se coagule pas dans les affections charbonneuses ; l'inoculation qui tue la souris et le lapin et forme un œdème à l'endroit inoculé, enfin l'examen du sang qui dévoile l'existence de bactéridies.

Traitement. — Le traitement curatif de la fièvre charbonneuse n'existe pas. On a employé tous les désinfectants et tous les purgatifs connus, mais son élévation est tellement rapide que toute médication est impuissante.

On doit chercher dans les moyens prophylactiques à faire disparaître cette maladie appelée par Moïse le sixième fléau de l'Egypte. Il faut surtout s'attacher à améliorer l'écoulement des eaux croupissantes.

Il faut aussi, lorsque le charbon est reconnu, faire appliquer la loi, enfouir les cadavres dans les lieux éloignés des chemins, des habitations, des pâturages, désinfecter minutieusement les locaux et pratiquer l'inoculation sur les sujets sains.

DEUXIÈME PARTIE

CHAPITRE I.

DE L'ESPÈCE BOVINE

L'espèce bovine a aujourd'hui une importance considérable, sa population en France est de 15 millions de têtes et l'on estime que sa valeur atteint plus de 1 milliard et demi. Elle représente le tiers du capital consacré à l'espèce animale sur le sol de France.

Au point de vue agricole les bovidés satisfont à un travail qui ne saurait être fait que par les animaux de leur espèce ; ils permettent au cultivateur de recourir à des méthodes de culture perfectionnées (culture des céréales, puis culture des légumineuses, et enfin cultures sarclées). Par suite de la pratique de ces assolements, on obtient des produits (fourrages, racines, tubercules) qui n'auraient aucune utilité si les animaux de l'espèce bovine n'étaient pas là pour les consommer. Il faut ajouter à cela les abondants engrais qu'ils fournissent et à la faveur desquels on peut entretenir la fertilité du sol et y annexer des industries spéciales (sucrerie, distillerie).

On reconnaît dans cette espèce trois types distincts :

1° Les animaux de trait ;
2° Les animaux de boucherie ;
3° Les vaches laitières.

Type d'un animal de trait.

L'animal appartenant à cette catégorie devra présenter les caractères suivants :

Il sera vigoureux, énergique, trapu et fort. Le squelette

et les os seront volumineux et denses, la tête forte, le
front large, les cornes développées pour offrir un point
d'appui au joug, le chignon abondant, l'encolure épaisse,
le poitrine avancée, le fanon développé, la côte ronde, les
reins bien soudés, la fesse courte, le ventre peu volumineux, les membres épais, les jarrets larges, les pieds solides, la peau épaisse, le tempérament sanguin, la consti ·
tution athlétique (race de Salers, race gasconne). La taille sera proportionnée au sol qu'il est destiné à cultiver.

Type d'un animal de boucherie.

Les caractères sont diamétralement opposées au type
précédent. La tête sera petite, fine inférieurement, garnie
de cornes minces et courtes, l'encolure peu développée,
la ligne dorso-lombaire horizontale, le poitrail large, les
membres écartés, les rayons inférieurs grêles et courts,
le pied à corne molle et peu résistante. Les hanches écartées, les reins larges et développés, la fesse descendue ;
la peau fine, souple, glissant avec facilité sur un tissu
cellulaire abondant, le tempérament mou, lymphatique.
les poils assez abondants et doux au toucher. Une dépression derrière les épaules est un grand défaut, elle
indique toujours une poitrine faible.

*Procédé pour reconnaître le poids vif et le poids net
des bêtes de boucherie.*

Quand les bouchers marchandent une bête ils savent,
à la seule inspection de l'animal et au maniement, apprécier la quantité de viande nette qu'il fournira à la boucherie, cette rapidité d'appréciation au simple coup d'œil
fait partie de leur métier ; le cultivateur n'a pas toujours
le coup d'œil aussi juste, de là pour lui toujours des
appréhensions et souvent des pertes.

On divise les bêtes destinées à la boucherie en trois
catégories principales : maigres, mi-grasses, grasses.

Les bœufs et vaches maigres, mais cependant en état, donnent 45 à 60 °/₀ de leur poids en viande, 2 à 4 °/₀ en suif, 7 à 8 °/₀ en cuir ; les mi-grasses donnent 50 à 55 °/₀ de leur poids de viande nette, 4 à 6 °/₀ de suif, 7 à 8 °/₀ de cuir ; les grasses, de 58 à 60 °/₀ de viande, 6 à 10 °/₀ de suif, 5 à 7 °/₀ de cuir. Les veaux rendent de 50 à 60 °/₀ de viande nette, les moutons de 45 à 50 °/₀, le porc de 70 à 75 °/₀.

On conseille plusieurs procédés de mensuration pour évaluer le poids vif et le poids net d'un bœuf.

On mesure le pourtour de la poitrine en arrière des épaules ; appelons C la longueur obtenue. D'après M. Crevat, on obtiendra le poids vif d'un bœuf en état en élevant C au cube et en multipliant ce cube par 80 d'où la formule $P = 80\ C^3$; pour un bœuf mi-gras on multipliera C^3 non plus par 80 mais par 76 d'où $P = 76\ C^3$, pour les gras, le coefficient sera 72, $P = 68\ C^3$.

Pour avoir le poids net, M. Crevat indique les formules suivantes : $P = 35\ C^3$ pour le bœuf en état, $38\ C^3$ pour le mi-gras, $40\ C^3$ pour le bœuf gras, $42\ C^3$ pour le fin-gras.

Type d'une bonne laitière.

La véritable laitière se reconnaît ordinairement à la tête allongée et fine, l'œil doux, les naseaux étroits avec un mufle large, le corps long, le ventre volumineux, le bassin large, la queue longue et fine, les membres minces, la peau douce et souple, le poil fin. Le pis bien développé recouvert d'une peau fine, les trayons gros, allongés et placés en carrés ; il sera peu charnu, c'est-à-dire que, vidé par la traite, il sera petit et flasque. La veine mammaire sera grosse et sinueuse, la porte du lait large. La peau de la face interne des cuisses sera jaune et recouverte de furfures (son).

Les trayons courts, les poils épais et rudes sur un pis

charnu ou petit sont des mauvais indices. La vache laitière est plutôt maigre que grasse.

A ces caractères, il faut joindre ceux qui sont fournis par l'écusson. (Voir Système Guénon).

CHOIX DES REPRODUCTEURS

L'éleveur doit faire son choix d'après le service auquel il destine le produit (travail, engraissement, lait), il prendra les procréateurs qui conviendront le mieux à la nature du sol et à toutes les circonstances locales. Il faut éviter de donner un gros taureau à une petite vache, étroite du bassin, car le produit ne pourrait sortir sans le secours de l'art ; souvent dans ce cas la mère reste dans de mauvaises conditions.

De la saillie.

Lorsqu'on s'aperçoit qu'une vache ou une génisse est en chaleur, qu'elle beugle, que son lait tarit, qu'elle monte sur les autres vaches, on doit la faire saillir sans perdre de temps, car le moment propice disparaît vite dans cette espèce pour reparaître au bout de trois semaines.

Lorsqu'une vache ne conçoit pas et que les chaleurs reviennent souvent, on lui administre tous les jours pendant une semaine : camphre, 4 grammes, assa fétida, 40 grammes, sel de nitre, 15 grammes dans une bouteille de tisane de graine de lin.

Une génisse peut prendre le taureau à 15 mois, ce dernier doit être âgé de 18 mois à deux ans et ne faire qu'une saillie par jour.

La vache pleine refuse ordinairement le taureau et les chaleurs ne reparaissent plus. La durée de la gestation est de neuf mois, mais elle se prolonge presque toujours.

au delà, et on cite des cas où la durée a été de 300, 310 et 315 jours.

Moyens de reconnaître si une vache porte.

Pour reconnaître si une vache porte on applique la paume de la main sur le flanc droit et par la pratique on arrive sûrement à sentir le veau à partir de cinq mois.

Un autre moyen est de prendre du lait qui vient d'être trait et de le laisser tomber goutte à goutte dans un verre plein d'eau Si les gouttes se précipitent promptement au fond du verre, c'est un signe que la vache porte ; si elles se divisent et forment des nuages c'est que la bête ne porte pas.

Chez les génisses, le moyen est décelé par la consis · tance du liquide que contient le pis ; s'il est épais et gluant c'est un signe de plénitude, s'il est aqueux, c'est que la bête ne porte pas.

Lorsqu'une vache est pleine, il faut bien la soigner, lui donner des aliments de facile digestion et des boissons avec du son, de la graine de lin ou du tourteau. On la traitera avec douceur ; si elle travaille, on évitera de lui faire faire des travaux trop rudes. On cherchera à faire tarir son lait si elle donne après le huitième mois, en retardant les traites ou en les supprimant. Si le pis devient dur, rouge, douloureux, on fera plusieurs bains de vapeur dans la journée et on appliquera ensuite de l'onguent populeum.

Signes d'un part prochain.

Le part s'annonce par le gonflement de la vulve, la sortie de mucosités glaireuses, sanguinolentes, le gonfle ment du pis, la distension des ligaments qui détermine de chaque côté de la queue une dépression qui fait dire vulgairement que la vache est *cassée*.

Puis on voit bientôt paraître entre les lèvres de la vulve, la poche des eaux, sous forme d'une vessie qui se rompt ou que l'on perce avec une épingle. Les deux pieds de devant se montrent et après quelqnes contractions de la mère, la tête apparaît. On aide la sortie du veau en le tirant par les pieds, sans secousses et sans jamais se presser.

Si le veau est mal placé, s'il est trop gros, si le bassin est trop étroit, si la mère est épuisée, le part devient plus ou moins difficile et nécessite la présence du vétérinaire.

Quelques heures après le part, la vache rejette l'arriè-re-faix. Si cela n'a pas lieu, on l'enlève en énucléant un à un les cotylédons de la matrice d'avec les cotylédons placentaires.

Le plus sage est d'attendre et de faciliter sa sortie par des injections d'eau tiède phéniquée à 1 %, ou avec une solution de permanganate de potasse 2 %,

Une pratique qui hâte aussi l'expulsion du délivre est de placer sur la région des reins un sac renfermant des cendres de bois bien chaudes et souvent renouvelées.

(Voir non délivrance.)

Soins à donner à la mère qui vient de mettre bas.

Ils consistent à la bouchonner, à lui placer des chaudes couvertures en hiver et à la préserver des refroidissements et des indigestions dans les trois premiers jours qui sui-vent la mise bas. On doit ne la nourrir, pendant ce temps, que de boissons avec du son, de la graine de lin et des carottes cuites. Passé ce délai on la nourrit modérément.

Si le pis devient rouge et qu'il se forme un œdème qui s'avance loin sous le ventre (fréquent chez la génisse), il faut traire souvent et faire des fumigations avec des fleurs de sureau et enduire le pis d'onguent populeum.

Soins à donner aux veaux.

Aussitôt le veau venu, il faut le bouchonner pour le débarrasser des substances glaireures qui le recouvrent et lui administrer un verre à liqueur d'eau-de-vie dans un peu d'eau. Quelques heures après, s'il ne doit pas têter sa mère, on lui présente le premier lait (colostrum) ; il faut donner souvent et peu à la fois aux nouveaux nés et imiter en cela ce qui se passe à l'état de nature où le veau après avoir tété quelques instants va digérer ce qu'il a pris en gambadant dans l'étable ou dans la prairie.

Pour empêcher l'arthrite des veaux (glaires) et la diarrhée séreuse, je fais plonger, pendant les 4 premiers jours (deux fois par jour), le cordon ombilical, dane une solution phéniquée 2 %. Je recommande d'entretenir une litière sèche, propre et un local sain et aéré. En agissant ainsi, on réduit de beaucoup la mortalité des jeunes animaux.

DU SYSTÈME GUÉNON

François Guénon de Libourne aprés 25 années d'une observation constante est parvenu à reconnaître les qualités des différentes laitières. Comme il le dit dans son mémoire, il a pu juger et classer, à la simple inspection, les diverses espèces de vaches laitières, reconnaître la quantité et la qualité de lait qu'elles peuvent donner par jour, ainsi que le temps plus ou moins prolongé qu'elles le maintiennent.

Les signes indiqués par Guénon sont visibles sur chaque vache, à la partie postérieure entre le pis et la vulve (périnée), ce sont les écussons ou épis formés par les poils qui ont pris une direction opposés (contre-poil) ; ils sont dirigés en haut ou en travers, et selon les variétés, indiquent la classe et l'ordre auxquels appartient le sujet.

Suivant la forme et la dimension de l'écusson, Guénon assigne une quantité donnée de lait et détermine le temps pendant lequel les vaches conserveront leur lait après le vêlage. (1)

Dans toutes les divisions que l'auteur établit, *la quantité de lait est proportionnelle à l'étendue de l'écusson* qui doit être regardé comme le *réservoir du lait.*

Guénon assure aussi que les vaches dont l'écusson est formé du poil le plus fin sont les meilleures, surtout si elles ont, depuis le dedans des cuisses jusqu'à la vulve, la peau de couleur jaunâtre et si le *son* qui se détache de cette peau est de la même couleur ; tandis que toutes les vaches dont la peau est unie et blanche, le pis couvert d'un poil clair et le contre-poil des épis de l'écusson allongé, donneront toujours un lait séreux et maigre. Celles dont le pis est couvert d'un poil court et fourré, qui se retrouve dans les épis du contre-poil de l'écusson, donneront un lait gras et bon

Cette méthode a été examinée avec soin par plusieurs commissions agricoles et toujours les résultats ont été positifs.

Guénon a donc rendu un grand service à l'agriculture et comme les signes qu'il indique sont déjà marqués dans la jeuuesse, on ne devra sacrifier pour la boucherie que les génisses dont l'écusson étroit indiquerait une vache de dernier ordre.

Il en sera de même pour les taureaux qui seront conservés entiers s'ils appartiennent par l'écusson aux meilleures classes.

(1) Voir les gravures coloriées pages 311, 329 et 347.

DE L'AGE DU BŒUF

Le bœuf possède 32 dents ; 24 molaires et 8 incisives appartenant à la mâchoire inférieure, la machoire supérieure est garnie d'un bourrelet fibro-muqueux fort résistant sur lequel viennent appuyer les incisives inférieures lors du rapprochement des mâchoires.

Les incisives sont distinguées suivant leur position en deux pinces, deux premières mitoyennes, deux secondes mitoyennes et deux coins. Elles sont fixées en clavier au bout de la mâchoire inférieure et présentent une certaine mobilité, ce qui était nécessaire pour empêcher le bourrelet correspondant d'être entamé par un rapprochement trop brusque.

Éruption des incisives caduques.

Elle présentent un bord antérieur convexe qui disparaît par l'usure, on dit alors que la dent est *rasée ;* elle est *nivelée* quand la légère éminence conique qui se trouve à sa face interne a disparu.

Le veau naît quelquefois avec toutes ses incisives, d'autres fois avec les pinces et les mitoyennes seulement. Lorsqu'il n'en a pas, elles commencent à sortir 3 ou 4 jours après la naissance et elles complètent leur évolu-

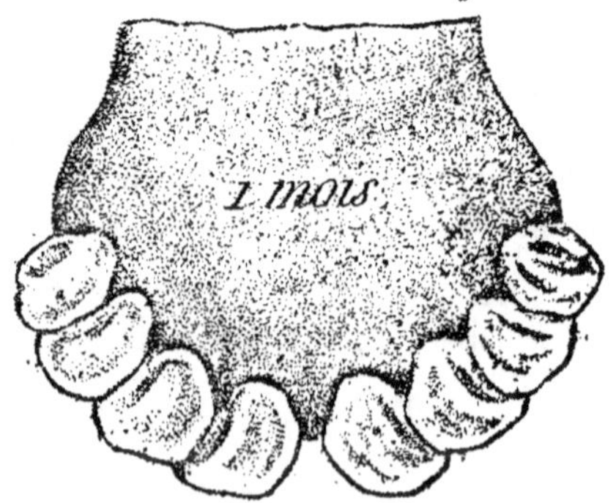

tion en 15 à 25 jours. Elles ne commencent à user que lorsque les veaux font usage de substances fibreuses. Quand les dents ont atteint leur longueur normale on dit que la mâchoire est au rond, c'est vers le 5e mois qu'elle y parvient. Le rasement des pinces a lieu entre 6 et 7 mois, celui des premières mitoyennes de 11 à 12 mois ; les secondes mitoyennes effectuent leur rasement

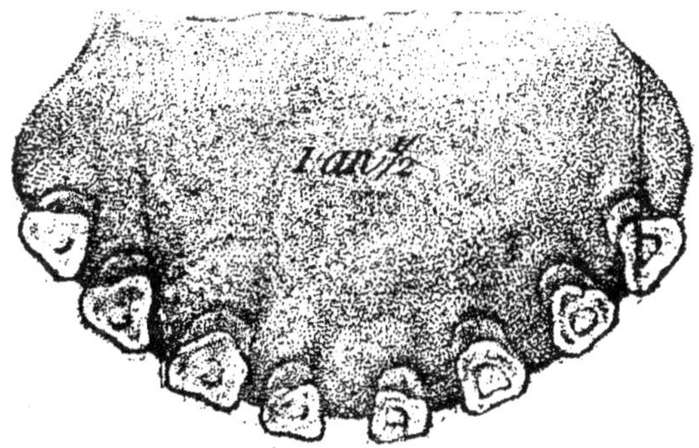

de 14 à 16 mois et les coins de 18 à 20 mois.

Éruption des incisives d'adultes.

Vers deux ans les pinces de remplacement ont pris la
(1)

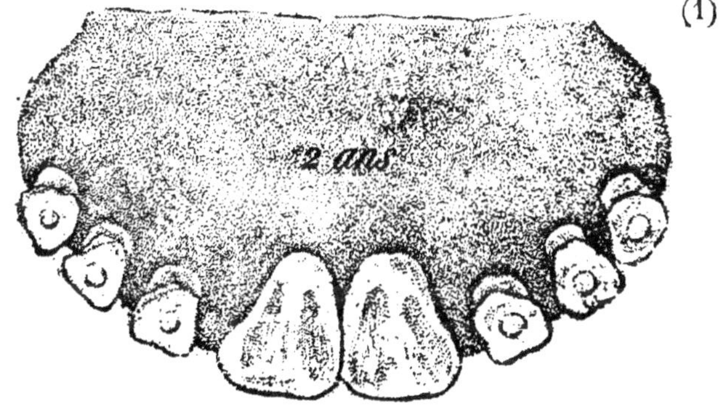

place des pinces de lait.

(1) Dessiné d'après nature par M. Rigot, professeur à l'école d'Alfort.

Le remplacement des deux premières mitoyennes s'o-

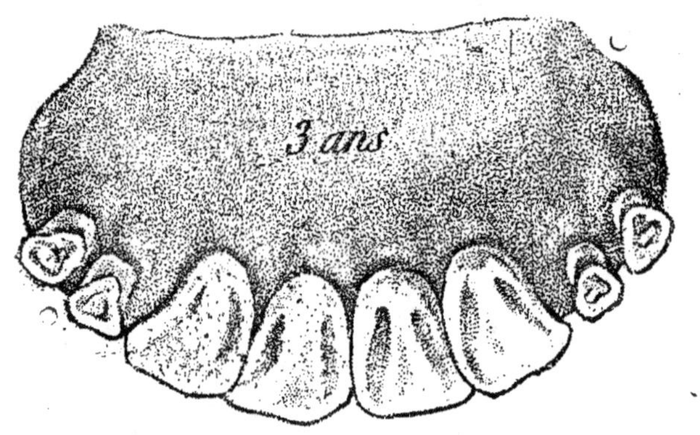

père entre 2 ans 1/2 et 3 ans.

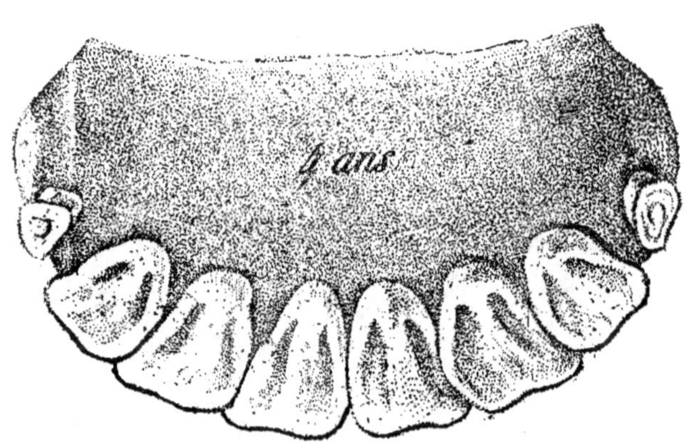

Les secondes sont remplacées de 3 ans 1/2 à 4 ans.

Les coins vers cinq ans.

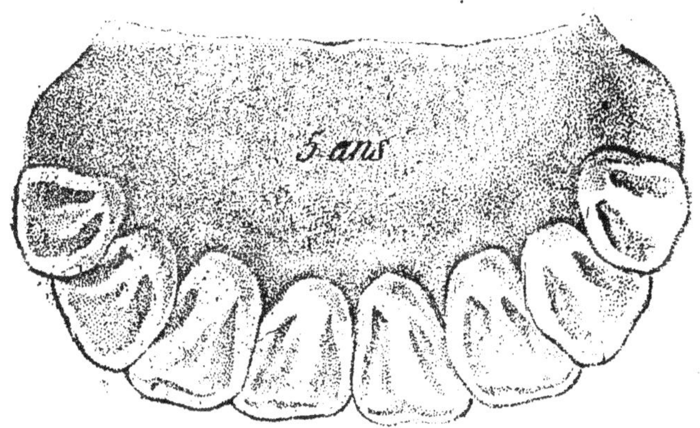

A 6 ans, toutes les incisives sont au même niveau, la

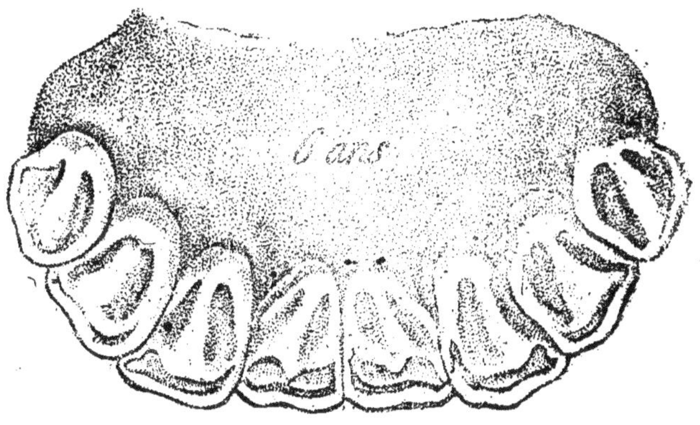

mâchoire est au rond et les pinces sont rasées.

A 7 ans, les premières mitoyennes complètent leur rasement.

A 8 ans, le rasement s'effectue dans les deuxièmes mitoyennes.

De 8 à 9 ans, les coins achèvent leur rasement.

Vers 10 ans, l'étoile dentaire des pinces et des mitoyennes présente une forme carrée avec une bordure blanche.

De 11 à 12 ans, l'étoile dentaire est carrée sur toutes les dents.

De 12 à 14, l'étoile dentaire s'arrondit et les dents s'écartent de plus en plus.

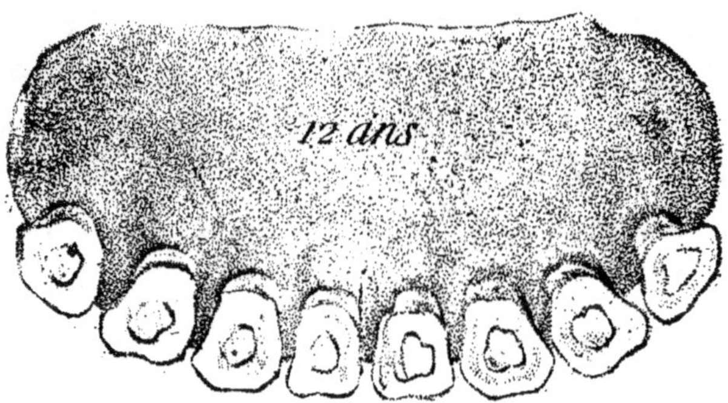

De 14 à 17, l'usure parvient jusqu'au collet et la dent

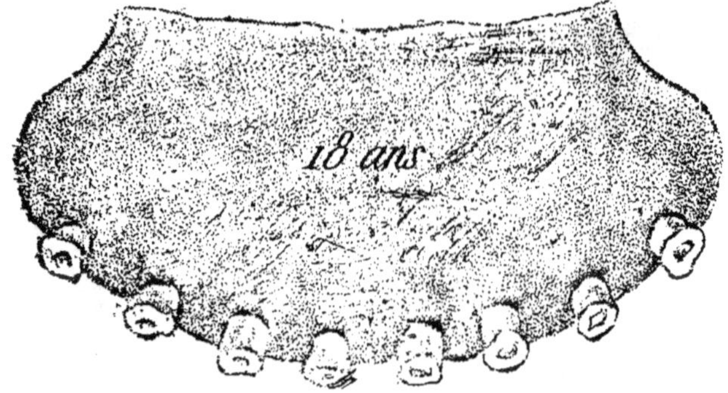

se rapproche de la triangularité.

Tous ces signes ne sont pas constants car le genre de nourriture influe beaucoup sur l'usure des incisives du bœuf.

De l'âge du bœuf par les cornes.

Quelques jours après la naissance du veau on peut voir apparaître sur les côtés du chignon et dégagés de la peau deux petits prolongements qu'on appelle cornillons.

Pendant la deuxième année, il se forme une nouvelle poussée de corne qui se trouve séparée de la première par un petit sillon.

Le même sillon se répète chaque année en séparant la la nouvelle pousse de la précédente.

En résumé, les cornes portent à partir d'un an une succession de dépressions et de bourrelets qui sont autant de signes à l'aide desquels on peut déterminer l'âge du bœuf. On procède de la pointe de la corne vers la base et l'on compte le nombre de sillons, mais comme ceux des deux premières années sont peu distincts, on prend le premier véritablement apparent pour trois et on ajoute à cet âge autant d'années qu'il y a de sillons jusqu'à l'origine de la corne.

Malheureusement les marchands détruisent les cercles qui bordent les dépressions en polissant et en enlevant toutes les parties rugueuses de la corne. Il faut donc toujours rectifier l'âge par l'examen des dents.

MALADIES DE L'ESPÈCE BOVINE

MALADIE DE L'APPAREIL DIGESTIF

Kystes des lèvres.

L'appareil digestif des ruminants étant très compliqué, subit souvent des dérangements dans ses fonctions, aussi rencontre-t-on fréquemment des maladies de cet appareil. Elles représentent à peu près les 3/4 des affections que l'on observe sur l'espèce bovine.

On constate quelquefois une tumeur du volume d'un œuf sur l'une ou l'autre lèvre. Elle débute ordinairement par une nodosité qui ne gêne nullement la préhension des aliments, mais bientôt elle s'accroît, refoule la lèvre, et empêche les animaux de paître. Les lèvres écartées, laissent écouler la salive comme dans les cas d'inflammation de la bouche.

Le traitement consiste à ponctionner et à débrider le kyste qui renferme un liquide visqueux. Ce dernier étant évacué, on lave la plaie et tout rentre à l'état normal.

Gnathite ou inflammation de la muqueuse qui tapisse les joues et les papilles.

Causes. — Les contusions, les dents difformes, les matières alimentaires qui séjournent entre les joues et les molaires, les substances irritantes, la pratique de couper les barbes sont autant de causes qui peuvent produire la gnathite.

Symptômes. — La muqueuse est rouge, les papilles sont tuméfiées et la salive fort visqueuse ; la mastication est gênée et la déglutition se fait avec effort. On rencontre quelquefois un engorgement chaud et douloureux s'éten-

CORA, race hollandaise, 3 ans, donnant 28 litres de lait par jour, tenant son lait très longtemps

dant sur la partie correspondante des masséters et gênant
le jeu des mâchoires ; il se termine souvent par un abcès.

Traitement — On fait de fréquents lavages de la
bouche avec de l'eau vinaigrée, de l'eau miellée ou de
l'eau légèrement phéniquée. Si on aperçoit une plaie
on la touche avec de l'eau alcoolisée additionnée d'eau
phéniquée. Quand il y a tendance à la formation d'un
abcès sur les joues, il faut employer l'onguent populeum
ou l'onguent de laurier et ouvrir l'abcès dès que la suppuration est bien formée.

On lave ensuite à l'eau phéniquée ; si l'abcès ne se
forme pas, on a recours aux frictions d'onguent vésicatoire ou de feu liquide.

Gengivite ou inflammation des gencives.

Causes — Elle est causée par les maladies des dents
et les matières irritantes qui pénètrent dans la cavité
buccale.

Symptômes. — Les gencives deviennent rouges
gonflées et douloureuses, la mastication ne se fait plus
régulièrement sur le côté malade, elle n'a lieu souvent
que du côté ou le mal n'existe pas.

Dans la plupart des cas, la gengivite est de courte durée,
mais elle peut cependant se terminer par la suppuration
ou l'ulcération de la muqueuse qui saigne alors très facilement. D'autres fois il se forme des tumeurs plus ou
moins volumineuses situées près des molaires soulevant
les joues. Si elles augmentent, la mastication devient impossible et les animaux maigrissent considérablement.

Traitement. — Le début de la gengivite est traité
comme la gnathite, c'est-à-dire avec des lotions d'eau
vinaigrée additionnée de quelques gouttes de phénol.

Si le mal s'aggrave, on emploie l'onguent vésicatoire en
frictions sur les joues et si la suppuration apparaît, on

arrache les dents ébranlées avec des pinces ad hoc, on favorise ainsi l'écoulement du pus ; s'il se forme des végétations fibreuses, il faut les exciser et arrêter l'hémorrhagie avec le perchlorure de fer, puis cautériser les plaies avec le nitrate d'argent. On fait de fréquents lavages de la bouche avec de l'eau crésylée à 5 grammes par litre d'eau.

Sur les ulcérations commençantes Guittard recommande la solution suivante :

Borate de soude	. .	15 grammes
Vinaigre de vin.	. .	60 »
Miel. . . .	. .	60 »

Glossite ou inflammation de la muqueuse de la langue.

Causes. — Toutes les substances irritantes provenant des aliments fermentés, moisis, les liquides trop chauds, les médicaments caustiques sont les causes ordinaires de la glossite. Une autre cause très fréquente est l'arrêt des barbes d'épis de graminées à la partie renflée de la langue, où ils produisent à la longue une plaie plus ou moins profonde appelée *trou de la langue*.

Symptômes. — Les animaux prennent difficilement leurs aliments et les laissent souvent tomber avant de les avoir mâchés complètement, il y a de la difficulté dans la déglutition des solides et des liquides. La langue est très sensible et quand on veut la tirer dehors pour l'examiner, les sujets se défendent avec énergie, la salivation est plus ou moins abondante suivant le degré d'inflammation ; on peut constater sur l'organe outre la rougeur, des petites plaies, des aphtes, ou bien le *trou de la langue*. Dans ce dernier cas, la guérison se fait plus longtemps attendre et malgré le traitement, il faut souvent le régime du vert pour le faire disparaître.

Traitement. — Il consiste en des lavages de la bouche avec des tisanes émollientes additionnées de miel, d'eau crésylée, etc. Si l'on rencontre des plaies, il faut les toucher avec de l'alcool camphré et donner des boissons farineuses tièdes, du vert, des racines cuites. Si le trou de la langue est formé on aura soin d'enlever avec précaution tous les corps étrangers qui y sont logés et de les remplacer par de la pommade phéniquée. Si la plaie est ancienne, on a recours au nitrate d'argent pour ramener l'inflammation à l'état aigu.

Glossite parenchymateuse ou inflammation du tissu de la langue.

Causes. — Ce sont les mêmes que pour la glossite superficielle.

Symptômes. — Le symptôme dominant est la tuméfaction de la langue qui peut acquérir un volume énorme et oblige alors les animaux à tenir les mâchoires écartées. Il arrive qu'elle pende en dehors de la bouche, vienne frotter sur les incisives et former une plaie transversale plus ou moins profonde. La déglutition est difficile et une salive épaisse et filante s'écoule par les commissures des lèvres. Malgré l'intensité des symptômes, la glossite profonde se termine presque toujours par la résolution.

Traitement. — Il faut chercher à débarrasser la langue des corps étrangers qui peuvent s'y trouver collés et déterger la cavité buccale à l'aide d'injections vinaigrées légèrement phéniquées. Pour combattre la congestion, on pratiquera des mouchetures sur la face inférieure de la langue et dans sa partie médiane. Pour empêcher son frottement sur les dents on enveloppera son extrémité inférieure dans un filet, en ayant soin de l'arroser le plus souvent possible avec de l'eau de mauve et quelques gouttes d'eau phéniquée.

Plaies de la langue.

Causes. — Tous les corps étrangers pointus peuvent

occasionner des plaies à la langue, soit qu'ils se trouvent dans les aliments, ou qu'ils soient recherchés par l'appétit dépravé de certains animaux.

Symptômes. — Lorsqu'un corps étranger est implanté sur la langue, l'animal cherche à s'en débarrasser en inspirant des mouvements divers à cet organe qui sort et rentre alternativement en appuyant sur la commissure des lèvres ou sur le palais.

Traitement. — Il consiste à extraire le corps étranger et déterger la bouche comme il est dit à propos de la glossite.

Stomatite ou inflammation de toute la cavité buccale.

Causes — Parmi les causes qui font naitre la stomatite il faut citer :

Les aliments irritants, les liquides absorbés trop chauds, les médicaments caustiques, les maladies des dents ou leur irrégularité.

Symptômes. — Le premier symptôme qui frappe est une salivation abondante et de la difficulté dans la préhension des aliments qui sont quelquefois rejetés sans être mâchés. La bouche est chaude, rouge, fade et souvent fétide. La stomatite marche plus ou moins vite vers la résolution suivant le degré d'inflammation de la muqueuse.

Traitement. — Dans le cas de stomatite légère, il suffit de gargariser la bouche avec de l'eau miellée, vinaigrée, boriquée ou alcoolisée ; les injections dans la bouche avec les décoctions de têtes de pavots, de stramoine, de morelle sont les meilleurs moyens à employer. Pendant le traitement on donnera du vert, des racines cuites (carottes, betteraves) et du barbottage à discrétion.

Stomatite aphteuse non contagieuse.

Dans cette variété, on rencontre avec les symptômes

de la stomatite franche des aphtes sur la langue, le voile
du palais, rarement à la face interne des lèvres. La mamelle. les espaces interdigités en sont exempts et la contagion ne se produit pas.

Le traitement consiste en injections dans la bouche
d'eau boriquée, vinaigrée ou chloratée (10 grammes de
chlorate de potasse par litre d'eau).

Stomatite ulcéreuse.

Lafosse dit avoir rencontré chez les veaux une stomatite ulcéreuse souvent mortelle. Les ulcérations existaient
sur les muqueuses buccale et gastro-intestinale.

Il indique comme traitement la cautérisation des ulcères avec le crayon de nitrate d'argent et les gargarismes
astringents.

Stomatite mercurielle.

Les symptômes observés par Lafosse étaient les suivants ; ptyalisme abondant, fétidité de la bouche, gonflement avec couleur blafarde des gencives, de la muqueuse
buccale et de la langue, enduit grisâtre sur cet organe et
ébranlement des dents. Plus tard les gencives s'ulcèrent,
les dents tombent, les alvéoles se nécrosent, les glandes
salivaires se gonflent, etc. Si la maladie arrive à son sum-
mun d'intensité, on constate de l'abattement, de la stupeur, de la salivation sanguinolente, de la diarrhée noirâtre et enfin la mort ne tarde pas à survenir.

Traitement. — On préconise celui de la stomatite
franche et pour neutraliser l'action du mercure on administre les purgatifs, le soufre, le sulfate de fer, l'acide
phosphorique et toutes les subtances qui forment avec
le mercure des composés insolubles.

Voici les préparations que recommande Guittard :

            Soufre sublimé. . . . 30 grammes.
            Œuf 1   »

Farine de froment quantité suffisante pour faire un bol.

> Sulfate de fer . . . . 10 »
> Décoction de mauve. . 1 »

Faire dissoudre à chaud en remuant.

> Chlorate de potasse . . 10 »
> Décoction de mauve. . 1 litre.

Dissoudre à chaud également.

Angine pharyngée ou pharyngite.

Voyez : *angine du cheval*, page 84.

Œsophagite ou inflammation de l'œsophage.

Causes. — Elle résulte souvent du séjour prolongé d'aliments trop volumineux (pomme, carotte, rave, etc.) et des manipulations plus ou moins longues pratiquées pour les extraire et les refouler. Les liquides trop chauds et les médicaments irritants (ammoniaque) peuvent produire aussi l'œsophagite.

Symptômes. — L'encolure est tendue et les animaux allongent la tête pour déglutir. Au moment d'être avalé, le bol alimentaire est rejeté par la bouche et le nez ; en pressant la gouttière œsophagienne, on provoque de la douleur. Cette affection se termine souvent par la résolution au bout de huit jours, mais quand elle passe à l'état chronique il est prudent de conseiller l'abattage des animaux pour la boucherie car ils maigrissent rapidement.

L'œsophagite peut aussi se terminer par la gangrène qui est toujours mortelle.

Traitement. — Il faut administrer des boissons de graine de lin et de fleurs de mauve additionnée d'une infusion de fleurs de pavots. On fait ensuite des frictions sinapisées sur la gouttière jugulaire gauche et on donne du barbottage, des carottes cuites et du vert si c'est possible. Généralement il est utile de pratiquer une saignée et d'insister sur les révulsifs à la face externe de l'encolure pour empêcher le passage à l'état chronique auquel cas on recommande l'iodure de potassium à la dose de 10 grammes.

Les auteurs allemands emploient des boissons froides et même la glace.

Dilatation de l'œsophage.

Voyez : *Jabot chez le cheval*, page 86.

Rétrécissement de l'œsophage.

Causes — Il est produit par des tumeurs scrofuleuses ou des ganglions tuberculeux qui compriment l'œsophage ou l'enserrent complètement.

Symptômes. — Le symptôme dominant est la *tympanite chronique*, auquel viennent s'ajouter les symptômes de la tuberculose (peau adhérente, jetage, toux, amaigrissement, submatité, etc).

Traitement. — Il consiste dans l'emploi de la sonde œsophagienne : quand ce moyen échouent on prescrit l'abattage des sujets.

Perforation de l'œsophage.

Causes. — Elle est produite par les manipulations exercées pour enlever un corps étranger logé dans l'œsephage ou par la déchirure d'un jabot.

Symptômes. — Les matières alimentaires s'amassent à la solution de continuité de l'œsophage et forment une tumeur plus ou moins grosse, la déglutition est rendue impossible et les aliments reviennent par la bouche et le nez Dans les quelques cas que j'ai rencontrés, j'ai toujours observé l'engorgement emphysémateux de l'encolure, de l'épaule et de la tête signalé par Friedberger et Frohner.

Traitement. — On recommande d'inciser la tumeur et de rapprocher les lèvres de la plaie œsophagienne au moyen d'une suture, mais comme ce moyen est rarement suivi de succès, je conseille toujours l'abattage des sujets pour la boucherie.

Corps étrangers arrêtés dans l'œsophage.

Ce sont les fruits, les pommes de terre, les carottes, les navets, les betteraves qui causent le plus souvent cet accident.

Symptômes. — Pour s'assurer de l'obstruction œsophagienne on administre à l'animal un litre ou deux d'eau fraîche ; on voit alors l'œsophage se gonfler, présenter des ondulations, puis le liquide mélangé à la salive est rejeté par la bouche et le nez. Souvent il y a des vomiturations, du ptyalisme et de la toux. Quand le corps étranger est près du pharynx, la respiration est gênée et il y a parfois crainte d'asphyxie. S'il occupe la portion cervicale de l'œsophage, il est facile à reconnaître par la saillie qu'il forme dans la gouttière œsophagienne ; s'il se trouve dans la portion thoracique, ce symptôme fait défaut La tympanite est plus ou moins prononcée suivant la forme du corps (rond ou angulaire) qui obstrue le conduit œsophagien.

Traitement. — Pour désobstruer l'œsophage, il y a trois indications : 1° refouler le corps étranger dans l'estomac ; 2° le faire ressortir par la bouche ; 3° pratiquer l'œsophagotomie.

Pour le premier cas on fait avaler un verre d'huile et on maintient la tête de l'animal levée, on tire et on refoule alternativement la langue pendant qu'un aide exerce le massage de la région œsophagienne.

Si ces manœuvres échouent on cherche à pousser directement le corps étranger à l'aide d'une baguette flexible, de la grosseur du pouce, munie d'un tampon d'étoupes ou de toile à une de ses extrémités. On enduit cette dernière d'huile d'olive et la tête de l'animal étant bien étendue, on saisit la langue avec la main gauche et avec la main droite, on introduit la baguette dans la bouche en suivant la voûte palatine. Dès qu'on a franchi le pharynx, le poussoir descend librement dans l'œsophage jusqu'à la rencontre du corps étranger, on pousse légèrement en imprimant à la baguette un mouvement de torsion de manière à déplacer le corps ; si on y parvient, il disparaît et avec lui tous les symptômes et particulièrement la tympanite. Quand celle-ci est trop forte je pratique la ponction du flanc gauche avec le trocart fin avant d'engager le poussoir dans l'œsophage. La tension étant moins grande du côté des flancs, le sujet respire plus librement et l'opération se fait dans de meilleures conditions.

Quand le corps est arrêté au pharynx ou dans la première portion de l'œsophage, il est souvent facile de le retirer avec la main, j'ai réussi deux fois par ce moyen et bon nombre de fois à l'aide de la main d'un enfant.

Nous passerons sous silence les différentes manipulations exercées par les bergers et les maréchaux, elles restent souvent sans effet ou sont plus nuisibles qu'utiles.

Si tous les moyens laissent en plan, on a recours à *l'œsophagotomie*, c'est-à-dire à l'incision de l'œsophage et à la suture de ses parois après l'extraction du corps.

L'apomorphine en injections sous-cutanées, 10 à 20 centigrammes dans 20 grammes d'eau, a donné de bons résultats à certains praticiens.

Pica ou maladie du lécher.

Causes. — On cite comme causes les locaux insalubres, le défaut de soins hygiéniques, les irritations gastro-intestinales, la mauvaise nourriture et surtout l'insuffisance des sels de soude dans les aliments. On rencontre cette affection dans les contrées pauvres, vers la fin de l'hiver lorsque le fourrage devenu rare est donné avec parcimonie. Elle est plus fréquente sur les bonnes laitières et sur les vaches en gestation avancée que sur les bœufs.

Symptômes. — Au début les animaux perdent un peu l'appétit, on dirait qu'ils épluchent leurs aliments, les repas durent plus longtemps et la rumination est rare, puis l'appétit devient capricieux ; les sujets recherchent de préférence les plantes grossières, la litière souillée d'urine, ils laissent l'eau claire pour boire du purin ou l'eau des mares ; ils lèchent les murs, les pierres, les vêtements qui sont à leur portée. Ils avalent les chiffons, le bois, le cuir, de la terre, des cailloux et généralement toutes les matières calcaires et argileuses

Au bout d'un temps plus ou moins long, la sécrétion lactée diminue, les animaux maigrissent, les muqueuses pâlissent, la peau se recouvre de crasse et se colle aux os. Si on n'institue pas un traitement rationnel au début, cette affection se termine par la mort.

Traitement. — Lorsque la maladie du lécher dépend d'une affection gastro-intestinale, il faut donner du bicarbonate de soude, de la craie, de la poudre de gentiane, du sel de cuisine, de l'acide chlorhydrique (10 grammes dans un litre d'eau). Si l'ostéomalacie existe en même temps, on mélangera le phosphate de chaux aux aliments dans la proportion d'une cuillerée à bouche aux principaux repas.

On choisira en abondance des aliments riches en sels nutritifs et si c'est possible on y ajoutera de l'avoine, des fèves et des pois.

Comme moyens curatifs Lemke recommande les injections sous-cutanées de chlorhydrate d'apomorphine à la dose de 10 à 20 centigrammes pour la vache et le veau (une fois par jour pendant trois jours de suite).

Gastro-entérite aiguë. — Indigestion aiguë.

Causes. — Les aliments altérés, moisis, le foin vasé,

les plantes âcres irritantes, les fourrages indigestes ou couverts de gelée, la surcharge de la panse, le travail prolongé qui empêche la rumination et les refroidisssements, sont les causes ordinaires de la gastro-entérite.

Symptômes. — Au début l'appétit est diminué et la rumination ralentie. Les animaux sont paresseux, plus longs à se déplacer et paraissent fatigués, ils sont tristes et restent longtemps couchés. Les excréments sont expulsés plus rarement, ils sont un peu plus durs qu'à l'état normal et souvent luisants ; la fièvre est nulle, les cornes sont chaudes et le mufle est recouvert de rosée.

A cette première étape, l'affection disparaît vite par le repos et la diète. Sinon elle s'aggrave et la fièvre apparaît, la colonne vertébrale se vousse, les membres se rassemblent, le poil se pique, les conjonctives sont injectées et les extrémités sont alternativement chaudes et froides. On constate souvent des frissons et le mufle reste humide mais sans rosée. L'appétit, la soif et la rumination sont supprimés ; le flanc gauche est légèrement ballonné et en le pressant on sent à travers ses parois une masse pâteuse qui n'est plus animée par les mouvements de la panse. Les animaux poussent des plaintes quand on leur presse la colonne vertébrale ou quand ils franchissent le seuil de l'étable.

Habituellement on constate des coliques sourdes, ou les animaux trépignent des membres postérieurs, sont inquiets, se frappent même les parois abdominales avec les pieds de derrière et se couchent sur le côté en allongeant les quatre membres. La défécation est rare ; les excréments sont noirs, durs et recouverts de mucosités, ou bien ils se ramollissent, deviennent diarrhéiques et contiennent des matières alimentaires non digérées mêlées à de fausses membranes et quelquefois à des stries sanguines ; l'urine est foncée et rare, la sécrétion lactée est fortement diminuée.

Si la gastro-entérite devient suraiguë d'emblée, les signes sont plus alarmants et l'on constate les symptômes suivants : bouche chaude et fade, langue chargée, appétit complètement supprimé ainsi que la rumination, constipation opiniâtre ou diarrhée spumeuse avec fausses membranes ; les mamelles sont flasques, les malades sont souvent couchés et poussent des plaintes répétées, les yeux sont chassieux et enfoncés dans les orbites, la fièvre est intense. Le mufle est sec, son épithelium se fendille et un jetage gluant se colle aux naseaux, il y a du grincement des dents, de la faiblesse extrême et la mort est la terminaison ordinaire de cette affection arrivée à ce haut degré.

Traitement. — Ce qu'il faut recommander surtout c'est la diète sévère jusqu'au retour de la rumination, pour que la panse ait le temps de se débarrasser des matières alimentaires qui s'y trouvent en grande quantité. On ordonnera de fréquents lavements d'eau de mauve et d'infusion de mercuriale additionnée de sel de cuisine ou de sulfate de soude. On bouchonnera vigoureusement l'animal plusieurs fois par jour pour activer les fonctions digestives intimement liées aux fonctions de la peau. En même temps on administre 500 grammes de sulfate de soude dans un litre d'infusion de camomille. L'acide chlorhydrique à la dose de 10 grammes dans un litre d'eau ; l'émétique à la dose de 8 grammes, ont rendu de grands services.

Quand la gastro-entérite est aiguë, je pratique toujours une saignée de trois litres que je renouvelle le lendemain ou le surlendemain si les plaintes persistent et je m'en trouve bien ; je m'en passe dans les cas bénins.

Harms recommande les injections sous-cutanées de vératrine (10 centigrammes). J'ai quelquefois employé ce traitement, et toujours avec succès.

D'autres auteurs recommandent le sulfate d'ésérine

(10 centigrammes) je ne sais jusqu'à quel point ce moyen est pratique.

Quand l'affection s'accompagne de coliques je fais frictionner le dessous du ventre avec de la farine de moutarde

Des couvertures chaudes et des boissons émollientes faites avec du chiendent, de la graine de lin, des fleurs de mauve et une bonne poignée de sel de cuisine complètent le traitement. Si le malade ne veut pas boire, je conseille de lui faire prendre toutes les heures un litre de la

(1)

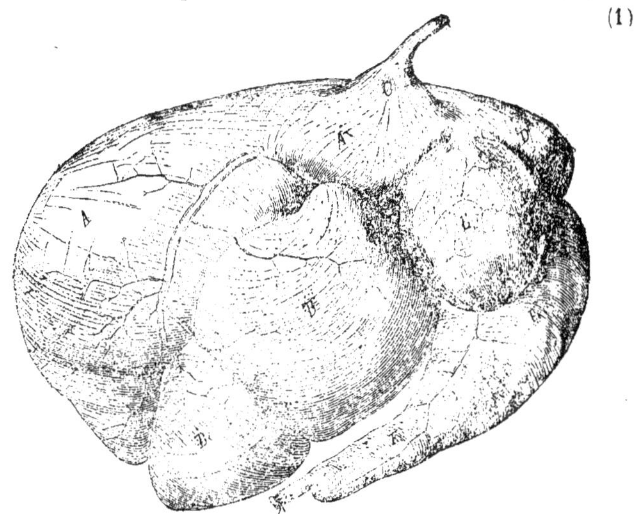

ESTOMAC DU BOEUF

tisane ci-dessus que l'on aura soin de passer préalablement sur un linge fin.

Gastro-entérite chronique. — Indigestion chronique. — Obstruction du feuillet.

Causes. — Au premier rang il faut citer le passage de l'état aigu à l'état chronique, la mastication incomplète

(1) A Rumen (partie gauche).   D Réseau.
      B Rumen (partie droite).   E Feuillet.
      C Epanouissement de l'œsophage.   E Caillette.

des aliments et en général tout ce qui forme un obstacle à la rumination.

Symptômes. — Les animaux sont tristes, mangent avec moins d'appétit, s'approchent plus lentement de la mangeoire ; ils ne ruminent plus, sont légèrement ballonnés, ont le poil terne et piqué, les extrémités chaudes ou froides, quelquefois chaudes d'un côté et froides de l'autre, le mufle alternativement sec et humide, les aliments de la panse ont une consistance pâteuse et les mouvements péristaltiques sont rares.

Plus tard la maladie s'aggrave ; on constate de l'abattement, le dos se vousse, la démarche est chancelante, il y a du larmoiement et le mufle sec se fendille. Les excréments sont expulsés par masses noires (bouse brulée) recouvertes de mucus et quelquefois de stries sanguines. D'autres fois on constate de la diarrhée avec des parcelles alimentaires non digérées. L'urine est rendue moins abondante et la sécrétion lactée est à peu près tarie. L'animal fait entendre des plaintes quand il est couché, ou quand on le force à se déplacer ; toujours on observe des grincements de dents.

Si la maladie ne s'amende pas, l'abattement augmente ainsi que la tympanite, les plaintes deviennent plus fréquentes, la peau se colle aux os, les yeux s'enfoncent dans les orbites et la mort arrive par épuisement.

Comme complications, on a signalé de la paralysie de l'arrière-train et de l'emphysème général.

Traitement. — Ici comme pour l'irritation aiguë il faut soumettre les animaux à une diète sévère et donner l'acide chlorhydrique à la dose de 15 grammes dans deux litres d'infusion d'absinthe ou de camomille. L'essence de térébenthine à la dose de 30 grammes dans une infusion de camomille a été préconisée par Rebellet, c'est un très bon médicament qui m'a rendu de signalés services.

Comme évacuants on prescrit le sel marin, le sulfate de soude à la dose de 750 grammes dissous dans 3 litres d'eau donnés d'heure en heure. — Rychner recommande l'émétique dans une infusion de camomille et un demi litre d'huile dans un litre de décoction de graine de lin. L'huile de ricin à la dose de 1/2 litre dans un litre de tisane de graine de lin a été souvent employée.

La diète doit être observée jusqu'à ce que la rumination se rétablisse, il est toujours prudent d'user de la muselière

Des frictions sèches et animées avec de l'essence de térébenthine sur le ventre et le long du dos, des boissons émollientes, les lavements souvent répétés sont aussi des moyens avantageux.

Quelques praticiens ont, dans certains cas, injecté 30, 40, 50 litres d'eau tiède en quelques heures dans le rumen au moyen du trocart et d'un entonnoir qúi s'y adaptait. Ils ont, paraît-il, obtenu par ce procédé des succès remarquables.

Météorisation aiguë. — Tympanite. Ballonnement.

C'est une fermentation qui s'opère dans le rumen et les autres viscères servant à la digestion. On lui a aussi donné le nom de tympanite à cause du son que donne l'abdomen quand il est percuté.

Causes. — Elle est causée par le trèfle, la luzerne et en général par toutes les plantes légumineuses, jamais par les plantes des prairies naturelles. Elle est fréquente en automne. On la rencontre aussi en hiver après une trop forte ingestion de choux cavaliers.

Certaines plantes, comme le coquelicot, prédisposent à la météorisation en ralentissant les fonctions digestives et en empêchant la rumination.

Symptômes. — Elle se développe quelquefois aux champs. après l'ingestion d'une faible quantité de matières alimentaires. Le ventre devient volumineux, le flanc gauche s'élève graduellement et bientôt les saillies de la hanche disparaissent. La respiration devient de plus en plus difficile par suite de la compression du poumon. L'animal se plaint, porte la tête au vent, salive beaucoup et rend fréquemment de petites quantités de matières excrémentielles et d'urine ; les muqueuses sont injectées et quelquefois cyanosées. Si le ballonnement augmente, la respiration est courte, les muqueuses deviennent livides, l'animal cherche à respirer avec la bouche, puis il se frappe le ventre avec les pieds posterieurs, il chancelle, tombe et meurt.

Traitement. — Les deux indications à remplir sent :
1° D'expulser ou de condenser les gaz.
2° D'empêcher la fermentation en toniquant l'estomac.

On donne, pour arriver à la première indication, 20, 30 et jusqu'à 50 grammes d'éther dans un litre d'eau fraîche ou une cuillerée à bouche d'ammoniaque également dans une bouteille d'eau fraîche. La camomille salée, le vin, le cidre, la bière sont aussi recommandés pour tonifier l'estomac. Un mélange à parties égales d'huile et d'eau-de-vie est un moyen très énergique.

On a pour habitude à la campagne de placer dans la bouche de l'animal un baillon en bois ou en paille dont on fixe les extrémités derrière les cornes. L'animal est obligé de tenir la bouche ouverte, ce qui favorise l'expulsion des gaz. Quand ces moyens échouent, on emploie la sonde anglaise. Elle est formée d'un tuyau élastique garni à son extrémité d'une boule creuse en étain, percée de trous. L'introduction de cette sonde dans l'œsophage facilite la sortie des gaz.

Si malgré tous les moyens précités, les symptômes de-

LORETTE, race belge, 3 ans, vache médiocre comme rendement.

viennent de plus en plus alarmants il faut faire la ponction avec un petit trocart après avoir préalablement incisé la peau avec le bistouri ou un canif. Si on n'a pas de trocart à sa disposition, on ponctionne avec un couteau et on introduit par l'ouverture la canule d'une seringue ou un tube de sureau.

Météorisation avec surcharge d'aliments.

Causes. — Elle est produite par une grande quantité d'aliments dans le rumen, lesquels fermentent en produisant une distension extrême de la paroi.

Symptômes. — On la constate souvent au retour des animaux à l'étable ; le flanc gauche est très distendu, mais il n'y a presque pas de résonnance ; avec la main on perçoit une masse dure, pâteuse, un peu élastique. Les animaux poussent des plaintes, ont de la difficulté à suivre le troupeau, allongent la tête et respirent difficilement, ils se couchent, se relèvent et éprouvent de l'inquiétude.

Il y a surtout des régurgitations de gaz et de liquides quelquefois mêlés de parcelles alimentaires qui paraissent produire du soulagement. La maladie est parfois si rapide que les sujets ne peuvent être ramenés à l'étable, ils tombent et meurent en chemin.

Traitement. — Dans les cas bénins, les breuvages excitants ; vin, bière, café additionnés de cognac et de sel produisent de bons effets ; mais dans les cas graves un seul moyen peut être efficace, c'est la ponction avec un large trocart ; si cette opération n'amène pas de soulagement, il faut débrider la plaie avec le bistouri et évacuer, avec la main introduite par cette ouverture, le plus d'aliments possible. Il reste à cicatriser une plaie longue qui doit être tenue propre et couverte d'un morceau de toile fixé avec de la térébenthine.

PONCTION DU RUMEN DANS LA MÉTÉORISATION

Météorisation chronique.

Causes. — Se rencontre surtout pendant l'hiver. Cette affection est produite par les matières alimentaires qui se durcissent et fermentent dans l'estomac (balles de céréales, foin et paille hâchés trop fin). Les différentes maladies chroniques de ce dernier organe, en supprimant la rumination peuvent aussi l'engendrer ; souvent elle est intimement liée à la tuberculose.

Symptômes. — Après un repas ordinaire, la rumination est suspendue et la météorisation apparaît. Cet état persiste deux ou trois jours ; puis tout rentre à l'état normal. Dans un temps plus ou moins éloigné, les mêmes symptômes se répètent, la rumination est supprimée, les mouvements de la panse et ses bruits sont peu sensibles, à ces symptômes s'ajoute souvent une constipation opiniâtre. La respiration n'est jamais difficile et les signes alarmants de la tympanite aiguë font défaut. A mesure que le mal progresse, le poil se pique, la peau se colle, l'amaigrissement se dessine et la bête finit par succomber.

Traitement. — Il faut tonifier le rumen en administrant des infusions aromatiques : camomille, absinthe mélangées au vin, à la bière. Festal Philippe a conseillé l'administration de l'aloès (30 grammes) uni à l'ipécacuanha (10 à 15 grammes).

Chabert conseillait un décilitre d'huile associée au vin, à l'eau-de-vie et donné 9 ou 10 fois par jour. — Le soufre dans le lait, les tartines saupoudrées de poivre peuvent ramener la rumination. Le verâtre blanc (10 grammes), avec de la poudre de gentiane (20 grammes), en décoction dans un litre de camomille, ont été vantés par Delafond.

Aujourd'hui, on préfère la vératrine en injection sous-cutanées (20 à 30 centigrammes), par dose de 5 centigrammes administrées toutes les deux heures

. Les Allemands emploient la préparation suivante qu'ils trouvent héroïque :

Acide chlorhydrique . . . . 75 grammes.
Alcool.   100   »
Infusion de gentiane et de camomille   3 litres.

à donner un litre toutes les quatre heures. L'acide excite les contractions du rumen et la rumination s'établit.

Quand le ballonnement atteint de grandes proportions, il est nécessaire de pratiquer la ponction du flanc gauche et de laisser la canule à demeure.

Catarrhe gastro-intestinal des jeunes animaux. Diarrhée des veaux.

Causes. — L'alimentation de la mère a une influence considérable dans cette affection ; les irrégularités dans les repas du veau, les refroidissements, les repas trop copieux sont les principales causes du dévoiement des veaux.

Symptômes. — La diarrhée est souvent précédée d'un peu de tristesse, d'abattement et de perte d'appétit. Bientôt les matières excrémentielles deviennent liquides et sont expulsées en jets ; plus tard elles sont fétides, spumeuses et striées de sang. On constate parfois des épreintes violentes et des coliques accompagnées de météorismes.

Traitement. — Quand la diarrhée est légère, la diète et deux blancs d'œuf délayés dans une cuillerée d'amidon dans un 1/2 litre d'eau forment tout le traitement.

Si la diarrhée persiste malgré les œufs crus et que le veau est encore à la mamelle, on fera bien de choisir une autre nourrice. Si l'animal boit au baquet, on diminuera sa ration qu'on lui fera prendre par petites quantités et souvent, en y mêlant de la farine torréfiée, du pain roti et des décoctions de houblon ou de têtes de pavot.

S'il y a du météorisme, on administrera la crême de tartre à la dose de 25 à 30 grammes, ou une cuillerée à bouche d'huile de ricin.

Le mélange de bicarbonate de soude, de phosphate de chaux et de poudre d'os à la dose d'une cuillerée à bouche est souvent recommandé.

Les Anglais préconisent le remède suivant :

Poudre de rhubarbe	5 grammes.
Huile de ricin	30 »
Gingembre	0,75 centigr.

ou encore :

Acide tannique.	2 grammes.
Acide salycilique	2 »

dans une infusion de camomille.

On pourrait aussi essayer les désinfectants du tube intestinal, la créoline, 2 grammes ; le salol 2 à 3 grammes.

Il est indiqué de faire des lavements à l'eau de son avec une solution d'alun 1/2 pour %.

Quelques praticiens ont obtenu d'excellents résultats avec le goudron de bois ; voici leur traitement :

Goudron de bois	150 grammes.
Eau bouillante.	6 litres.

Laisser tiédir le mélange et le donner en lavement à la dose de 1/3 de litre toutes les demi-heures ; cesser le traitement aussitôt la diarrhée arrêtée.

Le lendemain, faire prendre le lait coupé d'un quart d'eau de goudron ; cesser le traitement deux jours après.

Lorsque la diarrhée affecte le type contagieux, il faut désinfecter le local, séparer les bêtes pleines et leur seringuer, un mois avant la mise bas, la vulve et le périnée avec de l'eau phéniquée 1 %.

Coliques dues à l'invagination.

Causes. — Elle est produite par les refroidissements.

Symptômes. — Elle débute ordinairement par des coliques violentes qui persistent 10 à 12 heures, puis disparaissent complètement ; mais la constipation reste et ne cède à aucun purgatif. L'animal est triste, abattu, sans appétit et bientôt le flanc se gonfle par suite de la fermentation des aliments. Vers le quatrième jour, il y a expulsion d'un bouchon muqueux, de la grosseur du poing, suivi de mucosités sanguinolentes. Le pouls est petit, accéléré ; la peau est froide, habituellement la mort survient du huitième au dixième jour.

Traitement. — Tous les médicaments ont été employés sans succès ; quelques praticiens recommandent de réduire l'invagination par le taxis rectal, mais le traitement est essentiellement chirurgical.

Coliques diverses.

Causes. — La surcharge alimentaire, les œgagropiles, les refroidissements peuvent occasionner des coliques.

Symptômes. — Les animaux trépignent, se frappent le ventre avec les membres postérieurs, sont inquiets, remuent la queue, regardent leur flanc, se roulent et sont dans une agitation continuelle.

Traitement. — On emploie pour combattre les coliques du bœuf, l'huile de ricin (1/2 litre), mélangée dans un litre d'huile d'œillette. le sulfate de soude 500 à 750 grammes ou l'aloès 50 à 60 grammes. Des lavements et des bouchonnements répétés sont d'excellents auxiliaires.

Entérite croupale. — Croup intestinal.

Causes. — On cite les aliments irritants ou indigestes, l'administration de purgatifs drastiques et les refroidissements.

Symptômes — On observe des troubles de l'appétit et de la rumination, des coliques, une constipation opi-

niâtre, une fièvre plus ou moins forte et de l'abattement.
Au bout de quatre à cinq jours, le symptôme dominant
apparaît, c'est l'expulsion de fausses membranes suivie
de diarrhée ; puis l'amélioration survient et tout rentre
dans le calme en une dizaine de jours

Traitement. — On prescrit généralement le sulfate
de soude à la dose de 500 grammes dissous dans deux
litres de café ou de camomille et le bicarbonate de soude
à la dose de 30 grammes dans les boissons. Le sel marin
est administré en lavements.

Il ne faut jamais oublier les bouchonnements et les
couvertures.

Entérite chronique. — Diarrhée chronique

Le symptôme dominant de cette affection est la diarrhée persistante.

Traitement. — Faire prendre au malade l'un des
médicaments suivants :

1° Pendant deux jours de suite 500 grammes d'amidon
délayé dans 2 litres d'eau tiède ; 2° un litre d'eau de riz
(30 grammes de riz bouilli) tenant en dissolution 2 grammes d'extrait thébaïque ; 3° borax 30 grammes, alun 15
grammes à donner en deux fois dans la journée, dans
deux litres de lait.

On devra aussi lui donner deux ou trois lavements d'eau
de son (un demi-litre de son bouilli dans 4 litres d'eau),
ou de pavot et d'amidon : 60 grammes d'amidon et deux
têtes de pavot concassées. On fait bouillir les pavots pendant un quart d'heure dans 3 litres d'eau, on passe et on
y délaye l'amidon.

Empoisonnement produit par l'ingestion de plantes couvertes de champignons.

Causes. — De tous les champignons ce sont les char-
bons (le tilletia caries et l'ustilago maydis) qui produisent

les plus graves altérations sur la muqueuse intestinale. Après, viennent les moisissures (aspergillus et penicilium) et les rouilles (puccinia).

Symptômes. — Ordinairement plusieurs sujets sont frappés à la fois. Les symptômes s'annoncent brusquement par de l'abattement, de la stupeur, des coliques, de la constipation et le lendemain par de la diarrhée séreuse, sanguinolente et fétide ; il y a un peu de ballonnement, mais ce qui frappe surtout c'est l'extrême faiblesse, les animaux restent couchés, si on les force à marcher, ils chancellent et tombent bientôt. La fièvre est intense et les battements du cœur sont tumultueux. Tous les organes éprouvent de l'atonie, voire même de la paralysie. L'anus est souvent béant, il est rare de rencontrer du ténesme. Cette affection est mortelle dans la plupart des cas.

Traitement. — Il faut recourir aux purgatifs laxatifs, le sulfate de soude 500 grammes ; l'huile de ricin, 1/2 litre ; l'huile de lin, 200 grammes, dans un litre de décoction de graine de lin. Les excitants : (vin, eau-de-vie, bière, cidre, café,) pour combattre la faiblesse sont aussi très avantageux.

Gastro-entérite produite par l'ingestion de plantes toxiques.

Causes. — Les plantes qui déterminent le plus souvent l'empoisonnement sont : l'euphorbe, les mercuriales annuelle et vivace, le narcisse, le laurier-rose, le gland de chêne, le garou, le raifort sauvage, le dompte-venin, la bruyère, l'airelle, le genêt, le colchique d'automne, le tabac, les feuilles de l'if, la digitale, les feuilles du buis, les éllébores noir et fétide, la vératrine, les renoncules, l'aconit, le grande ciguë, la ciguë vireuse, le pavot des champs, la nielle des blés, l'ergot de seigle, la solanine, l'ivraie et les prèles. (Voir ces plantes).

Symptômes. — Presque toujours on observe les mêmes symptômes que pour l'empoisonnement par les champignons ; nausées, salivation écumeuse, tympanite, constipation, polyurie et hématurie, faiblesse, grincements de dents, tremblements, spasmes et chutes.

Traitement. — Il est symptomatique, généralement on prescrit les purgatifs ou le camphre, 10 grammes, le tannin, 10 grammes, les décoctions de graine de lin et les frictions vigoureuses à la peau, il est quelquefois utile, si on arrive à temps, d'inciser le flanc gauche pour retirer du rumen les plantes vénéneuses.

MALADIES DU FOIE

Jaunisse ou Ictère.

Causes. — Les causes de la jaunisse rappellent celles de la gastro-entérite franche ; les aliments altérés, les obstacles à l'écoulement de la bile, les calculs biliaires et les irritations infectieuses. Elle est quelquefois consécutive à une maladie de cœur.

Symptômes. — Au début on remarque les symptômes d'une gastro-entérite ; l'appétit, la rumination sont ralentis, la soif est vive, la langue chargée et le symptôme dominant apparaît. Les muqueuses des yeux, de la bouche, ainsi que la peau présentent une teinte jaune safranée. Les excréments sont pâles, peu consistants et l'urine est d'une couleur jaune citron ; en frictionnant l hypocondre droit, on provoque des plaintes. S'il existe des lésions organiques du foie, l'affection est longue et il survient des œdèmes, de l'amaigrissement et de la diarrhée qui épuise le sujet.

Traitement. — On commence par administrer le sulfate de soude à la dose de 750 grammes dissous dans 3 litres d'une infusion de camomille donnés en deux jours.

Si l'effet n'est pas atteint on prescrit le calomel, 6 grammes chaque jour, ou l'huile de ricin, 1/2 litre dans un litre d'huile d'œillette. L'éther. 20 grammes, avec 20 grammes d'huile de ricin dans un litre de café, m'a souvent procuré de bons résultats.

On observera une demi-diète ; on ne présentera aux animaux que des racines cuites (carottes, navets) et un peu de vert.

Des couvertures, des bouchonnements et des lavements sont toujours utiles.

Splénite. — Inflammation de la rate.

Causes. — Cruzel, dans son traité de pathologie bovine, accuse le tempérament sanguin des bœufs, les efforts excessifs, le surmenage, les temps froids et humides et l'usage longtemps continué de fourrages très nutritifs.

Symptômes. — Pour Cruzel, il est impossible de se tromper sur cette affection, et il donne comme symptômes certains : les frissons plus ou moins prolongés au début de la maladie, la gêne de la respiration, le soulèvement du flanc gauche qui diffère de la météorisation ordinaire en ce qu'il paraît être déterminé par le refoulement de la rate en arrière. Le son rendu par la percussion est mat comme celui qui résulterait de chocs sur un corps mou offrant une certaine résistance.

Cette affection se termine par la résolution, la suppuration ou la gangrène.

Traitement. — On combat la splénite par la saignée copieuse réitérée au besoin, des effusions froides sur l'hypocondre gauche, un purgatif laxatif, sulfate de soude ou huile de ricin, des boissons et des lavements.

La diète doit être conseillée dans les premiers jours.

Péritonite aiguë.

Causes. — Les causes de la péritonite aiguë sont les

coups, les plaies de l'abdomen, les refroidissements, les inflammations des organes voisins, etc.

Symptômes. — On observe des modifications des onctions digestives, de l'inrumination, de l'inappétence, de la constipation alternant avec de la diarrhée, des coliques sourdes, du ballonnement, et l'augmentation progressive du ventre.

Cette affection peut durer plusieurs semaines.

Traitement. — Au début, faire des frictions sinapisées sous le ventre et pratiquer une saignée moyenne. On entretient la liberté des intestins à l'aide des purgatifs minoratifs (sulfate de soude, crême de tartre ou du calomel à la dose de 5 grammes chaque jour. Si l'amélioration ne se produit pas vers la première dizaine, il est prudent de conseiller l'abattage, car la statistique indique une mortalité de 60 %

Péritonite chronique.

Causes. — Souvent déterminée par les corps étrangers de l'estomac.

Symptômes. — Le symptôme dominant est l'augmentation progressive du ventre, l'appétit diminue de jour en jour et la soif est de plus en plus vive. L'amaigrissement fait des progrès rapides et le dessous du ventre présente bientôt une infiltration œdémateuse. La diarrhée est persistante.

Traitement. — On prescrit les frictions d'onguent vésicatoire sur les parois du ventre et la digitale en poudre à l'intérieur (5 grammes). On peut aussi faire des frictions avec le vinaigre scillitique à 1/10 ; mais il est toujours préférable de faire abattre les sujets dès que la maladie est constatée.

Ascite ou hydropisie du péritoine.

Causes. — Elle est produite par les maladies chroniques des principaux organes (cœur, poumons, foie, reins), par la nourriture mauvaise ou donnée avec parcimonie et par les différentes tumeurs du péritoine.

Symptômes. — Le symptôme dominant est l'augmentation du ventre et l'amaigrissement rapide ; l'abdomen forme un bourrelet saillant en arrière de l'hypocondre, le dos paraît ensellé et les flancs creusés. La fièvre est nulle, l'appétit diminue, puis disparaît, la rumination n'a lieu qu'à de rares intervalles, la sécrétion lactée est tarie, des œdèmes se forment sous le ventre et aux membres, les animaux deviennent de plus en plus faibles, une diarrhée profuse apparaît suivie bientôt par la mort.

Traitement. — On prescrira des aliments riches en albumine et on donnera les diurétiques (digitale, scille maritime) et le café à haute dose.

Dans l'immense majorité des cas, on doit conseiller l'abattage.

MALADIES DE L'APPAREIL RESPIRATOIRE.

Catarrhe nasal aigu et chronique.

Voyez : *catarrhe nasal du cheval*, page 110.

Epistaxis ou hémorrhagie nasale.

Voyez : *epistaxis du cheval*, page 112.

Laryngite aiguë ou inflammation aiguë du larynx.

Causes — Les principales causes sont les refroidissements et la pénétration de corps étrangers irritants dans le larynx.

Symptômes. — Le symptôme principal est une toux sèche, aiguë, qui devient quinteuse quand on la provoque. Le larynx est sensible à la pression et l'auscultation du thorax ne dénote rien d'anormal. La respiration est accélérée, l'appétit conservé, la fièvre légère et le jetage peu abondant. Cette affection est souvent bénigne, mais la toux peut durer longtemps.

Traitement. Une légère saignée est souvent utile. On purge ensuite l'animal avec 500 grammes de sulfate de soude ou 50 grammes d'aloès et on prescrit des bains de vapeur faits avec une infusion de fleurs de sureau. Les boissons seront abondantes et confectionnées avec de la graine de lin, de la pariétaire et édulcorées avec le miel ou la mélasse.

Laryngite chronique.

Causes. — Elle succède à la laryngite aiguë ou bien elle est déterminée par le froid et les tumeurs du larynx.

Symptômes. — Le symptôme dominant est une toux quinteuse qui apparaît surtout la nuit ; elle est toujours suivie de vomiturations de mucosités et de parcelles alimentaires provenant du larynx. La tête est étendue sur l'encolure, la réaction fébrile est utile, la toux est persistante et peut durer de longs mois.

Traitement. — Il faut faire des frictions révulsives sur la région laryngienne et ordonner des bains de vapeur avec du crésyl, des semences de foin ou des plantes aromotiques (sureau, camomille, tilleul). On administre à l'intérieur le bromure et l'iodure de potassium à la dose de 4 grammes du premier pour 5 du second. Le breuvage antipasmodique suivant a souvent amendé la toux :

```
Opium. . . . . . . .    2 grammes.
Diascordium   . . . .   20    »
Assa fœtida .  . . . .  25    »
```

que l'on fera bouillir dans deux litres d'eau.

Laryngite striduleuse.

Causes. — On accuse généralement le froid, les changements brusques de température et les irritations diverses de la muqueuse laryngienne.

Symptômes. — Les symptômes deviennent brusquement alarmants ; on constate des frissons, du ptyalisme, une toux quinteuse et de la difficulté dans la respiration. Les animaux tèguent et ouvrent la bouche pour respirer après une quinte de toux ; la fièvre est intense, la tête est tendue sur l'encolure, les muqueuses sont injectées et la région laryngienne est très sensible. Le symptôme dominant est un bruit de rétrécissement, de sifflement qui accompagne la respiration. On constate également de l'inappétence, de l'inrumination et de la diminution de la sécrétion lactée. Vers le troisième ou quatrième jour, il peut y avoir rejet de fausses membranes par le nez et la bouche, ce qui procure toujours une grande amélioration. La terminaison par asphyxie survient quelquefois du sixième au septième jour.

Traitement. — La saignée est toujours indiquée au début pour atténuer la fièvre, les bains de vapeur avec de l'eau de mauve, les compresses tièdes souvent renouvelées sur la région laryngienne, à l'intérieur l'iodure de potassium à la dose de 10 à 15 grammes dans du miel et un purgatif drastique : aloès 50 grammes ; jalap 40 grammes ou calomel 10 grammes. Tels sont les moyens employés contre cette maladie.

Œdème de la Glotte et Cornage chronique.

Voyez ; *cheval*, page 115.

Bronchite aiguë ou catarrhe bronchique aigu.

Causes. — Ce sont les mêmes que celles de la laryngite.

Symptômes. — La bronchite débute ordinairement par un malaise général qui s'accompagne bientôt d'une respiration accélérée et d'une toux sèche et pénible. Les muqueuses sont injectées, les yeux larmoyants, le pouls fort et l'artère tendue. Il y a de la constipation et arrêt de la rumination ; puis la toux devient grasse et moins douloureuse ; il s'écoule par les deux narines un jetage rapidement enlevé par la langue. L'auscultation fait entendre du râle sibilant et du râle muqueux ; la percussion ne dénote rien d'anormal Au bout d'une dizaine de jours la sécrétion bronchique diminue et l'animal tousse plus rarement et sans douleur

Si l'affection ne se termine pas par la résolution, elle passe à l'état chronique, alors la respiration reste irrégulière et accélérée, la toux quinteuse avec un jetage purulent, les animaux maigrissent, perdent l'appétit et la peau devient adhérente.

Traitement. — La bronchite aiguë réclame la saignée légère quelquefois renouvelée et la diète ; des fumigations d'eau de mauve, d'orge, de têtes de pavot ; l'électuaire suivant :

<pre>
Kermès. . . . . . .   10 grammes
Quelques têtes de pavot ou
Opium. . . . . . .   2 grammes.
Miel. 200   »
</pre>

donné chaque jour en deux fois ; des frictions avec la farine de moutarde ou le vinaigre chaud sur les côtes ; des lavements d'eau de son ; des boissons avec de la farine d'orge additionnée de 100 grammes de sulfate de soude et 20 grammes de sel de nitre sont les moyens les plus recommandables.

Il faut avoir soin de placer le malade dans une écurie à température douce avec de chaudes couvertures.

Si le mal passe à l'état chronique, le plus sage est de conseiller l'abattage des sujets pour la basse boucherie.

Bronchite vermineuse.

Causes. — Elle est déterminée par le strongle micrure et le strongle filaire que l'on rencontre surtout dans les pâturages humides.

Symptômes. — La maladie affecte particulièrement les jeunes animaux (de 6 mois à un an et demi) qui commencent par tousser ; la toux est ordinairement forte, quinteuse, pénible avec des accès de *suffocation*, l'auscultation et la percussion présentent les mêmes caractères que dans la bronchite simple. Le symptôme révélateur est le rejet, pendant les accès de toux, de *petits vers* isolés ou réunis en pelotes, mêlées de mucosités.

On voit souvent de la bave filante s'échapper des commissures des lèvres et des démangeaisons autour *du nez* qui forcent l'animal à se le frotter contre le sol.

La bronchite vermineuse est une maladie longue et grave.

Traitement. — Le traitement qui paraît le plus efficace au début consiste à placer les animaux dans un local bien clos, dans lequel on fera brûler du goudron de Norwège, de l'acide phénique ou du crésyl ; ces vapeurs irritent la muqueuse du larynx et des bronches ; provoquent la toux et l'expulsion des filaires.

Une nourriture abondante et riche est très indiquée ainsi que les reconstituants tels que le sulfate de fer, les semences chaudes (anis, coriandre, fenouil), la gentiane, la camomille, les baies du génévrier, etc.

L'essence de térébenthine à la dose de 30 grammes dans un litre de tisane de graine de lin a paru utile entre les mains de nombreux praticiens.

On a préconisé depuis quelques années les injections trachéales. — Eloire emploie la préparation suivante :

Huile d'olive	100 grammes.
Essence de térébenthine.	100 »
Acide phénique . . .	2 »
Huile animale fétide. .	2 »

en injections à la dose de 10 grammes par jour pendant 3 jours.

Les meilleurs résultats sont obtenus avec un mélange de chloroforme, d'essence de térébenthine à parties égales et d'une petite quantité de formol-déhyde. Une à deux cuillerées de ce mélange sont versées dans les narines, où il se volatilise aussitôt.

Pneumonie sporadique ou inflammation de la muqueuse du poumon.

Causes. — On cite les refroidissements et les corps étrangers introduits sur la muqueuse pulmonaire.

Symptômes. — Ils sont à peu près identiques à ceux observés chez le cheval. On constate une fièvre intense avec accélération de la respiration, de la toux, du râle crépitant à l'auscultation et de la matité à la percussion.

Elle se différencie de la péripneumonie contagieuse :

1° Par l'absence du tèguement et du bruit de souffle ;

2° Par l'absence de troubles de la digestion au début de la maladie ;

3° Par l'absence de douleurs des parois costales.

Traitement. — Le traitement est le même que chez le cheval ; une saignée, des frictions révulsives sur les côtes et

L'émétique.	5 grammes
Le sel de nitre.	30 »
L'alcool.	100 »
Le miel commun. . . .	1 kilog.

en électuaire sont les moyens mis en œuvre pour combattre la pneumonie sporadique.

Broncho-pneumonie.

Causes. — Due au refroidissement et peut-être aussi à l'absorption d'agents infectieux par la muqueuse pulmonaire, car j'ai observé la broncho-pneumonie à l'état enzootique sur des veaux.

Symptômes. — Se rapprochent de ceux de la bronchite aiguë. Il y a de la fièvre, accélération de la respira-

tion, toux répétée, avortée, douloureuse ; l'auscultation
révèle des bruits de râles et la percussion donne de la
matité dans certaines parties circonscrites.

Cette maladie est généralement lente dans sa marche
et souvent mortelle.

Traitement. — Au début, si le sujet est pléthorique
et que le pouls l'indique, on ordonnera la saignée et les
frictions révulsives sur les côtes. L'électuaire suivant :

```
Essence de térébenthine .  .   20 grammes
Alcool.  .   .   .   .   .   .   .   75      »
Digitale  .   .   .   .   .   .   4      "
Poudre de gentiane   .   .   .   60      »
Miel  .   .   .   .   .   .   .   .   1 kilog.
```

m'a toujours procuré des avantages marqués.

Une alimentation choisie, des bouchonnements fréquents et de bons soins hygiéniques doivent toujours être
prescrits.

Quand l'affection éclate sur les veaux sevrés, je les fais
remettre au régime du lait pur et chaque matin j'ordonne
un verre à vin d'huile de poisson.

Ce moyen très simple, continué jusqu'à effet, m'a donné
en maintes circonstances des succès inespérés.

Pneumonie gangréneuse due à l'introduction de corps étrangers dans la trachée.

Causes. — Elle est produite ordinairement par les
aliments et les breuvages qui font fausse route.

Symptômes. — Présente tous les signes des pneumonies au début ; la fièvre est plus intense et caractérisée
par de l'abattement, une grande faiblesse, du coma et de la
diarrhée. La percussion donne un son de pot fêlé quand
il y a des cavernes superficielles et l'auscultation fait entendre du souffle amphorique ainsi que différents râles et
bruits de glouglou.

Le symptôme caractéristique est l'odeur fétide de l'air
expiré souvent accompagné de jetage de mauvaise nature.

Traitement. — Si l'animal est dans un état d'embonpoint passable, il faut le sacrifier immédiatement pour la boucherie. Le traitement comprendra des bains de vapeur avec l'acide phénique ou le goudron de bois. A l'intérieur on donnera l'essence de térébenthine 30 grammes et l'alcool 200 grammes chaque jour, en électuaire.

Ou pourra y ajouter une pincée de camphre en poudre.

Pleurésie aiguë ou inflammation des plèvres.

Causes. — Les contusions avec fractures aux côtes, les courants d'air, les bains froids, les transitions brusques de température ; par exemple, la sortie des vaches d'une étable chaude par un temps froid et humide, sont les causes les plus ordinaires de la pleurésie.

Symptômes. — La maladie débute par des frissons généraux et de la tristesse, la respiration est petite, irrégulière, le pouls est petit, dur et vite, le pincement des espaces intercostaux produit des plaintes. Les animaux toussent peu, car la toux est très douloureuse, avortée. L'air expiré est froid, l'auscultation ne permet plus d'entendre les bruits normaux du poumon, dans sa partie déclive, à cause de l'épanchement. La percussion donne de la matité nivelée par une ligne horizontale et d'un seul côté. La dypsnée augmente avec l'épanchement, tandis que l'émission de l'urine diminue.

La pleurésie est moins grave chez l'espèce bovine que chez le cheval, elle est souvent localisée d'un côté.

Traitement. — Il faut d'abord placer les animaux dans une étable à température douce, les revêtir de plusieurs couvertures chaudes, les frictionner avec du vinaigre chaud et leur faire des fumigations sous le ventre. Pour provoquer d'abondantes sueurs on leur administrera une infusion de plantes aromatiques ; (thym, camomille, absinthe) une infusion de bourrache ou du vin chaud sucré.

Si on ne réussit pas on pratiquera une saignée moyenne et on fera sur le côté malade des frictions révulsives. En même temps, on donnera chaque jour un électuaire au kermès (10 grammes) et à la poudre de digitale (4 grammes). Des boissons tièdes additionnées de sulfate de soude et de sel de nitre seront présentées souvent aux animaux auxquels on glissera chaque jour quelques lavements.

Pleurésie chronique.

Causes. — Elle est la suite de la pleurésie aiguë.

Symptômes. — Les animaux ne paraissent pas souffrir, ils conservent un peu d'appétit mais la respiration restet difficile, irrégulière ; la toux est rare et la matité présente les mêmes caractères qu'à l'état aigu Le plus souvent il se forme un œdème plus ou moins considérable sous le ventre, au fanon et aux membres ; les animaux maigrissent et la poitrine se bombe du côté malade.

Traitement. — L'abattage des sujets est souvent à conseiller. — Si on veut essayer un traitement, il faut les placer dans de bonnes conditions hygiéniques et leur donner une nourriture très alibile. A l'extérieur on fera des frictions sèches souvent répétées et à l'intérieur on administrera les diurétiques, poudre de digitale 5 grammes, essence de térébenthine 30 grammes, oxymel scillitique, etc.

Hydro-pneumo-thorax.

C'est un épanchement de liquide avec présence d'air ou de gaz daus la cavité thoracique

Causes. — Cette affection peut être produite par une rupture de l'œsophage ou par les corps étrangers qui traversent l'estomac et perforent les plèvres.

Symptômes. — Ce sont ceux des maladies de poitrine en général avec cette différence, qu'à l'auscultation on entend un bruit de clapotement métallique ou de gargouillement et que la percussion donne de la résonnance au lieu de la matité ordinaire. La respiration est laborieuse et souvent on rencontre un œdème au fanon.

Traitement. — Il est inutile dans la plupart des cas d'instituer un traitement, l'abattage est le parti le plus sage à prendre. Quelques auteurs ont cependant recommandé le camphre, l'alcool, le café, le vinaigre scillitique, etc.

MALADIES DE L'APPAREIL CIRCULATOIRE

Péricardite traumatique ou inflammation par blessure du péricarde.

Causes. — Cette affection très commune chez l'espèce bovine est due aux corps pointus qui, de l'estomac, cheminent vers le diaphragme et plus tard vers le péricarde qu'ils perforent.

Symptômes. — Au début on constate tous les symptômes d'une gastro-entérite à marche insidieuse et rebelle au traitement mis en vigueur pour la combattre.

L'animal se plaint, se ballonne légérement, il est gêné dans sa démarche, l'appétit est diminué, la rumination ne se fait plus qu'à de rares intervalles, les excréments sont normaux mais on constate toujours une grande atonie des intestins, l'anus reste béant et les matières excrémentielles se montrent à l'ouverture sans être chassées par les contractions péristaltiques.

Puis les symptômes cardiaques apparaissent, au début le choc du cœur est bondissant et au fur et à mesure de l'épanchement, il s'affaiblit jusqu'à devenir imperceptible, quelquefois on entend du tintement métallique. La percussion de la région est douloureuse, elle donne d'abord de la résonnance tympanique et plus tard de la matité plus ou moins grande suivant la quantité de liquide contenue dans le péricarde. L'auscultation permet de reconnaître des bruits de frémissement, de frôlement, de glouglou, de fluctuation suivant l'époque plus ou moins avancée de la maladie.

On constate souvent du battement de flanc, quelquefois de la toux, mais à moins de complication de pneumonie, le murmure vésiculaire persiste ainsi que la résonnance

Quelques auteurs donnent comme signe essentiel le pouls veineux, mais on peut le rencontrer sans que l'animal soit malade. Le symptôme dominant est l'apparition d'un œdème froid au fanon. Jamais cet engorgement ne fait défaut et si on le constate avec l'état général qui précède, on peut à coup sûr diagnostiquer l'affection qui nous occupe.

Traitement — Dans les cas douteux on ordonnera la digitale (4 grammes) dans une infusion de café pour modifier les battements du cœur, mais aussitôt la maladie reconnue, il faut prescrire l'abattage du sujet pour la boucherie.

Endocardite aiguë ou inflammation de la membrane interne du cœur.

Causes. — Elle est déterminée par le froid, le rhumatisme articulaire aigu et la non-délivrance.

Symptômes. — On observe une grande faiblesse avec de l'accélération des mouvements du flanc (dypsnée). Le cœur bat tumultueusement et ses battements ébranlent tout le corps ; on peut compter jusqu'à 100 pulsations et plus à la minute, le pouls est petit, imperceptible ; l'auscultation fait entendre le bruit de souffle et quelquefois du tintement métallique, l'endocardite est souvent mortelle.

Traitement. — Il faut pratiquer une saignée abondante (5 à 6 litres) que l'on renouvelle quelques heures après si les troubles ne s'amendent pas. En même temps on donne la digitale (2 grammes) et on frictionne énergiquement le côté gauche avec de la farine de moutarde.

Des couvertures, des boissons à la graine de lin avec 100 grammes de sulfate de soude et des lavements sont toujours nécessaires.

MALADIES DE L'APPAREIL URINAIRE

Néphrite ou inflammation des reins.

Causes. — C'est une maladie fréquente au printemps et qui a pour causes principales, les refroidissements, les pluies froides, les coups et l'usage des plantes irritantes :

Symptômes. — Au début les symptômes ne sont pas bien accusés, mais bientôt on remarque une certaine gêne dans le train postérieur. En pressant le dessous des lombes à l'aide du poing enfoncé sous les apophyses transverses des vertèbres lombaires, on provoque une grande douleur. Dans la région des reins, la colonne vertébrale est très sensible à la pression Les animaux se campent fréquemment, mais l'urine est rare et on observe une légère constipation ; les muqueuses sont injectées, le pouls est plein. dur et accéléré.

Plus tard le train de derrière est vacillant et l'urine rejetée est trouble et sanguinolente. La fouille rectale permet de constater la vacuité de la vessie, la sensibilité et le gonflement du ou des reins malades

La résolution qui est plus rare que chez le cheval s'accuse par une diurèse abondante, l'urine ainsi rendue est de plus en plus claire, les muqueuses se montrent moins rouges, le pouls moins fort, moins vite et les reins reprennent leur souplesse normale au pincement des doigts. L'animal est guéri du 7e au 8ᵉ jour. Une terminaison assez commune est la suppuration. Dans ce cas, les animaux maigrissent de plus en plus et l'urine est rougeâtre, trouble, purulente, blanchâtre, renfermant une masse d'épithélium.

La gangrène est rare.

Traitement. — On débute par une saignée et on répète si l'état du pouls l'indique. On administre ensuite un purgatif (50 grammes d'aloès) dans une décoction de graine de lin et on fait des frictions sinapisées sur la région des reins. On passe de fréquents lavements d'eau de mauve légèrement salée et on donne des boissons de graine de lin, d'eau de son, de chiendent, auxquelles on ajoute chaque jour deux cuillerées de bicarbonate de soude.

La diète est de rigueur.

Hématurie. — Pisse-rouge.

C'est une affection caractérisée par la présence du sang dans l'urine. Elle est assez commune en France, notamment dans les pays de pâturages et de montagnes.

Hématurie de Pléthore.

Causes. — Elle est souvent la conséquence d'un calcul dans les reins, d'un état pléthorique, d'un excès d'alimentation avec des fourrages verts ou des plantes vénéneuses (renoncule, mercuriale, euphorbe, genêt).

Symptômes. — Les animaux présentent tous les symptômes de la pléthore et éprouvent des coliques légères ; ils regardent leur flanc, voussent la colonne vertébrale, se campent, font de violents efforts et ne parviennent qu'à expulser un mince filet d'urine sanguinolente ; vers le 2ᵉ ou 3ᵉ jour le pouls devient petit, serré, les malades se couchent, éprouvent une certaine difficulté pour se lever, l'urine se fonce de plus en plus en couleur, la météorisation apparaît, les oreilles et les cornes deviennent froides et souvent les animaux meurent sans agonie.

Traitement. — Il faut pratiquer immédiatement une saignée de 5 à 6 litres et faire des frictions sinapisées sur les reins et les membres. Les animaux seront soumis à une diète sévère. On a conseillé, à l'intérieur, les acidulés comme le vinaigre, l'eau de rabel, l'acide chlorydrique très étendu d'eau. Il faut donner des boissons en petite quantité et ne pas négliger les lavements.

Hématurie anémique.

Causes. — On la constate souvent lors du printemps pluvieux, quand la nourriture est mauvaise, aqueuse, ou altérée d'une manière quelconque : on l'a observée à l'état enzootique.

Symptômes. — La bête est faible, maigre, les poils sont hérissés, les muqueuses pâles, infiltrées, les veines superficielles peu apparentes, le sang est clair, la coagulation ne fournit que peu de caillot, mais donne beaucoup de sérosité. L'urine est claire, rosée plutôt que rouge, tachant peu les mains.

La marche de cette maladie est lente, la maigreur va toujours en augmentant, le pouls devient vite et filant ; les animaux succombent dans le marasme.

Traitement. — Les malades seront retirés du pâturage et recevront une nourriture succulente composée d'avoine, de farine, additionnée de sulfate de fer ou de tartrate de potasse et de fer. Le sel marin (50 grammes chaque jour) et la poudre de gentiane) 25 grammes) donnent de bons résultats.

Cystite ou inflammation de la vessie.

Causes. — On peut citer l'usage des plantes irritantes et en particulier le genêt, l'alimentation abondante avec le seigle, les refroidissements de la peau, etc.

Symptômes. — Les animaux sont abattus, ont des coliques qu'ils traduisent par un trépignement des membres postérieurs. La colonne vertébrale est voussée, le pénis sort fréquemment du fourreau sans émettre d'urine, le tube uréthral est rouge et légèment tuméfié.

Par la fouille rectale on détermine une violente douleur en comprimant la vessie ; les animaux se campent, expulsent une petite quantité d'urine ; le rectum est chaud, rouge et douloureux, il y a de la contispation. La fièvre varie, elle est proportionuelle à l'intensité des symptômes. La cystite se termine :

1° Par la résolution c'est-à-dire la disparition progressive et complète de tous les symptômes.

2' Par la gangrène, indiquée par la diminution de la douleur et l'écouiement d'une urine rougeâtre et fétide.

3° Par la rupture de la vessie qui se révèle par les symptômes de la péritonite.

Traitement. — La saignée est indiquée sur les sujets pléthoriques. Les animaux doivent être soumis à une diète absolue pendant plusieurs jours. On leur donnera des boissons adoucissantes composées de mauves, de chiendents et de graine de lin. Ces breuvages seront additionnés de 20 grammes de bicarbonate de soude et de 5 grammes de sel de nitre chaque jour. Le petit lait est aussi à recommander. On administre à l'intérieur de l'acide borique (10 grammes) ou de l'acide salicylique (10 grammes) pour modifier l'état de la muqueuse vésicale. Si la vessie se distend de plus en plus, il faudra, avec la main introduite dans le rectum, la comprimer d'avant en arrière sans la vider complètement. Si ce moyen échoue il faut ponctionner le canal de l'urèthre au contour ischiatique (périnée) afin de gagner du temps pour vendre la bête pour la boucherie.

Dans le cas de gangrène, ou quand on la craint, il faut recourir au camphre, (15 grammes) en électuaire.

S'il y a rupture de la vessie, que l'on reconnaît à la

péritonite consécutive, aux sueurs froides et partielles, à l'odeur urineuse que répand la transpiration cutanée il n'y a rien à espérer ni à tenter.

Quand la vessie est paralysée, on emploie la noix vomique râpée à la dose de 10 grammes par jour dans un breuvage de camomille.

Cystite chronique.

Causes. — Elle est consécutive à la cystite aiguë ou elle est due à des calculs.

Symptômes. — L'urine s'échappe en petite quantité et est précédée de longs campements ; son expulsion est accompagnée d'une matière mucoso-purulente formant des flocons jaunâtres qui surnagent sur le liquide lorsqu'on le recueille dans un vase. La marche de cette affection est lente.

Traitement. — On administre généralement la térébenthine (10 grammes) associée a son essence (25 grammes) dans une bouteille de tisane de graine de lin.

L'eau de goudron a été vantée par plusieurs praticiens. On peut recourir également aux purgatifs (aloès 40 grammes) donnés chaque semaine. Les révulsifs le long du canal de l'urèthre, le bicarbonate de soude (20 grammes) chaque jour, le régime du vert, etc., ont procuré quelque bien-être

Rétention d'urine.

Causes. — Les sédiments et les calculs vésicaux ou uréthraux, la paralysie de la vessie, les spasmes du col et les tumeurs qui compriment le canal de l'urèthre sont autant de causes qui empêchent l'écoulement de l'urine. Elle est assez commune chez les bœufs à l'engrais et sur ceux nourris absolument avec du seigle.

Symptômes. — Ce sont les mêmes symptômes mais moins accentués que ceux de la cystite aiguë Les animaux éprouvent de légères douleurs qui passent souvent inaperçues, les membres postérieurs sont écartés et on observe des mouvements péristaltiques, des bondissements le long du périnée ; la litière est moins humide et les poils qui garnissent l'ouverture du fourreau sont secs. Par la fouille rectale, on constate la plénitude de la vessie, les animaux ne mangent plus, maigrissent à vue d'œil et présentent des poussées de sueurs froides.

Si l'obstacle à la sortie de l'urine n'est pas levé au bout de huit à dix jours, la rupture de la vessie a lieu, les malades ne survivent qu'une huitaine de jours à la déchirure, cependant Cruzel cîte des cas où des bœufs ont survécu 4 à 5 semaines à cette rupture.

On la distinguera toujours des coliques d'intestins par les signes suivants : besoin continuel d'uriner, campements fréquents, sortie de la verge, agitation de la queue, plénitude de la vessie et sensibilité à la pression.

Traitement. — La première indication est de vider l'organe par la pression rectale ou en excitant la sortie de l'urine à l'aide de frictions le long du périnée.

Lorsqu'il y a spasme du col, on administre le camphre (10 grammes) et l'éther (15 grammes) dans une bouteille de tisane de graine de lin. On frictionne le ventre (en avant du fourreau) et le trajet de l'urèthre avec de l'essence de térébenthine.

Incontinence d'urine.

Causes. — Elle est due à des calculs anguleux, à la paraplégie ou à la paralysie du col de la vessie.

Symptômes. — Cette affection est caractérisée par l'écoulement permanent et goutte à goutte, sans aucune contraction, d'une urine claire.

Traitement. — On peut essayer la noix vomique râpée à la dose de 5 grammes, en augmentant graduellement jusqu'à 10 grammes par jour. Il y a souvent avantage à sacrifier les sujets qui sont atteints de cette infirmité.

MALADIES DE L'APPAREIL GÉNITAL

La dernière traite et le vêlage.

Il est désagréable en toute saison, mais surtout en hiver, de voir les vaches donner leurs veaux durant la nuit. Indépendamment de la surveillance que la mise-bas nécessite alors, elle cause souvent la mort du nouveauné et parfois même celle de la mère par les plus légères imprévoyances.

Or, la pratique paraît avoir appris à un agriculteur danois qu'en trayant pour la dernière fois le soir au lieu du matin une vache qui est prête à tarir, elle vêle presque toujours le jour et non la nuit.

Sur trente vaches et durant trois années 3 ou 4 seulement ont failli aux expériences de l'innovateur.

L'expérience fut tentée par un cultivateur canadien sur 3 vaches d'un âge différent, 6, 7 et 8 ans. L'essai a parfaitement réussi. Les vaches ont été taries un mois et demi avant l'époque de la parturition. La dernière traite fut faite le soir pour les 3 vaches dont la mise-bas a différé de 8 à 12 jours. Mais elles ont néanmoins donné leurs nouveaux-nés entre 7 et 9 heures du matin.

Part laborieux.

C'est l'accouchement difficile et souvent impossible si la femelle est abandonnée à ses propres efforts ; sans l'intervention de l'homme, le fœtus ne pourrait sortir de la matrice.

La parturition dite laborieuse est un phénomène contre nature et les circonstances qui président à son développement sont d'ordres différents car l'obstacle qui s'oppose à l'expulsion du fœtus peut dépendre de la mère ou être inhérent au fœtus lui-même.

La première chose à faire quand une femelle se trouve dans l'impossibilité de rejeter son produit, c'est de s'assurer par le toucher de la cause qui met obstacle à l'achèvement de la mise-bas.

L'opérateur devra avoir le thorax nu pour introduire le bras le plus profondément possible et pour que les liquides qui s'écoulent des organes génitaux ne souillent pas ses vêtements. Les ongles seront coupés assez courts et la main ainsi que le bras seront enduits d'huile pour faciliter leur introduction dans le vagin et la matrice.

Cette introduction se fait avec précaution, puis l'opérateur s'assure de l'obstacle à la parturition. Il peut résulter de tumeurs osseuses développées sur le bassin, d'une mauvaise présentation du fœtus.

Dans la présentation antérieure normale, c'est la tête qui, allongée sur le champ des membres antérieurs, apparaît immédiatement après eux; il faudra donc pour tous les accouchements laborieux de l'avant-main ramener les deux membres et la tête en position normale.

Avant de commencer le travail, il faut préparer des lacs en corde souple que l'on fixe par des nœuds coulants aux parties qui se présentent et qu'on laisse pendre en dehors de la vulve. Jamais il ne faut oublier cette précaution d'assurer les membres ou la tête en position convenable afin de ne pas les perdre dans les manœuvres ultérieures. Si on a par exemple un ou deux membres antérieurs en bonne position et qu'on n'y fixe pas de cordes il pourrait se faire qu'en repoussant le fœtus, ou que dans les manœuvres qui ont pour but de ramener en bonne situation les parties qui n'y sont pas, ces membres en position naturelle, vinssent à s'échapper et à prendre eux-mêmes une fausse situation.

Donc, si la tête se présente seule, il faudra fixer le lien
à la mâchoire inférieure, puis la repousser pour rechercher les membres antérieurs. Si c'est un membre antérieur seul, on fixe le lien au paturon ; puis, en glissant
la main sur le jeune sujet, on s'assure de l'endroit où se
trouve la tête et l'autre membre.

Toujours il faut avant d'exercer une traction quelconque, avoir pour l'avant-main la tête et les deux membres
antérieurs ; pour l'arrière main, les deux membres postérieurs et la queue.

Obstacle à la mise-bas procédant de la mère.

Des obstacles peuvent provenir de tumeurs molles ou
consistantes développées dans l'intérieur du vagin.

Telles sont les tumeurs *mélaniques, cancéreuses, poly-
peuses, kysteuses.* L'indication est d'agir pour rendre le
passage plus libre en ponctionnant les kystes ou en
extirpant les tumeurs.

Les difficultés peuvent encore résulter d'obstruction
du col, soit par des spasmes, soit par suite d'induration.
Dans le premier cas, on doit essayer la dilatation par des
injections d'eau tiède ou des onctions de pommade de
belladone. Quand il y a induration, on débride le col en
faisant plusieurs incisions peu étendues. Une fois le
détroit ouvert, on dilate avec la main et on s'assure de
la position du sujet. On agit alors d'après le cas présenté.

Torsion de la matrice.

C'est une révolution de l'organe sur lui-même que
l'on rencontre fréquemment chez la vache, en raison de
la disposition anatomique des ligaments suspenseurs de
la matrice

Causes. — Les exercices violents, les courses désor-
données, la frayeur peuvent produire cet accident.

Symptômes. — Presque toutes les vaches atteintes

de torsion de la matrice arrivent au terme de la gestation qui est même souvent dépassé.

Au début les animaux éprouvent un malaise qui se traduit par des coliques : ils piétinent, paraissent inquiets, changent de place, se couchent, se relèvent, font des efforts expulsifs rares ou fréquents. Puis ces symptômes disparaissent pour se manifester le lendemain avec plus ou moins d'intensité

Les animaux perdent peu à peu l'appétit, ne ruminent plus, la poche des eaux ne se montre pas, les efforts expulsifs cessent et l'exploration du ventre permet de conclure que le jeune sujet est mort.

Ces symptômes signalés, il y a lieu de recourir à l'exploration vaginale.

La première sensation que l'on perçoit en y introduisant la main est celle d'un obstacle ; le vagin n'est plus un détroit rectiligne qui permet facilement d'arriver à la fleur épanouie, au contraire, il va en se rétrécissant et forme une espèce d'infundibulum. Si la torsion est incomplète (demi ou quart de torsion), le vagin permet encore le passage de deux ou trois doigts dans la matrice ; quand la torsion est complète, rien ne passe, on dit que la vache est *bouclée.*

Dans le fond retiré du vagin, l'explorateur sent très bien que le détroit dans lequel il entre affecte la direction d'une spire.

Traitement. — L'expérience témoigne par un grand nombre de faits qu'on peut, en imprimant à la mère des mouvements particuliers de rotation, remettre la matrice en situation physiologique et opérer ensuite l'extraction du fœtus.

Mais comment doit-on faire pour imprimer à la mère les mouvements nécesaires pour remettre tout en bonne situation ? Faut-il tourner la mère en sens inverse ou dans le sens de la torsion.

Voici comment Monsieur Bouley est arrivé à résoudre la question : Étant donné une vache dont le vagin est obstrué par le fait d'une torsion, mettez-la avec précaution en *position décubitale ;* introduisez la main aussi avant que possible dans l'infundibulum du vagin et jusque dans la matrice s'il y a 1/4 ou 1/2 torsion ; commandez de faire mouvoir le corps de la vache de droite à gauche ou de gauche à droite dans de petites limites d'abord ; le mouvement étant exécuté, si vous percevez que le détroit s'élargit. c'est l'indice certain que la manœuvre s'opère dans le bons sens, en vue de la fin que vous vous proposez. Au contraire, éprouvez-vous une contraction plus forte, c'est que le mouvement va contre son but et d'aprèe ces sensations perçues, vous savez parfaitement ce que vous avez à faire.

Si la torsion est incomplète et que l'opérateur puisse saisir un appendice du fœtus, il facilitera beaucoup les mouvements de détorsion.

ACCIDENTS CONSÉCUTIFS A LA PARTURITION

Non-délivrance.

Dans les conditions naturelles, la période d'expulsion se manifeste dans les premières heures consécutives à la parturition, mais dans les circonstances les plus habituelles l'engrénement est intime et le rejet tarde à s'effectuer.

Dans les cas d'inflammation de matrice, ou à la suite d'un part laborieux, il est nécessaire d'enlever le délivre à la main. Dans tous les autres cas et quand il y a trop d'adhérence, il vaut mieux attendre de peur d'occassionner des accidents inflammatoires qui compromettent l'animal.

L'expulsion est favorisée par une pratique vulgaire, c'est celle d'attacher aux parties pendantes un poids qui occasionne le désengrénement des cotylédons.

Souvent les enveloppes sont rejetées en bloc complet ; dans d'autres circonstances, ce n'est que par lambeaux qu'elles se détachent.

Enfin il y a des cas où le délivre reste dans l'intérieur de la matrice, se putréfie et peut déterminer la mort par infection putride si un traitement rationnel n'est pas institué. Aussi est-il recommandé de faire des injections antiseptiques afin de désinfecter l'utérus et de chasser au dehors les matières putréfiées.

On se sert pour ces injections, d'un tube en caoutchouc long de 25 à 30 centimètres que l'on introduit dans la matrice. Quant aux liquides que l'on emploie, ils sont nombreux : l'eau tiède crésylée 1 °/₀, l'eau tiède phéniquée 1/2 °/₀ ; la solution de permanganate de potasse 2 °/₀.

Si la délivrance n'a pas lieu au bout de 3 ou 4 jours, on fera prendre à la malade, chaque matin et chaque soir un breuvage ainsi composé :

Poudre de sabbine.	30 grammes.
Ergot de seigle pulvérisé. . .	5 »
Café et cannelle	20 »
Eau	350 »

Faire bouillir pendant 10 minutes et passer sur un linge fin.

Dès qu'on aperçoit des lambeaux qui pendent en dehors de la vulve, il convient d'exercer sur eux, une traction modérée jusqu'à ce que l'on sente une certaine résistance ; on cesse alors pour recommencer le surlendemain.

Il est recommandé de donner une alimentation tonique (bon foin, avoine et thé de foin) .

Plusieurs auteurs ont recommandé l'emploi du sucre contre l'inertie utérine. Chez la jument comme chez la vache, dans les parturitions trop lentes, ou dans les cas de rétention du délivre, on administre soit la glycérine, soit le sucre en solutions concentrées, par la bouche, ou en lavements. On emploie chaque fois une dose de

100 grammes et on répète jusqu'à l'obtention de l'effet désiré Toute la question est d'arriver à la dose suffisante ; avec le sucre on n'a pas à craindre, comme avec l'ergot de seigle, d'atteindre des doses toxiques.

Il ne faut pas perdre de vue qu'une rétention du délivre non secourue peut amener de graves complications. De ce nombre est l'inflammation chronique de la matrice, qui finit toujours par le marasme, ainsi que l'avortement qui arrive presque constamment sur une bête qui n'a pas délivré dans le délai normal.

Renversement du rectum.

Causes. — Il est dû aux efforts faits par la mère pour rejeter son produit.

Symptômes. — On constate à l'anus une tumeur allongée, cylindrique, présentant une nuance d'un rouge vif dès les premiers temps ; plus tard la couleur se fonce et il n'est pas rare de lui voir une teinte livide qui prouve que la mort s'est emparée de cette portion d'intestin.

Traitement. — S'il y a paralysie du sphincter, la réduction est facile, mais au moindre effort, l'intestin sort de nouveau ; dans ce cas, la maladie est incurable.

Les moyen mis ordinairement en usage pour combattre le renversement simple avec intégrité du sphincter est de faire des incisions partielles à la muqueuse. On saisit entre les branches des ciseaux les plis de la muqueuse que l'on incise, un dégorgement a lieu et la tumeur se réduit presque d'elle-même.

Renversement de la vessie.

Par suite des efforts d'expulsion qui accompagnent la parturition, la vessie peut se retourner sur elle-même, franchir le canal uréthral et venir faire saillie à l'orifice vulvaire ; cet accident se produit également chez les juments. Cette tumeur (cystocèle) plus ou moins volumineuse et d'un rouge vif est facile à différencier des kystes vaginaux.

Le traitement consiste dans la réduction qui s'effectue avec les doigts, graduellement et progressivement comme celle de tous les organes herniés.

Renversement du vagin.

Causes. — Il est souvent consécutif aux efforts expulsifs qui accompagnent le part. Il peut aussi lui être antérieur; on le voit à une certaine époque de la gestation lorsque les vaches se couchent.

Symptômes. — Le vagin apparaît sous la forme d'une tumeur de forme cylindroïde dont l'extrémité libre présente à son centre une ouverture rayonnée semblable à une fleur épanouie. Au début, cette tumeur se présente avec une couleur d'un rouge vif; elle est facilement réductible. Plus tard le sang stagnant dans son intérieur lui donne une coloration foncée, puis brune, noire et enfin violacée.

Traitement. — Après avoir arrosé l'organe avec de l'eau fraîche, on le repousse avec le poing fermé. Un aide pince les reins de la vache qui a été préalablement exhaussée du train de derrière.

On aura soin d'attendre que les épreintes violentes soient passées pour opérer la réduction.

Renversement de la matrice.

Par suite des efforts que fait la vache pour se débarrasser du fœtus ou des enveloppes, la matrice peut se retourner sur elle-même comme un bonnet de coton et venir faire hernie au dehors.

Symptômes. — Par la vulve sort une tumeur descendant jusqu'au jarret et quelquefois au delà. Si la délivrance n'est pas effectuée ou a été incomplète, on

remarque à la surface de la matrice des débris placentaires répandant une odeur infecte. La muqueuse présente une succession de plaques bourgeonneuses ayant
une certaine analogie avec des macarons, ce sont les
cotylédons. Bientôt, en raison de la déclivité de l'organe
renversé et de la construction du col, il y a embarras de
la circulation de retour, gonflement de la tumeur et coloration foncée ou livide de cette dernière.

Traitement. — Avant d'essayer la réduction, il faut
pratiquer la délivrance si elle n'est pas effectuée et débarrasser la matrice de tout ce qui pourrait la souiller si
quelques cotylédons sont flétris, on les enlève avec l'ongle. Puis on fait couler sur l'organe de grandes ondées
d'eau fraîche légèrement phéniquée.

Cela fait, on place la matrice sur un drap soutenu dans
une position horizontale par deux aides ; on peut faire
quelques scarifications à la muqueuse, puis on tente la
réduction. Pour cela on applique le poing sur le fond de
l'utérus et on le repousse afin de le faire rentrer en redou-
blant absolument comme on le fait pour un bonnet de
coton ou bien on pratique graduellement la réduction en
commençant par les parties rapprochées de la vulve.

Pour s'opposer au renversement nouveau de la matrice
après sa réduction, on a recours à certains moyens de
contention, tels que les bandages en corde ou en toile,
les sutures et les pessaires.

Le pessaire le plus recommandable est un petit instrument en bois composé de deux branches réunies à leur
extrémité supérieure par une charnière et à l'inférieure
par un pas de vis. Sur chaque branche et se faisant vis-à-
vis, sont fixées trois petites tiges dont l'extrémité est
mousse et convexe Lorsque le renversement est réduit,
on prend les lèvres de la vulve entre les branches et on
serre la vis.

Ce pessaire, inventé par M. Carbonnery de Samatan (Gers) ne laisse pas de traces de son emploi et réunit tous les avantages : il est peu encombrant, solide et d'une application rapide.

Métrite ou inflammation de la matrice.

Causes. — Les refroidissements, les manipulations lors du vêlage, l'usage de fourrage mouillé quand la vache vient de vêler, peuvent déterminer cette maladie.

Symptômes — Ils se manifestent du deuxième au cinquième jour après la mise bas par des frissons généraux, les bords de la vulve se tuméfient, le pouls est fort, la colonne vertébrale est insensible, la bête est souvent couchée et le lever est pénible. Le rectum est chaud, la main qui y est introduite sent la matrice gonflée et douloureuse. Il y a de violents efforts expulsifs et de la faiblesse de l'arrière-main. La marche de cette affection est souvent rapide ; au quatrième ou cinquième jour, elle peut s'aggraver et se compliquer de péritonite. Souvent elle se termine par la résolution.

Traitement. — On pratique une saignée moyenne sur les vaches phéthoriques et on administre un purgatif (sulfate de soude, 500 grammes). On fait ensuite des injections dans le vagin et la matrice avec de l'eau crésylée 1.2 % ou une solution de permanganate de potasse 1 %. On ne les fera pas trop fréquents dans la crainte de fatiguer l'organe et d'exagérer le mal. On aura aussi recours aux lavements d'eau de mauve, aux sachets chauds sur les reins (ils seront faits de balles d'avoine chauffées à la vapeur). Les animaux seront maintenus à la diète avec des breuvages de graine de lin légèrement nitrés. Quand les efforts expulsifs sont violents il est bon de donner chaque jour 15 gr. de laudanum dans une bouteille de tisane de graine de lin.

Métro-péritonite.

Causes. — Elle se déclare souvent sur les vaches qui ont été exposées, quelque temps après le vêlage, aux intempéries des saisons, chez celles dont le part a été laborieux, chez celles qui ont avorté ou ont eu un renversement de matrice.

Symptômes. — On constate tous ceux de la métrite avec des frissons et de la météorisation. Le pouls est plein. accéléré, les muqueuses injectées ; la vulve est tuméfiée, la matrice est douloureuse ainsi que le ventre. Il y a de la constipation et l'urine n'est rendue qu'avec difficulté ; l'animal est souvent couché et regarde son flanc. Si à cette époque un mieux ne se dessine pas, les symptômes s'aggravent, le ventre augmente de volume, le pouls devient petit et dur, la respiration petite et tremblottante, les oreilles, la base des cornes et les extrémités des membres deviennent froides, l'animal ne peut plus se relever et la mort arrive.

Traitement. — Au début on pratiquera une ou deux saignées et on fera des injections émollientes et antiseptiques dans la matrice. On n'oubliera pas les lavements, les sachets chauds sur les reins, les frictions sinapisées ou avec le liniment ammoniacal camphré sous le ventre et on administrera à l'intérieur l'aloès à la dose de 90 grammes en trois fois dans la même journée.

Métrite septique.

Causes. — On la rencontre chez les vaches qui ont été imparfaitement délivrées ou qui ont avorté ; le délivre se putréfie, les cotylédons s'altèrent. se gangrènent, engendrent un liquide de couleur lie de vin qui absorbé par les cotylédons de la matrice, empoisonne le sang.

Symptômes. — Avec les symptômes de la métrite franche, il s'écoule par la commissure inférieure de la vulve, une matière sanguinolente d'une odeur fétide, le pouls devient vite, petit et mou, les animaux ne mangent plus et ont des frissons.

Si on pratique une saignée, on voit que le sang est noir, poisseux, se coagulant avec lenteur et exhalant bientôt une odeur infecte.

L'infection marche rapidement, la bête affaiblie se déplace difficilement, titube et finit par tomber pour ne plus se relever. Cette affection est grave et beaucoup d'animaux succombent du septième au huitième jour.

Traitement. — S'il reste une portion de délivre, il faut l'extraire sans retard, en ayant soin d'enduire son bras de vaseline ou d'huile et de le plonger souvent dans un bain phéniqué. On fait ensuite des injections fréquentes d'eau crésylée 1 %; de permanganate de potasse 2 %, d'eau phéniquée 1 %; d'infusions de plantes aromatiques, etc.

A l'intérieur, on administre l'essence de térébenthine, 30 grammes; l'alcool, 200 grammes; le camphre, 10 grammes; le vin de quinquina; le vin de gentiane, etc.

L'iodure de potassium à la dose de 24 gr. en deux fois à six heures d'intervalle, administré par la voie buccale a souvent procuré de bons résultats. S'il est nécessaire on donne une autre dose de 6 à 12 grammes. La poudre d'iodoforme introduite dans la matrice, sur un tampon d'étoupe que l'on renouvelle 2 fois par jour, m'a donné aussi d'excellents résultats.

On aura recours aux frictions vigoureuses sur les reins et le ventre avec du liniment ammoniacal ou de l'essence de térébenthine.

La saignée est toujours contre-indiquée.

Quand la bête ne peut plus se relever on peut la considérer comme perdue.

Métrite chronique.

Causes — Elle est souvent due à la non-délivrance

ou bien elle est une des terminaisons de la métrite aiguë.

Symptômes. — Les animaux paraissent à peu près bien portants, le vagin est rouge et chaud. Par la commissure inférieure de la vulve s'écoule continuellement ou par intermittence une matière blanchâtre mucoso-purulente en assez grande quantité

Dans d'autres cas, la maladie est caractérisée par une sécrétion de sérosité qui s'accumule, distend peu à peu la matrice et constitue une véritable hydropisie de l'organe, les lèvres de la vulve s'infiltrent et l'utérus acquiert un volume considérable.

Cette affection est grave, ordinairement les animaux maigrissent et tombent dans le marasme

Traitement. — Il consiste en frictions révulsives sur la croupe et en injections astringentes longtemps employées : feuilles de noyer ; écorce de chêne ; tannin ; sulfate de zinc; alun. Le traitement est si long et le résultat si incertain que souvent il y a avantage à conseiller l'abattage de l'animal.

Vaginite.

Causes. — Les causes qui peuvent la faire naître sont les coups, les manipulations lors de la mise bas et les injections irritantes ou trop chaudes.

Symptômes. — La muqueuse vaginale est rouge, chaude et douloureuse, la vulve est gonflée et par sa commissure inférieure s'écoule une matière mucoso-purulente, quelquefois sanguinolente.

Cette maladie est peu grave et marche rapidement vers la résolution au bout de cinq à six jours. Dans d'autres cas elle se prolonge et passe à l'état chronique ; il y a alors persistance de l'écoulement qui salit la vulve et son contour.

Traitement. — On commence par des injections

émollientes et aromatiques S'il y a écoulement **on** emploie les injections astringentes et antiseptiques, comme il est dit à propos de la métrite chronique.

De l'avortement épizootique.

Causes. — Elles sont nombreuses. On cite particulièrement les coups, les violences, la frayeur, le pâturage sur des prairies couvertes de givre, les choux gelés, l'humidité et la vue ou l'odeur des matières provenant d'une vache qui a avorté Il est dû aussi sans doute à la présence d'un agent infectieux.

Cette maladie provoque de grandes pertes aux cultivateurs.

Traitement. — On commence par isoler les malades, désinfecter les étables, et détruire les fœtus expulsés et leurs enveloppes.

Chez toutes les vaches. on pratiquera des injections sous-cutanées d'eau phéniquée à partir du cinquième mois jusqu'au septième mois de la gestation ; Brauër avait eu d'excellents résultats de ce procédé qu'il recommande chaudement et qu'il qualifie de merveilleux. La solution d'acide phénique est à 2 grammes pour cent d'eau distillée ; la quantité à injecter est de 10 centimètres cubes, c'est-à-dire, deux seringues de Pravaz ordinaires. Les injections sont renouvelées tous les quinze jours.

Eloire préconise l'eau crésylée tiède à 2 %, lancée chaque jour à l'aide d'un pulvérisateur de façon à imprégner l'anus, la vulve, la queue, le périnée, les jarrets, les fesses, et la partie postérieure des mamelles.

Fièvre vitulaire. — Paralysie.
Fièvre de lait.

C'est une maladie fréquente chez la vache, elle est due à une congestion de la moelle et du cerveau ; elle est souvent mortelle.

Causes — La maladie s'observe le plus souvent sur les vaches pléthoriques, abondamment nourries, elle attaque surtout les bonnes laitières dont le lait se tarit dès que la gestation est un peu avancée ; on la constate beaucoup plus sur les bêtes qui ont donné plusieurs veaux (4 ou 5) que sur les *primipares*. Elle apparaît rarement après le troisième jour. Une cause souvent signalée, est le refroidissement qui agit en refoulant le sang de l'utérus sur la moelle.

Lorsque la vache vêle, tout le sang se porte sur l'organe fonctionnel qui est la matrice, or une grande partie se dirige ensuite vers les glandes mammaires, et si celles-ci n'entrent pas immédiatement en fonction, la course du sang est interrompue et l'apoplexie médullaire a lieu en raison des relations sympathiques qui existent entre la moelle et la matrice.

L'habitude de séparer les veaux de leur mère dès la naissance est certainement une cause déterminante ; on devrait toujours les laisser têter pendant trois jours pour activer la sécrétion lactée et permettre à la masse sanguine de se disperser dans les différentes parties du corps et de reprendre son équilibre, rompu par la mise bas.

Symptômes. — Elle se déclare souvent une journée après le part, quelquefois après 8, 10, 12 heures, rarement après le troisième jour ; les symptômes observés par les auteurs qui ont signalé la fièvre vitulaire après 6 ou 8 jours étaient sans doute ceux de la septicémie, et il est certain qu'après 3 jours, la matrice est dégorgée, le sang ayant repris partout sa course normale.

La bête refuse sa boisson, ne rumine plus et paraît inquiète ; si on la fait tourner, le train de derrière est raide et les membres postérieurs se déplacent par des contractions spasmodiques, puis elle chancelle et tombe, sans pouvoir se relever. Généralement le décubitus a

lieu sur le côté droit avec la tête repliée sur le côté gauche de la poitrine. L'animal est abattu, assoupi, laisse
retomber sa tête ou ses membres qu'on a soulevés

L'œil est terne, et si on passe le doigt sur le globe
oculaire, l'animal ne réagit pas. Les cornes, les oreilles
et les membres sont froids. La défécation est nulle ; la
vessie est paralysée, l'urine ne s'écoule pas et la sécrétion laiteuse est tarie.

La maladie a une marche rapide et souvent elle entraîne
la mort en deux jours et même en douze ou vingt-quatre
heures. Passé deux jours, l'espoir renaît et s'il y a un peu
de défécation, d'écoulement d'urine, si l'animal relève
la tête et fait attention à ce qui l'entoure, si l'appétit se
réveille, on peut augurer une guérison prochaine ; il
arrive qu'au bout de deux ou trois jours de traitement,
la maladie a disparu complètement.

Traitement. — L'affection qui nous occupe étant
toujours d'une gravité extrême, c'est ici le cas ou jamais
d'appliquer cette maxime : *mieux vaut prévenir que guérir.*

Traitement préventif. — Depuis bientôt huit ans
je recommande la saignée large (3 à 6 litres) sur toutes
les vaches pléthoriques, excellentes laitières et ayant
porté au moins deux fois ; la saignée est : 1° progressive,
c'est-à-dire que je fais tirer trois litres de sang sur une
bête ayant de 4 à 5 ans ; 4 litres sur une de 6 ans, 5 sur
une de 7 ans, etc...

2° Elle est pratiquée à l'époque la plus rapprochée du
vêlage.

Lorsque le part est effectué, je prescris 30 grammes de
sel de nitre dans les boissons et 3 injections utérines,
chaque jour, (pendant 3 jours) avec de l'eau crésylée
un demi °/₀ (environ deux litres chaque fois). La bête est
placée à l'abri des courants d'air, avec une chaude couverture ; je ne permets que des boissons pendant les deux

jours qui suivent la mise bas. — Ces simples moyens m'ont toujours réussi et dans ma clientèle où je rencontrais fréquemment 30 à 40 cas de fièvre vitulaire chaque année, c'est à peine si j'en constate 3 ou 4 chez les fermiers qui négligent d'employer les moyens que je viens de citer.

Traitement curatif. — Il faut chercher à réveiller les mouvements péristaltiques de l'intestin et les contractions de la vessie. Pour cela on administre l'aloès à la dose de 60 grammes avec 10 grammes de noix vomique râpée et 40 grammes de sel de nitre dans un litre d'infusion de camomille

Les injections sous cutanées de sulfate ou d'arséniate de strychnine (10 centigrammes) produisent aussi de bons effets. L'eau fraîche versée continuellement sur la tête est toujours utile ainsi que les sachets très chauds sur les lombes. Je confectionne ces derniers avec de l'avoine bouillante renfermée dans un sac que l'on applique sur les reins après l'avoir laissé égoutter quelques moments.

On donne de fréquents lavements salés, il est quelquefois nécessaire d'y ajouter une décoction de feuilles de tabac pour les rendre plus excitants.

De bonnes couvertures, des bouchonnements fréquents et des injections crésylées tièdes à 1 °/₀ seront toujours à recommander.

Schmid emploie des injections dans les trayons, d'une solution d'iodure de potassium pour atrophier la glande et tarir la sécrétion des produits pathologiques, grâce à l'iode qui se fixe sur les cellules morbides.

On fait dissoudre 10 grammes d'iodure de potassium dans un litre d'eau bouillie, on ramène la température à 41°. Puis on épuise la mamelle à fond, on la lave au savon et à l'eau crésylée. On désinfecte la sonde et on injecte 1/4 de litre de la solution dans chaque mamelle que l'on malaxe après l'opération. On évite de traire la vache pendant 24 heures, après quoi on peut renouveler l'injection si la vache n'est pas relevée.

Vaches taurelières. — Nymphomanie.

C'est l'exaltation de l'instinct génésique.

Causes. — La nymphomanie est assez fréquente chez les vaches ; elle est due à l'alimentation intensive, à la stabulation permanente, aux maladies des organes génitaux, à la tuberculose, etc.

Symptômes. — Les bêtes sont inquiètes, agitées, anxieuses, elles grattent la terre ou la litière avec leurs pieds de devant, elles beuglent, donnent des coups de cornes et montent sur les autres vaches.

De chaque côté de la base de la queue, on observe une dépression qui fait dire vulgairement que la bête est *dégrapée*. La sécrétion lactée diminue et le lait se coagule par l'ébullition. Au bout d'un certain temps, les vaches taurelières deviennent faibles, maigrissent et tombent dans le marasme.

Traitement. — Il faut recourir à la saignée et aux purgatifs salins : le sulfate de soude à la dose de 500 gr.; le bromure de potassium (10 grammes), les injections de morphine 25 centigrammes, peuvent être efficaces.

Eloire prétend avoir enlevé l'exaltation génésique par l'introduction d'une balle de plomb dans la matrice.

Plusieurs praticiens ont guéri des vaches taurelières atteintes de kystes ovariens par l'écrasement de ceux-ci à travers les parois rectales.

La castration a donné des résultats satisfaisants entre les mains de chirurgiens habiles.

Le mieux est de sacrifier le plus tôt possible les animaux pour la boucherie.

Affaiblissement de l'instinct génésique.

Il est dû aux maladies des organes génitaux, à l'alimentation insuffisante ou trop intensive, au tempérament lymphatique, etc...

Traitement. — La poudre de cantharide, à la dose de 5 grammes chaque jour dans une bouteille de vin produit de bons effets ; cette dose est répétée plusieurs jours de suite. Le poivre, 10 grammes ; les baies de myrtille, l'aloès, les sommités fleuries de sabine réveillent aussi l'instinct génésique.

Arrêt de sécrétion et altération du lait.

Causes. — L'alimentation intensive, insuffisante ou de mauvaise qualité ; les dérangements de l'appareil digestif, les affections des mamelles et les agents infectueux engendrent fréquemment chez la vache des altérations du lait.

Agalaxie ou arrêt plus ou moins complet de la sécrétion lactée.

Causes. — Elle peut se produire par la mauvaise nourriture, les affections gastro-intestinales, la peur ou les mauvaises plantes prises au pâturage (belladone, jusquiame, stramoine, colchique, etc..)

Traitement. — Si la cause est reconnne, il faut la supprimer et donner d'excellentes nourritures.

Les médicaments les plus réputés pour faire revenir le lait sont la fleur de soufre, l'anis, le fenouil, les baies de genièvre.

Pour exciter la sécrétion du lait on emploie généralement la poudre suivante :

Poudre de semences de fenouil, d'anis, de carvi.	115 grammes
Poudre de cannelle	35 »
Fleur de soufre	50 »
Bicarbonate de soude . . . . ,	75 »
Sel marin	250 »

à la dose d'une cuillerée à soupe par repas pour la vache, et une cuillerée à café pour la chèvre.

Lait aqueux.

L'eau est en plus grande proportion qu'à l'état normal, le beurre est en faible quantité ainsi que la caséine.

Causes. — L'alimentation trop aqueuse : feuilles de betteraves, pulpes, choux, navets etc , les maladies de l'appareil digestif favorisent la sécrétion du lait aqueux.

Traitement. — Si le tube digestif est malade, il faudra instituer un traitement approprié ; si l'altération est due à l'alimentation, il faudra changer le régime et donner une nourriture sèche et de bonne qualité, en même temps on fera prendre une cuillerée à soupe, à chaque repas, du mélange suivant :

```
Poudre de gentiane.  ..  100 grammes
Houblon pulvérisé .  .     30      »
Tan.   .   .   .   .   .    35      »
Sel marin.   .   .   .   .  150     »
```

Causes. — Les affections gastro-intestinales, les maladies des mamelles, les aliments altérés, la nymphomanie, l'époque du rut, la gestation avancée, les grandes chaleurs, les temps orageux sont autant de causes qui peuvent cailler le lait quelques heures avant la traite ou par l'ébullition.

Traitement. — Il faut recommander la propreté de l'écurie et des ustensiles de laiterie ; donner chaque jour, pendant une semaine, 125 grammes de sulfate de soude et 25 grammes de bicarbonate de soude dans une infusion de fenouil. On pourrait également ajouter une 1/2 cuillerée à café de bicarbonate de soude par deux litres de lait aussitôt qu'il est trait et faire la ventilation de la laiterie.

Si l'appareil digestif est affecté, il faudra recourir à un traitement comme il est indiqué ailleurs.

Lait qui ne donne pas de beurre.

Causes. — Les principales causes sont les maladies

de l'appareil digestif, la nourriture peu alibile, la gestation avancée, les chaleurs, le froid et la coagulation trop rapide du lait.

Symptômes. — La crême mousse et forme des grumeaux, le beurre ne peut se prendre en masse et sa préparation est impossible. Sur la crême de trois jours, on constate des tâches jaunes (Harms), elle devient collante et facilement rance.

Traitement. — L'acide chlorhydrique, 10 grammes avec 30 grammes d'alcool dans une infusion de camomille ; l'alun, 15 grammes chaque jour en trois doses et les poudres galactopoïétiques ont été préconisés tour à tour.

Le lait amer demande à être traité par le chlorure de chaux, 15 grammes chaque jour.

Lait rance.

Causes. — Il a pour causes la malpropreté des étables et des ustensiles de laiterie ; il est dû aussi aux différents embarras gastriques qui surviennent à la suite d'ingestion d'aliments altérés.

Caractères. — Sur la couche mince de crême, on voit se former des bulles qui, en crevant laissent de petites cavités ; puis la crême jaunit, prend une saveur rance et ne donne point de beurre.

Traitement. — Commencer par désinfecter les étables et les vases qui renferment le lait, laver la laiterie à l'eau bouillante crésylée 1 %, donner aux vaches de la gentiane, du houblon, du bicarbonate de soude, du sulfate de soude et du sel marin. (Voir lait aqueux).

Lait visqueux.

Le lait visqueux reconnaît les mêmes causes que le lait rance et ne fournit pas de beurre.

Le traitement consiste à pratiquer la ventilation et la désinfection de la laiterie par l'acide sulfureux et la vapeur d'eau. Les stomachiques, gentiane, houblon, etc... sont donnés avec avantage.

Lait bleu.

Il est dû à des microorganismes qui donnent au lait les caractères suivants : le lendemain ou le surlendemain de la traite on voit apparaître à la surface de la crème de petites tâches de couleur bleu clair, puis indigo ou bleu de ciel, plus tard le lait bleu se transforme en lait rance.

Traitement. — Ventilation du local destiné à recevoir le lait ; désinfection des étables et des ustensiles de laiterie ; nettoyage du pis chaque jour, avec une solution crésylée 1 °/°.

Le lait peu devenir *odorant* par suite de l'ingestion de certaines plantes, telles que l'ail ou de médicaments comme le camphre, l'assa fœtida, l'essence de térébenthine, l'éther ; l'odeur peut provenir aussi de l'air chargé de différents gaz.

Le lait est quelquefois coloré en jaune, rouge, bleu, etc ; ces matières colorantes proviennent de certaines plantes : carottes, safran, rhubarbe, gaillet, prêle, mercuriale, renouée des petits oiseaux, etc.

Les substances médicamenteuses qui peuvent passer dans le lait sont nombreuses ; on cite : l'essence de térébenthine, l'assa fétida, l'éther, le camphre, l'émétique, l'ellébore, la belladone, l'atropine, la jusquiame, la stramoine, le colchique, la ciguë, la strychnine, l'acide phénique, les composés mercuriels et l'iode.

On a prétendu aussi que le lait provenant d'animaux tuberculeux pouvait provoquer la tuberculose chez l'homme et les animaux ; les expériences ont paru concluantes, mais je crois que cette puissance infectieuse n'appartient qu'au lait provenant de vaches atteintes de mammites tuberculeuses.

Engorgement du fourreau ou Acrobustite.

Voir : *cheval*, page 151.

Engorgement des mamelles.

Causes. — Il est dû aux refroidissements, aux courants d'air ou aux coups portés sur les mamelles.

Symptômes. — Ordinairement un seul quartier est le siège du gonflement, il devient un peu dur, tendu, la fièvre est presque nulle et l'appétit est conservé ; plus tard il se forme un œdème qui envahit le pourtour des mamelles et s'étend sous le ventre ; le lait perd souvent ses qualités, {devient grumeleux ; il arrive que des caillots bouchent les canaux des trayons et l'empêchent de s'écouler. L'engorgement du pis disparaît bientôt pour ne laisser que l'œdème du ventre qui se résorbe ensuite.

Cette maladie se termine ordinairement par la résolution qui a lieu en une semaine. D'autres fois elle se transforme en mammite.

Traitement. — Il faut traire les vaches le plus souvent possible pour faire sortir les caillots de lait qui tendent à obstruer les trayons ; en même temps on enduit le pis ou le quartier malade avec de l'onguent populeum mélangé avec de l'huile de jusquiame et on fait des fumigations d'eau de mauve et d'eau de sureau. Si la maladie se prolonge on emploie la pommade camphrée.

A l'intérieur on prescrit le sulfate de soude 100 grammes par jour avec 25 grammes de bicarbonate de soude, une demi-diète et d'abondantes boissons. Toujours on bouchera les ouvertures qui conduisent l'air directement sur le pis.

Mammite ou inflammation des mamelles.

Causes. — La mammite se manifeste sous l'influence des causes les plus variées, on cite les refroidissements, les coups ; elle est quelquefois la suite de la congestion des mamelles ou de la fièvre aphteuse.

Symptômes. — Le mal débute par la suppression de la sécrétion lactée, puis on constate une tuméfaction du pis qui devient chaud, dur, tendu, rouge et sensible. Les animaux ont peur de se toucher les mamelles avec les membres postérieurs qu'ils tiennent écartés ; ils restent longtemps debout et se défendent si on palpe l'organe malade. L'affection est souvent limitée à un quartier. La fièvre est assez intense, l'appétit est diminué, la rumination est retardée et l'on constate des frissons ou des tremblements musculaires. La respiration est accélérée ainsi que la circulation, le mufle est sec et chaud, les excréments sont expulsés en petite quantité et l'urine est peu abondante.

Vers le quatrième jour, il se forme un œdème qui s'avance sous le ventre et peut remonter jusqu'à la vulve, puis la maladie perd généralement de son intensité, elle se termine par la résolution, ou par les abcès, des indurations, de la gangrène et quelquefois par la mort.

La résolution est annoncée par la disparition de tous les symptômes et le rétablissement de la sécrétion lactée.

Les abcès chauds sont décelés par l'augmentation de l'engorgement et l'apparition du point fluctuant.

Les indurations donnent au pis la sensation d'un corps dur, d'un tissu charnu-hypertrophié.

La gangrène se traduit par l'insensibilité de la mamelle qui prend une couleur bleu verdâtre et par l'apparition de phlyctènes sur la partie mortifiée.

La mort est précédée d'un amaigrissement rapide, du refus des aliments, de frissons continuels. En outre le pouls devient filiforme, les yeux sont tirés au fond de l'orbite, la faiblesse augmente de plus en plus et la bête meurt paralysée.

Traitement. — On débute généralement par une grande saignée (5 à 6 litres) et on applique ensuite, 3 fois par jour, sur le pis, de la pommade camphrée ou de l'onguent populeum avec de l'extrait de belladone. S'il y a une tendance à l'induration on emploie de préférence le liniment ammoniacal camphré ou la pommade suivante :

> Pommade camphrée. . . . . 30 grammes
> Pommade mercurielle double. . 2   »

ou encore la pommade iodo-iodurée.

Contre la mammite très douloureuse, je prescris cette autre pommade :

> Cocaïne. . . . . 10 centigrammes
> Pommade camphrée. . . . . 30 grammes.
> Pommade d'iodure de potassium. 12   »
> Onguent populeum 25   ›

On peut aussi recourir aux bains de vapeur sur la région.

M. le professeur Galtier, par des injections intramammaires d'eau iodée a obtenu la guérison d'une mammite streptococcique de la vache qui avait résisté à tous les traitements. Sur ses indications, 5 vaches furent traitées de la même façon avec le même succès.

En Suisse, la mammite est ainsi traitée : pendant les deux ou trois premiers jours, l'animal reçoit peu d'herbe ou est tenu à la diète et on administre du sulfate de soude ; on enduit le quartier malade de saindoux, ou de vaseline et on le masse trois ou quatre fois par jour pendant cinq à dix minutes ; en outre, 3-6 fois par jour, on pratique des fumigations chaudes de fleur de foin et l'on enduit la mamelle, deux à trois fois par jour avec l'onguent de Berdez ainsi composé :

> Onguent gris. . . . . 5 grammes.
> Savon alcalin. 95   »
> Saindoux 95   »

Degive lave l'intérieur de la mamelle.

A l'intérieur, on recommande le sulfate de soude à la dose de 500 grammes et le bicarbonate de soude à la dose quotidienne de 30 grammes.

Les animaux seront soumis à la diète au début, plus tard, on accorde des aliments de facile digestion, carottes cuites, vert, etc...

Il faut traire souvent et malaxer les nodosités qui se trouvent dans les conduits des trayons de manière à les faire sortir.

Lors d'abcès, on fait des onctions avec de l'onguent de laurier et dès que le point fluctuant est établi, on ponctionne et on déterge la cavité avec de l'eau phéniquée 1 $_0$/° ou avec la teinture d'aloès.

Les fistules qui se montrent quelquefois après les abcès guérissent seules avec le temps.

Quand la gangrène survient, on pratique des mouchetures profondes dans la mamelle et on y injecte de l'eau phéniquée 5 %. A l'intérieur, on donne chaque jour un litre d'eau phéniquée 1 %.

Vache dure à traire.

Lorsqu'il n'existe aucune granulation dans l'intérieur du trayon et que le lait ne coule par l'orifice du canal que sous forme d'un mince filet, il y a lieu de débrider l'ouverture, c'est-à-dire d'opérer la *trayonotomie* Elle se pratique avec un instrument appelé trayonotome de Guilbert, petite sonde à ailettes tranchantes. On lave l'instrument avec de l'eau phéniquée, puis on le fait baigner dans l'huile. La bête étant assujettie, on trait légèrement, puis, avec la main gauche, on comprime le trayon de manière à gonfler le canal dans lequel on plonge la sonde jusqu'à une portion limitée par le pouce et l'index de la main droite.

Si le lait s'échappe facilement, l'opération est terminée, mais s'il existe encore de la résistance au passage du liquide, on augmente le débridement en enfonçant plus profondément l'instrument.

Pour calmer l'irritation qui suit parfois la trayonotomie,

jc fais enduire le pis avec un mélange d'onguent populeum et de pommade camphrée.

Si la sonde a pénétré trop profondément d'emblée, la vache perd son lait ; pour éviter cet inconvénient il est préférable d'élargir graduellemeut l'ouverture et de s'arrêter à point.

Crevasses du pis et des trayons.

A la suite d'une inflammation quelconque ou après les pustules du vaccin, la peau se gerce à la base des trayons et occasionne de vives douleurs. La traite devient difficile, quelquefois impossible.

Quand les crevasses sont légères, on en a facilement raison avec des onctions de beurre frais ; quand elles sont profondes, on emploie l'onguent populeum saturné ou la pommade de sulfate de fer au dixième.

Pour hâter la cicatrisation des plaies, il faut employer pendant quelques jours les sondes trayeuses.

MALADIES DU SYSTÈME NERVEUX

Meningo-encéphalite.

C'est l'inflammation du cerveau et de ses enveloppes.

Causes. — Les causes de cette affection sont les coups sur la boite cranienne, les trépidations du timon sur les bœufs attelés au joug, une alimentation riche et abondante, une température élevée et les temps orageux.

Symptômes. — Les symptômes au début se traduisent par une vive excitation, des coups de corne portés avec violence, des beuglements et une respiration très accélérée. La vue est obscurcie, les yeux sont fixes, les animaux éprouvent des tremblements, poussent au mur ou tournent en cercle ; d'autres marchent droit devant eux sans s'inquiéter des obstacles qui se trouvent sur leur passage ; la bouche écume, la démarche est incertaine. Au repos, l'attitude n'est pas normale, il y a équilibre instable et plus tard de la paralysie. La terminaison la plus ordinaire est la mort qui arrive généralement vers le huitième jour.

On la différencie du mal de tête de contagion par l'existence, dans cette dernière affection, de lésions des yeux et des cavités nasales.

Traitement. — Au début, il y toujours indication de faire une saignée copieuse ; puis on applique sur le front des compresses froides ou glacées fréquemment renouvelées et on administre à l'intérieur un purgatif (aloès, 60 grammes) pour obtenir une dérivation du côté de l'intestin

Les frictions de farine de moutarde ou d'onguent vésicatoire, le long du cou, sont toujours utiles comme dérivatif.

On placera les malades dans des étables obscures, bien aérées et on les nourrira avec des boissons émollientes de graine de lin, de mauve, etc. On pourra y ajouter du son et des carottes cuites.

Lorsque l'amélioration ne se montre pas dans les 48 heures, il vaut mieux recourir à l'abattage des sujets pour la boucherie.

Tournis.

Cette affection, assez rare chez l'espèce bovine, est déterminée par un parasite appelé *cénure* qui se développe dans le cerveau.

Symptômes. — Ce sont ceux d'une affection cérébrale. La tête est relevée, quelquefois portée de côté ; les animaux poussent au mur ou tournent en cercle, le reculer est difficile, parfois impossible, les chutes sont brusques. La percussion du crâne donne, au niveau de la vésicule, un son mat, et dénote une extrême sensibilité. La terminaison est toujours mortelle.

Traitement. — Pour extraire la cénure, on pratique deux opérations, la trépanation ou la ponction avec le trocart ; mais dans tous les cas, il est préférable de conseiller l'abattage des animaux.

Méningite cérébro-spinal.

C'est l'inflammation des enveloppes du cerveau et de la moelle.

Causes. — On cite comme causes ordinaires, les refroidissements, les grandes fatigues et l'alimentation trop riche.

Symptômes. — La tête est relevée et si on cherche à l'abaisser, les animaux menacent de tomber. La rumination n'a lieu qu'à de rares intervalles ; les aliments sont pris nonchalamment et avec difficulté, on constate une abondante salivation et de la *dysphagie.* Plus tard la paralysie survient.

Traitement. — Il est le même que pour la méningo-encéphalite. Vu le peu d'espoir de guérison, il y a toujours avantage à sacrifier les animaux.

Tétanos.

Causes. — Il est dû le plus souvent à une plaie de la matrice. Depuis 18 ans je l'ai rencontré sept fois, exclusivement sur des vaches fraîches vêlées.

Symptômes. — Les animaux sont raides, difficiles à déplacer, comme fichés au sol, l'encolure est tendue, le regard hagard, l'œil semble rapetissé, il est recouvert par le corps clignotant. Les mâchoires sont serrées, les *masséters* durs comme le bois ; la salive reste longtemps dans la bouche avant de s'écouler. L'intestin et la vessie ne fonctionnent plus et on remarque toujours de la *tympanite.*

Au bout de quelques jours la respiration s'accélère et devient *dypsnéique.*

La forme aiguë est mortelle.

Traitement. — Il est indiqué de vider le rectum ainsi que la vessie et de désinfecter la matrice lorsque le tétanos est dû à une plaie de cet organe.

La guérison peut s'obtenir dans les cas chroniques mais comme le traitement est long et exige des soins assidus, il est préférable de faire abattre les animaux.

Epilepsie ou mal caduc.

Voir : *Cheval*, page 157.

MALADIES DES YEUX

Conjonctivite ou inflammation de la conjonctive

Voir : *Cheval*, page 167.

Ophthalmie.

C'est l'inflammation de la conjonctive et du globe de l'œil.

Causes. — La cause principale est la pénétration, sous les paupières, d'épillets de graminées ; je l'ai vue sévir au pâturage sur un grand nombre d'animaux, lors de printemps secs. Les tiges de ray-gras, d'avoine folle, de brome, etc..., viennent constamment se mettre en contact avec le globe de l'œil, l'irritent et engendrent l'ophthalmie.

Symptômes. — L'œil malade présente une rougeur prononcée de la conjonctive, il est fermé, les paupières sont engorgées, la cornée est trouble, opaque ; il s'échappe, vers l'angle nasal, des larmes abondantes qui se concrètent sous forme de pus jaunâtre. La fièvre est assez intense, l'appétit diminue ainsi que la sécrétion lactée ; la démangeaison est vive ce qui porte l'animal à se frotter l'œil sur les objets voisins.

Traitement. — On commence par laver l'organe

malade avec une solution phéniquée 4 p. 1000 et on y
instille le collyre suivant :

Sulfate de zinc.	1 gramme.
Eau distillée	125 grammes.
Morphine . . . , . . .	10 centigrammes.

On badigeonne ensuite le pourtour de l'œil avec du
goudron minéral que l'on rend plus actif en y incorporant
un peu de sublimé corrosif, 10 centigrammes pour 100
grammes de goudron. Il se produit une légère vésication
qui hâte la résolution Ce badigeonnage peut être répété
deux ou trois fois au besoin,

Kératite ulcéreuse.

Je l'ai vue survenir dans les mêmes conditions que
l'ophthalmie. Elle résulte toujours d'une irritation ou d'un
traumatisme et prend quelquefois la forme épizootique.

Symptômes — La conjonctive ne présente rien
d'anormal, la cornée devient opaque, il y a du larmoiement et de la photophobie. Puis une arborisation vasculaire apparaît sur le pourtour de la cornée tandis que le
centre s'ulcère.

Cette affection qui semblerait entraîner la perte de l'œil
guérit facilement par le collyre cité à propos de l'ophthalmie et par le badigeonnage au goudron.

MALADIES DE L'APPAREIL LOCOMOTEUR

Rhumatisme musculaire. — Myosite.
Rhumatisme articulaire.

Voir : *Cheval*, pages 178, 179, 180 et 181.

Arthrite (glaires) des veaux.

Voir : *arthrite des jeunes animaux*, page 184.

Ostéomalacie.

C'est une maladie qui se traduit par le ramollissement de l'os adulte dû à la résorption des sels calcaires.

Causes. — La mauvaise alimentation, les fourrages récoltés sur les prairies humides, sur les terrains pauvres en sels calcaires, sont les principales causes de l'affection qui nous occupe. Les vaches laitières ou en état de gestation sont prédisposées à l'ostéomalacie, les bœufs et les génisses en sont plus rarement atteints.

Symptômes. — Le début ne donne rien d'appréciable, mais bientôt les animaux maigrissent, ne mangent plus avec appétit, la rumination est retardée, la sécrétion lactée diminue et des douleurs vagues suivies de boiteries, apparaissent dans les membres.

Puis les animaux trépignent et s'appuient tantôt sur l'un, tantôt sur l'autre membre, le relever s'accompagne de douleurs et souvent la bête reste longtemps à genoux avant de se relever entièrement. Les malades ont une disposition particulière à lécher les murs et à avaler des corps étrangers (étoffe, bois, cuir). Au bout de quelque temps, les os se gonflent ainsi que les articulations qui deviennent douloureuses et chaudes. La démarche devient impossible ; les animaux restent en décubitus forcé. Plus tard les os se fracturent sous l'influence d'une cause légère, l'amaigrissement s'accentue, la peau se colle et la mort en est la terminaison ordinaire

Traitement. — Il faut changer le régime et le rendre tonique. On recommande spécialement les aliments riches en sels calcaires (avoines, tourteau, fèves, pois, etc...) et la poudre de gentiane unie au phosphate de chaux etc... Souvent ces moyens échouent ; il est prudent de conseiller l'abattage aussitôt la maladie reconnue.

Effort de grasset ou arthrite rhumatismale.

Due aux coups ou aux efforts, cette maladie est caractérisée par l'apparition d'une tumeur plus ou moins volumineuse et très sensible dans la région rotulienne ; l'animal fléchit difficilement la cuisse, traîne son membre sur le sol et décrit un demi-cercle en marchant. Cette affection provoque de grandes souffrances, l'appétit diminue, le flanc se rétracte, l'amaigrissement survient et le sujet tombe bientôt dans le marasme, si on n'a pas dès le début. cherché à le soulager.

Traitement. — La pommade suivante recommandée par Guittard donne des résultats surprenants.

          Axonge.   .   .   .   .   32 grammes.
          Bichromate de potasse.   .   .   .   6   »

On l'emploie en deux frictions à deux jours d'intervalle. On lave ensuite à l'eau tiède savonneuse pour détacher les croûtes et pour assouplir la peau qui devient parcheminée.

Fourbure.

Causes. — Elle est fréquente chez les animaux gras qui font des marches forcées pour se rendre au champ de foire. La stabulation permanente avec une nourriture riche et abondante y prédispose.

Elle est plus fréquente aux pieds de derrière et l'onglon interne est plus souvent atteint que l'externe.

Symptômes. — Le bœuf fourbu marche avec précaution et avec une certaine hésitation. Il soulève fréquemment ses membres et se couche souvent. Au repos, il tient le dos voussé et les pieds rapprochés ; les postérieurs appuient sur les talons, et les antérieurs sur la pointe des onglons. La fièvre est intense, l'appétit diminué ainsi que la sécrétion lactée, la rumination est nulle. Si un traitement rationnel n'est pas mis en usage il se forme du pus qui décolle la corne, les animaux maigrissent, leur ventre se rétracte et s'ils n'en meurent pas, ils présentent bientôt toutes les lésions du décubitus prolongé.

Traitement. — La saignée générale est toujours indiquée ; on la fera grande de 5 à 7 litres, il faut la répéter si le mal l'exige. Lafosse conseille de tailler la pointe de l'ongle fourbu jusqu'au vif et d'appliquer ensuite un fer dont le poinçon recouvre la plaie si on veut faire marcher les animaux. Si les malades restent à l'étable, on applique aux pieds fourbus, des cataplasmes d'argile et de sulfate de fer fréquemment arrosés d'eau salée.

A l'intérieur, on donne le sel de nitre, 20 grammes, le sulfate de soude, 500 grammes, ou l'aloès, 60 grammes.

Il faut veiller à ce qui se passe dans l'ongle et enlever les portions de corne détachées pour donner issue au pus ; on panse ensuite avec de l'eau phéniquée 2 % et de la térébenthine.

On doit prescrire la diète, des boissons rafraîchissantes, des lavements et des couvertures.

Limace.

C'est l'inflammation de la région *interdigitée*.

Causes. — Les écuries malpropres, les boues irritantes, les graviers qui se tassent entre les ongles, les piqûres dans l'espace interdigité, les suites de la fièvre aphteuse peuvent occasionner la limace.

Symptômes. — L'animal commence par trépigner, ou secouer le pied, puis il se met à boiter.

On constate alors en arrière du pâturon une tuméfaction qui va quelquefois jusqu'au dessus du boulet ; la région est chaude, rouge, douloureuse et l'animal reste longtemps couché. Si on on veut le faire lever il se déplace avec peine et n'ose plus appuyer le pied malade sur la litière ; il lève fréquemment la jambe par mouvements convulsifs qui indiquent des douleurs lancinantes et la formation d'un abcès dans la région interdigitée.

Peu à peu, vers le milieu de cette région, la peau forme un bourrelet qui se gerce, suinte et finit par se séparer tout à fait des tissus voisins.

C'est le *bourbillon* qui est chassé par la suppuration.

Dans d'autres circonstances moins heureuses, l'inflammation se continue au ligament interdigité, aux ligaments articulaires, et engendre l'arthrite purulente.

Si le pus s'étend vers le bourrelet, il peut en résulter la désaboture.

Lorsque la limace ne se complique pas, il faut généralement de 5 à 7 jours pour l'élimination du bourbillon. Le traitement de la plaie exige une semaine.

Traitement. — Au début, il faut nettoyer la région, recourir aux bains tièdes et aux cataplasmes émollients chauds que l'on doit employer jusqu'à la chute du bourbillon. Un excellent moyen pour calmer la douleur est de pratiquer une ou plusieurs mouchetures avec la *flamme*, dans l'engorgement.

Quand le bourbillon est détaché on prescrit les bains astringents avec du sulfate de fer 2 % et on panse la plaie avec de l'eau phéniquée 1 %. Il faut recommander de tenir la litière bien sèche.

S'il se forme des abcès, il faut les ouvrir ; s'il y a carie de l'os ou du ligament, il faut cautériser avec le fer rouge, l'acide phénique ou l'onguent égytiac. Dans le cas de fistules, on recommande les injections phéniquées 5 %. Dans bien des cas, la plus grande ressource est celle de la boucherie.

Pour toutes les autres maladies du **système locomoteur,** *voyez les maladies correspondantes du cheval à partir de la page 178.*

MALADIES DE LA PEAU

Gale.

Le bœuf est sujet à deux espèces de gale, la *dermato-dectique* et la *symbiolique* qui peuvent exister isolément ou coexister.

Causes. — Elle est assez rare, on la voit surtout dans les pays où les animaux sont mal tenus, malpropres, en mauvais état et en stabulation permanente. Elle est toujours due à la contagion, c'est-à-dire au passage d'un acare sur un animal sain.

Symptômes. — Les premières traces de l'éruption dermatodectique se déclarent à l'encolure, au garrot ; au dos, à la croupe et à la base de la queue ; elle peut même envahir toutes les parties du corps, excepté les membres. Les points saillants sont surtout bien apparents parce qu'il y a dénudation par suite de frottement. La gale symbiotique choisit son lieu d'élection à la base de la queue, à l'anus et au périnée. Bientôt la dépilation s'étend, les écailles épidermiqnes se soulèvent, s'agglutinent et forment des croûtes. Au-dessous de ces dernières, la peau présente des fendillements, des crevasses. Il y a un prurit intense, intermittent qui tourmente le malade ; celui-ci se frotte, se lèche et met en sang les parties de la peau qu'il peut atteindre. A mesure que la gale s'étend, les poils tombent mais la dépilation n'est jamais générale.

La marche de cette affection est lente sur les sujets résistants, elle est au contraire rapide sur les sujets faibles et débiles. L'amaigrissement et la *cachexie* marchent de pair avec l'extension de la gale.

Traitement. — Il est le même que celui que nous avons étudié pour le cheval page 278, mais ici, les mer-

Colchique d'Automne
Moutarde Blanche
Anis
Armoise

curiaux sont contre indiqués ; les animaux en se lèchant pourraient absorber le mercure et déterminer un ptyalisme inquiétant ; l'empoisonnement occasionnerait la mort du sujet si la quantité absorbée était un peu considérable.

Dartres.

Causes. — Les causes prédisposantes sont la malpropreté et la mauvaise alimentation, mais la seule cause déterminante est la contagion, c'est-à-dire le transport du champignon d'un animal malade sur un animal sain. Cette transmission peut se faire par cohabitation ou par contact médiat car les spores sont extrêmement fines, légères et facilement transportables à de grandes distances par le vent.

Symptômes — Au début, il se forme de petites élevures coniques qui peuvent acquérir le volume d'un pois. Puis les poils qui étaient d'abord couchés se soulèvent entourés d'une matière visqueuse, bientôt ils se cassent à une certaine distance de la peau, au niveau de l'émergence des follicules ; si on examine cette cassure à la loupe, on voit qu'elle présente les saillies et les anfractuosités d'une cassure de bois vert.

Les plaques dartreuses siègent au front, aux joues, à l'encolure, près des paupières, aux épaules, sur le dos, aux fesses, etc... Les démangeaisons sont intenses et la durée de l'affection est longue ; les poils après avoir été cassés se désunissent et tombent en entraînant au dehors les productions cryptogamiques mortes ; ils ne repoussent qu'avec une extrême lenteur.

Traitement. — Il faut commencer par séparer les sujets atteints afin d'éviter la propagation de la maladie à d'autres animaux. Puis on lave vigoureusement la peau à l'eau de savon pour enlever les croûtes. Parmi les topiques qui ont été essayés, il faut citer l'huile de cade et le goudron qui forment des enduits imperméables à la surface de la peau, de sorte que les cryptogames meurent par asphyxie. On peut aussi obtenir de bons résultats avec une solution faible de nitrate d'argent.

La pommade au précipité blanc (calomel obtenu par précipitation) à été chaudement recommandée par Gerlach.

Un autre moyen qui convient aussi bien que les pommades, c'est l'usage de la solution alcoolique de sublimé 2 pour 1000; M. Colin a aussi employé avec avantage le sel dissous dans l'huile; l'onguent égyptiac a donné plusieurs guérisons radicales, il mérite d'être recommandé.

Poux.

Causes. — Les causes prédisposantes sont la malpropreté de la peau et des étables, la stabulation permanente et la mauvaise nourriture; la cause déterminante est le parasite qui passe sur un animal sain.

Symptômes. — On observe un prurit violent qui se fait sentir au cou, à la base des cornes, des oreilles et dans la région dorso-lombaire; les poils se hérissent, deviennent ternes, se détachent par suite du frottement.

Si on examine de plus près, on voit en écartant les poils, un grand nombre de poux très près de la peau si la température est basse et le long des poils si elle est élévée.

Traitement. — La première indication est d'isoler les animaux couverts de poux et d'appliquer sur les régions envahies des topiques insecticides, tels que la décoction de graines de staphysaigre, la décoction de tabac, d'huile de lin.

A l'intérieur on peut administrer l'essence de térébenthine à la dose de 30 grammes dans un litre d'eau (5 jours de suite). Ce médicament s'exhale par la transpiration cutanée et tue les parasites tout aussi bien que s'il était déposé sur la peau.

FRACTURES DES CORNES

La cheville osseuse peut être fêlée ou fracturée complètement ; d'autres fois on rencontre des esquilles plus ou moins nombreuses. Les animaux portent la tête basse, penchée sur le côté, il y a du jetage mêlé de sang par le naseau correspondant à la fracture. On a quelquefois constaté de la fièvre, de l'inappétence et de l'inrumination, mais généralement tout se borne à la défiguration de la bête.

Traitement. — Quand l'hémorrhagie est abondante, il faut appliquer des compresses d'eau alcoolisée, d'eau phéniquée ou de perchlorure de fer ; s'il y a simplement fêlure on entoure la corne de plumasseaux trempés dans de l'eau phéniquée. On les maintient par des tours de bandes se dirigeant de la base vers l'extrémité de la corne, puis on revient en croisant les premiers tours et on termine en fixant la bande à la corne opposée.

Si la fracture est complète on la régularise en amputant la corne avec la scie, on fait ensuite le pansement à l'eau phéniquée.

Lors de collection des sinus, il faut faire écouler le sang et le pus en forçant l'animal à pencher la tête ou en l'invitant à la secouer en lui versant de l'eau dans l'oreille.

Des fumigations de goudron de Norwège seront prescrites si le jetage est abondant et continu.

ANÉMIE CHRONIQUE

Causes. — Les causes de l'anémie chronique sont les écuries humides et malsaines, le froid humide et la nourriture peu substantielle ou trop aqueuse.

Symptômes. — Souvent, malgré la débilité de l'animal, l'appétit est conservé. Tout indique une grande faiblesse chez le sujet anémique ; les muqueuses sont pâles, plus tard exangues, les paupières et la conjonctive sont infiltrées et l'on observe du larmoiement. Puis des *œdèmes* apparaissent au fanon, sous la poitrine et sous le ventre. Une diarrhée continue survient et les malades succombent au bout de quelques mois à une ascite consécutive.

Traitement, — Au début de l'affection on peut guérir les animaux en les changeant de régime, il faut indiquer les aliments les plus riches en principes azotés comme les graines, le foin, le tourteau, etc...

Comme agents médicamenteux on donnera le sel de cuisine, le sulfate de fer et la poudre de gentiane.

```
Sel de cuisine.  .  .  .  .  300 grammes.
Sulfate de fer.  .  .  .  .   60     »
Poudre de gentiane.  .  .   75     »
```

Mêlez. — Dose : 4 à 5 cuillerées à bouche chaque jour dans de l'avoine cuite.

Anémie essentielle.

Voyez : *cheval*, page 281.

Hydrohémie.

Voyez : *cheval*, page 282.

Leucémie.

Voyez : *cheval*, page 283.

Kystes.

Voyez : *cheval*, page 288.

Abcès.

Voyez : *cheval*, page 285.

Plaies.

Voyez : *cheval*, page 288.

Crevasses.

Voyez : *cheval*, page 294.

Éventration.

Voyez : *cheval*, page 297.

MALADIES CONTAGIEUSES

Septicémie.

Voyez : *cheval*, page 298.

Gangrène traumatique.

Voyez : *cheval*, page 299.

Mal de tête de contagion ou coryza gangréneux.

Causes. — On cite comme pouvant faire naître cette affection, les refroidissements, les sols humides et les écuries humides et malsaines.

Symptômes. — Au début les animaux sont abattus, tiennent la tête basse, quelquefois inclinée, le front est chaud, les cornes brûlantes, le dos voussé ; on observe des frissons et tous les signes d'une fièvre intense.

Bientôt les muqueuses de l'œil, de la bouche, s'enflamment et l'on constate tous les symptômes de l'*ophthalmie* et du coryza ulcéreux. Puis l'inflammation se continue vers les chevilles osseuses qui supportent les cornes ; ces dernières deviennent très sensibles et tombent facilement.

Du côté de l'appareil digestif, on rencontre de la stomatite avec érosions de la muqueuse du palais et souvent des alternatives de constipation et de diarrhée.

L'urine est expulsée en petite quantité et avec douleur.

Les symptômes dominants sont ceux d'une affection

cérébrale compliquée de troubles des muqueuses oculaire, nasale et buccale.

De tous mes cas observés, j'ai relevé trois guérisons sur des génisses ; l'une d'elles s'est dépilée ensuite sur toute l'avant-main.

Traitement. — Il faut recourir promptement à la saignée. proportionnelle à la force de l'animal et l'application continuelle d'eau fraîche sur le front. A l'intérieur on administre chaque jour de 4 à 8 grammes de camphre et de 4 à 8 grammes d'acide phénique (suivant la force et l'âge du sujet), dans un litre de graine de lin. On utilise toujours avec profit les fumigations de goudron de Norwège.

Charbon symptomatique. — Feu violent. Noire cuisse. Emphysème charbonneux, etc.

C'est une maladie infectieuse due à un miasme que l'animal rencontre dans l'air, dans l'eau ou dans les aliments. On l'observe surtout chez les jeunes animaux (de 6 mois à 2 ans). Elle est rare chez les adultes.

Symptômes. — Cette affection presque toujours mortelle est caractérisée par l'apparition de tumeurs crépitantes et insensibles, dans différentes régions. On peut les constater à l'épaule, à la croupe, sur les lombes, au poitrail ; elles acquièrent en peu de temps un volume considérable et font entendre lorsqu'on les presse modérément un bruit semblable au froissement du parchemin lorsqu'on y plonge le bistouri, il s'en écoule un liquide brun. On remarque une grande faiblesse et souvent de la claudication ; la rumination cesse, l'appétit est nul, et la respiration devient de plus en plus laborieuse ; souvent les animaux meurent en l'espace de deux à trois jours.

Traitement. — Il est souvent inutile en raison de la

rapidité de la marche du charbon. On indique cependant d'inciser largement les tumeurs et d'introduire dans ces ouvertures de l'eau phéniquée 5 °/°. A l'intérieur on donne 2 fois par jour 10 grammes d'acide phénique et 30 grammes d'essence de térébenthine dans un litre de tisane de graine de lin.

Aujourd'hui on a recours à la vaccination préventive par la méthode d'Arloing, Cornevin et Thomas.

TUBERCULOSE OU PHTHISIE. — POMMELIÈRE

Causes. — Les causes prédisposantes sont la mauvaise alimentation et les étables malsaines. La cause vraie est la pénétration du bacille de Koch dans l'organisme. L'infection peut se faire par l'arrivée d'un tuberculeux dans une étable saine ; l'air expiré et les expectorations sont les agents de contage.

Symptômes. — Elle est caractérisée par une toux sèche, quinteuse qui se développe surtout le matin, on peut la provoquer en faisant lever les animaux, en les faisant trotter ou boire de l'eau froide. La respiration est plus ou moins accélérée suivant l'ancienneté de l'affection. L'auscultation permet de constater une atténuation du murmure respiratoire dans certaines zones, on peut aussi entendre du râle muqueux et du bruit de souffle. La percussion ne dénote rien d'anormal au début ; lorsque les tubercules sont rassemblés en masses, on constate de la matité limitée à ces plaques.

Le professeur Moussu insiste sur la constatation de l'expiration rude et prolongée pour diagnostiquer presque à coup sûr la tuberculose pulmonaire. Il fait remarquer en outre que l'expiration ne s'entend jamais sur une bête bovine qui n'a aucune altération de l'appareil respiratoire.

Caractères différentiels entre l'emphysème et la tuberculose.

VACHE EMPHYSÉMATEUSE	VACHE TUBERCULEUSE
Toux quinteuse et sifflante.	Toux quinteuse mais rauque. Pas de soubresaut du flanc.
Les mouvements respiratoires sont accompagnés d'un soubresaut du flanc.	La percussion donne une légère submatité inférieure.
La percussion donne un excès de sonorité.	Le murmure vésiculaire est exagéré dans les zones supérieures ; atténué dans les zones moyennes ; presque supprimé dans les zones inférieures et sous-scapulaires.
Le murmure vésiculaire est atténué presque uniformément.	
L'expiration s'entend très bien ; sa durée est moins longue en certains points ou à peu près égale en d'autres à celle de l'inspiration, elle est assez forte à son début et va s'affaiblissant ensuite.	L'expiration s'entend à peu près partout et partout rude et prolongée, c'est-à-dire incontestablement et notablement plus longue comme durée que l'inspiration. Son intensité va croissant du début à la fin.

Plus tard la peau se colle aux os, l'appétit devient capricieux et des troubles surviennent dans l'appareil digestif ; l'amaigrissement s'accuse de plus en plus et les animaux succombent épuisés par une diarrhée chronique. L'injection de tuberculine décèle à coup sûr dans les 24 heures, l'existence de tubercules si rares qu'ils soient ; la température rectale augmente de 1°, 5 à 2 et plus sur les sujets tuberculeux.

Traitement. — Le traitement est illusoire. On doit faire immédiatement la déclaration d'un animal atteint ou suspect de tuberculose et le séparer des sujets sains en attendant l'abattage.

On prend ensuite toutes les mesures de désinfection exigées par la loi.

ACTINOMYCOSE

C'est une maladie infectieuse déterminée par un champignon et caractérisée par l'apparition de tumeurs plus ou moins volumineuses sur les maxillaires, la langue, le pharynx, le larynx et quelquefois le poumon.

Quand la langue est atteinte, on constate tous les symptômes de la glossite avec la présence d'ulcérations superficielles et de saillies de la grosseur d'une noix.

Lorsque l'actinomycose siège au pharynx, on remarque des symptômes de pharyngite avec une forte dysphagie.

Le larynx malade occasionne une respiration des plus laborieuses.

Traitement. — Si les tumeurs actinomycosiques siègent sur les maxillaires, il faut les enlever ou les cautériser au fer rouge. La langue malade est badigeonnée avec de la teinture d'iode, en même temps on administre 10 grammes d'iodure de potassium par jour dans un demi-litre d'eau tiède. Ce traitement varie de 10 à 15 jours.

Péripneumonie contagieuse.

Causes. — La véritable cause de la péripneumonie est la contagion.

Symptômes. — Le début de cette affection est presque toujours obscur et par conséquent difficile à saisir. La bête qui en ressent les premières atteintes est moins gaie qu'à l'état normal. La rumination s'effectue avec plus de lenteur, la respiration est plus fréquente et s'accompagne d'une sorte de plainte que l'on peut déterminer en pinçant avec les doigts la colonne vertébrale en arrière du garrot. La toux est petite, sèche, avortée. La sécrétion lactée est notablement diminuée. Les animaux ne s'étirent plus en se relevant, comme dans l'état de santé ; le poil a perdu son luisant et la peau sa souplesse, elle adhère même aux tissus sous-jacents.

L'appétit diminue de plus en plus et devient nul ainsi que la rumination, on remarque de fréquentes météorisations, la salive est abondante et tombe de la bouche sous forme d'une bave mousseuse. Les matières excrémentielles, rares d'abord apparaissent revêtues d'une couche de mucosités, puis une diarrhée abondante et fétide se montre sur le déclin de la maladie.

Les mouvements respiratoires sont accélérés et les plaintes continuelles. (Dans le Nord on dit que les bêtes tèguent). La toux est douloureuse et s'accompagne souvent de jetage blanchâtre, spumeux, par les narines. L'auscultation révèle :

1° Un bruit respiratoire supplémentaire très accusé dans les parties perméables à l'air.

2° Un bruit de souffle très intense dans les régions envahies par la maladie.

3° Une absence de bruit quelconque dans les régions *hépatisées.*

5° Un râle crépitant humide sur les limites des parties saines et des parties malades.

La percussion des parois thoraciques donne lieu à une manifestation de douleur surtout accusée du côté malade; la matité correspond exactement à l'étendue du poumon densifié par l'inflammation.

Quand il existe épanchement, on le reconnaît à la grande sensibilité des parois costales.

L'amaigrissement marche avec une telle rapidité qu'en moins de 15 jours, les animaux peuvent avoir perdu 1/3 de leur embonpoint. Il ne faut pas perdre de vue que cette maladie au début est toujours caractérisée par des troubles digestifs, on est donc tenté d'attribuer l'affection à des lésions de cet appareil si on n'a pas le soin de porter son attention du côté de la poitrine.

Traitement. — Tous les médicaments autrefois préconisés ont été reconnus inefficaces. Aujourd'hui on abat les sujets atteints, on inocule tous les animaux qui ont été en contact médiat ou immédiat avec eux et l'Etat indemnise le propriétaire.

DU CHARBON BACTÉRIDIEN

Causes. — La cause unique est l'introduction de la *bactéridie* dans l'organisme, elle y pénètre ordinairement par les voies digestives.

Symptômes. — Ce sont ceux d'une gastro-entérite toxique à marche rapide, compliquée de congestion cérébrale ou de congestion pulmonaire. La fièvre est très intense, la température peut atteindre 41° en très peu de temps, puis on observe une démarche chancelante, des chutes et des convulsions. Les ouvertures naturelles (bouche, nez, anus) donnent écoulement à des liquides sanguinolents et la mort arrive ordinairement au bout de un ou deux jours.

Il est des cas où le charbon se localise à la langue (glossanthoraux), sur le pharynx ou le larynx. La mort a lieu par asphyxie en moins de 24 heures.

La durée est plus longue lorsqu'il se forme sur la peau des tumeurs dures, chaudes, douloureuses qui bientôt deviennent froides en se gangrénant.

C'est la forme la moins maligne.

Traitement. — Il est souvent inutile en raison de la rapidité de la marche de l'affection. On a cependant préconisé l'acide phénique et l'acide salicylique (10 grammes de chaque par jour), l'essence de térébenthine (30 grammes). Davaine conseillait la préparation suivante :

Iode.	30 grammes.
Iodure de potassium . .	60 »
Eau distillée.	360 »

à donner deux cuillerées à soupe toutes les deux heures dans un litre d'eau.

Les purgatifs ont été souvent employés sans résultat.

Quand des tumeurs siègent sur la peau, on les incise

profondément, puis on les détruit à l'aide du cautère chauffé à blanc.

Aujourd'hui, dans les pays infectés de charbon, on a recours à l'inoculation préventive.

Lorsqu'un sujet est mort de cette affection, il faut détruire son cadavre et désinfecter avec soin le local qu'il a habité.

FIÈVRE APHTEUSE OU COCOTTE

Causes. — La contagion.

Symptômes. — Cette maladie se reconnaît à la présence de vésicules, suivies d'ulcérations, sur la muqueuse de la bouche (stomatite aphteuse), sur les mamelles et sur la peau qui va de l'espace interdigité au talon.

Quand elle se présente sur la muqueuse buccale, les animaux sont gênés pour la préhension des aliments et la salive tombe abondamment des commissures des lèvres ; elle prend souvent l'aspect mousseux.

Lorsque l'affection siège aux onglons, la peau qui recouvre l'espace interdigité devient rouge, chaude et douloureuse, bientôt elle se recouvre de *phlyctènes* qui crèvent et forment des plaies. Les animaux boitent et restent longtemps couchés.

Il arrive que le pus provenant des plaies fuse en dessous de l'onglon et en favorise la chute, dans ce cas les animaux sont condamnés au décubitus forcé jusqu'à ce qu'ils meurent ou qu'on en prescrive l'abattage.

Traitement. — Ordinairement l'affection est bénigne, on donne aux animaux des barbottages à discrétion et on entretient une litière sèche. Pour favoriser la guérison des aphtes de la bouche, on fera de fréquents lavages avec de l'eau vinaigrée additionnée de quelques gouttes d'eau phéniquée. Les ulcérations des onglons seront pansées à l'eau phéniquée 1°/₀ ; celles des mamelles avec l'onguent populeum saturné, la pommade camphrée ou la pommade de sulfate de fer au dixième.

Le docteur Jarre recommande l'acide chromique ; le manuel opératoire qu'il préconise est le suivant :

« A l'extrémité d'une tige de bois taillée en pointe fine, on enroule quelques filaments de ouate hydrophile que l'on trempe ensuite légèrement dans de l'acide chromi-que, chimiquement pur et en solution concentrée. Le caustique ainsi répandu sur une petite étendue en une couche mince, est promené sur toute la surface enflam-mée ou ulcérée ».

Un lavage à grande eau, pratiqué cinq secondes après l'application, enlève le surcroît du caustique, et l'opéra-tion est terminée.

Voici un autre traitement par l'acide salicylique.

« Versez dans un vase en terre un peu d'eau chaude, environ 15 grammes (équivalent de trois cuillerées à bouche) d'acide salicylique, puis ajoutez de l'eau tiède pour obtenir 4 litres 1/2 de liquide. La bouche et les pieds de l'animal malade doivent être soigneusement lavés trois fois par jour avec ce liquide, puis le haut des sabots bien saupoudré après chaque ablution, avec de l'acide salicy-lique en poudre.

« Dissolvez aussi deux cuillerées à bouche, (soit 10 grammes) d'acide salicylique dans de l'eau chaude, et ajoutez cette dissolution dans la boisson des animaux dans la proportion d'un gramme d'acide salicylique par tête de bétail à prendre trois fois par jour, à jeun d'abord et ensuite avant les repas.

L'étable devra être tenue extrêmement propre et le fu-mier saturé d'acide salicylique (de l'eau saturée à un gramme par litre) pour prévenir l'infection ».

On aura soin de séparer les malades et de se confor-mer à la loi concernant les maladies contagieuses.

Peste bovine. — Typhus du gros bétail.
Peste du bétail.

Causes. — Elle est due à un agent infectieux qui pénètre par les voies respiratoires.

Symptômes. — Au début, les animaux sont tristes, abattus, portent la tête basse, ont perdu l'appétit ; leur démarche est chancelante et ils sont indifférents à tout ce qui les entoure. On observe des tremblements partiels aux muscles du *grasset* et de *l'olécrane*.

On remarque parfois des symptômes nerveux, des contractions des muscles de l'encolure qui lui impriment une sorte de balancement de haut en bas ou d'un côté à l'autre.

Un autre caractère est la présence d'ecchymoses nombreuses sur le muffle et la muqueuse buccale. Au bout de deux jours l'appétit est supprimé et la soif est vive ; les animaux boivent tous les liquides et même le purin. La constipation existe toujours au début, les matières excrémentielles sont dures et recouvertes de mucosités rougeâtres ; on observe quelquefois des coliques accusées par des trépignements, du ballonnement et de la sensibilité marquée du ventre.

Si la maladie débute par une inflammation des voies respiratoires, les mouvements du flanc sont accélérés (25 à 30 par minute) et la toux est quinteuse, petite, sèche et douloureuse.

Au bout de 3 à 4 jours, les symptômes sont plus caractéristiques ; la fièvre est plus intense, il y a des tremblements généraux, du grincement des dents, la marche est chancelante et l'abattement extrême ; les animaux ne se relèvent qu'avec difficulté, ils se campent fréquemment et ont des coliques violentes.

La diarrhée succède à la constipation, les matières

sont molles, roussâtres, sanguinolentes, mélangées à des mucosités ; souvent la *muqueuse rectale* se renverse ou le rectum se paralyse.

L'amaigrissement fait des progrès rapides, le flanc se creuse, la peau devient sèche, adhérente, le poil terne, hérissé ; les yeux sont creux, enfoncés dans les orbites, les larmes sont abondantes et forment une chassie gluante, collant les paupières. Sur la muqueuse buccale on remarque des ecchymoses qui se transforment bientôt en véritables ulcérations ; la salive, d'abord filante, ne tarde pas à être mousseuse, sanguinolente.

Les lèvres de la vulve sont œdématiées et la muqueuse vaginale est en tout point semblable à celle de la bouche.

Puis le grincement et les plaintes augmentent, le tissu cellulaire sous-cutané devient emphysémateux, on observe un pouls petit, insensible, quelques convulsions, le cœur bat tumultueusement et les animaux succombent dans le marasme.

La marche de cette affection est plus ou moins rapide suivant la force des sujets et l'intensité de l'invasion.

Traitement. — La loi défend d'entrependre aucun traitement et prescrit l'abattage en masse des sujets atteints ou suspects de cette maladie

CHAPITRE II.

DU MOUTON

Le mouton est un animal domestique de l'ordre des ruminants. Le mâle s'appelle *bélier* ; la femelle, *brebis*; le jeune, *agneau* ; vers l'âge de neuf à quinze mois, il porte le nom d'*antenais*.

Il est souvent facile de différencier le mouton de la chèvre, cependant certaines races se rapprochent tellement de la race caprine qu'il devient impossible de les distinguer l'une de l'autre.

Le mouton, qui n'a pas été trop façonné par l'homme présente généralement les caractères suivants : chanfrein busqué, pas de mufle, pas de barbe, cornes contournées et ridées, deux mamelles et canal biflexe entre les ongles. D'un naturel timide, le mouton n'est pas susceptible de grand attachement pour ses semblables ni pour les humains.

Gronier qui a écrit de belles pages concernant cet animal dit : « de tous les animaux domestiques, le mouton est le seul qui ne puisse pas redevenir sauvage ; abandonné à lui même il ne saurait ni chercher un pâturage, ni se réfugier sous un abri, ni se défendre contre un ennemi. Les béliers qui, dans certaines races, sont vigoureux et assez hardis pour braver le chien ne savent pas se réunir contre un ennemi commun, comme les autres animaux domestiques abandonnés à eux-mêmes. Mus par la timidité et par la crainte, ils se serrent constamment les uns contre les autres, ils suivent aveuglément celui d'entre-eux qui marche le premier, soit par hasard, soit excité par le chien ou le berger ; ils s'engagent à sa suite dans les plus mauvais pas et même se jettent dans un précipice. »

Qui ne connaît l'histoire des moutons de Panurge ?

Ellébore
Renoncule
Grenadier
Nerprun Cathartique

Du choix des reproducteurs et de l'accouplement.

On doit choisir comme béliers les types les plus vigoureux, avec le corps long, la tête puissante, le front large, le nez camus, les yeux noirs et vifs, les testicules bien descendus, la queue longue, les cornes grosses ; la tête, le cou, le dos et le ventre bien garnis d'une laine longue, soyeuse, luisante et blanche.

La brebis aura le corps grand, l'œil développé, la queue et les trayons longs ; les membres fins, tout le corps sera chargé de laine longue et blanche.

Le bélier peut engendrer à deux ans, la brebis un peu plus tôt ; généralement on ne permet au bélier la pleine reproduction qu'à l'âge de trois ans.

La brebis entre en chaleur à l'automne vers les mois de septembre, octobre et novembre, elle porte cinq mois. Les gestations doubles et triples ne sont pas rares.

Un bélier peut suffire à cinquante brebis, mais en moyenne on ne lui en donne que trente pour ne pas l'épuiser.

De la mise-bas.

On reconnaît l'approche de l'agnelage à des bêlements significatifs, espèces de plaintes fréquentes, au gonflement des mamelles, de la vulve et à un écoulement de mucosités par les voies génitales. Lorsque le travail tarde à s'effectuer, le berger doit s'assurer de la position de l'agneau et faire le nécessaire pour que la mise-bas s'effectue dans les meilleures conditions.

S'il y a de la faiblesse marquée, il fera prendre à la brebis une demi-pinte de bière, de vin ou de fort café.

Peu de temps après sa naissance, on soulève l'agneau et on l'approche de sa mère pour qu'il commence à têter, généralement on enferme toutes les brebis avec leurs petits, dans une bergerie tenue chaudement, avec une abondante litière ; on leur donne comme nourriture, du bon foin avec du son et un peu de sel ; comme boisson, de l'eau blanchie avec de la farine d'orge.

Au bout de huit jours, elles peuvent se rendre aux champs avec les autres moutons.

On vend ordinairement les agneaux qui sont en trop à l'âge de trois semaines et on n'en laisse qu'un seul à chaque mère, sans quoi, celle-ci maigrirait et sa laine perdrait beaucoup de sa qualité.

Le berger doit apporter tous ses soins dans l'élevage et l'entretien des agneaux et de tous les moutons ; on peut lui rappeler quelquefois le proverbe : « tant vaut le berger, tant vaut le mouton. »

Age du mouton.

La connaissance de l'âge chez le mouton repose sur les mêmes principes que chez le bœuf ; la disposition anatomique des dents étant la même et leur éruption se faisant environ un an plus tôt.

Vers trois mois l'arcade dentaire de l'agneau est au rond.

A 15 mois, les pinces de remplacement font leur apparition, l'agneau prend le nom d'antenais.

A 2 ans, les premières mitoyennes sont remplacées.

A 3 ans, les secondes mitoyennes achèvent leur éruption.

A 4 ans, les coins se montrent.

A 5 ans, les coins sont complètement sortis.

A partir de cette époque, les dents éprouvent le rasement, mais on ne peut plus se guider sur ces changements pour reconnaître exactement l'âge de nos petits ruminants.

MALADIES DU MOUTON

Ictère grave.

Causes. — Dû à l'alimentation par le lupin et principalement par le lupin jaune.

Symptômes. — Au début, on remarque de l'inappétence bientôt suivie de démarche raide, de faiblesse et de stupéfaction, puis la coloration jaunâtre apparaît sur la conjonctive et la sclérotique. On peut aussi observer des symptômes nerveux, des contractions spasmodiques des mâchoires, etc.

Les excréments sont durs, entourés de mucosités jaunâtres, l'urine est rare et jaune.

Au bout de 5 à 6 jours, la faiblesse devient extrême et les animaux meurent; c'est la terminaison ordinaire.

Traitement. — Il consiste à administrer de l'huile de ricin pour purger le sujet ; souvent le traitement est inutile ; il faut changer la nourriture du troupeau et exclure de l'alimentation tous les fourrages contenant des lupins, si on veut que la maladie ne se généralise pas.

Vers intestinaux.

Causes. — C'est le tœnia expansa qui peut provoquer parfois une helmintiase épizootique. Les agneaux y sont prédisposés lors de printemps humides lorsqu'ils paissent dans les endroits marécageux.

Symptômes. — On observe tous les signes de l'anémie avec constipation au début, puis diarrhée épuisante vers la fin. Cette affection n'est guérissable que dans le premier stade de développement.

Traitement. — L'extrait de fougère mâle, 2 à 4 grammes, ou le kamala (5 grammes) dans du lait, expulsent souvent le tœnia du mouton, à condition qu'on fera suivre d'un purgatif, comme l'huile de ricin, donnée trois heures après le remède vermifuge.

Les bourgeons de pin maritime et les baies de genévrier mélangés au son ou à l'avoine sont fréquemment employés avec succès par les bergers du Berry.

Pourriture. — Cachexie aqueuse. Distomatose.

Causes. — Due à une introduction de parasites (douves) dans le foie. Elle sévit surtout sur les animaux qui paissent dans les prairies humides ou marécageuses, sur ceux qui consomment des fourrages altérés, qui boivent des eaux malpropres ou croupissantes.

Symptômes. — Au début, la marche est insidieuse, mais au bout d'un mois à six semaines, on observe tous les signes de la cachexie et de l'hydroémie. Il semble qu'il y ait une surabondance d'eau dans tout l'organisme ; les paupières, l'auge (bouteille), le ventre, s'œdématient, les muqueuses sont infiltrées, très pâles, la laine tombe sans efforts ; les animaux perdent l'appétit, deviennent très faibles, ne peuvent plus suivre le troupeau ; en examinant les excréments on peut y rencontrer des œufs de forme ovale, à opercules ; ce sont les œufs de douve.

La maladie ne peut être enrayée qu'à son début.

Traitement. — Le traitement est rarement suivi de succès et j'ai vu maintes fois des bergers refuser les secours de l'art, les regardant comme inutiles sans doute pour les avoir vus échouer trop souvent ; néanmoins on peut essayer au début le sulfate de fer dans les boissons (une cuillerée à café pour deux moutons), la poudre de gentiane (une cuillerée à café par tête, sur du son) ; les bourgeons de pin maritime et les baies de genévrier mélangés à de l'avoine cuite 150 à 200 grammes par tête avec une cuillerée à café de sel de cuisine, les feuilles de chêne, d'orme, de frêne, etc...

On conduira les animaux dans les pâturages secs ou bien on leur donnera une alimentation substantielle à la bergerie. Du reste, les bergers intelligents doivent connaître les terrains et s'éloigner de ceux qui leur paraissent suspects.

Catarrhe nasal simple.

Il est produit par le refroidissement (pluies, vents). Il présente comme symptômes, un écoulement de muco-pus, qui en se desséchant forme des croûtes sur les ailes du nez. Cette affection est souvent bénigne, il suffit de maintenir le troupeau à la bergerie pendant quelques jours.

Catarrhe nasal grave. — Morve du mouton.

Causes. — Dû à un agent infectieux.

Symptômes. — C'est une maladie qui porte des désordres sur les muqueuses nasale, oculaire et broncho-pulmonaire. Au début on constate du jetage gluant, quel-quefois fétide qui colle aux ailes du nez ; la pituitaire est rouge, épaissie et souvent on observe de la toux avec les symptômes d'une laryngite, d'une bronchite ou d'une pneumonie.

Les yeux ne sont jamais épargnés, on peut rencontrer la blépharite, la conjonctivite, la kératite simple ou ulcérée etc... Les larmes sont abondantes et forment de la chassie.

L'appareil digestif est aussi troublé dans ses fonctions, il y a de l'inappétence, de la contispation, de la diarrhée. Les animaux maigrissent, deviennent faibles et comme cette affection atteint surtout les agneaux qui sont peu résistants, les victimes sont nombreuses.

Traitement. — Il faut prescrire une alimentation riche et donner chaque jour sur du son, de la poudre de gentiane et des baies de genièvre. Dans les boissons, on fera dissoudre le sulfate de fer comme il est indiqué à l'article : *pourriture*.

Cette affection étant de nature infectieuse, il faut isoler les malades et désinfecter la bergerie

Faux tournis ou vertige d'œstres.

Causes. — Occasionné par la présence des larves d'œstres dans les sinus frontaux et maxillaires.

Symptômes. — On observe tous les symptômes du catarrhe nasal simple, accompagné de conjonctivite catarrhale : éternuements fréquents, jetages et secousses de la tête. Les animaux se grattent le nez ou le frottent contre les corps durs qu'ils trouvent à leur portée. On a aussi constaté des phénomènes cérébraux, la marche de côté ou en cercle, qui a fait donner à la maladie le nom de faux tournis. C'est une affection très grave, la terminaison ordinaire est la mort qui arrive vers le huitième jour.

Traitement. — Le moyen le plus économique est l'abattage. La trépanation ne parvient pas à guérir complètement. Les sternuatoires (tabac à priser), ne sont utiles qu'au début, lorsque les larves sont encore sur la muqueuse nasale.

Cystite calculeuse.

Causes. — Assez commune chez les béliers qui sont nourris, en vue de la *lutte*, avec des grains de féverolles et de l'avoine.

Symptômes. — Souvent on remarque des coliques sourdes, permanentes, l'appétit diminue et les animaux maigrissent. On peut rencontrer des ulcérations du canal de l'urèthre, ou une fistule dans la région de l'aine.

Traitement — Le calcul s'arrêtant souvent à l'extrémité du pénis, il suffit de couper cette partie pour assurer la guérison.

Encéphalite.

Causes. — L'élévation de la température, l'encombrement, l'alimentation trop riche et trop abondante, les coups sur le crâne sont les causes les plus ordinairement citées.

Symptômes. — Le mouton a l'encolure raide et la tête inclinée d'un côté, il appuie fortement le front contre le mur, a un équilibre incertain, chancelle, tourne et quelquefois est pris de convulsions.

L'encéphalite est souvent confondue avec le tournis.

Traitement. — On débute par une saignée à la veine du bas de la joue (angulaire) puis on applique des compresses d'eau froide sur le front et on purge l'animal avec 100 grammes de sulfate de soude. Si malgré ces moyens la maladie ne s'amende pas, on sacrifie les animaux pour la boucherie.

Tournis ou vertige.

Causes. — C'est une maladie parasitaire du cerveau déterminée par le cœnure cérébral.

Symptômes. — Les malades restent en arrière du troupeau, paraissent mous et endormis, leur démarche est chancelante, et la faiblesse est si grande qu'ils buttent à chaque pas. Bientôt les animaux tournent en cercle ou le train antérieur seul exécute ce mouvement ; d'autres fois la rotation n'est faite que par le train postérieur. Il arrive aussi que certains malades se laissent tomber et se roulent en décrivant une circonférence ; quelques-uns courent droit devant eux en relevant fortement les membres. Parfois, ils marchent la tête relevée en faisant de grands pas, cette allure occasionne des chutes fréquentes.

Quand l'affection est à sa dernière période, on constate à la surface du crâne, une petite dépression circonscrite qui cède à la pression. Si on la comprime, les moutons expriment de la douleur, de l'inquiétude, les yeux roulent dans les orbites et il n'est pas rare de voir se produire des convulsions.

La mort est la terminaison la plus commune, elle arrive au bout de six semaines à deux mois et quelquefois plus ; elle est annoncée par un décubitus permanent, l'amaigrissement et les convulsions.

Lorsque le cœnure a son siège dans la moelle épinière on constate d'abord de la raideur des reins, de la paresse du train postérieur et ensuite de la paralysie complète.

Traitement. — On a essayé la trépanation pour extirper le cœnure ou évacuer le liquide contenu dans la vésicule, mais on doit regarder cette affection comme incurable ; il est prudent de livrer au début les animaux à la boucherie.

Maladie tremblante ou prurigo lombaire.

Causes. — La principale cause est l'hérédité, on a quelquefois attribué la tremblante aux pâturages dans les terrains marécageux et à l'influence du sous-sol.

Symptômes — La maladie est signalée par de l'inquiétude, de l'anxiété ; les animaux s'effrayent facilement et tremblent quand on veut les saisir. La marche est incertaine, la flexion des membres est saccadée et la tête est toujours relevée, quelquefois renversée sur le dos. Puis on constate de la raideur des pattes, l'animal ne peut plus sauter les petits obstacles et la marche devient trottinante (ce qui lui a valu le nom de maladie des trotteurs). On peut observer des chutes et des convulsions.

Les malades éprouvent des démangeaisons qui les forcent à se frotter, à se mordre les fesses, la queue ; le prurit devient de plus en plus vif, gagne la croupe, les lombes et engage les sujets à se mordre jusqu'à l'excoriation.

Au bout d'un certain temps, on constate de la faiblesse du train postérieur, de la pâleur des muqueuses, l'inappétence devient complète, l'amaigrissement considérable et enfin la paralysie finit par amener la mort qui est la terminaison la plus ordinaire ; elle arrive généralement au bout de plusieurs mois

Traitement.— Le nombre de guérisons est si minime qu'on s'accorde aujourd'hui à regarder cette affection comme incurable. Aussitôt la maladie reconnue, il faut sacrifier les sujets pour la boucherie. Comme moyens prophylactiques il faut exclure de la reproduction tous les animaux atteints et limiter la saillie aux béliers pour les préserver de l'épuisement.

Fourchet.

C'est l'inflammation du canal biflexe de l'espace interdigité.

Causes. — On admet comme causes du fourchet les terrains secs, durs, pierreux et l'introduction de graviers ou d'éteules dans le canal biflexe.

Symptômes. — L'animal boite et reste en arrière du troupeau, il tient le membre en l'air, et si les deux membres antérieurs sont atteints, il marche sur les genoux ; si c'est le bipède postérieur, il reste couché. La souffrance peut devenir intense, l'appétit et la rumination nuls.

Dans la région interdigitée, on constate de la chaleur, de la rougeur et de la tuméfaction, il s'écoule, en pressant le canal biflexe, une matière sébacée possédant une odeur de fermentation et que le vulgaire considère comme un ver. Bientôt il survient un engorgement de toute la région, un abcès se forme sur le trajet du canal, puis un ulcère lui succède ; le pus, en fusant sous l'ongle, peut détacher le sabot ou remonter vers les articulations et former d'autres ulcères.

Généralement quand le mal est attaqué au début, il reste limité au canal et sa guérison est assurée en trois semaines ; s'il passe à l'état chronique, il dure longtemps et nécessite quelquefois l'abattage des sujets pour la boucherie.

Traitement. — On commence par enlever les corps étrangers et la matière sébacée en pressant et en faisant mouvoir les onglons l'un contre l'autre. Si l'inflammation est trop violente, on applique des cataplasmes et on introduit ensuite dans le canal vidé quelques gouttes d'une solution de sulfate de fer, de sulfate de cuivre ou d'eau blanche.

Quelques bergers préfèrent l'essence de térébenthine.

Si la douleur persiste, on débride le canal avec la pointe d'un bistouri et on l'extirpe en le séparant du tissu cellulaire qui l'entoure. Il reste une plaie simple que l'on panse avec de l'eau phéniquée 1 %.

Rhumatisme musculaire.

Causes. — Les refroidissements, les vents froids, les bergeries humides, les pâturages dans des prairies marécageuses, l'alimentation azotée engendrent facilement le rhumatisme musculaire chez les agneaux.

Symptômes. — La démarche est raide, gênée, semblable à celle que l'on observe dans le lumbago, les animaux marchent comme sur des échasses. Les muscles de l'avant-bras principalement sont tendus, durs et douloureux, les malades restent longtemps couchés pour alléger leurs souffrances. La durée de la maladie est d'environ huit jours et la terminaison ordinaire est la guérison.

Traitement. — On laisse les malades à la bergerie et on les couvre de fumier, puis on leur administre toutes les heures une cuillerée à bouche de la solution suivante :

Salicylate de soude. . 4 grammes.
Eau ordinaire . . . 100 »

Il est bon également de faire prendre une cuillerée à bouche de sulfate de soude et une cuillerée à café de bicarbonate de soude dans un verre d'infusion de tilleul chaque jour pendant trois jours.

Charbon ou sang de rate.

Causes. — Absorption de la bactéride par les aliments ingérés. Il peut aussi être transmis par les piqûres de mouches.

Symptômes.— — La marche du charbon est souvent apoplectiforme chez le mouton ; les animaux ont une marche chancelante, tiennent la bouche ouverte pour respirer, puis ils tombent, éprouvent quelques convulsions, rendent le sang par toutes les ouvertures et meurent en quelques minutes.

D'autres fois, la marche est moins rapide et les sujets succombent en une heure. Il arrive aussi de rencontrer le charbon sous forme de gastro-entérite toxique.

Traitement. — On comprend aisément que le traitement soit nul dans des maladies à marche presque foudroyante. Le traitement phophylactique est la vacci- nation préventive.

Fièvre aptheuse ou cocotte.

Causes. — La contagion est la cause unique de la cocotte.

Symptômes. — Il est rare que l'on rencontre une éruption vésiculeuse suivie de plaie sur le bourrelet de la mâchoire supérieure. La maladie se localise aux onglons Les animaux boitent et restent bientôt en arrière du troupeau ; puis les vésicules apparaissent vers le coussinet plantaire, elles crèvent ensuite en laissant de petites plaies faciles à guérir.

D'autres fois les membres s'engorgent jusqu'au-dessus du boulet, l'inflammation devient très intense, on constate du décollement de l'ongle, de l'arthrite purulente et de la nécrose de l'os. Cette complication est toujours grave.

Traitement. — On commence d'abord par isoler les malades. On panse ensuite les plaies des onglons avec de l'eau phéniquée très faible 1/2 p. %, ou la solution légère de sulfate de cuivre. Ces simples remèdes appliqués à temps ont facilement raison de l'affection. Si les complications précitées surviennent, il faut sacrifier immédiatement les malades pour la boucherie.

Clavelée.

C'est une maladie contagiense du mouton appelée aussi *claveau* perce que les pustules qui la caractérisent ressemblent à la tête d'un clou.

Causes. — La seule cause est la contagion qui peut s'opérer par l'introduction de sujets malades dans un troupeau sain, par les chiens, les bergers, les vêtements, etc...

Symptômes. — Le début éclate par une fièvre assez marquée, les animaux sont tristes, cessent de ruminer, de manger et tremblent, puis aux endroits où la peau est fine et non protégée (tête, face interne des cuisses, dessous du ventre), apparaissent de petites tâches rouges qui se transforment bientôt en boutons, puis en vésicules renfermant un liquide clair, limpide. Cette sérosité se trouble, devient purulente et la vésicule passe à l'état de pustule, enfin cette dernière se dessèche, l'épiderme se rétracte et forme avec le pus une croûte jaune qui passe ensuite au rouge brun. Vers le 15e jour la croûte tombe et laisse à sa place une petite dépression dégarnie de laine.

Pendant que ces symptômes se montrent du côté de la peau, on remarque une véritable fièvre muqueuse catarrhale du côté des yeux, du nez, du pharynx et des bronches ; les yeux et le nez donnent écoulement à une matière mucoso-purulente, la bouche laisse échapper de la **bave** et l'on observe des régurgitations avec des accès de toux.

Quand la maladie revêt la forme maligne, la fièvre redouble, la peau est fortement enflammée, tuméfiée, et elle répand, ainsi que les sécrétions de la bouche et des naseaux, une odeur fétide. On remarque aussi la présence de pustules sur les muqueuses de la bouche, du pharynx, des bronches et quelquefois sur la cornée. Dans ces cas l'issue est toujours fatale et les animaux succombent par suite de septicémie.

La mortalité est en raison directe de la régularité ou de l'irrégularité de l'affection Dans le premier cas, elle peut atteindre 10 % des malades ; dans le second, 60 %. Très peu d'animaux sont épargnés dans un troupeau claveleux (2 à 3 p. o/o).

Traitement. — Le traitement est purement hygiénique et prophylactique. On aura soin de placer les malades dans des bergeries propres, spacieuses, bien aérées et on donnera des racines cuites, du vert si possible, des boissons avec de la farine d'orge, du son, du sulfate de soude et du sel de nitre.

L'inoculation sur les animaux de troupeaux infectés est fort recommandable ; elle rend la maladie plus régulière et les pertes toujours légères 2 p % environ.

L'inoculation se fait à la face interne de l'oreille ou à la base de la queue ; on introduit la lancette chargée de vaccin sous l'épiderme de ces régions et l'opération est faite. Une seule piqûre suffit.

Piétin.

C'est une maladie éruptive consistant en un décollement de la partie supérieure et interne de l'ongle avec boiterie, douleur intense et amaigrissement.

Causes — On accuse la contagion, l'humidité, la malpropreté des bergeries, les boues âcres et irritantes.

Symptômes. — La maladie débute par une boiterie s'accompagnant d'un engorgement des parties inférieures du membre surtout apparent vers la région coronaire. Le pied dénote une sensibilité exagérée lorsqu'on écarte les onglons. Dans le fond de l'espace interdigité, on remarque une matière onctueuse, fétide, entourée de petites ulcérations qui gagnent de proche en proche et décollent la corne. Les malades souffrent de plus en plus, restent longtemps couchés ou paissent en marchant sur leurs genoux.

Avec le temps, la maladie fait des progrès, le décollement envahit toute la couronne; il peut arriver que sous l'influence de cette vive inflammation, le bourrelet secrète beaucoup de corne ce qui donne aux animaux des pieds énormes et difformes ; souvent, à cette période, des abcès viennent s'ouvrir dans la région du pâturon, des fistules s'établissent, des portions ligamenteuses, tendineuses se nécrosent et tombent en lambeaux ; les articulations s'ouvrent par la destruction de leurs capsules, l'os du pied est rongé par la carie. A cet état, les douleurs sont des plus aiguës, l'animal a complètement perdu l'appétit ; le marasme, l'épuisement et la mort ne tardent pas à terminer cette maladie qui peut durer de 4 à 8 mois.

Traitement. — Le moyen qui a donné le plus de succès est la cautérisation des ulcères avec un tampon imbibé d'acide nitrique, d'acide sulfurique ou d'eau de Rabel, mais ce traitement est long quand une partie du troupeau est malade ; mieux vaut recourir de suite au bain de lait de chaux. Pour cela, on fait un trou en face de la porte de la bergerie et l'on y met de la chaux vive et de l'eau en quantité suffisante pour obtenir une bouillie liquide, puis on y fait passer les animaux.

Quand la corne est décollée, on enlève et on panse à l'eau phéniquée ou avec la liqueur de Villatte.

Gale.

La gale du mouton est connue depuis la plus haute antiquité et c'est d'elle que parle la législation des Hébreux lorsqu'elle exclut les brebis galeuses des sacrifices. Virgile, Junéval en parlent dans leurs écrits et reconnaissent qu'elle est très contagieuse.

Causes — Les causes vraies des anciens ne sont plus considérées aujourd'hui que comme des causes prédisposantes ; on cite les pluies, le froid, l'humidité, la gelée, la malpropreté, la chaleur de la bergerie, les vapeurs du fumier, la débilité, etc..., elles restent toutes sans effets s'il n'y a pas la présence de l'acare, la contagion. Et la contagion est extrêmement grande si les moutons sont obligés de rester à la bergerie.

Symptômes —Ils sont très faciles à constater ; mais il ne suffit pas de reconnaître la gale lorsqu'elle a fait perdre une grande valeur aux animaux ; il faut savoir la diagnostiquer au début, et à cette époque il y a certains signes généraux qui peuvent la faire soupçonner. Lorsque la toison est un peu hérissée, floconneuse, feutrée, c'est un indice suspect. S'il y a des brins de laine arrachée qui font saillie, l'attention est éveillée surtout si les animaux se frottent, se mordillent.

S'ils sont au repos, on les voit de temps en temps porter les pattes ou la tête vers le point malade.

Si on examine de plus près, en écartant les touffes hérissées, le premier symptôme qui apparaît est la rougeur de la peau et l'existence de petites plaques papuleuses déterminées par la piqûre de l'acare.

Bientôt ces papules se couvrent d'une couche squameuse, jaunâtre, grasse au toucher, qui sert d'abri au parasite ; en s'épaississant cette couche forme des croûtes et soulève la laine qui est bientôt arrachée par les frottements. L'animal ne tarde pas à être dépilé sur de grandes étendues. La sensation de prurit est toujours très grande, il suffit de gratter le malade pour la voir se manifester par un tremblottement des lèvres.

Le séjour favori des acares est le dos, mais ils s'étendent lorsqu'ils ont fait de nombreuses colonies et la gale se généralise.

Lorsqu'elle fait son apparition en automne ou en hiver, elle est souvent grave en raison de la dépilation. Les animaux ont froid et contractent des bronchites, des pneumonies, des pleurésies ; ils meurent comme si on les tondait en novembre. La mortalité peut atteindre 20, 30, 40 et 60 pour %.

Traitement. — Pour la réussite du traitement, il faudrait l'instituer après la tonte et à l'époque des chaleurs ; une toison longue, un temps froid et pluvieux présentent de graves inconvénients.

On employait autrefois l'huile, le soufre, l'ellébore, le sel marin dissous dans l'huile ; ces différentes substances donnaient de bons résultats et elles entrent encore aujourd'hui dans beaucoup de préparations contre la gale. Au moyen âge, les propriétaires traitaient par l'huile de cade, on l'abandonne généralement parce qu'elle a l'inconvénient de salir la toison, ce qui est un point important pour la vente des laines, mais si les animaux sont tondus on peut s'en servir avec succès.

L'onguent mercuriel a été préconisé dans les cas de gale circonscrite, il en est de même de l'huile empyreumatique mêlée à l'essence de térébenthine.

La décoction d'ellébore que Columelle conseillait est une substance très active et très sûre, elle est commune et coûte très peu.

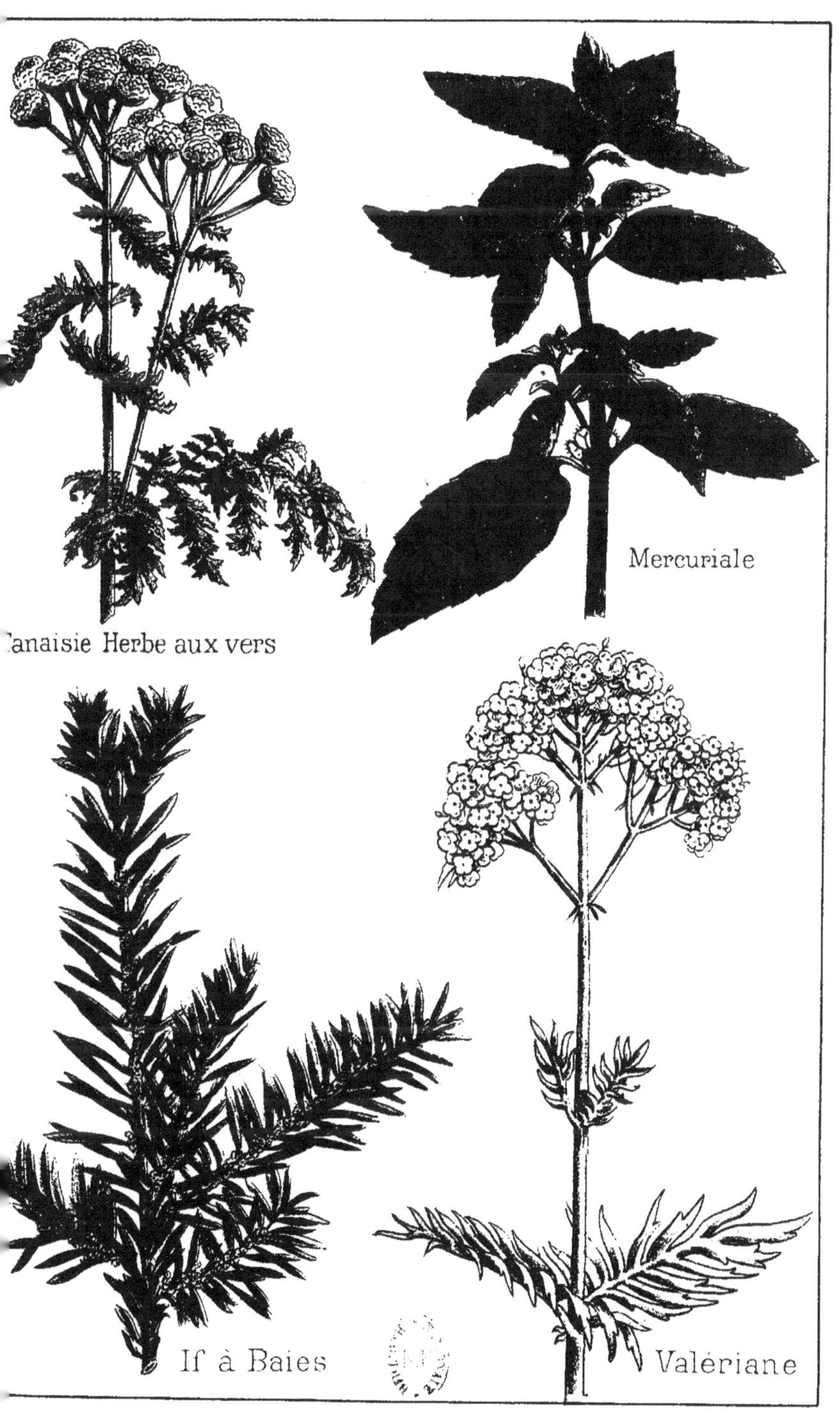

Tanaisie Herbe aux vers

Mercuriale

If à Baies

Valériane

La décoction de tabac agit de la même manière ; pour s'en servir, on écarte la laine, on râcle les croûtes et on verse doucement la décoction concentrée. Par suite de la capillarité de la laine, on voit que le liquide versé en un seul point s'étend vite sur toute la surface du corps.

Enfin si on doit traiter une partie du troupeau, mieux vaut recourir aux bains, celui de Tessier est le plus avantageux. On commence par laver, nettoyer, frotter les moutons avec la brosse et le lendemain on fait prendre le bain.

Pour le préparer il faut dissoudre 1500 grammes d'acide arsénieux dans 10 à 15 litres d'eau que l'on fait bouillir jusqu'à ce que la solution devienne claire, on verse alors 10 kilog. de sulfate de fer et 10 kilog. de sulfate de zinc et on met le tout dans un baquet en y ajoutant 90 litres d'eau. Quand le bain est à la température du corps, on y plonge le mouton, la tête exceptée et on le maintient pendant deux minutes. Souvent les malades sont guéris après la première immersion ; quelques-uns en nécessitent une deuxième.

Noir museau. — Dartre. — Bouquet.

Une autre gale à laquelle le mouton est très sujet est celle que l'on connaît vulgairement sous le nom de *noir museau, dartre, gale de la tête, gale de la face, etc...*

Causes. — Elle est déterminée par un acare, le sarcopte.

Symptômes. — Elle se montre d'abord sur la lèvre supérieure, autour des naseaux, quelquefois aux joues, autour des paupières et des oreilles ; toutes ces parties sont complètement dénudées, les poils se détachent au moindre contact, restent agglutinés aux débris épidermiques par la sérosité et forment des croûtes. Il y a toujours un prurit intense comme dans les autres gales, il est intermittent et porte les animaux à se lécher, à se frotter contre les râteliers et à se gratter avec leurs pattes.

Cette affection n'est jamais grave mais elle est contagieuse à l'homme.

Traitement. — L'huile de cade, la benzine, l'essence de térébenthine guérissent très bien, mais ces substances sont irritantes. On préfère généralement la pommade d'Helmerick qui est très pénétrante et n'irrite pas.

Ixodes. — Poux.

Ils sont uniformément répartis à la surface du corps, lorsque les animaux ont toute leur toison ; mais dès qu'ils sont tondus, les parasites se réfugient dans tous les points où il reste un peu de laine ou dans les plis de la base des oreilles, des membres de l'encolure et de la gorge. Il y a toujours un prurit très vif, déterminé par l'appareil perforateur du parasite. Quand ces derniers pullulent, ils s'opposent à l'engraissement et au bon entretien des moutons.

Traitement. — Il faut tondre les animaux, sans cela il est très difficile de les débarrasser complètement. On se sert ensuite de décoction de tabac, de pommade mercurielle ou d'huile de lin.

DE LA CHÈVRE

La chèvre appartient au groupe des ruminants : le mâle s'appelle *bouc* et le jeune *chevreau*.

Une bonne chèvre doit être grande, avoir le corps svelte, la marche légère, les mamelles grosses, les jambes nerveuses, le poil épais, doux et uni.

Le bouc reproducteur est pris au hasard, jamais on ne s'est préoccupé d'améliorer cette race qui rend cependant de si précieux services ; c'est souvent le plus deshérité de la commune qui est possesseur du bouc étalon.

L'époque de la puberté est plus précoce chez la chèvre que chez la brebis ; elle peut recevoir le mâle à partir d'un an. La chèvre est en chaleur depuis le mois de septembre jusqu'à la fin de novembre et bien souvent en toutes saisons, elle porte cinq mois ; ses portées sont doubles ou triples et la mise bas est toujours plus laborieuse que chez la brebis.

Le bouc doit avoir deux ans pour faire la saillie ; il est plus prolifique que le bélier et s'il est bien nourri, il peut saillir jusqu'à 20 chèvres par jour.

Il exhale une odeur désagréable surtout pendant le rut ; on croyait autrefois que cette émanation pouvait empêcher les maladies contagieuses du gros bétail, aussi n'était-il pas rare de voir un bouc dans chaque étable.

La chèvre aime les pays montagneux, elle gravit aisément les collines et s'écarte toujours des terrains marécageux. Elle est gaie, alerte, intelligente et se joue souvent de son gardien ; elle paraît satisfaite quand elle cause des dégâts aux pépinières ou aux haies ; elle aime une température modérée, un local propre et sec ; le fumier la rend malade.

La chèvre se contente de peu ; dans les pays stériles, sur les montagnes, sur les côteaux arides, elle trouve assez d'aliments pour donner chaque jour jusqu'à 3 et 4 litres d'un lait très nutritif et facile à digérer ; aussi est-elle considérée comme la vache du pauvre.

Elle résiste mieux que le mouton aux influences morbides, mais une fois atteinte d'une maladie quelconque, elle devient difficile à guérir. Toutes les affections se traduisent chez elle par une vive exaltation de la sensibilité.

MALADIES

Les maladies de la chèvre sont les mêmes que celles de la brebis et se traitent de la même manière.

La seule différence que j'ai rencontrée est l'agalaxie ou la perte complète du lait. On la voit quand les chèvres sont privées d'eau et à l'époque des grandes chaleurs.

Le traitement consiste à faire des onctions sur les mamelles flasques avec de la crème et de l'huile d'olive mélangées.

A l'intérieur on administre deux fois chaque jour 1/2 litre d'infusion de fenouil avec une cuillerée à café de bicarbonate de soude.

CHAPITRE III.

DU PORC

Le porc appartient à l'ordre des pachydermes, le mâle s'appelle *verrat* ; la femelle, *truie* ; les petits, *cochons de lait* jusqu'à six semaines ; passé ce temps, ils sont désignés sous le nom de *gorets* ou *porcelets* , le mâle chatré porte le nom de *cochon*, la femelle castrée s'appelle *coche*.

Le corps de ces animaux est recouvert de soies, leur tête est conique, terminée par un groin destiné à fouiller la terre ; les yeux sont petits, fendus obliquement ; la queue est longue, enroulée ; les jambes minces sont terminées par quatre doigts disposés deux par deux, les postérieurs sont courts et n'appuient pas sur le sol.

Les cochons sont omnivores ; tout leur est bon : la chair, les fruits, les racines, les graines, les différentes herbes, etc...

La truie peut recevoir le verrat vers l'âge d'un an, elle se vautre souvent quand elle est en chaleur ; la durée de la gestation est d'environ quatre mois : (trois mois, trois semaines et trois jours), elle peut porter trois fois par an, mais généralement on se contente de deux portées. Le nombre de leurs petits varie de 3 à 24 ; on les sèvre au bout de deux mois.

A cette époque, ils sont soumis à une nourriture plus abondante pour les faire grandir ; on leur donne du petit lait avec du son, du seigle moulu, de l'orge, du seigle cuit, de l'avoine et des déchets de toute sorte ; puis ils sont mis à l'engrais.

Chaque ménage en élève ordinairement un pour sa consommation. Le poids net d'un porc gras est plus élevé que chez les ruminants destinés à la boucherie. Les cochons convenablement engraissés donnent 85/100 de produits pouvant être livrés à la consommation. Toutes les parties de cet animal se métamorphosent en mets délicieux entre les mains du charcutier ; la viande se sale facilement et est susceptible d'une longue conservation.

MALADIES DU PORC

Angine pharyngée ou pharyngite.

Causes. — On signale le refroidissement et l'ingestion d'eau froide, les animaux ayant chaud.

Symptômes. — On constate du larmoiement, une respiration laborieuse, une toux courte, de l'enrouement de la difficulté d'avaler et un engorgement de la région de la gorge. L'appétit est nul ou à peu près et la guérison qui est la terminaison fréquente arrive en une quinzaine de jours.

D'après Spinola, les symptômes de l'angine grave sont : la rougeur et la sécheresse du groin et de la muqueuse buccale, les yeux brillants et hagards, la respiration pénible, la toux douloureuse, le grognement enroué, la déglutition difficile, les excréments durs et rares, l'urine d'un jaune brun. Puis les symptômes augmentent d'intensité, les malades ouvrent la bouche pour respirer et font entendre un bruit de cornage, ils restent assis en chien jusqu'à ce qu'ils tombent ; la mort arrive par asphyxie.

Traitement. — On placera les animaux dans une rancelle propre, à température modérée, avec une litière sèche et abondante. Comme nourriture, on leur présentera du petit lait avec de la farine d'orge et du son.

Au début on prescrit l'ipéca 1 à 2 grammes, ou l'ellébore blanc, 0, 50 centigrammes à 2 grammes suivant la taille ; ces médicaments sont donnés dans du lait et si les animaux refusent toute nourriture on les donne incorporés à la graisse.

Si l'effet vomitif ne se montre pas, on répète la dose le lendemain. On recommande les frictions dérivatives sur la gorge (onguent vésicatoire), ou les compresses continues d'eau tiède.

Lorsque la maladie est à sa dernière période de gravité, que la déglutition est impossible, il est plus prudent de conseiller l'abattage des animaux.

Coliques.

Causes. — La surcharge alimentaire, les refroidissements, les vers intestinaux, la gastro-entérite, peuvent occasionner des coliques.

Symptômes. — Les animaux poussent des cris, se couchent, refusent de manger, sont agités, fouillent leur litière et ne restent jamais longtemps dans la même position. Le ventre est tendu et les fonctions naturelles sont suspendues.

Traitement. — Un excellent moyen est d'enfouir les malades dans du fumier chaud, ou bien de leur donner des lavements d'eau de mauve avec quelques gouttes de laudanum ; on les frictionne ensuite vigoureusement et on leur adminitre un vomitif ou un purgatif.

Vers intestinaux.

Causes. — Ingestion des larves de l'échinorynque avec les vers blancs et les hannetons pour les porcs en liberté.

Symptômes. — Ce sont les mêmes symptômes que ceux décrits à l'article *coliques*, avec un amaigrissement progressif et des spasmes épileptiformes.

Traitement. — Une cuillerée à café d'essence de térébenthine dans une infusion de tanaisie répétée une fois chaque jour pendant 4 à 5 jours, a donné de bons résultats. On fait suivre le médicament d'un bol purgatif fait avec 10 grammes d'aloès et 10 grammes de savon vert.

Urticaire.

L'urticaire est caractérisée par l'apparition brusque de plaques rougeâtres à la surface de la peau, localisées aux régions supérieures du corps. Elles se présentent d'abord sous la forme d'élevures rouges et sensibles ; bientôt elles pâlissent et restent entourées d'une auréole violacée.

Les animaux éprouvent une certaine fièvre, sont tristes, enfoncent la tête dans la litière, ont une démarche raide, ne mangent plus et sont souvent constipés.

Cette affection n'est jamais grave.

Traitement. — On laisse les animaux à la diète et on recommande un purgatif : sulfate de soude, 60 grammes, ou calomel, 2 grammes avec une cuillerée à café de sel de nitre incorporés dans du miel ; les lavements ne doivent jamais être négligés.

Gale.

Causes. — Due à un acare du genre sarcopte, cette affection attaque spécialement les animaux mal nourris ou soumis à une mauvaise hygiène.

Symptômes. — On constate une éruption vésiculeuse aux oreilles, à la face, aux aisselles ; de là, elle gagne le corps et les membres. Le prurit est très vif, les papilles s'hypertrophient, la peau s'épaissit et se plisse ; les soies s'arrachent facilement ou restent agglutinées aux squames épidermiques.

Traitement. — Il faut isoler les malades, et enlever les croûtes par un savonnage avec la brosse, puis on applique sur la peau un mélange de goudron et de savon vert ou de la pommade d'Helmerick Quelques praticiens donnent la préférence à la décoction de tabac (30 grammes, ou d'ellébore blanc (50 grammes) dans deux litres d'eau.

Rhumatisme musculaire.

On remarque souvent le rhumatisme musculaire en même temps que le rhumatisme articulaire chez cet animal.

Causes. — Les plus communes sont les refroidissements et l'alimentation trop riche (grains moulus).

Symptômes. — Les animaux sont raides, gênés dans leurs mouvements, ils marchent à pas raccourcis, les membres tendus, ou restent souvent couchés pour alléger leurs souffrances. L'appétit est presque nul et la défécation est retardée. Souvent il survient de la fausse paralysie.

Traitement. — Une bonne pratique est de couvrir les malades avec du fumier. Puis on administre chaque jour 2 grammes de salicylate de soude ou 0 gr. 50 centigrammes de salol dans un peu d'eau. L'antipyrine est employée aux mêmes doses.

Rachitisme.

Causes. — On observe le rachitisme sur les porcs et les porcelets alimentés exclusivement avec des pommes de terre et des déchets de cuisine. L'élevage défectueux, la stabulation permanente dans des rancelles basses, malpropres, manquant d'espace et d'air sont les causes fréquentes de cette affection.

Symptômes. — Au début, la maladie se révèle par de la faiblesse et de la raideur dans la marche, puis bientôt les membres se déforment, les os des mâchoires se gonflent ainsi que les articulations du jarret, du genou, du boulet, etc ..

L'appétit diminue de jour en jour, les malades maigrissent, se rabougrissent et se paralysent. La mort est la terminaison ordinaire.

Traitement. — Il faut conduire les rachitiques au grand air et leur donner une nourriture réparatrice. L'huile de foie de morue à la dose de deux cuillerées à bouche chaque jour est donnée avec succès. Le sel marin est indiqué pour exciter l'appétit.

Trichinose.

Causes. — Elle est due à la présence dans l'intestin et les muscles d'un petit animalcule appelé *trichine*.

Symptômes. — Ils sont très vagues et il est pour ainsi dire impossible de diagnostiquer cette affection du vivant de l'animal. On observe les symptômes du catarrhe de l'intestin associé au rhumatismu musculaire. La guérison arrive ordinairement au bout d'un mois, lors de l'enkystement des trichines. Lorsque les parasites sont très nombreux ils peuvent entraîner la mort.

Traitement. — Les trichines émigrent dans les muscles quinze jours après leur développement dans l'intestin, il est impossible de les atteindre dans ces régions, aussi le traitement est-il nul. Cette maladie est contagieuse à l'homme par l'usage de la viande de porc trichinée incomplètement cuite. Les vétérinaires inspecteurs doivent donc l'exclure de l'alimentation.

Ladrerie.

C'est une maladie déterminée par une larve qui paraît être celle du ver solitaire.

Causes. — Elle est due à l'ingestion des œufs du tœnia.

Symptômes. — Ils sont toujours vagues. Au bout

de quelque temps, les vers se localisent sur un organe et engendrent tous les symptômes décrits à l'affection de ces organes ; s'ils sont en grand nombre dans le cerveau ils déterminent des accidents cérébraux ; si l'œil est atteint il y a de la vue obtuse ou cécité complète, ils déterminent de la paralysie de la langue s'ils occupent cette région de prédilection ; dans ce dernier cas, on les reconnaît aux élévations arrondies, à reflet bleu jaunâtre, situées sous la langue.

Tous les malades meurent par épuisement en un temps plus ou moins long.

Autopsie. — Il est facile de reconnaître la ladrerie à l'autopsie. On trouve le ver sous la forme d'un vésicule d'un blanc bleuâtre de la grosseur d'un pois qui tranche nettement avec la couleur rouge des muscles. On le rencontre spécialement dans la langue, dans le tissu cellulaire sous-cutané, le cœur, le poumon, les muscles de l'encolure, du bassin, etc...

Traitement. — Maladie incurable. La viande provenant de porc ladre engendre le ver solitaire chez l'homme ; les vétérinaires inspecteurs doivent l'exclure de la consommation.

Meningo-encéphalite.

Causes. — Elle est due aux refroidissements, aux grandes chaleurs, aux rancelles chaudes et humides, à l'alimentation abondante et trop riche.

Symptômes. — Le crâne est brûlant ainsi que les oreilles, l'animal pousse au mur ou se dresse en poussant des cris déchirants, il grince des dents, écume et quelquefois tourne en cercle ; d'autres fois il est pris de convulsions, puis il se paralyse. La mort est la terminaison ordinaire.

Traitement. — On commence par saigner le cochon en lui retranchant le bout de la queue ; puis on lui administre à l'intérieur un bol composé de 8 grammes d'aloès et 10 grammes de savon vert. On utilise en même temps des compresses froides sur la tête. Si la maladie ne s'amende pas le lendemain, il faut sacrifier le malade pour la boucherie, car passé ce temps, la guérison n'est jamais complète.

Scorbut ou pourriture des soies.

Causes. — C'est une affection d'origine infectieuse. Les causes prédisposantes sont les rancelles humides, malsaines et le manque d'air ; l'alimentation joue aussi un certain rôle.

Symptômes. — Ce qui révèle l'existence du scorbut est la coloration violette des gencives, puis leur ramollissement avec perte facile du sang ; les dents s'ébranlent, la salive secrétée en abondance tombe en bave filante et la bouche exhale une odeur nauséabonde. L'appétit est supprimé, les soies se détachent facilement et on remarque sur la peau des taches bleu rougeâtre dues à des hémorrhagies sous-cutanées qui peuvent s'ulcérer. La faiblesse augmente de plus en plus, une diarrhée apparaît et les malades meurent d'épuisement.

Traitement. — On instituera un régime fortifiant composé de pois, de féverolles et de seigle moulus, additionnés de petit lait et de poudre de gentiane, 10 grammes chaque jour. On peut aussi donner des glands, des châtaignes et faire des injections dans la bouche avec de l'eau phéniquée 1/2 %.

Rouget.

Causes. — C'est une maladie infectieuse due à un bacille très fin qui entre dans l'organisme par les voies digestives.

Symptômes. — Les symptômes sont très graves d'emblée ; l'appétit est nul, la fièvre est vive et les fonctions naturelles retardées ou supprimées. Les animaux aiment à s'enfoncer dans la litière, on constate du grincement de dents et bientôt des plaques rouges, larges comme la main, apparaissent partout où la peau est fine (oreilles, face interne des cuisses, ventre, etc.). Ces plaques se réunissent quelquefois, deviennent brunes, puis bleues. On peut observer des nausées, des vomissements et des convulsions. Puis la faiblesse augmente, les animaux se paralysent, la diarrhée survient et les sujets succombent à l'épuisement au bout de trois à quatre jours.

Si l'affection se prolonge au-delà de ce terme, on peut espérer la guérison.

Traitement.— Au début, on obtient généralement des avantages réels en administrant un vomitif; le calomel (2 grammes) est tout indiqué, car c'est un puissant désinfectant du tube intestinal. Les malades seront séparés des sujets sains et les rancelles désinfectées. On appliquera ensuite les mesures sanitaires prescrites.

On peut aussi essayer l'inoculation Pastorienne dans les pays d'élevage.

Pneumonie infectieuse.

Causes. — Maladie contagieuse due à une bactérie qui entre dans l'économie par les voies respiratoires et les voies digestives.

Symptômes. — C'est une affection à marche rapide qui présente comme symptômes : de la rougeur de la peau, de la toux, une respiration suffocante, de l'abattement et de l'extrême faiblesse. Elle ne dure ordinairement que quelques heures et se termine par la mort.

Traitement. — Identique à celui du rouget.

Peste. — Fièvre pestilentielle.

Causes. — Maladie infectieuse due à un bacille qui fait son entrée par les voies digestives.

Symptômes. — Cette affection s'annonce par une fièvre très intense accompagnée d'une grande faiblesse La constipation est bientôt remplacée par une diarrhée fétide et sanguinolente ; à cette époque on constate des ulcérations sur la langue, sur la muqueuse des joues, du palais. ainsi que des taches rouges sur la peau.

Traitement. — Ce sont les mêmes indications que pour le rouget. Cette dernière affection, la pneumonie infectieuse et la peste ne sont que trois formes d'une même maladie.

Tuberculose ou Phthisie.

Causes. — Maladie infectieuse qui se transmet par les voies respiratoires et digestives.

Symptômes. — La tuberculose pulmonaire s'accuse par une toux sèche, avortée, s'accompagnant de vomiturations, la respiration est laborieuse et l'amaigrissement s'acentue de plus en plus.

Quand les tubercules siègent sur l'intestin, les porcs ne grandissent pas et maigrissent, la peau se recouvre de croûtes noires ressemblant à la suie.

On observe des troubles de l'appareil digestif et souvent du ballonnement. Si les sujets ne sont pas sacrifiés, ils meurent d'épuisement.

Traitement. — Maladie incurable.

Angine charbonneuse.

Causes. — Elle est due à l'absorption de la bactéridie, par les muqueuses de la bouche et du pharynx.

Symptômes. — Le début est marqué par une fièvre intense, puis on aperçoit dans l'auge, une tumeur qui peut s'étendre de la gorge au poitrail ; la respiration devient sifflante, râlante, la salive s'écoule sous forme de bave ; il y a de la difficulté dans l'acte de la déglutition et on peut constater des vomissements.

La mort arrive par asphyxie.

Traitement. — Maladie incurable.

Fièvre aphteuse.

Les aphtes se manifestent aux pieds, rarement à la bouche ; ils déterminent une boiterie avec de la tuméfaction et de la sensibilité de la couronne. Quand l'affection siège à la bouche, elle se révèle par la présence de vésicules de la grosseur d'une noix sur la muqueuse du groin.

Les jeunes porcs sont assez souvent visités par la maladie.

Le traitement est le même que pour l'espèce bovine.

Variole.

Causes. — Elle est due à un vaccin qui peut provenir de la variole de l'homme ou de la clavelée du mouton ; elle affecte de préférence les gorets.

Symptômes. — Le début est caractérisé par une fièvre intense, bientôt suivie de tâches rouges sur le groin, les paupières, le ventre, la face interne des cuisses, etc... Puis ces ecchymoses grandissent, deviennent des papules, des vésicules et enfin des pustules remplies de sérosité limpide, ensuite purulente.

Les pustules en se déprimant, se recouvrent de croûtes noires qui tombent en laissant une cicatrice.

Traitement. — Il faudra séparer les malades des sujets sains et les soumettre à un régime rafraîchissant (petit lait) ; la rancelle sera bien nettoyée, désinfectée et aérée. Cette affection est contagieuse à l'homme.

CHAPITRE IV.

DU CHIEN

Le chien, compagnon inséparable de l'homme qu'il a suivi dans toutes les parties du monde a produit, sous l'influence de la domesticité, des races nombreuses, dont les formes, les aptitudes et les caractères extérieurs sont très différents. Les principales races sont : le *lévrier* remarquable par sa taille svelte et le peu de développement du ventre ; le *mâtin*, trapu à poils courts, d'un caractère peu docile convient pour défendre les habitations ; le *dogue* qui se distingue par une tête puissante, un museau court et le nez fendu, est souvent employé comme chien de garde ; le *basset* a le corps allongé, les pattes torses et les oreilles pendantes, c'est un excellent chien pour la chasse au bois ; le *chien d'arrêt* possède un museau long et épais, des oreilles larges, longues et pendantes, c'est le plus intelligent de tous les chiens de chasse et celui qui possède le meilleur odorat. Les *épagneuls* à poils longs, soyeux, lisses ou ondulés, ont les oreilles larges, pendantes et sont de bons chasseurs s'ils sont bien dressés. Les *barbets* sont remarquables par la capacité du crâne et leur poil laineux, ils servent comme chiens de garde ou d'agrément. Le *griffon* a le poil dur et soyeux, le corps mince et le museau long ; il est fidèle, bon chasseur et fort agile. Le *chien de berger* est bien connu pour son intelligence et ses dispositions remarquables à garder les troupeaux.

Nos chiens se nourrissent de chair et de tous les aliments mis en usage par l'homme. L'âge de la puberté arrive

Euphorbe Epurge
Guimauve
Belladone
Fruit de Belladone

vers un an pour la chienne comme pour le chien. La femelle entre en chaleur au printemps et vers la fin de l'automne ; chez certaines d'entre elles, les chaleurs reviennent périodiquement, elles durent de 10 à 12 jours.

L'accouplement dure longtemps en raison de la conformation de la verge du mâle, la gestation est de 60 à 65 jours ; les portées sont de 4 à 14 petits naissant les yeux fermés. Ils ne les ouvrent généralement qu'après une dizaine de jours.

Age du chien.

L'usure des dents incisives du chien fournit des indices assez précis pour déterminer l'âge chez cet animal.

Ces dents sont au nombre de six à chaque mâchoire et dénommées comme celles du cheval. Leur partie libre présente trois lobes, l'un placé au milieu plus fort et plus saillant forme la pointe de la dent ; les lobes latéraux sont petits et l'ensemble constitue ce que l'on appelle vulgairement la *fleur de lis* ou le *trèfle ;* quand elle disparaît on dit que la dent est rasée.

Si le chien ne possède pas ses incisives en naissant, elles ne tardent pas à se montrer.

Vers deux mois, les pinces et les mitoyennes caduques sont remplacées.

Vers cinq mois viennent les coins. — Les crochets se montrent ensuite et l'éruption est complète à 8 mois.

A un an, les dents sont blanches et encore vierges.

A deux ans, le trèfle a disparu sur les pinces de la mâchoire inférieure.

A trois ans, les mitoyennes sont rasées.

A•quatre ans, la fleur de lis est effacée sur les pinces de la mâchoire supérieure et les dents commencent à jaunir.

A cinq ans, le rasement est complet sur les mitoyennes supérieures.

28

A partir de cette époque on ne peut plus juger que d'une manière approximative par l'état et la couleur jaune des dents.

MALADIES DU CHIEN

Stomatite ulcéreuse.

C'est une inflammation suivie de mortification de la muqueuse de la bouche et spécialement des gencives.

Causes. — On l'observe surtout chez les chiens délicats ou débilités par certaines maladies.

Symptômes. — La muqueuse des gencives est gonflée et rouge ; elle présente une consistance spongieuse et saigne facilement. Bientôt on remarque en certains points, une nécrose de la muqueuse qui, éliminée, laisse à sa place un ulcère de couleur rouge vif. La salive s'écoule abondamment de la bouche, sous forme de bave sanieuse répandant une odeur nauséabonde.

Les lèvres et la muqueuse des joues peuvent aussi présenter les mêmes altérations. La guérison se produit ordinairement en dix ou douze jours. Quand la mortification atteint les maxillaires, la maladie est grave et les animaux succombent à une infection putride.

Traitement. — Les sujets seront mis au grand air et recevront une nourriture saine et de facile mastication. On fera ensuite de fréquents lavages de la bouche avec de l'eau crésylée 1 % et on touchera les ulcères avec un pinceau imprégné de teinture d'aloès. Lorsque l'affection a envahi les os et les tissus voisins, il n'y a plus rien à tenter.

Indigestion.

Causes. — Ingestion trop abondante et trop rapide d'aliments.

Symptômes. — Ordinairement le chien vomit et est

soulagé immédiatement ; mais si les matières ingérées ne sont pas rendues, le sujet devient triste, se plaint, change souvent de position, agite la queue et témoigne de son malaise par de légères coliques. L'estomac est distendu et douloureux à la pression, la fièvre est nulle.

Traitement. — Il faut prescrire sans tarder un vomitif (ipéca, 1 gramme, ou poudre d'ellébore blanc, 0 gr. 05 à 0 gr. 10 centigrammes, ou émétique, 1 gramme, dans un verre d'eau) Le vomissement guérit toujours l'indigestion et empêche le catharre de l'estomac de se développer.

Catharre de l'estomac
ou inflammation de la muqueuse stomacale.

Causes. — Les causes de cette affection si fréquente sont les aliments avariés, pourris, les pommes de terre, les os donnés en abondance, les refroidissements et les vers intestinaux.

Symptômes. — Le début est marqué par de la tristesse, de la nonchalance, de l'inappétence, et de la soif vive. Le vomissement apparaît bientôt, les matières rendues sont filantes, rougeâtres, jaunâtres et plus tard la bile rejetée, mélangée au suc gastrique. Le nez est chaud, la défécation est retardée et le ventre est sensible. Les sujets maigrissent et sont souvent couchés, ils cherchent de préférence les endroits frais.

Traitement. — Un excellent moyen de combattre cette affection est d'administrer soir et matin une cuillerée à bouche du mélange suivant :

Acide chlorhydrique. . . 5 grammes.
Eau ordinaire. . . . . 250 »

La constipation sera combattue par le calomel 0, 25 à 0, 50 centigrammes jusqu'à purgation ; Wéber a constaté le premier que cet agent jouissait dans ce cas d'une efficacité remarquable. Pour calmer les vomissements on

emploiera la glace, le bromure de potassium 0, 50 centigrammes ou l'hydrate de chloral. Le séton au cou est très
recommandable.

Catarrhe intestinal.

Causes. — Ce sont les mêmes que celles qui engendrent le catarrhe de l'estomac.

Symptômes. — Le symptôme dominant est une
diarrhée tenace, contenant des matières séreuses, sanguinolentes ; le vomissement, s'il existe, renferme également des substances bilieuses avec des stries sanguines ;
il est moins constant que dans l'affection de l'estomac ;
fréquemment on constate du ténesme rectal ; les muqueuses apparentes prennent la teinte ictérique, car la complication d'ictère fait rarement défaut.

Cette maladie est toujours grave ; chez les jeunes chiens,
elle est souvent mortelle.

Traitement. — Le séton au cou ; le calomel, 0, 25 à
0, 50 centigrammes matin et soir jusqu'à purgation sont
les moyens qui procurent le plus d'avantages.

Quand la diarrhée persiste, on donne de l'eau de riz et
d'orge avec du pain grillé ; la teinture d'opium 30 à 40
gouttes dans de la tisane de graine de lin, le sous-nitrate
de bismuth. une cuillerée à café dans un verre d'eau et
des lavements avec de l'alun ou du sulfate de fer 1 p. %
sont de toute utilité.

Constipation.

Causes. — Elle est due au défaut d'exercice, à l'alimentation sèche, (pain, os) au catarrhe intestinal chronique et à la vieillesse.

Symptômes. — La défécation est supprimée, malgré
les efforts violents et douloureux des malades , quelquefois cependant ils parviennennent à expulser de petits
excréments durs, pâles, entourés de mucosités ou de sang.

Le ventre est douloureux et en le palpant, on rencontre l'intestin distendu formant une corde résistante, il n'est pas rare d'observer du vomissement. La queue est toujours soulevée, quelquefois elle est portée droite. Le pronostic n'est jamais grave.

Traitement — Soumettre les malades à une diète sévère et ne laisser à leur disposition que de l'eau pure, telle est la première condition à observer. La promenade, les lavements d'eau tiède, l'huile de ricin, 30 à 40 grammes sont de très bons moyens pour ramener la défécation. Le calomel 0,50 centigrammes à 1 gramme est préféré par certains praticiens. Enfin le nec plus ultra est le nettoyage direct de l'intestin à l'aide d'une étroite cuillère en fer.

Coliques.

Causes. — Les coliques sont déterminées par la constipation, les vers intestinaux et les différentes affections de l'intestin.

Symptômes. — Les chiens pris de coliques se couchent, se relèvent, se roulent, courent, s'agitent et ne restent jamais longtemps dans la même position.

Traitement. — On donne des lavements tièdes avec quelques gouttes de laudanum et on administre à l'intérieur 30 gouttes de teinture d'opium dans de l'eau de gomme. En même temps, on applique des cataplasmes tièdes sur le ventre.

Vers intestinaux.

Les vers que l'on rencontre le plus communément chez le chien sont le lombric et le ver solitaire. Le premier ressemble au ver de terre, il est blanc rosé et de forme cylindroïde ; le second est aplati, blanc, rubanné et d'une grande longueur.

Symptômes. — Les symptômes sont très obscurs

au début, mais bientôt l'appétit devient capricieux et l'amaigrissement se dessine ; les chiens sont inquiets, courent, se mordent le ventre et se déplacent continuellement de leur couche. Les parasites sont quelquefois rejetés en partie avec les excréments.

Traitement. — La graine de bouleau 10 à 40 grammes, suivant la taille, donnée pendant 4 à 5 jours dans du lait ; les graines de citrouille (20 à 30 grains pulvérisés) et l'huile de ricin (30 grammes) administrée le lendemain chassent fréquemment les parasites de l'intestin.

On peut faire usage de l'extrait de fougère mâle 4 à 6 grammes, de la racine fraîche de fougère, 10 à 20 grammes ; de l'écorce de racine de grenadier (50 grammes) en décoction dans un 1/2 litre d'eau. Les carottes cuites données abondamment ; l'infusion de tanaisie, en complétant son action par l'administration d'un purgatif rendent aussi de réels services.

Péritonite.

Causes. — Les plus communes sont les refroidissements et les plaies pénétrantes de l'abdomen.

Symptômes. — Le ventre est douloureux, et à la palpation, il est facile de constater l'existence d'un liquide dans la cavité abdominale. On observe toujours de la constipation et de la douleur dans l'acte de la défécation.

Traitement. — Les compresses chaudes sur le ventre peuvent être appliquées au début de la maladie, mais généralement on préfère les révulsifs ; essence de térébenthine, liniment ammoniacal, etc...

A l'intérieur on donne le calomel 0,50 centigrammes à 1 gramme, l'opium 0 gr. 10 à 0 gr. 30 centigrammes, la digitale en infusion, ou bien on a recours aux injections sous-cutanées de pilocarpine 0, 01 à 0, 05 centigrammes.

Quand le liquide est très abondant et qu'il y a imminence d'asphyxie, on ponctionne l'abdomen.

Catarrhe de la vessie. — Cystite.

Causes. — La cystite est déterminée par la rétention d'urine et les refroidissements.

Symptômes. — L'animal urine souvent et peu à la fois, la douleur est manifeste lors de la mixtion ou à la palpation de la vessie à travers les parois abdominales.

Traitement. — L'acide borique, 1 gramme ; le salol 0, 50 centigrammes ; le crésyl 0, 15 centigr. en 3 pilules sont des agents employés avantageusement dans cette affection. Le petit lait mélangé avec de la tisane de graine de lin, de chiendent et de mauve, sera laissé à la disposition des malades.

Péricardite.

Causes. — Elle peut survenir à la suite de fractures des côtes, d'une blessure du péricarde ou de refroidissement.

Symptômes.—On donne généralement comme symptômes : le gonflement des jugulaires, le choc du cœur à peine sensible la difficulté de respirer, l'amaigrissement et les hydropisies diverses.

Traitement. — Le traitement consiste à faire sur la région du cœur une friction d'onguent vésicatoire, et à donner à l'intérieur la digitale, 0 gr. 20 à 0 gr. 30 centigrammes. Lorsque le liquide devient très abondant, on peut ponctionner le péricarde avec l'aiguille de la seringue de Pravaz et aspirer l'exsudat avec ce dernier instrument.

Chorée ou danse de Saint-Guy.

C'est une maladie fréquente chez le chien ; elle est souvent la conséquence de la maladie du jeune âge.

Symptômes. — Ils sont caractéristiques. Le système musculaire est alternativement contracté et relaché d'une manière involontaire sur un membre tout entier ou sur une épaule seulement. On peut l'observer sur tout un côté du corps ou sur le train postérieur. Les mouvements sont quelquefois si forts qu'on croirait volontiers les animaux soumis à une décharge électrique.

Traitement. — La maladie guérit pour ainsi dire d'elle-même avec le temps. On a conseillé pour aider la nature les frictions d'essence de lavande, l'administration à l'intérieur, de bromure de potassium 0, 25 à 0, 50 centigrammes chaque jour, d'une infusion de camomille camphrée, de valériane, de racine d'angélique, etc... Les douches et les bains froids ont été préconisés par quelques praticiens.

Diabète sucré.

C'est un état maladif dénoncé par l'existence de sucre dans les urines.

Causes. — Il est dû à une exagération de la nutrition et à la suractivité du foie.

Symptômes. — Les symptômes révélateurs sont la faiblesse, l'amaigrissement, la tristesse et la soif vive. On peut constater de la toux et des vomissements, l'émission de l'urine est fréquente et elle est rendue abondamment.

Traitement. — Il faut supprimer tous les aliments qui concourent à la formation du sucre et donner le plus possible de viande. On peut aussi essayer le salicylate de soude (1 gramme) ou l'antipyrine (1 gramme) chaque jour.

Eczéma.

L'eczéma est sans contredit la plus commune des affections de la peau du chien. Son lieu de prédilection est la colonne dorsale, mais il débute souvent à la base de la queue.

Causes. — Il est déterminé par une irritation de la peau produite par la malpropreté ou la présence des parasites (poux, puces) qui engagent les sujets à se gratter. L'alimentation riche paraît aussi jouer le rôle de cause prédisposante.

Symptômes — Cette maladie est révélée par le hérissement des poils et l'épaississement de la peau qui devient douloureuse ; le prurit est très vif, le moindre attouchement de la région le développe. Si on examine de près le tégument on aperçoit de petites vésicules, qui en se desséchant, forment des croûtes ; elles sont vite enlevées par les frottements et laissent à leur place des points rouges dépourvus de poils. La durée de cette affection est d'un mois environ.

Si l'eczéma ne s'arrête pas à ce premier stade, les vésicules deviennent plus nombreuses, se rassemblent, se rupturent et forment des plaques rouges d'où suinte un liquide séreux, c'est *l'eczéma rouge* ou *dartre rongeante*.

Lorsque les vésicules se transforment en pustules, elles forment des plaques suppurantes d'une grande sensibilité et qui saignent facilement, c'est *l'eczéma pustuleux*.

Quand la maladie passe à l'état chronique, les démangeaisons sont continuelles, la peau s'épaissit, se ride, devient sèche, les poils sont clairsemés, hérissés, sans direction fixe, ou bien les surfaces malades sont complètement dépilées. Les animaux maigrissement et peuvent même succomber à la cachexie. L'eczéma chronique dure quelquefois des années.

Traitement. — Le traitement du début consiste à calmer les démangeaisons par des bains d'eau de mauve tiède, additionnée de quelques gouttes d'eau phéniquée, et à saupoudrer la région malade avec le mélange suivant :

Oxyde de zinc. . . .	4 grammes.
Amidon en poudre . .	25 »
Soufre en poudre. . .	30 »

On peut aussi essayer la pommade d'oxyde de zinc.

Contre l'eczéma rouge ou dartre rongeante, ou touche

la peau avec l'acide nitrique au 1/10 ou au 1/20 ; il se forme une légère escharre et la guérison se produit très vite.

L'eczéma pustuleux est combattu avec succès par la glycérine iodée (4 pour 1).

Un excellent remède pour combattre l'eczéma chronique est le mélange à parties égales de goudron de bois et de savon vert. Il est quelquefois nécessaire de faire une seconde application.

Le crésyl et le savon vert mélangés sont aussi très en honneur parmi les divers topiques employés.

Avant d'appliquer le remède, il faut couper les poils et recouvrir d'un bandeau la partie frictionnée pour empêcher l'animal de se lécher.

A l'intérieur, on doit prescrire les purgatifs contre la dartre rongeante, et la liqueur de Fowler, 5 à 10 gouttes, contre l'eczéma chronique.

Teigne.

Causes. — Elle est due à un champignon du genre trychophyton.

Symptômes. — Elle débute aux lèvres, à la tête. ou aux extrémités, par des dépilations *arrondies* ou *elliptiques* recouvertes de croûtes ; en dessous d'elles, existent une multitude de petits boutons.

Traitement. — Il faut nettoyer les régions malades avec de l'eau tiède et du savon ; lorsque les croûtes sont enlevées, on applique deux fois chaque jour de la pommade au crésyl ou au goudron. La solution de sublimé 1/500 procure aussi de bons résultats.

Gale.

Le chien est sujet à deux sortes de gale ; une gale ordinaire, due à un sarcopte, et une gale folliculaire ou gale rouge, due à un démodex.

Gale ordinaire.

Causes. — La contagion est la véritable cause ; elle a lieu le plus souvent par cohabitation. Cette affection n'est pas si commune qu'on le croit généralement, on est tenté d'appeler gale toute affection de la peau du chien se traduisant par des démangeaisons et la formation de croûtes. L'acare est profondément caché et difficile à trouver, aussi ne se donne-t-on pas la peine de le chercher pour assurer le diagnostic.

Symptômes. — Le premier symptôme qui apparaît est un prurit intense qui porte les animaux à se donner des coups de dents, de griffes ; la peau s'écorche et les poils tombent. Il se produit ensuite de petites élevures coniques qu'on appelle *boutons de gale*, ils contiennent peu de sérosité. Bientôt celle-ci se convertit en pus qui se dessèche et forme des croûtes. Cette maladie affecte principalement la tête, les paupières, les oreilles et les pattes ; si elle se généralise, la peau devient épaisse, se ride, les poils tombent et l'animal présente un aspect misérable ; il maigrit et bien souvent il survient des complications du côté des muqueuses dont les fonctions sympathisent avec celles de la peau ; ainsi on voit se déclarer des ophthalmies, des conjonctivites, des catarrhes auriculaires, des bronchites, etc. L'odeur de la peau est repoussante et tellement caractéristique qu'on la perçoit à plusieurs mètres de distance.

Traitement. — Avant d'instituer un traitement rationnel, il faut nettoyer et désinfecter le chenil. Puis on procède à l'application du topique

La pommade d'Helmerich est très efficace, à la condition de l'employer une fois par jour pendant trois jours consécutifs ; le lendemain de la dernière application, on savonne la peau afin de la débarrasser de la graisse qui pourrait l'irriter et la rendre moins souple.

Le topique des chasseurs est très connu des disciples de saint Hubert, il se compose de :

Sel marin.	150 grammes.
Poudre de chasse	10 »
Soufre pulvérisé . . .	140 »
Vinaigre	1 litre.
Essence de térébenthine . .	100 grammes

On fait bouillir le sel et le soufre dans le vinaigre, on laisse refroidir, on ajoute le reste et on agite. On l'applique en lotions avec une éponge, et après trois séances tous les acares ont disparu. Cette préparation ne salit pas la peau, ne nuit en rien à ses fonctions, et doit être préférée pour les chiens de chasse ainsi que pour les chiens d'appartement.

Quand la gale est localisée on peut se servir avec avantage de l'essence de térébenthine, de l'essence de lavande, qui tuent les acares en deux frictions

Les bains sulfureux (3 parties de sulfure de potasse pour 100 parties d'eau) réussissent très bien dans certains cas, on plonge l'animal dans le bain et on le laisse dix minutes, il a l'avantage de ne pas irriter la peau ; deux ou trois bains suffisent.

Gale folliculaire ou gale rouge.

Causes. — Elle est due à la présence d'un acare appelé démodex.

Symptômes. — Elle apparaît sous forme d'élevures miliaires qui plus tard augmentent beaucoup de volume ; elle affecte de préférence les régions où la peau est fine (tête, ventre. face interne des membres). Les acares logent dans les follicules ; la plus légère traction fait tomber les poils et si on examine le bulbe au microscope, on y trouve les acares adhérents. Ce qui caractérise cette affection, c'est la rougeur de la peau couverte d'une multitude de nocosités blanches.

La gale folliculaire est grave parce qu'elle est tenace et

souvent réfractaire au traitement ; l'acare est caché trop profondément pour l'atteindre à coup sûr.

Traitement. — Il doit être plus énergique que pour la gale ordinaire.

On savonne les animaux et on leur fait prendre un bain sulfureux, puis on emploie de l'essence de térébenthine qui pénètre jusqu'au fond du follicule. On applique ensuite la pommade d'Helmerich ou le topique des chasseurs.

C'est par la persévérance, en alternant et en répétant plusieurs fois cette médication qu'on parvient à guérir la gale rouge.

Poux. — Puces.

Les poux et les puces se développent quelquefois avec une grande rapidité sur certains chiens, ils causent de vives démangeaisons, salissent la peau et provoquent une desquamation épidermique abondante. Quand ces parasites sont nombreux, le chien exhale une odeur désagréable.

Traitement.— Le traitement est très simple, on emploie la décoction de tabac 5 p % ou les bains et les lavages avec de l'eau crésylée 2 p %.

Tiques. — Tiquets ou ixodes.

Ce sont des parasites très communs chez les chiens. Pendant la première partie de leur vie, ils se tiennent sur les arbres, les broussailles, les feuilles, sur lesquels ils se fixent très légèrement de manière à passer très vite sur les animaux qui viennent dans les bois. Ils implantent alors leur suçoir dans le derme et s'y cramponnent tellement qu'il est impossible de les arracher sans de grands efforts ; souvent on ne retire que l'abdomen, la tête reste adhérente à la peau. Lorsque les tiquets ont quitté leur première vie pour devenir parasites, ils ne reprennent plus leur liberté et restent constamment parasites ; ils pondent, les jeunes naissent et vont se réfugier dans la litière, les fissures des murs ou des planchers. C'est ce qui explique pourquoi les chiens qui ne sont jamais sortis de leur niche en sont quelquefois couverts.

Symptômes. — On observe un prurit très vif, déterminé par l'appareil perforateur du tiquet ; le chien secoue la tête, porte les ongles et les dents où siège la démangeaison, se frotte contre les corps environnants, se roule sur le sol ; la peau devient douloureuse, sale et présente de petites plaies saignantes entourées d'un bourrelet inflammatoire.

Traitement. — On commence par nettoyer et désinfecter le chenil, puis on emploie les moyens de destruction. Le meilleur est d'enlever les gros tiquets avec les mains ou à l'aide de pinces ; souvent la tête et l'appareil perforateur restent implantés dans le tégument. Sur les chiens irritables, on préfère les ciseaux avec lesquels on coupe les parasites le plus près possible de la peau.

On tue ensuite les petits avec de la pommade mercurielle, de la benzine ou du pétrole. L'eau crésylée 5 % est aussi très en vogue.

Aggravée. — Fourbure. — Crevasses des pieds.

Causes. — Elle est due à une longue marche sur des terrains pierreux, échauffés, ou couverts de neige.

Symptômes. — Le pied devient chaud, douloureux et gonflé, l'animal souffre et l'appui est difficile ou nul ; le chien reste longtemps couché, la plante du pied amincie se crevasse, et lorsque l'inflammation est vive la sole se détache avec l'ongle ; d'autres fois il se forme de véritables abcès, l'appétit est toujours notablement diminué.

Traitement. — La fourbure légère disparaît d'elle-même avec le repos. Au début on combat l'inflammation par des cataplasmes de suie délayée avec du vinaigre ou de l'eau blanche. Si la sensibilité est grande, il faut recourir aux cataplasmes de farine de lin et ne donner au malade que du lait pour toute nourriture.

Lorsqu'il existe un engorgement plus ou moins considérable et que le chien souffre jusqu'à se plaindre, il est bon de donner quelques coups de bistouri pour dégorger les tubercules plantaires, on lave ensuite les plaies avec de l'eau froide légèrement phéniquée 1/2 p %.

Maladie des jeunes chiens.

Causes. — C'est une maladie contagieuse due à un agent infectieux encore inconnu. Toutefois les refroidissements agissent comme cause prédisposante.

Symptômes. — Cette affection se manifeste sous toutes les formes et peut atteindre d'emblée toutes les fonctions ; d'autres fois elle se localise.

Dans les premiers cas, la fièvre est très intense, souvent irrégulière, et l'appétit est en partie supprimé, puis le ventre se rétracte, les poils se piquent, les yeux s'enfoncent, la démarche devient chancelante et la faiblesse si grande que les sujets restent constamment couchés ; l'amaigrissement fait des progès rapides et bientôt les animaux meurent épuisés.

La conjonctive est atteinte dans la majorité des cas; l'œil est larmoyant, les paupières sont œdématiées, et une matière visqueuse colle les cils et forme des chassies. Il arrive parfois que la cornée présente de véritables ulcérations.

Quand la maladie se localise sur *l'appareil digestif*, on observe la perte de l'appétit, du vomissement, une soif vive, de la sécheresse de la bouche, de la constipation ou de la diarrhée fétide et souvent aussi de la jaunisse.

Si *l'appareil respiratoire* est troublé dans ses fonctions, les naseaux donnent écoulement à une matière purulente rougeâtre qui provoque de l'ébrouement ; le nez est sec et la muqueuse nasale souvent recouverte d'érosions ; le jetage devient alors fétide. On peut rencontrer tous les symptômes du catarrhe laryngien, de la bronchite et de la pneumonie.

Chez quelques sujets, la maladie se porte de préférence sur le système nerveux, on constate les signes de la congestion cérébrale, des convulsions, la chorée ou danse de St-Guy, des spasmes et de la paralysie. Les animaux qui guérissent de ces affections nerveuses peuvent perdre l'odorat et l'intelligence.

La maladie du jeune âge peut aussi se localiser à la peau et d'après M. Trasbot, jamais le tégument n'est épargné ; c'est donc un signe de diagnostic certain ; on rencontre des pustules sous le ventre et à la face interne des membres ; contrairement à ce qui s'observe dans la gale, l'éruption ne donne lieu qu'à un prurit insignifiant.

La mortalité peut atteindre 50 %, on donne comme signes fâcheux, les convulsions, les paralysies, la pneumonie, l'amaigrissement, l'extrême faiblesse et l'odeur fétide des exhalations.

Traitement. — Le traitement à opposer varie suivant la forme et la localisation de la maladie.

Les troubles *oculaires* seront traités avec le collyre au sulfate de zinc :

> Sulfate de zinc. . . . . 0 gr. 30 centigrammes
> Chlorhydrate de morphine. 0 gr. 15 »
> Eau . . . . 100 grammes.

ou l'eau boriquée 3 %, ou l'eau crésylée 1/2 p %. On fera en même temps une ou deux frictions de goudron minéral autour des yeux.

On combattra les troubles de l'appareil digestif par le calomel à la dose de 0 gr. 10 centigrammes administré trois fois par jour jusqu'à purgation, il désinfecte très bien le tnbe intestinal et procure toujours des avantages marqués. L'ipéca 0,50 à 1 gramme est souvent employé au début.

On peut aussi recourir à la forme suivante :

> Acide chlorhydrique. . . 5 grammes.
> Teinture de gentiane. . . 20 »
> Eau . . . . 150 »

une cuillerée à bouche, 3 fois par jour.

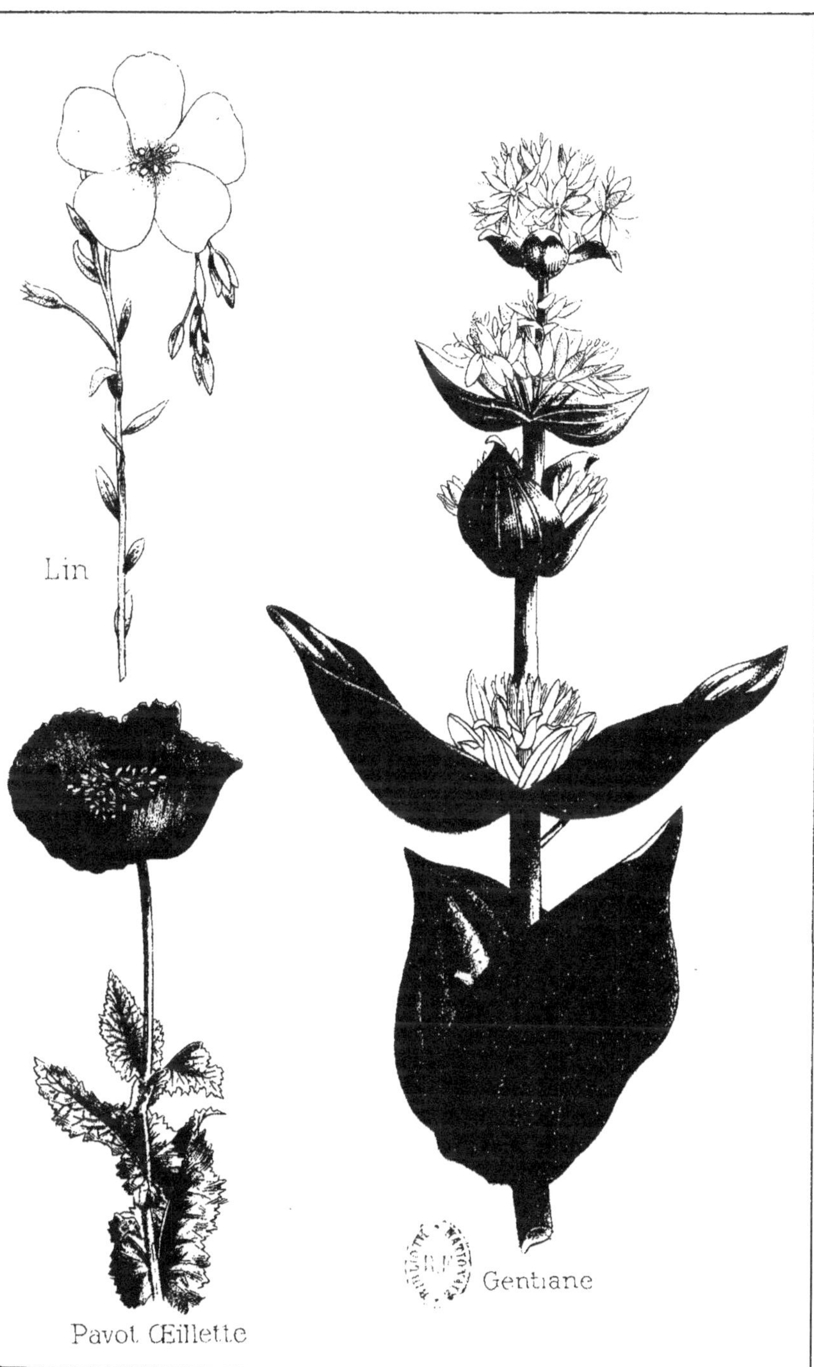

Lin
Pavot Œillette
Gentiane

Les vomissements fréquents seront arrêtés par la glace ou la teinture d'opium 0 gr. 50.

La diarrhée sera également combattue par la teinture d'opium ou le laudanum.

> Teinture d'opium. . . . 5 grammes.
> Eau gommeuse . , . . 200 »

une cuillerée à soupe, 3 fois par jour.

Aux catarrhes de *l'appareil respiratoire*, on opposera l'ipéca 0,50 à 1 gramme ; comme calmant de la toux, on emploiera :

> Chlorhydrate de morphine. 0 gr. 05 centigrammes
> Eau d'amandes amères. . 5 grammes.
> Eau. . . . . 100 »

une cuillerée à bouche, 3 fois par jour. Le kermès minéral sera donné en pilules, comme expectorant dans la bronchite :

> Kermès. . . . . . . 5 grammes.
> Poudre de quinquina . . 10 »
> Miel. . . . . Quantité suffisante.

Faire 20 pilules à donner : trois par jour.

Contre les *convulsions*, on donne le bromure de potassium, 10 grammes dissous dans 300 grammes d'eau, une cuillerée à soupe, 3 fois par jour. On prescrit aussi l'infusion de valériane ou de racine d'angélique.

La *paralysie* est combattue par la chaleur (*couvertures chaudes*), le café et le bouillon chauds.

Comme nourriture, il convient de donner du lait, du bouillon, et plus tard dans la convalescence, de la viande crue hâchée, et du pain.

L'affection étant contagieuse, il est toujours indiqué de séparer les malades des sujets sains.

Rage.

Causes. — La rage est une maladie contagieuse qui se transmet par la morsure ou l'inoculation.

Symptômes. — Cette maladie se présente sous deux types distincts : la rage *furieuse* ou *vraie* et la rage *mue*.

Dans la *rage vraie*, on peut observer trois périodes :

1° La période mélancolique ;

2° La période d'excitation ;

3° La période paralytique.

Dans la première période, le chien est triste, abattu, aime à lécher les corps froids, il est inquiet, change continuellement de place, paraît craintif, devient plus caressant ou plus irritable que d'ordinaire, ses mouvements sont vagues, sans but, souvent il va se coucher dans un endroit obscur.

Bientôt l'appétit devient capricieux, le malade refuse les aliments, avale des corps étrangers (paille, herbe, cuir, chiffons, bois, cailloux).

Parfois la déglutition est difficile par suite des contraction spasmodiques du pharynx, on peut aussi constater des nausées et vomiturations.

Dans la deuxième période, une force irrésistible pousse les animaux à s'échapper et à parcourir de grandes distances ; certains sujets brisent leur chaîne, courent à l'aventure, quelques-uns reviennent à leur domicile lorsque l'accès est passé. A cette époque, le chien enragé happe en l'air comme s'il voulait prendre des mouches et manifeste des envies de mordre tous les êtres qu'il rencontre. Dans sa cage, il saisit les barreaux et peut se fracturer les mâchoires. Un symptôme d'une grande importance est l'altération de la voix ; elle commence par un son rauque et finit par un hurlement ; cet aboiement est si caractéristique que les personnes qui l'ont entendu une fois, peuvent diagnostiquer la rage à ce seul signe.

A la troisième période, les yeux se troublent, deviennent mats, l'amaigrissement est dessiné, le poil hérissé, la faiblesse va en augmentant, le train de derrière se paralyse et la mort arrive ordinairement du 8e au 10e jour.

La rage mue ou muette est caractérisée par la paralysie de la mâchoire inférieure ; sa marche est rapide, elle ne dure généralement que 3 ou 4 jours.

Autopsie. — Quand un chien a manifesté des tendances agressives ou mordu des personnes ou des animaux et qu'on trouve à l'autopsie :

1º De la rougeur ou des petits foyers hémorrhagiques sur les muqueuses laryngienne et pharyngienne.

2º Des corps étrangers dans l'estomac (paille, bois, cailloux, terre, cuir, morceaux de brique, etc), il faut sans hésitation reconnaître la rage et prendre toutes les mesures nécessaires en pareille occurence.

Traitement. — Le traitement curatif n'existe pas. On doit abattre tous les chiens enragés ou suspects.

Dans les cas douteux, on peut séquestrer l'animal et l'observer pendant quelques jours ; s'il est enragé les symptômes ci-dessus décrits ne tardent pas à se montrer.

Lorsqu'une personne est mordue par un chien supposé enragé, il faut se hâter de faire saigner la plaie, puis la laver avec de l'eau salée ou de l'eau phéniquée et la cautériser profondément avec un fer rougi à blanc. — Si la conscience n'est pas en repos, on se dirige vers l'institut Pasteur.

DU CHAT

Le chat appartient à l'ordre des carnassiers, il se distingue par sa tête courte, arrondie, et par ses pieds armés d'ongles rétractiles.

Il semble s'attacher davantage à la demeure où il est né qu'à l'homme qui lui donne ses soins ; il est voleur par instinct et étrangle les poussins, les jeunes lapins et les oiseaux, mais il compense ce défaut en délivrant nos habitations des rats et des souris souvent fort nombreux au voisinage des champs.

Le chat est sujet aux mêmes affections internes que le chien ; le traitement est en tout point semblable, mais les doses sont moins fortes, la moitié environ.

Gale.

La gale attaque souvent les sujets faibles, débilités, vieux et mal nourris.

Causes. — Elle est due à un acare appelé sarcopte ; elle se propage aux animaux sains par contact médiat ou immédiat ; elle est aussi transmissible à l'homme.

Symptômes. — La gale apparaît d'abord sur le pavillon de l'oreille et à la tête ; de là, elle gagne le cou, les épaules, qu'elle dépasse quelquefois pour se généraliser. On remarque de la dépilation, du plissement et de l'épaississement de la peau qui se recouvre de croûtes ; puis les conjonctives s'injectent et les paupières se tuméfient.

L'animal est lent dans ses mouvements, il perd sa vivacité, son regard, maigrit et meurt dans le marasme.

Traitement. — Plusieurs des agents recommandables chez le chien sont toxiques pour le chat, tels sont le baume du Pérou, l'eau créosotée, les solutions phéniquées, les décoctions de tabac, etc...

La pommade d'Helmerich est inoffensive et procure constamment de bons résultats ; c'est l'antipsorique qui doit être préféré dans les affections cutanées du chat à l'exclusion de tous les autres.

DU LAPIN

Le lapin est un rongeur voisin du lièvre avec lequel il s'allie quelquefois pour former un métis fécond : le *léporide*.

Il est très prolifique ; la femelle peut recevoir le mâle à 6 mois ; sa gestation est de trente jours et elle peut faire chaque année 8 ou 10 portées de 4 à 10 petits. Il convient de ne lui en laisser que six à chaque portée pour ne pas l'affaiblir et pour que ses produits soient plus beaux.

Le lapin se nourrit de substances végétales, il aime à brouter la paille des pois et de genêt.

Pour rendre sa chair délicate, il faut donner à cet animal une nourriture variée : l'avoine, l'orge, le son, le foin, le serpolet, le thym, le persil, le céleri, l'estragon, la renouée des petits oiseaux, les carottes et les betteraves, les pissenlits, le seneçon, le liseron, les croûtes de pain, tels sont les aliments qui rendent la chair du lapin du meilleur goût.

On aura soin de cueillir le vert la veille et de ne le présenter aux animaux que lorsque la rosée ou l'excès d'humidité sera enlevé. Quand la nourriture est exclusivement sèche, il faut laisser de l'eau à la disposition des lapins ; il ne faut pas oublier qu'ils boivent et que s'ils sont privés de boissons, ils languissent et se constipent.

Il est bon de leur donner de temps en temps de l'avoine mélangée avec du son, de la graine de lin et un peu de sel de cuisine.

Les aliments couverts de rosée produisent une diarrhée mortelle, on peut l'arrêter au début en nourrissant les malades avec des jeunes pousses de saules, de l'avoine et du pain grillé. La nourriture exclusive avec des herbes fraîches et humides (choux, laitue), engendre l'hydropisie ou gros ventre que l'on combat comme la diarrhée.

Une maladie qui règne assez souvent dans les clapiers malpropres sur les sujets affaiblis, est la gale de l'oreille et de la tête qui est contagieuse et rebelle ; quand elle se généralise, les sujets maigrissent rapidement e tsuccombent. On doit ramollir et enlever les croûtes avec de l'eau savonneuse et employer la pommade d'Helmerich ; pour la gale de l'oreille, on préfère les injections d'eau crésylée 2 °/₀ ; puis on transporte les animaux sains dans d'autres loges propres, bien aérées et on les nourrit avec de l'avoine, du son et du foin aromatique.

CHAPITRE V

DES OISEAUX DE BASSE-COUR

Les oiseaux de basse-cour sont la poule, le dindon, le canard, la pintade et le pigeon.

DU POULAILLER

L'abri des poules doit être confortable, salubre. commode et bien disposé. Si l'habitation est trop froide, les œufs sont rares ; quand elle est trop chaude, elle engendre diverses maladies, entre autres la congestion pulmonaire ; lorsqu'elle est humide, elle prédispose aux affections goutteuses. Le poulailler doit être construit de manière à présenter une ouverture au nord et une au sud pour entretenir un courant d'air qui permettra de la rafraîchir en été. La fenêtre du nord sera hermétiquement close en hiver.

Le poulailler sera plus ou moins vaste, suivant le nombre de poules qui doivent l'habiter ; les juchoirs seront disposés de manière que la fiente des poules les plus élevées ne puissent salir celles qui sont en dessous. Il est nécessaire de nettoyer et de désinfecter chaque semaine le poulailler et de revêtir le plancher d'une couche de cendres pour garantir les pattes contre l'humidité.

A un demi-mètre du sol, on placera des paniers garnis de foin ou de paille bien propres pour que les poules puissent y aller pondre ; ces nids seront souvent nettoyés pour empêcher les poux qui peuvent s'y trouver en grand nombre, de tourmenter la volaille.

Nourriture des poules.

Les poules mangent du grain, des insectes, des vers, des fruits, de la viande cuite ou crue, des patées tièdes avec du son, du rebulet et des pommes de terre. L'herbe leur est aussi nécessaire et améliore beaucoup les œufs; à défaut de verger, il faut leur jeter des feuilles de salade et des débris de cuisine. L'eau doit être propre et ne jamais manquer dans les augets ou les différents vases réservés aux poules.

Les meilleures espèces réputées comme pondeuses, sont celles de la Flèche, de Bruges, les campines, les Brahma-poutra, les cochinchinoises et les italiennes.

D'après Cazelis, on ne doit pas conserver les pondeuses au-delà de 5 ans, car la grappe ovarienne ne se compose que de 600 ovules soit 600 œufs.

Voici comment est réparti ordinairement ce nombre d'œufs dans l'espace de neuf ans :

1re	année	.	.	15	à	20	œufs
2e	»	.	.	100	à	120	»
3e	»	.	.	120	à	135	»
4e	»	.	.	100	à	115	»
5e	»	.	.	69	à	80	»
6e	»	.	.	50	à	60	»
7e	»	.	.	35	à	40	»
8e	»	.	.	15	à	20	»
9e	»	.	.	1	à	10	»

Le meilleur moyen de favoriser la ponte est de tenir les poules chaudement, et de les bien nourrir avec du blé, (1200 grammes chaque jour pour 10 poules) ou avec des pâtées chaudes de pommes de terre.

Pour avoir des œufs frais pendant l'hiver, il est bon de réserver aux pondeuses une place dans l'étable, derrière les vaches et de leur donner pour nourriture : le soir, du sarrazin ou du blé noir, et le matin, une patée de chénevis écrasé mélangé avec un'peu de farine d'orge et un dixième de brique pilée finement. Cette nourriture échauffante les fait pondre chaque jour pendant tout l'hiver ; mais au printemps on doit les remplacer et les soumettre à l'engraissement.

Les poules qui chantent, celles qui sont difformes sont peu productives, on ne doit pas les garder.

Les œufs des poules non fécondées se conservent plus longtemps et peuvent être transportés sans s'altérer, tandis que les autres se corrompent assez vite, lorsque par une secousse quelconque le germe se détache du jaune.

A l'état de liberté, la poule pond de 15 à 20 œufs et par crainte de danger cherche à dissimuler son nid, puis elle se décide à couver. Dans les premiers jours elle se lève souvent pour aller chercher sa nourriture, mais la nuit elle ne quitte pas le nid. La durée de l'incubation est de 21 jours ; pendant cette période, la bonne couveuse prand soin de ramener sous elle, avec son bec, les œufs qui sont éloignés. Dans les derniers temps, elle montre beaucoup d'assiduité et reste constamment sur le nid jusqu'au moment de l'éclosion. Souvent tous les œufs produisent lors d'incubation naturelle.

DU DINDON

Les dindons n'ont pas besoin de poulailler pour s'abriter, ils aiment à passer la nuit au grand air. On élève dans la basse-cour un perchoir de 4 à 5 mètres de hauteur et garni de traverses, à un demi mètre les unes des autres, sur lesquels ils vont se jucher.

Ils se nourrissent de grains, de fruits, d'insectes, d'herbes et de pâtées de toutes sortes.

La dinde fait ordinairement deux pontes par an et produit environ de 35 à 45 œufs, elle aime à les cacher et souvent il faut la guetter pour découvrir son nid ; elle couve avec assiduité et ne s'éloigne de ses œufs que pour aller boire ; on doit donc la surveiller et lui présenter sa nourriture, car il en est qui se laissent mourir de faim plutôt que de quitter leurs œufs ; la durée de l'incubation est de 21 jours. Aussitôt qu'on s'aperçoit qu'une dinde couve, il faut éloigner le mâle pour éviter qu'il ne brise les œufs.

Les couvées réussissent généralement bien, mais les poussins meurent en grand nombre par des temps humides. Il faut les tenir dans un lieu sec, à température douce, la moindre pluie qu'ils reçoivent leur donne la diarrhée et les fait périr promptement.

Comme nourriture, on leur donne des orties, du persil, des viandes cuites, hachées finement et mêlées à des jaunes d'œufs cuits et à de la mie de pain. Le lait caillé, le millet et l'orge bouillie sont employés avec succès pour leur aiguiser l'appétit. Quand les dindonneaux paraissent malades, on leur fait prendre un grain de poivre, ce qui paraît les soulager beaucoup.

Vers l'âge de deux mois, les caroncules du bec et du cou commencent à pousser, on dit que les dindonneaux prennent le rouge, c'est une période critique qu'il faut surveiller, car il en meurt assez bien ; on les tiendra chaudement et on leur donnera une nourriture facile à digérer : telle que la mie de pain trempée dans du vin, et comme boisson de l'eau ferrée.

Après cette époque, ils se passent aisément de leur mère et ne craignent plus le froid. On peut les réunir par bandes et les faire garder dans les champs par des enfants, ou les soumettre à l'engraissement.

DU CANARD

Le canard est de tous les oiseaux de basse-cour, celui qui coûte le moins à nourrir pourvu qu'on tienne à sa disposition une pièce d'eau ou une mare.

Il est excessivement glouton et digère promptement tout ce qu'il mange. Il recherche les limaces, les grains, les pâtées de pommes de terre et de rebulet, les feuilles de laitue, de bette, de chou, etc. Les petits poissons et les têtards de grenouilles font ses délices.

La cane peut donner 50 œufs par ponte, elle en couve généralement une douzaine, l'incubation est de 30 jours. La première nourriture que l'on présente aux canetons est de la mie de pain ou de l'orge bouillie dans du lait, après quoi ils peuvent se passer de tout soin. Le meilleur moment d'en faire usage pour la cuisine, c'est de 7 ou 8 mois ; passé cet âge, la chair devient dure.

DE L'OIE

L'oie est le plus avantageux de tous les oiseaux sous le rapport de son duvet qu'on lève en mai et en septembre ; certaine espèces en donnent jusqu'à une livre chaque année. L'oie recherche les mêmes aliments que le canard.

La femelle pond environ 35 à 40 œufs et peut en couver de 12 à 15, la durée de l'incubation est de 28 jours. La première nourriture des oisons est l'orge cuite, le pain, les feuilles de laitue ou de bette trempées dans du lait. L'herbe leur est indispensable ainsi que l'eau et il leur faut un grand espace à parcourir

Au moment du passage des oies sauvages il est bon de surveiller les oies domestiques car elles seraient tentées de les suivre ; on peut pallier à cet inconvénient en leur coupant les plumes d'une aile.

Dans certains pays on engraisse ces animaux dans le but d'obtenir un grand développement du foie qui peut atteindre jusqu'à 7 et 800 grammes ; pour cela on les gorge trois fois par jour avec des pâtées farineuses et des graïns cuits.

DE LA PINTADE

La pintade conserve toujours un caractère sauvage et aime à parcourir les bois et les prairies où elle cache habilement son nid. Elle peut couver de 15 à 18 œufs ; les petits éclosent après 28 jours d'incubation et s'élèvent avec la même nourriture et les mêmes soins que les dindonneaux.

La chair de la pintade jeune est délicate et rappelle celle du faisan, plus tard elle devient dure et coriace.

DU PIGEON

Le pigeon vit en famille, chaque mâle a sa femelle. Cette dernière pond deux œufs qui sont couvés pendant 18 jours.

On distingue deux espèces de pigeons domestiques :

1° Le pigeon de volière qui ne quitte guère la basse-cour, réclame une nourriture abondante ; il est fort coûteux, mais il donne une couvée tous les six semaines.

2° Le bizet va chercher au loin, dans les champs, les graines dont il a besoin et qui composent presque toute sa nourriture. Par son vol rapide il échappe aux oiseaux de proie ; il ne fait ordinairement que 4 couvées par an.

Les pigeons aiment le sel et toutes les matières salées, on les voit becqueter les argiles renfermant du salpêtre, ainsi que les vieux bâtiments salpêtrés.

Il ne faut donc pas oublier de jeter dans le colombier, une poignée de sel chaque semaine.

Leur nourriture favorite est la vesce ; on doit néanmoins leur donner des déchets de blé et d'avoine, l'alimentation variée étant la meilleure.

MALADIES DES OISEAUX DE BASSE-COUR

Diphtérie ou pépie.

La diphtérie est avec le charbon, la plus terrible des maladies des oiseaux.

Causes. — On cite le manque d'eau ou l'eau impure, et la contagion.

Symptômes. — Elle se manifeste sur la muqueuse de la bouche et de l'arrière- bouche ou sur la pituitaire ; d'autres fois, elle se porte sur les yeux

L'oiseau diphtérique présente sur la langue, au palais et sur la muqueuse buccale, un enduit luisant, caséeux qui se transforme bientôt en fausse membrane ; lorsqu'on la détache, on met à nu une plaie sanguinolente ou une ulcération chancreuse.

La tête est tendue sur l'encolure, la respiration a lieu par le bec entr'ouvert et la déglutition est difficile.

Lorsque la diphtérie attaque la pituitaire, on constate les symptômes du coryza appelé *roupie* par les aviculteurs. Au début, il s'écoule par les narines un liquide séreux qui devient bientôt visqueux ; l'oiseau éternue, agite constamment la tête et ouvre le bec pour respirer. Puis l'inflammation se propage à la muqueuse oculaire, forme des fausses membranes, du pus épais blanchâtre, ou des masses caséeuses jaunâtres qui chassent l'œil de l'orbite.

Quand l'affection se porte sur les yeux, les paupières sont œdématiées et agglutinées par une sécrétion muco-so-purulente. Au bout d'un certain temps, la cornée se trouble, suppure et se perfore.

Traitement. — Lorsque la maladie est reconnue il faut isoler les malades des sujets sains et nettoyer les locaux avec de l'eau bouillante, de l'eau phéniquée ou crésylée 5 °/₀.

Lorsque les fausses membranes ne sont pas adhérentes on les enlève, il vaut mieux les laisser que de faire naître une hémorrhagie.

Zurn recommande d'administrer journellement deux cuillerées à café du mélange suivant, et de lotionner les régions malades 2 fois chaque jour avec la même solution.

```
Décoction de feuilles de noisetier
15 grammes pour un litre d'eau.  .  .   150 grammes.
      Glycérine  .  .  .  .  .  .  .  .   20    »
      Chlorate de potasse .  .  .  .  .    5    »
Acide salicylique 50 centigr. dissous dans 15 grammes d'alcool.
```

Contre la diphtérie de la pituitaire, on doit prescrire les fumigations de goudron de bois, inciser les tumeurs voisines des yeux, enlever les masses caséeuses et nettoyer avec de l'eau phéniquée.

Le sulfate de fer ou le tanin, 0,50 à 1 gramme sont des médicaments précieux contre la diphtérie accompagnée de diarrhée.

Richard a préconisé le mélange suivant que l'on applique sur les fausses membranes de la bouche à l'aide d'une plume.

```
Chlorate de potasse.  .  .    7 grammes 50.
Acide salicylique.  .  .  .    7    »    50.
Glycérine.  .  .  .  .  .  .   15    »
Sirop simple.  .  .  .  .  .  150    »
```

Mettre dans un décalitre de grains servant à leur nourriture une poignée ou deux de chaux éteinte (chaux en poudre) et bien mêler, de manière que la poudre de chaux adhère à toutes les graines et donner celles-ci aux volailles. Suivre ce traitement pendant une semaine.

Dès le premier jour, la maladie s'arrête et disparaît complètement en quelques jours.

Choléra des poules. — Septicémie.

Causes. — C'est une maladie contagieuse déterminée par une bactérie.

Symptômes. — La marche de cette affection est tellement rapide que bien souvent on trouve plusieurs cadavres le matin en ouvrant le poulailler ; l'animal tombe comme frappé d'un coup de sang. La durée du choléra varie de quelques heures à trois jours. Les malades sont tristes, faibles, ont la tête violette, les ailes tombantes et les plumes hérissées ; la soif est vive, la respiration pénible, puis la diarrhée apparaît ; les animaux deviennent de plus en plus faibles, tombent et meurent après quelques secousses convulsives.

Les déjections, de couleur verte et d'odeur fétide, renferment en quantité des agents de contagion, et transmettent facilement la maladie aux autres oiseaux.

Traitement. — Le traitement curatif est souvent inefficace. Nocard recommande les injections sous cutanées d'eau phéniquée 5 %.

On peut donner le sulfate de fer 1 %, l'acide chlorhydrique 1 %, le tanin 1, 5 p. %. L'eau crésylée 5 %/° administrée d'heure en heure à la dose d'une cuillerée à café a produit des effets remarquables entre les mains de quelques vétérinaires.

Le plus important est la désinfection du plancher, des murs et des perchoirs, avec de l'eau bouillante et de l'eau phéniquée à 5 %/.. On arrosera le parquet et toute la basse-cour avec de l'acide sulfurique dilué (2 grammes dans un litre d'eau).

On peut parquer les poules dans un endroit propre et salubre ; on leur donne de l'eau bien propre et souvent renouvelée, et des aliments de choix.

A l'eau on ajoute 2 grammes par litre d'acide salicylique

ou d'acide sulfurique, et aux aliments quelques prises de la poudre suivante :

Gentiane jaune pulvérisée. . .	20 grammes.
Quinquina gris	10 »
Gingembre.	30 »
Sulfate de fer.	5 »

Les poules seront épongées entièrement avec le même liquide.

Enfin dans les épidémies graves on pourra essayer la vaccination pastorienne.

Tuberculose.

Les animaux atteints de la tuberculose sont chétifs, malingres et restent maigres malgré tous les soins et la meilleure nourriture.

Elle est contagieuse aux autres oiseaux, non à l'homme ; c'est une affection sans remède, mais pour l'empêcher de se développer, on doit bien nourrir les poules et varier leurs aliments (blé, orge, maïs, pâtées, salade, verdure, etc...)

Affection typhoïde.

Causes. — Cette maladie est engendrée par l'absorption d'eau impure et l'ingestion d'aliments moisis, altérés ou décomposés.

Symptômes. — Les poules deviennent extrêmement faibles, ont les plumes hérissées et restent souvent couchées. Si on les fait lever, elles titubent ; la durée de cette affection varie de 2 à 6 jours, elle est toujours grave.

Les altérations anatomiques de l'affection typhoïde se montrent du côté du foie, qui est hypertrophié et présente une teinte d'un brun chocolat. La chair est parsemée de petits points rouges, (pétéchies) et les intestins sont fortement congestionnés.

Traitement. — On commence par éloigner les animaux malades et par remplir les réservoirs d'eau très propre, additionnée de quelques gouttes d'acide sulfurique. Comme nourriture on donnera de la mie de pain avec du lait et du riz cuit. Mégnin recommande de mêler à cette pâtée la poudre suivante dans la proportion d'une cuillerée à café chaque jour pour dix poules.

Gentiane jaune pulvérisée. . .	20 grammes.
Quinquina gris	10 »
Gingembre.	30 »
Sulfate de fer.	5 »

Rhumatisme ou goutte.

Causes. — Le rhumatisme est souvent causé par l'humidité du poulailler.

Symptômes. — Les poules deviennent boiteuses ; les articulations de la jambe sont gonflées et pour peu que le mal augmente, l'animal à une telle difficulté pour marcher qu'il finit par mourir de faim ou de fièvre.

Traitement. — On placera les poules dans un lieu chaud et sec et on frictionnera les pattes avec de la pommade camphrée. On fera dissoudre dans leurs boissons du sel de Vichy, 5 grammes par litre, ou du salicylate de soude 1 gramme. Le plus économique est de les sacrifier.

Vers intestinaux.

Mégnin a constaté la présence d'ascarides (ascarts inflexa) dans l'intestin de la poule et voici comment il en décrit les symptômes : les oiseaux tourmentés par ces vers mangent peu et sont plus maigres que leurs voisins ; lorsqu'on les appelle, ils viennent avec les autres, mais souvent ils s'arrêtent tout à coup, paraissent s'endormir debout, ferment les yeux, laissent tomber leur tête vers la terre, puis la secouent et la relèvent brusquement comme s'ils se réveillaient en sursaut ; ils recommencent le

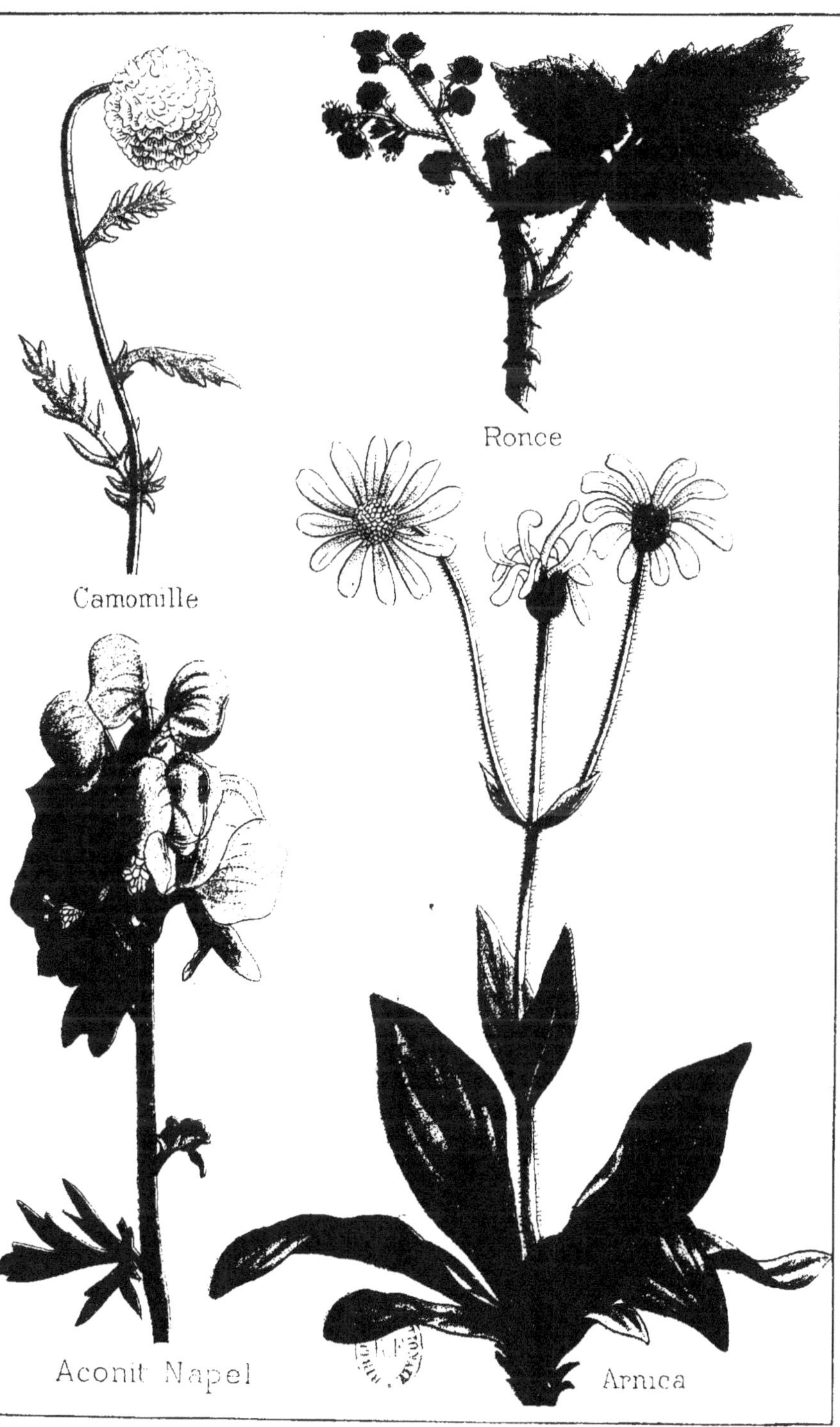

Ronce
Camomille
Aconit Napel
Arnica

même manège jusqu'à ce qu'on vienne à les déranger ou
à les appeler de nouveau. Les sujets atteints ont souvent
la diarrhée.

Traitement. — On isole les malades et on désinfecte
le poulailler ; on emploie généralement les décoctions
d'absinthe, de tanaisie, de camomille, à la dose de une
cuillerée à bouche donnée trois fois par jour. On peut
aussi mêler le *semen contra* à leur nourriture.

Poux, puces, punaises.

Quand ces insectes pullulent et qu'ils tourmentent les
volailles, il est bon de les détruire.

Le meilleur remède est le nettoyage fréquent du poulailler et la présence de poudre de tabac dans les nids.

Puis on insuffle dans le plumage de l'oiseau, de la fleur
de soufre et de la poudre de pyrèthre ; on inspecte surtout
le croupion et la face interne des ailes qui sont les véritables lieux d'élection de ces parasites. On recommande
aussi de passer une éponge imbibée de pétrole sur les
plumes pour faire déloger ces hôtes incommodes.

Gale des pattes.

Causes. — Elle est due à la présence d'un acare
appelé sarcopte.

Symptômes. — Les pattes sont gonflées, les écailles
du tarse sont soulevées et recouvertes de croûtes. La
démangeaison est vive.

Traitement. — On ramollit les croûtes avec du savon
et de l'eau tiède pour les enlever sans faire saigner ; on fait
ensuite une ou deux onctions de pommade d'Helmerich
et on termine par un lavage à l'eau de savon. Le pétrole,
la benzine ont été également employés avec succès.

Variole des pigeons.

M. de Boève a décrit cette affection qui est décelée par la présence de pustules à la surface de la peau. Elle apparaît en été et guérit facilement seule. On peut aider à sa disparition en touchant les pustules avec une plume trempée dans une solution d'alun 10 %.

Torticolis.

C'est une maladie héréditaire chez le pigeon. Elle est caractérisée par les mouvements de tourner, imprimés au cou par les sujets atteints. M. de Boève conseille de couper un ongle à chaque patte du malade de façon à opérer une forte saignée. La dérivation qui en résulte peut provoquer un changement dans l'état de l'animal.

Les pigeons sont sujets à différentes affections nerveuses incurables : telles que l'épilepsie, le tremblement et la culbute. On prétend que la frayeur peut développer subitement ces désordres.

Chancre des jeunes pigeons.

C'est une maladie contagieuse qui fait périr un grand nombre de ces volatiles ; elle est sans doute de même essence que la diphtérie et doit être traitée de la même manière. Les ulcérations profondes seront touchées avec la pierre infernale ou avec un pinceau imbibé de teinture diode.

DE LA' CASTRATION

La castration est l'opération chirurgicale qui a pour objet de supprimer chez les animaux, les organes de la reproduction, de manière à les empêcher d'engendrer.

Castration du cheval.

La castration chez le cheval a été mise en pratique depuis les temps les plus reculés ; les auteurs grecs et latins en parlent dans leurs écrits aussi bien que nos premiers hippiatres.

Plusieurs méthodes ont été préconisées ; la plus recommandable est celle par les casseaux à testicules couverts, mais les procédés à *testicules découverts*, par le *feu*, par la *torsion* comptent encore de fervents adeptes.

Castration par *casseaux* ou *billots*.

C'est la plus rationnelle de toutes les méthodes, celle qui provoque le moins de douleurs et qui occasionne le moins d'accidents.

Pour exécuter cette opération, il suffit que l'animal soit à jeun et en bonne santé Quand les chevaux sont âgés il est bon de les soumettre au régime blanc pendant deux ou trois jours, c'est-à-dire ne leur donner que de la paille et des barbottages auxquels on ajoute trois cuillerées à bouche de sulfate de soude et une cuillerée de sel de nitre.

Avant d'assujettir l'animal on doit préparer sur un plateau tous les instruments nécessaires à l'opération, c'est-à-dire un bistouri convexe, des casseaux enduits d'axonge saupoudrée de sublimé corrosif, des ficelles et des pinces ou un étau pour rapprocher les extrémités des casseaux.

Le sujet à opérer est abattu sur le côté gauche, le membre postérieur droit soulevé par une plate longe est désentravé et ramené en avant jusqu'à ce que le sabot se trouve vers l'articulation de l'épaule ; on fait glisser la corde que l'on enroule deux fois autour du canon, puis on la confie à deux aides vigoureux.

Le région scrotale et le périnée étant convenablement nettoyés à l'eau crésylée, l'opérateur saisit le testicule gauche qu'il serre avec la main gauche de manière à embrasser le cordon au-dessus de l'épididyme et à faire tendre la peau qui recouvre l'organe. Si le testicule se trouve enfoncé ou retiré par la contraction du crémaster, on donne quelques coups de verge sur le nez et les lèvres de l'animal et l'on parvient souvent ainsi à obtenir le relâchement nécessaire pour attirer le testicule.

L'opérateur incise avec le bistouri, le scrotum et le dartos, parallèlement à la ligne médiane appelée *raphé* et à 2 ou 3 centimètres environ de cette ligne, il fait sortir le testicule en déchirant avec les doigts le tissu cellulaire qui réunit le scrotum à la gaîne péritonéale, puis avec la main gauche il refoule les enveloppes afin de dégager complètement le testicule. Celui-ci étant bien sorti, l'opérateur prend un casseau ouvert et l'enfonce d'avant en arrière de façon à ce qu'il embrasse complètement le cordon en ayant soin de le placer au-dessous de l'épididyme pour éviter le champignon. Avec la main droite, le praticien saisit en les rapprochant les bouts postérieurs du casseau et s'assure que des parties d'enveloppes ne sont pas prises avec le cordon, l'aide place la ficelle en nœud de saignée dans l'entaille circulaire pratiquée au casseau et avec une pince ad hoc ou un étau il serre les branches du casseau de manière à les rapprocher exactement ; l'opérateur s'empare des bouts de la ficelle qu'il tend le plus fortement possible et arrête le tout par un nœud droit.

On procède pour le second testicule comme pour le premier et l'opération est terminée. Les casseaux étant placés représentent la figure d'un **V** entourant le fourreau. On lave le plat des cuisses à l'eau crésylée, on retrousse la queue et l'on fait relever l'animal.

Quelques praticiens coupent immédiatement les testicules, il est bon de laisser au moins l'épidydime pour empêcher le casseau de glisser et de se détacher du cordon.

Au bout de 4 à 5 jours on enlève les casseaux en se plaçant en avant du flanc ; avec un bistouri on coupe la ficelle et on écarte les deux extrémités du casseau qui se détache. Il n'est pas besoin pour cela d'abattre le cheval ni de le conduire au travail du maréchal, on lui met un tord nez et on fait lever le pied de devant, on parvient ainsi aisément à son but du moment qu'on a donné la préférence au casseau ordinaire échancré aux deux bouts.

Pour opérer le testicule découvert, on incise, entre le scrotum et le dartos, la gaîne péritonéale. L'organe étant sorti, on place le casseau au-dessus de l'épididyme. La seule différence consiste donc à respecter la gaîne péritonéale, dans la castration à couvert, et à l'inciser dans la castration à découvert.

Castration par torsion.

Dans ce procédé on commence comme pour la castration à testicules découverts en incisant d'un seul coup le scrotum, le dartos et la tunique péritoniale. Le cordon est saisi au-dessus de l'épididyme entre les branches d'une pince que l'on comprime fortement ; elle est confiée à un aide auquel on recommande de toujours tenir vers l'anneau inguinal. Le praticien place une autre pince à 3 centimètres environ au-dessous de la première, la serre fortement, et tord de gauche à droite jusqu'à ce que le cordon se rompe. L'aide desserre la première pince et le cordon rentre dans sa gaîne. Le deuxième testicule est opéré comme le premier et l'animal est relevé.

Castration par le feu.

Pour cette opération on se sert de pinces en bois dont les branches recouvertes d'une lame de fer ou de cuivre, sont articulées par une charnière.

On agit pour le premier temps de l'opération comme pour la castration à testicule découvert. L'organe à enlever étant sorti, on place le cordon entre les branches de la pince que l'on a confiée à un aide en lui recommandant de serrer fortement. On coupe le cordon à trois centimètres environ en dessous de la pince et on cautérise le tout avec un cautère plat. On ne desserre les pinces qu'après s'être assuré que l'escharre est assez épaisse pour empêcher une hémorrhagie. Le deuxième testicule est opéré comme le premier à moins que l'opérateur ne préfère opérer les deux en même temps à l'aide des pinces doubles. Au lieu de couper le cordon avec un instrument tranchant, il est préférable d'employer le cautère cutellaire chauffé à blanc qui tout en sectionnant est un bon agent hémostatique. Pour éviter la chaleur rayonnante il est utile de placer avant la cautérisation, un linge imbibé d'eau froide sur les bourses et la face interne des cuisses.

Hygiène du cheval castré.

Lorsque le cheval est relevé, le premier soin à prendre est de le bouchonner et de le revêtir de couvertures. Il doit être rentré à l'écurie, attaché par deux longes au ratelier et surveillé pendant quelque temps pour s'assurer s'il n'a pas de coliques. Si cela arrive il est préférable de lui faire faire une promenade d'une heure pour empêcher les mouvements désordonnés auxquels il pourrait se livrer.

Le régime se compose de barbottages et de paille pendant les 6 premiers jours ; on donne ensuite 3 kilog. d'avoine ; après une dizaine de jours, l'animal est remis à sa nourriture ordinaire.

Les plaies réclament la plus grande propreté possible ; on les lave chaque jour avec une éponge imbibée d'eau crésylée 1 °/₀ en ayant soin d'écarter avec les doigts les lèvres de la plaie pour permettre au pus et à la sérosité de s'écouler librement. Après un mois, le sujet peut reprendre un service modéré. Ce que je recommande surtout, c'est d'éviter les courants d'air et les refroidissements.

ACCIDENTS QUI SUIVENT LA CASTRATION

Hémorrhagie.

L'hémorrhagie peut survenir après n'importe quel procédé de castration. Si le cheval arrache les casseaux avec les dents ou la queue, ou si on les enlève trop tôt, si l'escharre n'a pas été assez forte lors de la cautérisation par le feu, si le cordon s'est rompu trop tôt lors de la torsion, l'hémorrhagie en est le résultat.

Comme moyens hémostatiques, on emploie le *tamponnement* et la *ligature*.

On essaye le *tamponnement* en introduisant dans la gaîne testiculaire des plumasseaux d'étoupes imprégnées d'une solution de perchlorure de fer que l'on maintient avec des sutures ou avec une suspension garnie d'une feuille d'ouate.

Quant à la *ligature*, on la place autour du cordon pour oblitérer les vaisseaux ouverts.

Œdème.

Quelques jours après la castration, il survient dans la région opérée un engorgement de peu d'importance ; mais si, par suite de certaines circonstances l'engorgement progresse en avant, occasionne de la douleur, il faut y pratiquer des scarifications à l'aide du bistouri ou d'un cautère effilé chauffé à blanc ; on doit faire ensuite des applications de compresses aromatiques chaudes sur toute l'étendue de l'œdème.

Gangrène.

La gangrène se décèle par l'odeur fétide qui se dégage des plaies de castration et par l'œdème qui, au lieu de se limiter aux bourses, s'enfonce dans la région inguinale qui devient froide et crépitante. Le malade est tourmenté par la soif, l'inappétence est complète, le pouls s'accélère ainsi que les mouvements respiratoires et les signes de la faiblesse apparaissent.

Il faut que le traitement soit prompt et énergique. La cautérisation des plaies avec un cautère chauffé à blanc, pénétrant jusque dans le vif, remplit la première indication; l'eau phéniquée 5 % ou l'eau crésylée 10 % en compresses sur les parties malades sont toujours utiles si elles ne sont pas toujours couronnées de succès.

Champignon.

Le champignon *superficiel* est l'inflammation qui survient à l'extrêmité du tronçon du cordon situé en dehors de la plaie Il est dit *profond* s'il existe dans une étendue plus ou moins grande du cordon.

Pour guérir le champignon *superficiel* ou les simples *végétations* il suffit de les lotionner à l'eau phéniquée et

de les saupoudrer avec du sulfate de cuivre pulvérisé.
En répétant 4 ou 5 fois la même opération, il est rare que
tout ne rentre pas dans l'ordre. Une pointe de feu chauffée
à blanc enfoncée assez profondément dans la tumeur est
employée souvent avec succès par les praticiens qui n'ont
jamais connu les bons effets que procure le sulfate de
cuivre.

Pour le champignon profond, on emploie le casseau
courbe ; on pratique pour ainsi dire une seconde castration en supposant que le champignon soit le testicule.
On dissèque le cordon sur tout le trajet enflammé et on
place le casseau courbe recouvert d'axonge et de sublimé
sur une partie saine du cordon. Si le champignon est
volumineux on en excise une partie en dessous du casseau
pour empêcher les tiraillements du cordon On laisse tomber le casseau ou on l'enlève au bout de 4 à 5 jours, comme
il a été dit à propos de la castration à testicule couvert.

On désinfecte la plaie avec de l'eau crésylée 1 % jusqu'à
ce qu'elle soit cicatrisée.

Péritonite.

La péritonite apparaît ordinairement du 3e au 5e jour
après l'opération, rarement après le 8e jour ; elle se manifeste par les symptômes décrits à l'article *péritonite* et doit
être traitée comme il est parlé audit article. C'est le froid
qui est, à coup sûr, la cause déterminante de cet accident.

Tétanos.

Le tétanos est le plus redoutable de tous les accidents
de castration. Les causes sont le froid et aussi le défaut
de compression des cordons dans la méthode par les
casseaux. — 1º Quand ces derniers ne sont pas exactement
rapprochés ; — Quand ils sont trop longs ou trop flexibles,

ce qui amène une mortification lente du cordon et la formation d'agents septiques bientôt absorbés par ce qui reste de vitalité dans l'organe. Pour éviter cette complication, il est de toute urgence d'empêcher les refroidissements et de placer des casseaux résistants et surtout bien rapprochés. — Pour le traitement, consulter l'article *tétanos*.

Castration du taureau.

Les procédés de castration du taureau sont aussi nombreux que ceux décrits pour le cheval. Ce sont . 1° par les *casseaux*, 2° par *torsion*, 3° par *bistournage*, 4° par la *ligature élastique*.

Le procédé auquel je donne la préférence est la castration par la torsion qui n'amène jamais d'accidents sérieux ; tout au plus, une légère hémorrhagie. Elle est pratiquée sur l'animal debout ; une plate longe fixée au membre postérieur gauche vient passer entre les membres de devant, elle est ramenée ensuite vers l'épaule gauche pour s'enrouler autour de la corde au niveau du coude gauche, puis elle est confiée à un aide.

L'opération se pratique exactement comme pour le cheval ; quelques ablutions d'eau crésylée froide pendant 3 ou 4 jours forment la base des soins à donner.

Jusqu'à l'âge de 3 mois je n'emploie pas les pinces, j'opère par arrachement. Le testicule étant découvert, avec le pouce et l'index de la main gauche je serre le testicule autour de l'index de la main gauche et je tire jusqu'à la rupture du cordon. Ce procédé est très expéditif et toujours suivi de succès.

J'ai banni à tout jamais la ligature élastique qui doit, à mon avis, occasionner le tétanos. J'ai une sainte horreur pour les moyens de compression lente et je dois l'avouer, je suis radical..., en chirurgie où je m'efforce à pratiquer

de mon mieux le sage précepte d'Hippocrate : *cito-tuto* et
jucunde.

Je ne ferai que mentionner le bistournage, cette opération n'étant pas pratiquée dans nos régions du Nord.

Castration du bélier, du verrat, du chat et du lapin.

Chez ces petits animaux, le procédé le plus usité est la
castration par *torsion* ou par *arrachement*.

Le *fouettage* est encore en honneur chez les bergers
pour châtrer les jeunes béliers.

Pour cette méthode, on fait descendre les testicules
dans le fond des bourses et on place une ficelle en nœud
de saignée au-dessus des épididymes. On tire fortement
sur la ligature de manière à empêcher complètement la
circulation et on arrête la ficelle par un nœud droit que
l'on serre également fort. On lave à l'eau crésylée et
l'opération est terminée. Cette méthode, comme la ligature élastique est sujette aux accidents tétaniques ; si je
la cite, c'est plutôt pour la proscrire que pour la recommander.

TROISIÈME PARTIE

DES PLANTES MÉDICINALES

Absinthe.

F. des Composées-Corymbifères L.   *Artemisia absinthium.*

Herbe vivace, pubescente, à tiges dressées, blanchâtres, cannelées, rameuses, pouvant atteindre de 4 à 8 décimètres. Ses feuilles pétiolées d'autant plus longues qu'elles sont plus inférieures, sont soyeuses sur leurs deux faces, d'un vert blanchâtre en dessus, d'un blanc argenté en dessous.

Ses fleurs assez nombreuses sont jaunâtres et disposées en petites grappes. La floraison a lieu de Juillet à Septembre. C'est à cette époque que l'on doit recueillir les sommités fleuries et les feuilles qui sont les seules parties employées dans la médecine des animaux.

Décrite aussi sous le nom de *grande absinthe* ou d'*armoise amère*, elle croît dans les lieux incultes, pierreux et montueux de la plupart des contrées de la France. On la cultive dans les jardins comme plante médicinale. Elle exhale une odeur forte, pénétrante, aromatique et désagréable, sa saveur est excessivement amère.

Propriétés. — Elle est employée comme tonique, vermifuge, diurétique, utérine, antipériodique, antiseptique et insecticide. Les préparations ordinaires sont la poudre, l'infusion et la décoction. On l'administre en breuvages ou en électuaires.

Indications. — Les vertus stimulantes et toniques de l'absinthe l'ont rendue d'un très grand usage dans la médecine vétérinaire. On la prescrit à l'intérieur contre les débilités de toutes sortes : l'inappétence, l'indigestion, les vers intestinaux, l'hydroémie des moutons, la non-délivrance, la fièvre typhoïde et les maladies gangréneuses. A l'extérieur, on l'emploie contre les plaies de mauvaise nature et la vermine des plaies.

Conter-indications. — L'absinthe communique au lait et à la chair des animaux son arome et son amertume ; quand elle est donnée aux femelles en gestation avancée, elle peut provoquer l'avortement.

Elle sera donc contre-indiquée dans les cas de gestation avancée, de lactation et d'engraissement.

Aconit napel.

Famille des Renonculacées L.   *Aconitum Napellus.*

L'aconit est un poison connu de la plus haute antiquité et on rapporte que les anciens s'en servaient pour em_poisonner leurs flèches et rendre mortelles les blessures qu'ils faisaient à leurs ennemis.

C'est une herbe vivace à tige dressée, cylindrique, simple ou peu rameuse, à feuilles nombreuses, grandes, d'un vert foncé et luisantes en dessus, d'un vert pâle en dessous, les inférieures longuement pétiolées, les supérieures aubsessiles. Sa racine est noire, épaisse et ressemble beau coup à celle du navet.

Ses fleurs qui apparaissent de juin à septembre sont bleues, quelquefois violettes, blanches ou panachées, en forme de casque et disposées en belles grappes allongées.

L'aconit est très répandu dans les lieux humides et ombragés des montagnes. Dans les jardins, on le cultive comme plante d'ornement et on le désigne par les noms

vulgaires de : *gueule de loup, capuce de moine, coquelu-*
chon, sabot du pape, pistolet, fève de loup, tue loup, etc...

Cette plante a une odeur peu prononcée, sa saveur est
amère, âcre ; elle est extrêmement vénéneuse surtout dans
ses feuilles et dans sa racine ; c'est la plus dangereuse de
la famille des renonculacées. Dans les pâturages, les animaux l'évitent, on a cependant signalé des empoisonnements chez le mouton.

Les parties employées sont les feuilles et les racines
que l'on récolte au mois de Juin.

Les principales préparations sont la poudre, l'infusion,
la teinture et l'extrait. On l'administre en breuvages, en
électuaires et en bols.

Doses : Grands animaux. . .	16 à 32 grammes.
Moyens.	8 à 12 »
Porcs	4 à 6 »
Petits animaux . . .	0,50 à 1 »

Propriétés. — L'aconit est un diminutif de la digitale, il ralentit la circulation et fait couler les urines ; à
hautes doses, il agit sur la moelle épinière qu'il excite
d'abord et qu'il stupéfie ensuite.

Indications. — Il est souvent employé comme antifébrile dans les inflammations douloureuses et la plupart
des maladies nerveuses.

On préfère aujourd'hui les granules d'aconitine (principe actif) pour calmer la fièvre et remplacer la saignée. On
les donne dosées à 1 milligramme, une chaque demi-heure
jusqu'à effet.

Aigremoine.

F. des Rosacées. L.   *Agrimonia Eupatoria.*

C'est une herbe vivace à souche épaisse, rameuse, à
tiges dressées, grêles, velues, simples ou rameuses dans
leur partie supérieure. Les feuilles sont à sept divisions,
pubescentes et vertes en dessus, velues et d'un vert cendré

en dessous ; elles ressemblent assez à celles de la ronce mais sont plus allongées. Ses fleurs sont jaunes, petites, réunies en épis. — La floraison a lieu de juin à août.

L'aigremoine est une plante commune sur la lisière des bois, le long des haies, au bord des chemins et des fossés. Elle exhale une odeur aromatique, sa saveur est astringente ; elle contient une assez grande quantité de tannin.

On la désigne sous les noms vulgaires de *eupatoire, ingrémoine, herbe au thé, thé des bois, thé du Nord, soubeirette,* etc...

Les parties employées sont les feuilles et les fleurs.

Propriétés. — Plante astringente.

Indications. — Huzard la recommandait en décoction pour laver les ulcères et en faisait usage dans le pansement du mal de taupe et du mal de garrot.

On s'en sert avec avantage, en injections dans la bouche, dans le cas de stomatite.

Aloès.

F. des Liliacées, L.   *Aloes Vulgaris*

Cette plante croît dans toutes les parties chaudes du globe et surtout sur la côte méridionale de l'Afrique, en Asie, dans l'Inde et même en Espagne, en Italie et en Turquie.

Les feuilles de l'aloès sont épaisses, charnues, cassantes, épineuses sur les bords et terminées en pointe.

Pour extraire l'aloès employé en médecine comme purgatif, on incise les feuilles sur la plante même et on recueille le suc à mesure qu'il s'échappe des blessures ; on obtient ainsi l'aloès de première qualité ou *aloès en marbre*. Ce procédé étant peu productif, on a souvent recours à la pression ou à la décoction, mais le suc ainsi obtenu est de basse qualité, attendu que ces méthodes altèrent l'aloès lui-même en le mélangeant nécessairement au mucilage et à la fécule de la plante.

On reconnaît trois variétés dans l'aloès du commerce; le plus pur est *l'aloès succotrin*, ainsi dénommé parce qu'il était fourni autrefois par l'île de Soccotora dans le golfe Persique, d'où il arrivait en France par Smyrne et Marseille.

Cet aloès est d'un jaune rougeâtre avec un reflet pourpre, d'une odeur aromatique, agréable, d'une saveur amère, intense et durable. Il se réduit en poudre jaune d'or qui se dissout presque entièrement dans l'eau et l'alcool.

L'aloès hépatique est le plus employé en médecine vétérinaire parce qu'il coûte moins cher; il a une couleur brune, une odeur moins prononcée que le succotrin, une saveur très amère; sa poudre d'un jaune verdâtre est soluble dans l'eau bouillante.

On l'administre à l'intérieur, en breuvages, en électuaires et en bols; à l'extérieur, sous forme de teinture, comme cicatrisant de toutes les plaies.

Aloès hépatique.

```
Doses : Bœuf, vache.  .  .   125 à 150 grammes.
        Cheval  .  .  .  .    65 à  90      »
        Mouton, chèvre.  .    16 à  32      »
        Porc .  .  .  .  .     8 à  16      »
        Chien.  .  .  .  .     4 à   8      »
        Chat .  .  .  .  .     1         gramme.
```

L'aloès succotrin se donne à doses moitié moindres.

L'aloès *caballin* est rarement employé.

La teinture se prépare en faisant dissoudre l'aloès dans l'alcool dans la proportion suivante :

```
        Aloès pulvérisé.  .  .  .   1 partie.
        Alcool ordinaire  .  .  .   8 parties.
```

Propriétés. — L'aloès est tonique, stomachique et purgatif. Il augmente les sécrétions de bile et d'urine. Il

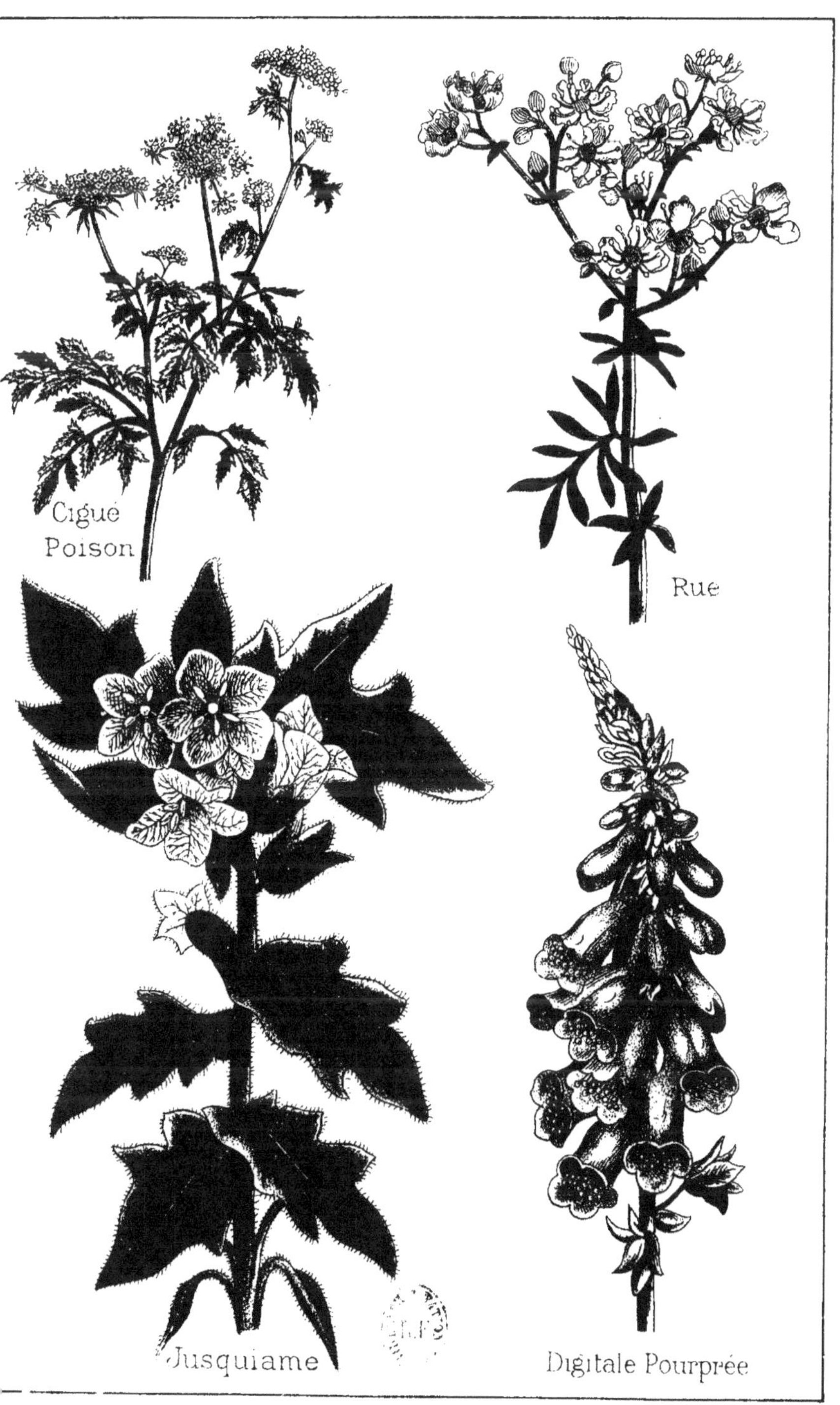

Ciguë
Poison
Rue
Jusquiame
Digitale Pourprée

congestionne les organes contenus dans le bassin d'où une action emménagogue dans les deux sexes.

A l'extérieur, il est stimulant et cicatrisant.

Indications. — A l'intérieur, l'aloès se donne contre les indigestions, la diarrhée atonique, les débilités gastro-intestinales. Associé à l'épécacuanha, il rétablit la rumination. On en a obtenu des effets remarquables contre le retour fréquent des chaleurs et pour faire retenir les vaches.

Comme purgatif, il est employé contre la constipation, les pelotes stercorales, la jaunisse, le vertige abdominal, les vers intestinaux, le jetage et les glandes des chevaux, la fièvre vitulaire, l'angine des jeunes veaux, etc...

A l'extérieur, sous forme de teinture, il est d'un usage fréquent sur les solutions de continuité.

Anis.

F. des Ombellifères. L.   *Pimpinella anisum.*

L'anis est très commun en Turquie, en Egypte, en Sicile et en Espagne où il croît spontanément. On le cultive en France, dans les départements du midi et en Touraine ; il est une source de revenus dans certaines contrées. On le cultive également comme plante médicinale dans les jardins où il est ordinairement désigné par les noms vulgaires de : *pimprenelle, boucage, anis vert, anis cultivé, pimprenelle anis, boucage anis,* et *boucage à fruits suaves.*

L'anis est herbacé et annuel, sa tige est dressée, ronde, rameuse, cannelée et haute de 40 à 50 centimètres. Ses fleurs sont blanches, petites, et disposées en ombelles doubles de 10 à 12 rayons. Sa racine est blanchâtre, en forme de fuseau et fibreuse. Ses fruits sont ovales, durs, comprimés latéralement et côtelés.

L'anis fleurit en juin et juillet, on récolte en août ses semences, qui doivent être bien mûres. On lie en bou-

quets, que l'on bat au fléau comme le froment, les ombelles chargées de semences, on vanne, puis on enferme
ces semences dans des sacs à l'abri de l'air et de l'humidité.

Les semences d'anis, seules parties employées en médecine, ont une odeur suave et aromatique, une saveur
piquante, un peu chaude et sucrée.

Elles contiennent une huile très fine que l'on peut
extraire par expression. L'huile essentielle désignée dans
le commerce par le nom de *stéaroptène d'anis*, s'obtient
par la distillation, un kilogramme de semence n'en fournit
que 20 à 22 grammes. Cette huile essentielle est le principe actif de l'anis.

Les semences d'anis sont employées avec succès contre
l'inappétence et l'indigestion chez tous les animaux ; la
tympanite, les coliques spasmodiques, les coliques d'eau
froide, la cachexie aqueuse du mouton et toutes les maladies atoniques du tube digestif. L'infusion de semences
d'anis est indiquée pour augmenter la sécrétion du lait
quand elle est faible ou la rétablir lorsqu'elle a été supprimée après le part. Quand la sécrétion du lait ne s'établit
pas d'emblée après la mise bas, une sage pratique est de
donner un breuvage à l'anis auquel on peut ajouter du
fenouil et de la coriandre.

Argentine.

F. des Rosacées. L.   *Potentilla anserina ou argentea.*

C'est une herbe vivace à tiges grêles, couchées, offrant
de loin en loin des nœuds d'où naissent des feuilles réunies
en touffes. Ces feuilles profondément divisées sont soyeuses, argentées en dessous. Les fleurs sont grandes, d'un
beau jaune, isolées sur de longs pédoncules.

La floraison a lieu de mai à juillet.

On peut récolter l'argentine en toutes saisons, ses

propriétés astringentes en font un précieux remède contre la diarrhée des veaux et les aphtes de la bouche des ruminants.

Arnica.

F. des Composées. L.   *Arnica Montina.*

Herbe vivace, pubescente, d'un vert pâle, couverte de poils courts. La tige est dressée, ferme, simple; les feuilles assez grandes, ovales, allongées en pointes, présentent des nervures saillantes comme celles du plantain. Les fleurs d'un beau jaune doré sont solitaires à l'extrémité de la tige ou de petits rameaux ; elles ressemblent assez à la fleur du souci.

La floraison a lieu de juin à août, époque à laquelle on récolte les feuilles et les fleurs.

L'arnica est une belle plante qui croît dans les montagnes d'Auvergne, des Pyrénées, des Alpes, des Vosges. Elle répand, à l'état frais, une odeur aromatique assez agréable ; sa saveur est acre, amère et nauséeuse. Dans la Savoie et les Vosges, on fume ses feuilles en guise de tabac d'où son nom de *tabac des Vosges ou des Savoyards.* Elle porte aussi les noms de *doronique d'Allemagne, bétoine des montagnes, plantain des Alpes, souci des Alpes. etc.*

La partie employée dans la médecine des animaux est la fleur, sous forme d'infusion ou de teinture.

Doses : Grands animaux .   8   à 16 grammes.
　　　　Moyens . , . . .   2   à 4   »
　　　　Petits. . . . . .   0,25 à 0,50 centigrammes.

Propriétés. — Toutes les parties de la plante et surtout les fleurs sont employées comme excitants ; leur action se porte principalement sur le système nerveux.

Indications. — A l'extérieur on emploie la teinture d'arnica contre les contusions, les meurtrissures, les entorses et les plaies. On peut faire usage de la poudre d'arnica comme sternuatoire. A l'intérieur, les indications se rapportent aux maladies nerveuses accompagnées de débilité, ou pour réveiller les fonctions cérébrales dans les cas de chutes suivies de commotions violentes.

On prépare la teinture d'arnica de la manière suivante :

> Fleurs sèches d'arnica   1 partie.
> Alcool fort . . . .   12 parties.

Laisser macérer huit jours, puis passer à travers un linge serré.

Pour que ses propriétés soient durables, il faut la maintenir dans des flacons bouchés hermétiquement.

Assa fœtida.

F. des Ombellifères. L.   *Ferula assa fœtida.*

C'est une plante qui croît en Perse et dont la racine volumineuse et charnue, comme celle de la bryone, recèle un suc amer extrêmement fétide, qui, en se concrétant, forme l'assa fœtida employé dans la médecine des animaux.

Pour le recueillir on pratique des incisions au collet de de la racine.

Il se donne en breuvages, électuaires, en bols ou en pilules.

> Doses : Grands animaux .   32 à 64 grammes.
>   Moyens . . . .   8 à 16   »
>   Petits. . . . .   1 à 4   »

Propriétés — C'est un stimulant énergique du tube digestif et antispasmodique.

Indications. — Il est usité contre la plupart des névroses, telles que le vertige, le tétanos, la chorée, l'épilepsie, etc... Il augmente considérablement l'appétit des ruminants ; il est ordonné contre les coliques nerveuses, la jaunisse avec inappétence et les vers intestinaux.

Ce médicament a quelquefois donné des résultats remar-

quables contre la cachexie aqueuse du mouton à la dose
de 6 grammes par jour. On l'a recommandé aussi contre
les affections catarrhales des bronches à titre d'expectorant et contre la nymphomanie des juments et des vaches.

Belladone.

F. des Solanées. L.   *Atropa belladona.*

C'est une plante vivace à tige dressée, robuste, cylindrique, très rameuse.

Ses feuilles sont alternes, amples, ovales, entières,
d'un vert sombre ; ses fleurs, assez grandes, d'un pourpre
obscur veiné de brun, sont axillaires et ont la forme d'une
cloche, la corolle est plus longue que le calice qui persiste
avec le fruit. Celui-ci est une baie globuleuse du volume
d'une cerise, il présente successivement les couleurs :
vert, rouge, et noir luisant à la maturité.

. La belladone que l'on nomme vulgairement *belle-dame,*
morelle furieuse, morelle marine, parmenton, herbe empoi-
sonnée, croît dans la plupart des contrées de la France ;
on la rencontre dans les bois, les lieux humides, sur le
bord des fossés, autour des habitations. Dans les jardins
on la cultive comme plante médicinale. Elle exhale une
odeur repoussante quand on la froisse entre les doigts
est très vénéneuse dans toutes ses parties. Ses fruits,
ressemblant aux cerises, constituent un des poisons les
plus redoutables ; on cite des cas où des enfants, trompés
par l'apparence, ont mangé de ces fruits et sont morts,
victime de leur cruelle méprise ; aussi doit-on écarter
cette plante et ne jamais la laisser à la portée des enfants.

Son nom (atropa) est celui d'une des trois Parques, il
signifie cruel, inexorable.

Les parties employées sont les feuilles, les racines et
le principe actif *l'atropine.* On la donne sous forme de

poudre, d'extrait aqueux ou alcoolique de teinture, soit en breuvages, en électuaires, en bols et en fumigations dans les voies respiratoires.

A l'extérieur, on emploie la teinture en frictions.

Doses de poudre sèche :

Cheval, bœuf. .	16 à 32	grammes.
Mouton, chèvre .	4 à 8	»
Porc.	2 à 6	»
Chien et chat. .	1 à 2	»

L'extrait aqueux est administré aux mêmes doses.

L'extrait alcoolique à dose moitié moindres.

Les feuilles fraîches à doses quadruples.

L'atropine et ses sels, en injections hypodermiques, à doses cent fois moindres, soit :

Cheval et bœuf . .	0,10	centigrammes.
Mouton, chèvre, porc	1 à 4	»
Chien	1	»

Propriétés. — La belladone dilate les sphincters et surtout la pupille, elle arrête la digestion et constipe à la manière de l'opium. Absorbé dans le sang, le principe actif produit deux effets spéciaux ; la dilatation de la pupille et la sécheresse de la gorge.

Indications. — A l'extérieur, la belladone s'emploie comme calmant et pour dilater la pupille ainsi que les sphincters de la vessie, de la matrice et de l'anus. A l'intérieur, on la donne comme antidiarrhétique puissant. Elle est également indiquée contre le tétanos, la chorée. l'épilepsie, les toux nerveuses et convulsives (fumigations) la bronchite chronique, la pneumonie aiguë

Uni à la pommade camphrée, l'extrait de belladone est efficace contre les engorgements lymphatiques, glandulaires et articulaires, les crevasses douloureuses des trayons, du pâturon, le panaris et les plaies contuses occasionnant de grandes douleurs.

Bryone.

F. des Cucurbitacées. L.   *Bryonia dioïca.*

C'est une plante vivace à souche très volumineuse, pivotante, cylindrique, charnue, souvent rameuse, à tiges minces, longues de 2 à 3 mètres, munies de vrilles à l'aide desquelles elles s'accrochent aux haies et aux buissons. Ses feuilles divisées et assez grandes sont rudes, cordées à la base. Les fleurs d'un jaune verdâtre sont petites et viennent en bouquets sur de longs pédoncules. Le fruit est rouge à la maturité. La floraison a lieu de Mai à Juillet. La seule partie employée en médecine vétérinaire est la racine qui possède une odeur âcre et repoussante.

La bryone a encore reçu les noms de *couleuvrée, vigne du diable, vigne blanche, racine vierge, navet bourge, feu ardent, navet galant, navet du diable.*

Doses : ce sont les mêmes que pour l'aloès.

Propriétés. — Cette plante présente des vertus complexes, elle est vomitive, purgative, diurétique et expectorante.

Indications. — On la prescrit, pour exciter l'appétit et l'engraissement du bœuf, contre la constipation, les larves d'œstres qui font maigrir les poulains et contre la bronchite.

Café.

F. des Rubiacées. L.   *Coffea arabica.*

Le café est la graine d'un arbre qui croît en Arabie ; elle est nue, convexe d'un côté, concave et sillonnée de l'autre ; elle a l'odeur du foin et la saveur du seigle, sa couleur varie du blanc jaune au jaune verdâtre.

Il en existe un grand nombre de variétés, telles que celles de Moka, de Bourbon, de la Martinique.

On en a retiré un alcaloïde, (principe actif) la *caféïne*, qui forme avec les acides organiques des sels dont un des plus solubles est le *phénate de caféïne*. Le café se donne à l'intérieur, traité par décoction, et forme la base de boissons excitantes.

Indications — Il est employé à titre de stimulant et de tonique contre les indigestions, les débilités, les anémies, les affections putrides et typhoïdes.

Monsieur Trasbot le considère comme une sorte de spécifique de la maladie des chiens, surtout contre la forme catarrhale, il l'emploie également avec succès contre l'anasarque du cheval.

La caféïne s'emploie en injections hypodermiques contre les mêmes affections aux doses suivantes :

<pre>
Cheval, bœuf. .   0 gr. à 1   gramme.
Chien . . . .   0 » à 0,10 centigrammes.
</pre>

Camomille romaine.

F. des Composées. L.   *Anthémis nobilis.*

Cette plante croît spontanément dans les prés et les champs de la plupart des contrées de l'Europe, on la cultive aussi dans les jardins comme plante médicinale. Ses fleurs sont formées de fleurons jaunes au centre et de demi fleurons blancs à la circonférence ; elles ont une odeur forte et agréable, une saveur chaude, amère et aromatique. Les fleurs sauvages sont les plus actives, on les traite par infusion pour confectionner des breuvages.

<pre>
Doses : Grands animaux. 16 à 32 grammes.
        Moyens. . . .   4 à 8   »
        Petits . . . .   2 à 4   »
</pre>

Propriétés. — C'est un médicament tonique, stimulant, antiputride et antipériodique. C'est le thé de la médecine vétérinaire.

Indications. — A l'extérieur on emploie l'infusion

de camomille unie au camphre et à l'alcool comme résolutif contre les contusions, les plaies de mauvaise nature, les engorgements indolents. Sous forme de cataplasmes ou de sachets humides, les fleurs de camomille amènent la fonte de tous les engorgements testiculaires.

Dans le tube digestif cette plante est fréquemment employée contre l'indigestion des divers animaux, contre la tympanite des solipèdes. Unie au laudanum, l'infusion de camomille calme souvent les coliques du cheval. Enfin elle est d'un utile secours contre l'inappétence, la diarrhée atonique et les suppurations outrées. Dans ce dernier cas, elle sera donnée intus et extra.

Chêne.

F. des Cupulifères. T.   *Quercus robur.*

Ce bel arbre est très commun dans la plupart des forêts de l'Europe où il se fait remarquer par sa grande taille et son port majestueux ; c'est le roi des arbres. Son feuillage est sombre et épais, son écorce est grisâtre, raboteuse, crevassée. Ses fruits nommés glands sont mûrs en octobre.

On le désigne encore sous le nom de *chêne mâle, quène, robur, rouvre, etc.*

La partie employée en médecine vétérinaire est l'écorce qui doit être récoltée sur le tronc et les branches des jeunes arbres, elle présente une faible odeur et une saveur amère désagréable. Réduite en poudre grossière, elle porte le nom de *tan,* lorsqu'elle est passée au tamis fin, elle reçoit celui de *fleur de tan.* Si on la mélange en parties égales avec la poudre de gentiane et la fleur de de camomille pulvérisée on la nomme *quinquina français.*

Doses d'écorce de chêne pulvérisée.

Grands animaux.	16 à 64 grammes.
Moyens. . . .	4 à 12 »
Petits	1 à 4 »

Propriétés. — Astringent et antiputride, non seulement à l'extérieur mais encore dans le tube digestif.

Usages. — L'écorce de chêne est employée à l'extérieur comme astringent, dessicatif et antiputride sur les engorgements non spécifiques des membres, les œdèmes du ventre, les entorses, les plaies, les renversements de matrice et de rectum. En injections dans la matrice lors de métrite chronique, la décoction d'écorce de chêne produit de bons résultats. La poudre de tan mêlée au camphre, au charbon de bois, au quinquina est d'une grande énergie contre les plaies gangréneuses.

A l'intérieur, elle se donne contre la diarrhée, la cachexie des ruminants, les affections anémiques et putrides.

Ciguë.

F. des Ombellifères L.   *Conium maculatum.*

Cette plante vulgaire croît partout dans nos climats, dans les prairies, près des habitations, dans les endroits ombragés ; sa tige, haute de 1 mètre à 1 mètre 25, est ronde, sans cannelures, d'un vert jaunâtre et couverte vers les parties inférieures de tâches rougeâtres fort nombreuses. Ses feuilles, trois fois divisées, sont d'un vert sombre, luisantes supérieurement et un peu blanchâtres en dessous. Ses fleurs sont blanches et disposées en ombelles.

Sous les fleurs pendent de petites barbes pointues. Les feuilles écrasées entre les doigts répandent une odeur spéciale, très désagréable, comparable à celle de l'urine des chats.

La ciguë a beaucoup de ressemblance avec le persil et comme elle pousse dans les mêmes terrains, elle a quelquefois déterminé des empoisonnements par suite de méprises. On lui donne les noms vulgaires de *faux persil, persil sauvage, ciguë des jardins, persil bâtard,* etc.

Dans les temps anciens, on faisait mourir les esclaves

et les prisonniers en leur faisant boire du suc de ciguë. Socrate, condamné à mort pour ses idées religieuses, fut contraint de boire une décoction de cette plante.

On emploie en médecine vétérinaire les feuilles et les graines de ciguë en extrait et en décoction.

Poudre.

Doses . Bœuf..	. . .	32 à 125	grammes.
Cheval.	. . .	32 à 96	»
Mouton, chèvre.	12 à 32		»
Porc .	. . .	4 à 8	»
Chien .	. . .	1 à 4	»

Propriétés — La ciguë se présente avec son double caractère d'agent *narcotique* et de remède *fondant*. A l'intérieur elle est vomitive et purgative.

Indications. — On donne la ciguë à l'intérieur contre les convulsions, la chorée, l'épilepsie, la nymphomanie et les toux nerveuses opiniâtres du cheval.

A l'extérieur elle est employée contre les engorgements et les tumeurs de vieille date, le cancer, les dartres rongeantes et les gales rebelles.

Colchique.

F. des Colchicacées. L.   *Colchicum autumnal.*

Le colchique d'automne est une plante bulbueuse qui croît dans les prairies humides ; ses feuilles et ses fruits se montrent au printemps, tandis que ses fleurs d'une belle teinte rose violacée apparaissent en autcmne, seules, comme si on les avait plantées au milieu de l'herbe.

Le colchique est encore désigné sous les noms de *tue loup, tue chien, vieillotte, safran d'automne, cul tout nu, flamme nue* et *ail des près.*

Les parties employées en médecine vétérinaire sont les bulbes, les fleurs et les graines.

On les donne à l'intérieur en bols et en breuvages, à l'extérieur en frictions sous forme de teinture.

<pre>
Doses : Grands animaux. 4   à   12 grammes.
         Moyens. . . . 1   à   3   »
         Petits . . . . 0,10 à   0,25 centigrammes.
</pre>

Propriétés. — Le colchique produit une diurèse abondante et ralentit la circulation.

Usages. — Il convient contre les hydropisies, les inflammations douloureuses, le rhumatisme et la fluxion périodique.

Digitale pourprée.

F. des Scrofulariées. L.   *Digitalis purpurea.*

Plante bisannuelle ou vivace, à tige dressée, simple et cylindrique, à feuilles assez grandes, pointues,. alternes, un peu ridées, d'un vert foncé en dessus ; blanchâtres, duveteuses en dessous. Ses fleurs d'un beau rose purpurin sont en forme de cloche, pendant toutes du même côté, et sont disposées en épi au sommet de la tige.

La digitale pourprée croît naturellement dans les bois montagneux, dans les terrains siliceux, le long des haies et des chemins

En raison de la forme de sa corolle, elle porte le nom vulgaire de *doigt de la vierge, gantelet, gant de Notre-Dame, doigtier,* etc.

Cette plante est amère, âcre et nauséeuse dans toutes ses parties.

La digitale renferme un principe actif appelé *digitaline ;* la proportion de cet alcaloïde contenu dans les feuilles varie suivant leur provenance. Les plantes de montagne en renferment plus que celles des jardins et les feuilles inférieures plus que les supérieures.

Les parties employées en médecine vétérinaire sont les feuilles et la digitaline. Les premières se donnent à l'intérieur sous forme de poudre, en bols ou en électuaires, à l'extérieur sous forme de teinture.

La digitaline s'emploie en injections hypodermiques à la dose de 5 à 10 centigrammes pour les grands animaux,

La teinture est composée de :

> Poudre de digitale. 1 partie.
> Alcool ordinaire. . 5 parties.

Doses de poudre sèche.

> Bœuf . . . . . 4 à 8 grammes.
> Solipèdes . . . 2 à 6 »
> Mouton, chèvre . 0,50 à 1 »
> Porc. . . . . . 0,25 à 0,50 centigrammes.
> Chien . . . . 0,10 à 0.25 »
> Chat. . . . . 0,05 à 0,10 »

Propriétés. — Donnée à dose moyenne, la digitale exerce sur le cœur une action sédative puissante d'où résulte le ralentissement de ses battements. En même temps elle agit fortement sur l'appareil urinaire et provoque de la diurèse.

A forte dose, elle détermine des vomissements, une violente purgation et la mort à la manière des poisons narcotico-âcres les plus actifs.

Indications. — La digitale s'emploie comme *sédatif* contre les névroses et les inflammations du cœur et de son enveloppe, contre certaines maladies des organes respiratoires (pneumonie aïgue, emphysème pulmonaire très étendu) contre les fièvres de réaction très intenses avec pouls fort et précipité.

A titre de diurétique, on en fait usage contre les hydropisies et les épanchements séreux (hydrothorax, hydropéricardite, ascite, anasarque, pleurésie etc.).

A titre de narcotique, on donne la digitale unie à la valériane contre l'épilepsie.

Ellébore noir.

F. des Renonculacées. L.   *Helleborus niger.*

C'est une herbe vivace ayant pour base une souche d'où naissent les feuilles et les fleurs ; l'ellébore n'a pas de tige. Ses feuilles sont persistantes, épaisses, très amples, dentées en scie, d'un vert sombre, longuement pétiolées, et présentent 5 ou 7 divisions disposées comme les doigts d'une main (palmatiséquées).

Ses fleurs, portées par une hampe rougeâtre de 10 à 20 centimètres de hauteur, sont très grandes, penchées et d'un blanc rosé ou blanc verdâtre.

La floraison a lieu de Décembre à Avril.

L'ellébore noir croît spontanément dans les montagnes, les ruines, les lieux pierreux et ombragés. On le cultive dans les jardins sous les noms de *rose de Noël, rose d'hiver, herbe de feu.*

Anciennement on attribuait à l'ellébore la propriété de guérir la folie. Aujourd'hui on emploie en médecine vétérinaire, sa racine que l'on recueille à l'automne. Elle a une odeur très prononcée et très irritante quand elle est fraîche, une saveur âcre qui produit sur la langue un engourdissement très marqué.

Elle se donne en électuaire ou en breuvage.

Poudre

Doses :	Grands animaux	4	à 8	grammes.
	Moyens . . .	1	à 2	»
	Petits	0,10	à 0,50	centigrammes.

La racine entière est employée à l'extérieur à titre de trochisque au fanon des bœufs.

Propriétés. — A l'intérieur l'ellébore est vomitif et purgatif ; passé dans le sang, il devient contro-stimulant, diurétique et narcotico-âcre.

A l'extérieur il est irritant.

Indications. — Une cuillerée à café de poudre d'ellébore mélangée à une cuillerée à bouche de sel de cuisine a été vantée contre la maladie des chiens au début.

On l'a employée contre la gale, les dartres, les hydropisies, les vers intestinaux, l'épilepsie, la chorée, la paralysie, le vertige, etc...

A l'extérieur on prescrit la racine sous forme de trochisque au fanon des bœufs pour combattre les affections de poitrine. La décoction de 100 grammes de racine fraîche ou 50 grammes de sèche dans un litre d'eau guérit souvent la gale des moutons. Introduite dans les fistules du mal de taupe et mal de garrot, elle produit des effets remarquables. (Morton).

Ellébore blanc ou Verâtre blanc.

F. des Colchicacées. L.   *Vératum albrum.*

Herbe vivace à souche pivotante charnue, à tige dressée, simple et ronde. Les feuilles sont grandes, ovales, marquées de plis longitudinaux. Ses fleurs d'un blanc verdâtre sont réunies en bouquets.

Cette plante appelée aussi *vérartre, varaire*, croît en Italie, en Suisse, sur les Alpes, les Pyrénées, les Vosges, les monts d'Auvergne, etc. Généralement les bestiaux n'y touchent pas, mais les plantes au milieu desquelles elle s'est desséchée peuvent devenir dangereuses ; elles font éprouver au cheval une sorte d'ivresse accompagnée de contractions convulsives dans les muscles de l'encolure, du larynx et du pharynx.

En médecine vétérinaire on fait usage de la racine qui jouit à peu près des mêmes propriétés que celle du colchique. Elle contient un principe actif appelé *vératrine* qui provoque la purgation en accélérant les mouvements péristaltiques de l'intestin ; elle ralentit la circulation et abaisse la température générale du corps.

Poudre.

Doses : Cheval, bœuf 4   à 8   grammes.
Mouton, chèvre, porc . 1   à 2   »
Chien . . . . 0,10 à 0,50 centigrammes.

Usages. — A l'intérieur, l'ellébore blanc est souvent recommandé contre l'angine grave du porc. On l'emploie à la dose de 5 à 8 grammes chaque jour dans les cas d'indigestion chronique du bœuf, on l'associe quelquefois à l'ipécacuanha.

Il peut remplacer la digitale pour ralentir le pouls dans les inflammations aiguës.

La vératrine est vantée par certains praticiens dans la congestion intestinale, la dose employée est de 5 à 10 centigrammes en injection hypodermique.

Warnèke affirme en avoir obtenu de bons résultats en l'injectant à la dose de 10 à 15 centigrammes dans le cas de hernie inguinale étranglée, de vertige abdominal, de tétanos.

Enfin on la recommande contre la boiterie rhumatismale de l'épaule à la dose de 5 à 10 centigrammes en injection hypodermique sous la peau de la région malade.

A l'extérieur la racine de vérâtre, à la dose de 32 grammes par litre d'eau, a été prescrite contre la gale du chien, du mouton et du porc.

Ergot de seigle.

F. des Graminées.   *Secale cornutum.*

POISON. — Lorsque vous côtoyez un champ de seigle, si vous voulez regarder avec attention, vous verrez à certains épis, un long grain, d'un gris noir, ayant la forme d'une petite corne et arqué. Si vous prenez ce grain

Plantain
Seigle ergoté
Absinthe

de seigle, vous serez étonné de sentir qu'il a une odeur rance très prononcée ; si vous le goûtez vous trouverez qu'il a une saveur âcre, nauséeuse et désagréable.

Ce grain est l'ergot de seigle, nommé aussi *seigle cornu, seigle noir, seigle à éperon, clou de seigle, chambucle, faux seigle, charbon de seigle.*

C'est un poison terrible quand il est pris à une certaine dose. Mélangé au pain il donne à celui-ci une teinte violacée, et les personnes qui en mangent éprouvent d'abord des éblouissements, des vertiges, des spasmes, des convulsions, peu de temps après la gangrène des extrémités telle que le bout des doigts, des orteils, et si on ne lui oppose pas un traitement énergique, la mort ne tarde pas à arriver. Cet empoisonnement est désigné sous le nom d'*ergotisme.*

Le seigle à éperon est employé en médecine vétérinaire contre l'*hémorrhagie et l'inertie de l'utérus,* la *non-délivrance,* la *métrite chronique,* les *écoulements utérins ;* il est d'une grande efficacité pour arrêter les chaleurs chez les vaches *taurelières.* Associé à la noix vomique il est très utile pour combattre les paralysies du rectum et de la vessie.

La dose est de 10 à 25 grammes pour la vache et la jument ; de 2 à 4 gr. pour la chèvre, la brebis et la truie.

Fenouil.

F. des Ombellifères. Off.   *Fœniculum officinale.*

C'est une plante bisannuelle d'un vert sombre présentant une ou plusieurs tiges dressées, rameuses et cylindriques. Ses feuilles sont divisées comme en petites lanières, ses fleurs sont jaunes et disposées en ombelles terminales.

Le fenouil, connu aussi sous le nom d'aneth fenouil

croît dans les lieux pierreux, sur les côteaux arides, dans les vignes ; on le cultive dans les jardins.

Il répand de toutes ses parties une odeur douce, aromatique et agréable ; sa saveur est sucrée avec un arrièregoût âcre. Ses graines font partie des quatre semences chaudes des ombellifères. Elles s'emploient en infusion dans la bière, le cidre, le vin pour provoquer la sécrétion.

On l'associe parfois à la cascarille, à l'anis, au carvi, à la coriandre, qui possèdent également une bonne réputation comme vertus lactifères.

On prescrit l'infusion de fenouil contre l'inappétence, l'indigestion, les coliques, la rétention d'urine, etc.

Semences chaudes majeures (anis, carvi, coriandre, fenouil).

```
Doses : Grands animaux.  .  .   32 à 64  grammes.
        Moyens.  .  .  .  .  .    8 à 16    »
        Petits .  .  .  .  .  .    4 à 8     »
```

Ces doses peuvent être répétées plusieurs fois par jour.

Fougère.

F. des Fougères. L.   *Polypodium félix mas.*

C'est une plante commune qui croît dans les lieux frais, dans les bois, au bord des fontaines. Elle fournit à la médecine sa racine allongée, tortueuse, recouverte d'une pellicule brunâtre composée d'écailles imbriquées. Si on la coupe, on aperçoit une figure ayant assez la forme d'un aigle, aussi la fougère porte-t-elle les noms de *porte-aigle, feuchère, faitière, layère, flichtaire,* etc.

Ses feuilles sont mangées avidement par les ruminants, et les cochons se montrent très friands de sa racine.

La médecine vétérinaire emploie la racine et les bour-

geons sous forme de poudre que l'on donne en breuvages
ou en électuaires. En y ajoutant quelques grammes d'é-
ther, les effets sont mieux marqués.

Poudre.

Doses : Cheval, bœuf. . . . 150 à 250 grammes.
   Mouton, chèvre, porc. 32 à 64 »
   Chien . . . . 16 à 32 »
   Volaille . . . . . 2 à 4 »

Propriétés et usages. — C'est un vermifuge assez
fidèle, il jouit d'une grande efficacité contre le tœnia des
chiens Son action est également puissante pour les ascarides lombricoïdes du cheval et Volpi assure avoir guéri,
avec ce médicament, un cheval atteint d'accès épileptiformes dus à la présence de vers intestinaux.

Il est utile contre les épizooties vermineuses des poules
(poudre de fougère mêlée à la patée).

Garou.

F. des Daphnéacées. L.   *Daphné guidium.*

C'est un sous-arbrisseau qui atteint 1 mètre de hauteur,
ses feuilles sont étroites, presque linéaires, d'un vert
pâle, très rapprochées vers le sommet des rameaux ; ses
fleurs sont petites, blanches ou rouges et réunies en grappes. Les fruits d'un rouge brun à la maturité sont très
vénéneux.

Le garou encore appelé *sain bois, bois gentil, bois d'o-
reille, garouette,* croît dans les bois secs des contrées
méridionales de la France ; il est aussi cultivé dans les
jardins comme plante d'ornement.

On emploie à l'extérieur son écorce macérée dans du
vinaigre à titre de trochisque ; la poudre entre dans la

confection des rubéfiants et des vésicants ; le garou agit plus lentement et plus superficiellement que la cantharide ; ses effets sont à peu près les mêmes que ceux de l'euphorbe.

Génevrier (baies).

F. des Junipéracées. L.   *Junipérus communis.*

C'est un arbuste ordinairement petit dont la tige est tortueuse et l'écorce d'un rouge brun, ses feuilles réunies 3 à 3 sur les branches sont raides, piquantes, d'un vert glauque. Ses fruits du volume d'un pois, mettent deux ans à se développer, ils sont d'abord verts, puis noirâtres à la maturité.

Cet arbuste croît communément dans les lieux arides et incultes ; dans le Nord, il reste petit ; dans le Midi, il acquiert les dimensions d'un petit arbre. Ses fruits, appelés ordinairement baies de genièvre, ont une odeur aromatique très prononcée, une saveur chaude et douceâtre.

En médecine vétérinaire, on emploie les baies de génevrier en nature, en poudre ou en extrait, sous forme d'électuaires, ou mêlées au son et à l'avoine ; on en fait aussi des fumigations sèches.

Poudre.

Doses : Grands animaux.   .   64 à 125 grammes.
   Moyens.   .   .   .   .   16 à 32   »
   Petits .   .   .   .   .   4 à 16   »

Propriétés. — Les baies de genièvre sont excitantes, toniques, diurétiques, expectorantes et antiputrides.

Usages. — Elles sont indiquées pour combattre l'atonie du tube digestif, l'anémie, l'hydroémie, la non-délivrance, les altérations du système lymphatique et de la peau.

Gentiane jaune.

F. des Gentianées. L.   *Gentiana lutea.*

C'est une herbe vivace à tige dressée, robuste, simple, ronde, lisse, haute de 1 mètre environ.

Ses feuilles sont larges, opposées, pointues, d'un vert clair, à nervures saillantes, longitudinales. Les fleurs sont jaunes, assez grandes, nombreuses, réunies en bouquets à l'extrémité des tiges. La floraison a lieu de juin à août.

La gentiane jaune appelée vulgairement *grande gentiane, gensenna, quinquina des bêtes*, etc. croît dans les pâturages des montagnes, sur les Alpes, le Jura, les Vosges, etc. Sa racine extrêmement amère est souvent employée dans l'art vétérinaire ; elle possède, outre le *gentianin*, qui est le principe amer, une certaine quantité de sucre incristallisable.

La poudre de gentiane se donne en électuaires, en breuvages ou mêlée aux aliments.

Propriétés. — C'est le type des toniques amers ; la gentiane fortifie le tube digestif des ruminants sans l'exciter, ni le fatiguer. Ce médicament, dit Favre de Genève, est d'une efficacité admirable pour aider à la digestion, pour rétablir les forces de l'estomac et rendre l'énergie aux individus affaiblis.

Poudre.

Doses : Grands animaux. . . 64 à 150 grammes.
       Moyens. . . . . . . 16 à 32   »
       Petits . . . . 4 à 8   »

On peut aussi faire de nombreuses préparations telles que :

Le *vin de gentiane*, obtenu en faisant macérer 32 grammes de poudre dans 64 grammes d'alcool étendu et en mélangeant la teinture qui en résulte avec un litre de vin ordinaire.

Le *quinquina français*, est un mélange à parties égales de poudre de gentiane, de poudre d'écorce de chêne et de fleurs de camomille sèches et pulvérisées.

Usages. — La gentiane est fréquemment employée dans le cours des affections chroniques, dans les cas d'inappétence, de paresse d'estomac, d'indigestion, de diarrhée, de vers intestinaux, de jaunisse. Elle est d'un utile secours pour relever les forces de l'appareil digestif après les inflammations gastro-intestinales chez les ruminants.

Le vin de gentiane rétablit promptement les chevaux et les bœufs épuisés ou surmenés, il remplace le quinquina dans l'influenza du cheval, la maladie du jeune âge du chien, les coliques d'indigestion.

A l'extérieur, elle est souvent mélangée au charbon de bois pilé, au camphre, à l'écorce de chêne, pour panser les plaies anciennes et celles qui ont une mauvaise odeur.

Grenadier.

F. des Punicacées. *L. Punica granatum.*

Arbrisseau à tige droite, rameuse, à rameaux nombreux, épineux. Ses feuilles sont opposées, lisses, vertes, rougeâtres dans leur jeunesse. Ses fleurs, d'un rouge vif sont solitaires ou réunies par 2 ou 3 au sommet des rameaux. Ses fruits, nommés grenades sont de la grosseur d'une orange, charnus, un peu acides et d'un rouge jaunâtre à la maturité.

Le grenadier, originaire de l'Afrique, est une belle plante acclimatée depuis longtemps dans toute l'Europe méridionale, il croît spontanément dans le Midi de la France où il est recherché pour ses fleurs et surtout pour ses fruits très rafraîchissants.

L'écorce prise sur la racine du grenadier est usitée en médecine vétérinaire à titre de vermifuge surtout contre le ver solitaire ou tœnia du chien.

On traite la poudre par décoction pour donner en breuvage ; on l'emploie aussi en électuaire.

Poudre d'écorce de racine.

Doses : Grands animaux. . .   150 à 200 grammes.
Moyens . . . . .   50 à 100   »
Petits . . . . . .   32 à 64   »

La décoction doit être réduite aux 2/3 du liquide primitif.

Guimauve.

F. des Talvacées. L.   *Althea officinale.*

Herbe vivace à souche grosse, ronde, pivotante, jaune en dedans, blanche en dehors et très mucilagineuse. Sa tige est dressée, ronde, simple ou peu rameuse. Elle atteint jusqu'à 1m50 de hauteur. Ses feuilles sont blanchâtres, très douces au toucher, duveteuses et divisées, les supérieures en 3 lobes ; les inférieures en 5. Ses fleurs, assez grandes, blanches ou d'un rose pâle, sont isolées ou rapprochées en épis au sommet de la tige ou des rameaux. La floraison a lieu de Juin à Août.

La guimauve, appelée encore *mauve blanche* ou *althea*, pousse dans les lieux humides, le long des eaux, au bord des fossés. On la cultive dans beaucoup de jardins pour l'usage de la médecine.

On récolte les fleurs au fur et à mesure de la floraison et on les sèche à l'ombre.

La racine se récolte en automne, on en enlève la première écorce, on la coupe dans sa longueur et on la sèche au four.

La guimauve fournit donc à la médecine sa racine, ses feuilles et ses fleurs.

Usages. — La racine, traitée par décoction, à la dose de 20 grammes par litre d'eau, fournit une boisson mucilagineuse qui, édulcorée avec de la mélasse ou du miel, convient dans toutes les inflammations internes et en particulier dans celles des voies respiratoires.

Elle est aussi utilisée en électuaires dans les mêmes affections.

Ses feuilles, cuites dans l'eau, peuvent fournir d'excellents cataplasmes. Elle entrent aussi dans la confection de lavements et d'injections adoucissantes.

Ses fleurs sont utiles comme émollientes et pectorales, leur infusion est mêlée aux boissons.

Houblon.

F. des Cannabinées L   *Aumulus lupulus.*

C'est une plante vivace à tiges grêles, anguleuses s'enroulant de gauche à droite autour des objets voisins. Ses feuilles sont opposées, dentées, assez grandes, rudes au toucher et se rapprochant assez bien des feuilles de la vigne. Les fleurs sont d'un jaune verdâtre, les mâles réunies en grappes et les femelles en épis coniques. La floraison a lieu de Juillet à Août.

Le houblon se rencontre communément sur les haies, les buissons. On le cultive dans le Nord et en Alsace pour la fabrication de la bière.

Il répand de toutes ses parties une odeur forte, aromatique et pénétrante ; ses cônes sont doués d'uns saveur amère très prononcée due au *lupulin*, poussière jaune qui s'en détache lorsqu'on les agite sur un tamis.

Les fleurs, chatons ou cônes, sont employées en médecine vétérinaire à titre de médicament tonique, on les soumet à l'infusion pour faire des breuvages.

```
Doses : Grands animaux  .  3² à 64 grammes
        Moyens  .  .  .  -   8 à 16     »
        Petits  .  .  .  .   4 à 8      »
```

Indications. — Les fleurs de houblon sont utilisées avec profit contre les débilités gastriques, les maladies hydroémiques, les altérations du système lymphatique et les inflammations des voies génito-urinaires.

If à baies.

F. des Junipéracées. L.   *Taxus baccata.*

C'est un arbre qui peut s'élever à la hauteur de 10 à 20 mètres. Ses feuilles sont persistantes, petites, pointues, d'un vert sombre en dessus, plus pâles en dessous; placées sur deux rangs opposés comme les barbes d'une plume. Ses fruits sont de petites baies d'un beau rouge à la maturité, d'une saveur mucilagineuse, douce et sucrée ; ils ne sont point malfaisants, on peut sans crainte en manger une certaine quantité sans être incommodé.

Il n'en est pas de même des feuilles qui, d'après des faits irrécusables, sont un poison pour l'homme, pour les bestiaux et surtout pour les solipèdes qui les mangent volontiers.

On croyait autrefois que cet arbre avait de si grandes propriétés délétères qu'il suffisait de s'endormir sous son feuillage pour être empoisonné. Cette exagération n'a jamais été confirmée par l'observation.

L'If croît dans les lieux arides et montueux, il aime les endroits froids et ombragés. On le rencontre dans les parcs, les bosquets et les jardins d'agrément où on le cultive pour son feuillage touffu et toujours vert.

Ipécacuanha.

On donne le nom d'ipécacuanha à plusieurs racines exotiques formées par des arbustes de la famille des Rubiacées. Il en existe trois variétés dans le commerce : *l'annelé*, *l'ondulé* et le *strié*, le premier seul est employé en médecine vétérinaire, il renferme un alcaloïde appelé *émétine*. On donne l'ipéca en poudre, en suspension dans l'eau, en infusion, en électuaire ou en pilules.

```
Doses. Cheval, bœuf.  . . .  8    à 16 grammes.
       Veau, mouton, chèvre.  2    à  4    »
       Porc . . . . . . .     1    à  2    »
       Chien . . . . . .  . . 0,25 à  1    »
```

Propriétés. — Le médicament est vomitif, tonique, astringent et contre-stimulant.

Indications. — Comme *vomitif*, il est prescrit chez les carnivores contre l'empoisonnement, l'indigestion, l'embarras gastrique, la jaunisse et la maladie des chiens.

Comme *tonique astringent*, l'ipéca est préconisé contre la dyssenterie, l'entérite croupale du cheval, la diarrhée du chien et des veaux. Uni à la poudre de gentiane et à l'aloès dans les proportions suivantes :

```
Ipéca. . . . . . .   6 grammes.
Aloès. . . . . . .  15     »
Poudre de gentiane . 20     »
```

En une dose : il rétablit la rumination à moins qu'il y ait une lésion grave de l'estomac.

L'ipéca convient aussi contre les bronchites chroniques, la gourme, le catarrhe des jeunes chiens, etc...

A titre de *contre-stimulant*, l'ipéca a été recommandé contre les affections aiguës et chroniques de la poitrine. On pourrait l'essayer à hautes doses contre la fièvre.

Jalap.

F. des Convolvulacées. L.   *Convolvulus Jalapa.*

C'est une plante traînante, espèce de liseron exotique qui croît au Mexique ; sa racine est purgative, on la donne en poudre, en breuvages, en bols ou en électuaires.

Doses :	Cheval, bœuf. . . .	64 à 96 grammes.
	Veau, mouton, chèvre.	20 à 25 »
	Porc	8 à 16 »
	Chien	5 à 8 »

Usages. — Le jalap n'est indiqué spécialement contre aucune affection, il purge bien le bœuf et le mouton mais il est infidèle chez le cheval.

Jusquiame noire.

F. des Solanées. L.   *Hyosciamus niger.*

C'est une plante bisannuelle à tige dressée, ronde, rameuse, velue, à feuilles alternes, grandes, pubescentes et profondément découpées Ses fleurs sont jaunes livides, veinées de lignes brunes ou noires et rassemblées en épis à l'extrémité supérieure de la tige. La floraison a lieu de mai à juillet.

La jusquiame noire encore dénommée *herbe aux engelures, sinagrée, potelée, herbe des teigneux*, croit dans les lieux incultes et pierreux, autour des habitations, dans les décombres. Elle possède une odeur vireuse, une saveur âcre et nauséeuse. Toutes ses parties renferment un alcaloïde appelé *hyosciamine*.

Souvent les animaux ne le mangent pas, mais on cite des cas où les vaches poussées par la faim se sont empoisonnées en la mangeant mélangée au fourrage.

Les parties employées en médecine vétérinaire sont les feuilles et la racine qui s'administrent en breuvage, en électuaires ou en bols.

Les doses sont un tiers plus fortes que celles de la belladone.

Propriétés et usages. — Les mêmes que la belladone.

Lavande Spic.

F. des Labiées. L.   *Lavandula spîca.*

C'est un sous-arbrisseau vivace à feuilles étroites d'un vert cendré. Ses fleurs sont petites, bleues, violacées ou blanches, réunies en épis terminaux. La floraison a lieu de juin à septembre, époque à laquelle on doit récolter les fleurs.

Cette plante, nommée vulgairement aspic ou spic croît dans les pays méridionaux, surtout dans le voisinage de la Méditerranée. Elle est cultivée aussi dans les jardins ; son odeur forte, aromatique, rappelle celle du camphre.

On retire de la lavande, par la distillation, une huile jaunâtre, aromatique, âcre, que l'on désigne sous les noms *d'essence de lavande ou d'huile d'aspic.*

Elle est rarement employée à l'intérieur chez nos animaux domestiques mais à l'extérieur son usage est assez fréquent.

Doses : Cheval, bœuf. . . . . . 32 à 64 grammes.
    Veau, mouton, chèvre. . 8 à 16 »
    Porc. chien . . . . . . 4 à 6   »

Indications. — A l'intérieur on s'en sert à défaut de plantes aromatiques contre l'inappétence, l'indigestion, la diarrhée atonique, le part languissant et les maladies putrides et *adynamiques* On la donne incorporée à un juune d'œuf et émulsionnée dans l'eau.

A l'extérieur on l'emploie sur les articulations forcées ou engorgées, pour combattre le rhumatisme musculaire, la paralysie ou l'atrophie de certaines régions. D'après Delmon 3 frictions d'essence de lavande suffisent pour guérir la gale et les dartres du chien ; chaque friction doit durer jusqu'à la rubéfaction de la peau.

On s'en sert avec avantage contre les maladies anciennes de la peau, les démangeaisons de la crinière, de la queue, du tronc et des membres. Elle a le grand avantage de ne jamais tarer les animaux, la chute des poils n'ayant pas lieu.

Lin.

F. des Linées. L.   *Linum usitatissimum.*

C'est une plante annuelle à tige dressée, grêle, ronde et rameuse dans sa partie supérieure. Ses feuilles sont nombreuses, petites et pointues. Ses fleurs d'un beau bleu sont disposées en bouquets à l'extrémité de la tige.

La floraison a lieu de juillet à août.

Le lin est une jolie plante originaire de l'Orient, il est cultivé en Belgique et dans le Nord de la France comme plante textile et médicinale. On retire de son écorce un fil abondant dont on se sert pour faire la toile ; les anciens en fabriquaient comme aujourd'hui et on rapporte que ce fut Isis, déesse des Égyptiens, qui fit connaître tous les bienfaits que l'on pouvait retirer de cette plante.

La graine de lin renferme du mucilage, de l'huile grasse et de la farine. Les résidus de la fabrication de l'huile de lin s'appellent tourteaux, ils sont employés dans l'engraissement du bétail et pour la confection de cataplasmes émollients.

La graine de lin est employée à l'intérieur en décoction à la dose de 5 à 10 grammes par litre d'eau pour combattre l'angine, la bronchite, la gastro-entérite, l'obstruction du feuillet (25 litres par jour) la néphrite, la cystite, l'uréthrite et la vaginite.

La farine de lin sert exclusivement à préparer les cataplasmes.

L'huile de lin a été préconisée contre les crevasses du pâturon et contre toutes les maladies de peau du bœuf, deux onctions suffisent ; on commence et on termine l'opération par un lavage au savon vert.

Mercuriale.

F. des Euphorbiacées. L.   *Mercurialis annua.*

Plante d'un vert clair à tige dressée et rameuse. Ses feuilles sont opposées, ovales, dentées, d'un vert foncé, ses fleurs sont verdâtres, petites et réunies en bouquets à l'aisselle des feuilles. La floraison a lieu de mai à octobre.

La mercuriale annuelle encore appelée *foirole, foirande, chou de chien, coquenlit, rimberge, ortie batarde, lorie,* etc., croît dans les lieux cultivés, le long des chemins, des haies et surtout dans les jardins. Elle répand une odeur désagréable qui se dissipe par la cuisson ; c'est une plante laxative employée en breuvages et en lavements. La dessiccation lui enlève une partie de ses propriétés, aussi doit-on l'employer à l'état frais.

Elle est usitée en médecine vétérinaire à titre de lavements purgatifs contre la constipation des veaux et de tous les ruminants.

Moutarde noire.

F. des Crucifères. L.   *Sinapis nigra.*

Les deux espèces de moutarde employées en médecine sont la moutarde noire et la moutarde blanche.

La moutarde noire est une plante annuelle qui atteint 0,75 cent. à 1 mètre de hauteur. Sa tige est dressée, velue, rameuse. Ses feuilles, ressemblant assez à celles du navet, sont vertes et velues. Ses fleurs sont petites, jaunes ; ses graines brunes, puis noires, sont renfermées dans de petites cosses allongées appelées siliques,

La moutarde noire nommée aussi *chou à graines noires* croît dans tous les pays. Elle est cultivée pour sa graine employée en médecine, ou comme condiment. La farine de moutarde contient une huile grasse, un ferment appelé myrosine et une matière fermentescible, le *myronate de potasse* qui, en présence de la myrosine et de l'eau, donne l'essence de moutarde.

La farine de moutarde est rarement employée à l'intérieur, cependant certains vétérinaires en font usage chez les ruminants contre l'inappétence, l'indigestion chronique, la diarrhée atonique et les vers intestinaux.

```
Doses : Cheval, bœuf.  .  .  .   32 à 64 grammes.
        Veau, mouton, chèvre .   8 à 16     »
        Porc, chien  .  .  .  .   4 à 8      »
```

A l'extérieur on l'applique à la surface du corps comme révulsif sous forme de cataplasme ou d'eau sinapisée. Pour ne pas occasionner de tares et pour que tout l'effet se produise, il faut laisser la moutarde en place pendant deux heures sur les chevaux fins et tondus, 2 heures 1/2 si le poil est long ; trois heures chez les chevaux communs tondus et quatre heures si le poil est long. On peut faire une nouvelle application le lendemain lorsque l'engorgement ne se produit pas.

Indications externes. — La farine de moutarde est employée à titre de révulsif contre les maladies des voies digestives, des organes respiratoires, de l'appareil génito-urinaire, les affections des centres nerveux, etc...

Les cataplasmes de farine de moutarde conviennent très bien sur les articulations forcées, les mollettes naissantes, le thrombus, etc...

Moutarde blanche.

F. des Crucifères.   *Sinapis alba.*

Cette plante ressemble beaucoup à la précédente, mais elle est plus petite et ses graines inodores et d'une saveur amère, blanche ou d'un jaune pâle, sont beaucoup plus grosses que celles de la moutarde noire.

La moutarde blanche croît dans les champs, les terrains incultes et le long des chemins

La médecine vétérinaire fait usage des graines de moutarde blanche ; on les donne entières ou écrasées, en électuaire, quelquefois en suspension dans l'eau.

```
Doses : Grands animaux.  .   250 à 500 grammes.
        Moyens.  .   .   .  .   100 à 150      »
        Petits .  .   .   .  .    32 à  64      »
```

Propriétés. — La moutarde ranime les contractions péristaltiques de l'intestin et provoque la défécation sans purger.

Usages. — Elle est indiquée contre l'inappétence, l'indigestion, le vertige abdominal et la constipation.

Nerprun.

F. des Rhamnées. L.   *Rhamnus catharticus.*

Arbrisseau pouvant atteindre 2 à 3 mètres ; sa tige dressée, rameuse, présente une écorce noire. Ses feuilles ovales ou elliptiques, petites, dentées sont réunies en rosettes sur les rameaux à fleurs. Celles-ci sont petites, d'un jaune verdâtre et disposées en bouquets comme celles des pruniers, ses fruits sont noirs à la maturité.

La floraison a lieu de Mai à Juin.

Le nerprun cathartique aussi appelé *nerprun purgatif, bourg-épine, noir-prun, nerprun épineux,* croît dans les haies et les bois humides.

La pulpe de ses fruits possède une odeur désagréable, une saveur âcre et amère ; elle renferme les principes suivants : cathartine, rhamnine, acides malique et tannique, etc.

Pour l'usage de la médecine, les baies de nerprun doivent être recueillies en octobre quand elles sont bien mûres. On peut les employer en cet état après les avoir écrasées et les donner en électuaires ; mais on a plutôt recours aux préparations suivantes :

1° Rob de Nerprun.

On écrase les baies mûres, on passe avec expression ; on filtre et on évapore jusqu'à consistance d'extrait mou.

2° Sirop de Nerprun.

Prenez par parties égales du suc de nerprun et du sucre blanc et cuisez comme un sirop.

```
Doses : Grands animaux.  . 150 à 250 grammes.
        Moyens. . . . .  50 à 100     »
        Petits . . . . .  32 à 64     »
```

Propriétés. — C'est un purgatif provoquant une forte évacuation muqueuse.

Indications. — A la dose de 30 à 40 grammes, le rob de nerprun est d'une grande efficacité contre les coliques des poulains qui viennent de naître, coliques souvent occasionnées par l'accumulation et le durcissement du méconium dans les intestins.

Le sirop de nerprun est un purgatif fidèle chez les carnivores, il est employé pour combattre la constipation et les hydropisies de ces animaux.

Noyer commun.

F. des Juglandées. L.   *Juglans regia.*

C'est un de nos arbres les plus beaux et les plus utiles, il peut s'élever à la hauteur de 20 à 25 mètres et passe pour être originaire de la Perse. Il est cultivé en Europe et notamment en France. Ses fruits constituent un aliment très goûté et contiennent une huile que l'on retire par la pression.

La couche charnue qui enveloppe les fruits du noyer s'appelle vulgairement *brou* ; elle est amère, astringente et tonique. Le brou de la noix s'emploie en décoction ou en extrait ; Lafosse l'employait contre la phthyriase du cheval ; d'autres vétérinaires ont prouvé qu'il était très efficace pour arrêter les écoulements de l'urèthre ou du prépuce chez le chien.

Les feuilles du noyer sont amères et exhalent, quand on les froisse entre les doigts, une odeur spéciale ; elles sont d'un emploi fréquent en médecine humaine, on en fait des tisanes, des injections, des lotions, une pommade, une teinture, etc... C'est le spécifique le plus vanté des scrofules ; il donne, dit-on, la guérison des trois quarts des malades atteints d'affections lymphatiques.

Indications. — D'après M. Adenot, la décoction de feuilles de noyer, additionnée de sel marin constitue le spécifique de la pourriture du mouton. Le traitement doit durer de un à deux mois selon la gravité de l'affection.

Le docteur Brown de Berne a observé que la sécrétion lactée s'arrête chez les vaches qui mangent de ces feuilles ; on pourra donc employer la décoction pour tarir le lait de certaines femelles qui ont perdu leurs petits ou que l'on veut soumettre à l'engraissement.

Enfin à l'extérieur, la décoction de noyer est d'un usage vulgaire pour détruire les poux, les puces, pour faire disparaître la vermine des plaies et pour préserver les animaux des piqûres de mouches et de taons.

Pavot.

F. des Papavéracées. L.   *Papaver somniferum.*

Le pavot est une plante annuelle à tige ronde, simple ou rameuse. Ses feuilles sont assez grandes, incisées, dentées, ordinairement ondulées et blanchâtres comme la tige. Ses fleurs sont grandes, pourpres, violettes, roses, blanches ou panachées. Ses fruits sont des capsules globuleuses ou oblongues.

La floraison a lieu de juin à septembre.

Par l'action de la presse, on retire des petites graines contenues dans les têtes de pavot somnifère, une huile douce d'un usage fréquent comme comestible et comme éclairage.

Le principe actif des capsules de pavot est l'opium. On les soumet à une décoction légère pour en faire diverses préparations telles que : breuvages, lavements, injections, bains, cataplasmes, etc...

Le sirop *diacode* employé chez les petits animaux a pour formule :

    Extrait alcoolique de pavot. . .   16 grammes.
    Eau pure   125   »
    Sirop simple. 1500   »

Faites dissoudre l'extrait dans l'eau, ajoutez au sirop et faites cuire jusqu'à consistance convenable.

Propriétés. — Les têtes de pavot possèdent des propriétés calmantes et sédatives.

Indications. — Deux têtes de pavot par litre d'eau réduite aux deux tiers par l'ébullition constituent des breuvages calmants contre les affections des voies respiratoires, la diarrhée, la dyssenterie, les coliques nerveuses, etc...

On peut aussi administrer la décoction sous forme de lavements.

A l'extérieur, elle est indiquée en lotions pour calmer l'inflammation des yeux et des organes atteints de douleurs plus ou moins vives. On s'en sert aussi avec avantage pour délayer les cataplasmes de farine de lin.

Plantain.

F. des Plantaginées. L.   *Plantago.*

Les espèces de plantain les plus connues sont :

    Le plantain lancéolé.   Plantago lancéolata.
    Le plantain moyen.   Plantago média.
    Le grand plantain.   Plantago major.

Le plantain à feuilles lancéolées est une plante vivace, herbacée, à feuilles allongées, entières, ou à peine denticulées, présentant 3 à 5 nervures saillantes.

Ses fleurs sont brunes ou jaunâtres et disposées en épis courts et compacts à l'extrémité d'une tige haute de 15 à 20 centimètres.

La floraison a lieu d'Avril à Octobre.

Le plantain moyen ressemble beaucoup au plantain à feuilles lancéolées.

Le grand plantain a les feuilles larges, ovales, disposées en rosettes et présentant le plus souvent 7 nervures saillantes.

Ces trois espèces de plantain se rencontrent sur le bord des chemins, le long des fossés, dans les prairies et dans tous les lieux herbeux.

On emploie les feuilles et les racines de plantain à titre de médicament astringent. On les donne en breuvages et en lavements contre la diarrhée et la dyssenterie des veaux et des chiens.

Raifort Sauvage.

F. des Crucifères. L.   *Raphanus, raphanistrum.*

C'est une plante annuelle, hérissée de poils raides, sa racine est longue, pivotante ; sa tige est haute, dressée, rameuse, lisse, cannelée, d'un vert pâle. Ses feuilles sont allongées, dentées, quelquefois entières et ressemblent beaucoup à celles du navet. Ses fleurs jaunes, blanches ou liliacées, toujours veinées, sont petites, nombreuses et disposées en bouquets à l'extrémité des rameaux. La floraison a lieu d'avril à septembre.

Le raifort sauvage, encore décrit sous les noms de *ravenelle des champs, moutarde de capucin, raveluque, cranson de Bretagne, cran des Anglais*, etc, est une plante commune dans les terrains incultes et le long des chemins. Sa racine, de la grosseur du pouce, est blanche, d'odeur et de saveur âcres ; elle est employée en médecine vétérinaire et se donne en électuaire ou en bol.

```
Doses :   Grands animaux  .  .  150 à 250 grammes.
          Moyens  .  .  .  .  .   50 à 100     »
          Petits .  .  .  .  .  .  15 à 30     »
```

Propriétés. — On lui reconnaît des propriétés antiscorbutiques, antiputrides, stimulantes et diurétiques.

Indication. — On s'en sert pour combattre l'atonie et les affections vermineuses du tube digestif. Il est indiqué contre les cachexies, les hydropisies et le scorbut des chiens.

Rathania.

F. des Polygalées. L.   *Krameria triandra.*

C'est un sous-arbrisseau du Pérou qui fournit à la médecine vétérinaire sa racine, longue, fibreuse, grosse comme le doigt et dont l'écorce d'un rouge foncé a une saveur styptique très prononcée. Les principes actifs sont les acides tannique et kramétique.

Cette racine se donne en décoction, en extrait et en teinture ; on en fait des breuvages, des lavements et des injections.

```
Doses :   Grands animaux.  .  .  32 à 64 grammes.
          Moyens  .  .  .  .  .   8 à 16      »
          Petits.  .  .  .  .  .   4 à 8       »
```

Propriétés. — C'est un des astringents végétaux les plus énergiques.

Indications. — On emploie le ratanhia en lavements pour prévenir le retour de la chute du rectum, il est également indiqué contre les écoulements muqueux et l'hématurie chronique intermittente du cheval.

En médecine humaine, il jouit d'une grande efficacité contre les fissures de l'anus, du mamelon et de la peau.

Réglisse.

F. des Papilionacées. L.   *Glycyrrhiza glabra.*

C'est une plante qui a pour base une souche ligneuse, ronde, très longue, brunâtre à l'extérieur, jaune à l'intérieur.

Elle croît spontanément en Espagne et en Italie. Elle est cultivée en Touraine et dans les Basses-Pyrénées pour sa racine qui est livrée au commerce de la droguerie.

La racine de réglisse contient une matière sucrée non fermentescible, appelée *glycyrrhizine* qui jouit de propriétés pectorales et adoucissantes.

Réduite en poudre, elle est d'un usage fréquent en médecine vétérinaire pour confectionner des bols et des électuaires.

Poudre.

Doses : Grands animaux. . . 64 à 125 grammes.
      Moyens. . . . . . 16 à 34　　»
      Petits . . . . . . 8 à 16　　»

Indications. — La poudre de réglisse est surtout employée en électuaires contre les maladies de l'appareil respiratoire.

Reine des près.

F. des Rosacées. L.   *Spirea ulmaria.*

C'est une plante vivace, herbacée, à tige dressée, lisse, dure, rougeâtre, offrant au sommet des rameaux multiples. Ses feuilles sont grandes, plissées, divisées, glabres et vertes.

Ses fleurs sont petites, blanches ou rosées, odorantes et disposées en bouquets à l'extrémité des rameaux.

La floraison a lieu de juin à juillet.

On la désigne vulgairement sous les noms de *spirée, reine des près, barbe de bouc, grande ornière, herbe aux abeilles, vignette, pied de bouc,* etc.

Cette plante est très commune dans les près humides, sur le bord des fossés, où elle est mangée avec plaisir par les chèvres. On la cultive aussi dans les jardins pour la beauté de ses fleurs et aussi pour le parfum suave qu'elles exhalent.

Les sommités fleuries sont diurétiques, astringentes et toniques.

M. Rodet dans sa botanique agricole et médicale la recommande chaleureusement en ces termes aux vétérinaires. « Autrefois très usitée à titre de diurétique en médecine humaine, cette plante a été longtemps abandonnée pour reprendre de nos jours, une partie de son ancienne réputation contre les hydropisies ou épanchements divers. On ne saurait trop la recommander aux vétérinaires qui semblent complètement l'avoir méconnue sous ce rapport. »

Elle rend de précieux services comme diurétique et sudorifique dans le traitement de la pleurésie et de la pneumonie, la dose est d'une forte poignée traitée en infusion dans dix litres d'eau.

Renoncule bulbeuse.

F. des Renonculacées. L.   *Ranunculus bulbosus.*

C'est une herbe renflée en bulle au collet, à tige frêle, velue et peu rameuse. Ses feuilles longuement pétiolées, sont velues et divisées en trois parties.

Ses fleurs assez grandes, placées à l'extrémité des rameaux sont d'un beau jaune doré.

La floraison a lieu de mai à septembre.

Cette renoncule est aussi désignée sous le nom de *bassinet, pied de coq, grenouillette, fleurs de crapauds* et *rave de St-Antoine* à cause de sa racine semblable à un petit navet.

Elle croît partout dans les prairies et dans les champs, sur le bord des fossés et des chemins.

Elle renferme une substance âcre et caustique qui en fait un poison violent pour les animaux quand elle est mangée abondamment.

Renoncule rampante.

F, des Renonculacées. L.   *Ranunculus repens.*

Herbe vivace pouvant atteindre de 20 à 50 centimètres et présentant une ou plusieurs tiges grêles ou rameuses.

Ses feuilles sont divisées en trois parties ; les inférieures, placées sur de longs pétioles, sont marbrées de blanc.

Ses fleurs, grandes, placées à l'extrémité des rameaux, sont d'un jaune d'or.

La floraison a lieu d'avril à septembre.

Cette renoncule connue vulgairement sous le nom de *pied de poule,* croît dans les prairies et les champs cultivés ; où elle se propage rapidement si l'on n'a pas le soin de la détruire au début. Les vaches la mangent impunément, mais on a cité des cas d'empoisonnement sur des moutons que l'on avait fait paitre dans un champ couvert de renoncules rampantes. Les symptômes présentés étaient ceux de l'empoisonnement par les narcotico-âcres.

Renoncule scélérate.

F. des Renonculacées. L.   *Ranunculus scéleratus.*

Les caractères botaniques sont les mêmes que pour les espèces précédentes mais les fleurs sont petites et d'un jaune pâle.

La renoncule scélérate est commune dans les près marécageux, les fossés, les lieux fangeux, c'est la plus terrible des renoncules, ses noms vulgaires de *scélérate* et de *mort aux vaches*, disent assez toute son âcreté.

Les chèvres et les moutons mangent quelquefois les sommités fleuries sans être incommodés ; elle est cependant très vénéneuse, à l'état frais pour tous les animaux.

Rhubarbe.

F. des Polygonées. L.   *Rheum palmatum.*

C'est une herbe vivace à racine volumineuse d'un jaune plus ou moins foncé.

Sa tige, haute de 1 mètre environ, est dressée, robuste, ronde, cannelée, simple inférieurement et rameuse au sommet.

Ses feuilles, très grandes, à pétiole rougeâtre, entières, d'un beau vert, présentent des nervures saillantes.

Ses fleurs très petites, nombreuses, jaunâtres, forment par leur ensemble un gros bouquet terminal.

La floraison a lieu de mai à juin.

La rhubarbe palmée est originaire de la Tartarie. Sa racine d'une odeur forte, d'une saveur amère et très désagréable, est jaune foncé en dehors, plus pâle à l'intérieur ; sa récolte a lieu vers la 4e ou la 5e année.

La rhubarbe de France est la variété la moins active et aussi la moins chère ; son bas prix la fait préférer dans la médecine des animaux. Elle contient un principe amer, la *rhubarbarine*, un principe résineux, du tannin et de l'amidon.

On la donne sous forme de poudre, en bol ou en électuaire.

```
Doses : Grands animaux.  .  150 à 250 grammes.
        Moyens.  .  .  .  .   32 à  64      »
        Petits  .  .  .  .  .   8 à  16      »
```

Propriétés. — A petites doses, la rhubarbe agit comme un tonique amer, un stomachique, elle fortifie l'estomac et les intestins et détermine bientôt de la constipation. A doses moyennes et rapprochées, elle rend les défécations plus molles et à fortes doses, elle devient purgative.

Indications. — La rhubarbe est indiquée contre les débilités de l'estomac, l'inappétence, la jaunisse, la diarrhée et les maladies vermineuses de l'intestin.

La diarrhée des veaux à la mamelle est souvent guérie en 2 ou 3 jours par l'usage de la poudre de rhubarbe à la dose de 5 grammes dans une décoction de riz.

Riz.

F. des Graminees. L.   *Oriza sativa.*

Cette plante originaire de l'Inde où elle se trouve encore à l'état spontané, est répandue aujourd'hui dans la plupart des contrées chaudes ; on la rencontre même dans les régions tempérées, en Italie et en Espagne.

Le grain de riz connu de tout le monde comme substance alimentaire sert aussi à confectionner des boissons adoucissantes, des cataplasmes et des lavements.

Indications. — La décoction appelée ordinairement eau de riz est souvent employée pour combattre la diarrhée et la dyssenterie du chien et des jeunes animaux (*veaux, poulains*) On augmente les propriétés antidiarrhéiques en y ajoutant quelques gouttes de laudanum ou une décoction de têtes de pavot.

Ronce.

F. des Rosacées. L.   *Rubus fructicosus.*

Arbrisseau à tiges dressées ou tombantes, à aiguillons inclinés, quelquefois crochus.

Ses feuilles, vertes et glabres en dessus, sont ovales et finement dentées.

Ses fleurs sont petites, blanches, réunies en grappes peu fournies,

Ses fruits appelés *mûres* sont presque globuleux, d'un pourpre noir tirant sur le violet et couverts de quelques poils ; leur saveur est acide, ils sont comestibles et agréables au goût.

La ronce se rencontre communément dans les haies, parmi les buissons, sur le bord des bois et le long des fossés.

Les feuilles de ronce sont employées en médecine vétérinaire à titre d'astringent et sont très utiles pour combattre la diarrhée des veaux. On les donne en breuvages et en lavements.

Rue odorante.

F. des Rutacées. L.   *Ruta graveolens.* ·

Plante vivace à tige droite, ronde et rameuse, taille de 40 à 75 centimètres.

Ses feuilles d'un vert glauque à l'état frais, sont divisées, nombreuses et parsemées d'une infinité de petits points glanduleux et translucides.

Ses fleurs sont grandes, très nombreuses, d'un jaune verdâtre et réunies en bouquets à l'extrémité des rameaux.

La floraison a lieu de juin à septembre,

La rue odorante, encore appelée *herbe de grâce, ronda, péganion,* croît spontanément dans les lieux arides, montueux et est cultivée dans les jardins comme plante médicinale. Toutes ses parties répandent une odeur forte, aromatique, désagréable et possèdent une saveur âcre, amère et chaude.

Par la dessiccation, elle perd légèrement de ses propriétés.

Les feuilles et les fleurs sont employées en médecine vétérinaire, on les récolte avec les rameaux avant que les fleurs soient complètement épanouies.

On l'administre en breuvages et en lavements.

Doses :   Grandes femelles.   64 à 125 grammes,
         Moyennes.   .   .   16 à   32   »
         Petites.   .   .   .   4 à   8   »

Propriétés. — Sur les plaies et les ulcères, la rue exerce une action excitante et antiputride; sur les tumeurs indolentes, elle produit des effets fondants. A l'intérieur, elle augmente les sécrétions de la muqueuse de la matrice ; c'est un utérin quelquefois infidèle.

Indications. — Elle est indiquée dans les parts laborieux et la non-délivrance, contre les vers intestinaux ; on la donne en lavements, comme excitants, pour combattre la paralysie et les affections comateuses.

A l'extérieur, on s'en sert en cataplasmes, après l'avoir écrasée, contre les engorgements indolents.

Sabine.

F. des Junipéracées. L.   *Juniperus Sabina.*

La sabine est un petit arbrisseau à écorce rougeâtre; ses feuilles sont très petites, en forme d'écailles, rapprochées, opposées et comme imbriquées sur la tige et les rameaux.

Ses fruits ressemblent beaucoup aux baies du genévrier.

La sabine a l'aspect du mélèze et du genévrier, aussi le connaît-on sous les noms *genévrier-sabine*, *mélèze-sabine*, *savinier*, etc.

On la rencontre dans les lieux secs et pierreux du Sud de la France, dans les Alpes, en Italie ; dans le Nord elle est cultivée dans les jardins comme plante médicinale.

Les parties employées en médecine vétérinaire sont les feuilles et les rameaux qui se donnent en breuvages ou en bols.

Doses : Grandes femelles. . 15 à 64 grammes.
         Moyennes. . . . 4 à 8   »
         Petites. . . . . 1 à 2   »

Propriétés. — A l'extérieur, la sabine agit comme

rubéfiant et vésicant. A l'intérieur, elle porte son action sur la muqueuse de la matrice en augmentant les sécrétions et les exhalations. Elle peut aussi donner de la vigueur et de l'embonpoint aux chevaux.

Indications. — La sabine est employée contre l'accouchement languissant et la non-délivrance.

La pommade de sabine est un fondant énergique des tumeurs indolentes comme l'éponge, les mollettes, les vessigons et les tumeurs de la mâchoire inférieure des bœufs.

Pommade de Sabine.

Prenez : Poudre de sabine sèche. 1 partie.
Axonge . . . . 2 parties.

Incorporez.

Saule blanc.

F. des Salicinées. L.   *Salix alba.*

Le saule blanc, appelé encore *saule commun, saule argenté, blanche sau, osier blanc*, est un arbre très répandu sur le bord des ruisseaux, des fossés et des routes. On le plante fréquemment autour des champs et des prairies humides.

Ses feuilles et ses jeunes pousses sont recouvertes d'un duvet argenté, fort soyeux.

L'écorce des jeunes pousses contient du tannin, de l'acide gallique et une subtance très amère, astringente et tonique appelée *salicine.*

Réduite en poudre, l'écorce du saule se donne en breuvage, en lavement et en électuaire, elle est souvent unie aux baies de genièvre, au quinquina et à la gentiane.

Doses : Grands animaux. 100 à 200 grammes.
Moyens. . . . 15 à 32 »
Petits . . . . 4 à 8 »

Propriétés. — L'écorce de saule est un des meilleurs toniques de la pharmacie vétérinaire ; elle possède en outre, des vertus antipudrides et antipériodiques à peu près aussi importantes que celles du quinquina ; elle est de plus vermifuge.

Indications. — On préconise ce médicament contre les débilités du tube digestif, la diarrhée et les affections putrides. C'est un excellent remède de la cachexie des ruminants, surtout s'il est uni au sulfate de fer et à la poudre de gentiane.

Les jeunes pousses de saule données en fourrage aux lapins atteints d'hydropisie ou de cachexie aqueuse, réussissent souvent alors que beaucoup de remèdes échouent.

Scille maritime.

F. des Liliacées.   *Scilla maritima.*

Plante vivace remarquable par son bulbe dont le volume peut atteindre celui du poing. Sa tige est nue, dressée, ronde, semblable à un jonc.

Ses feuilles sont grandes, ovales, se développant plus tôt que la tige.

Ses fleurs sont blanches, veinées de lilas et réunies en épis.

La floraison a lieu d'août en septembre.

La scille maritime est une belle plante très commune sur les côtes de l'Océan et de la Méditerranée ; on la cultive dans les jardins pour la beauté de ses fleurs.

Elle fournit à la médecine son bulbe qui, à l'état frais, exhale une odeur forte rappelant celle de l'oignon ; sa saveur est âcre et piquante ; desséché, il conserve une saveur amère et perd son odeur.

Il renferme un principe actif appelé *scillitine*.

A l'intérieur, la poudre de scille se donne en électuaire ou en bol.

Poudre.

Dose : Grands animaux.　.　.　8　à 16 grammes.
　　Moyens .　.　.　.　.　1　à　4　»
　　Petits.　.　.　.　.　.　0,25 à　0,50　,

Les différentes préparations sont :

1° Oxymel scillitique

Vinaigre scillitique　.　1 partie.
Miel .　.　.　.　.　.　2 parties.

Dissolvez le miel dans le vinaigre scillitique et faites cuire jusqu'à consistance de sirop.

2° Vinaigre scillitique.

Scille sèche.　.　.　.　1 partie.
Vinaigre d'Orléans.　.　12 parties.

Faites macérer pendant 15 jours, passez avec expression et filtrez.

3° Vin scillitique.

Scille sèche.　.　.　.　1 partie.
Vin blanc.　.　.　.　15 parties.

Même mode de préparation.

4° Teinture de scille

Scille sèche.　.　.　.　1 partie.
Alcool ordinaire　.　.　5 parties.

Se prépare de la même manière.

Propriétés. — Les préparations de scille déposées sur la peau exercent une action irritante marquée.

A l'intérieur, elles produisent une diurèse abondante et un effet expectorant très manifeste.

Indications. — On se sert de la scille maritime à titre de diurétique contre l'ascite, l'hydrothorax, l'arachnoïdite, l'hydrocèle, l'anasarque, les œdèmes et la fluxion périodique des yeux. Le traitement doit être à la fois local et général.

A titre d'expectorant, elle est employée contre les affections chroniques des voies respiratoires.

Contre-indications. — Ses vertus irritantes la font éliminer du nombre des médicaments usités contre les maladies des voies urinaires.

Staphysaigre.

F. des Renonculacées. L.   *Delphinium staphysagria.*

C'est une plante annuelle à tige dressée, ronde, rameuse, un peu rougeâtre, garnie de poils mous.

Ses feuilles sont grandes, d'un vert foncé en dessus, plus pâles en dessous, divisées en 5, 7 ou 9 parties.

Ses fleurs sont bleues ou grisâtres, rassemblées en longues grappes terminales.

La floraison a lieu de juin à juillet.

La staphysaigre encore désignée sous les noms *d'herbe aux poux, herbe à la pituite,* est une belle plante qui croît spontanément dans le midi de la France, dans les terres sablonneuses des bords de la mer. Elle est cultivée dans les jardins pour l'usage de la médecine ; elle renferme un alcaloïde, poison violent, découvert par Lassaigne, auquel il a donné le nom de *delphine.*

La st aphysaigre fournit à la médecine ses graines qui réduites en poudre, se traitent par décoction ; on en fait aussi une pommade dont voici la formule :

Pommade de Staphysaigre.

Poudre de staphysaigre. . 8 grammes.
Axonge . . . . 32 »

Incorporez.

Pro priétés et usages. — Ce médicament agit chez les chiens [à la manière de l'émétique, il est vomitif et purgatif drastique ; on le donne à la dose de 1 à 3 grammes contre la maladie des jeunes chiens, mais il ne paraît pas jouir de propriétés supérieures à celles des autres vomitifs.

A la surface de la peau, on s'en sert en décoction ou en pommade contre la vermine et surtout contre les poux. Il a procuré aussi des succès dans les cas de gale, mais il faut en user modérément et sur de petites surfaces par crainte d'absorption.

Tabac.

F. des Solanées.   *Nicotiana tabacum.*

Plante annuelle à tige dressée, ronde et rameuse dans le haut. Ses feuilles sont très amples, molles, entières ou légèrement sinuées, ses fleurs sont grandes, rosées, disposées en bouquets lâches au sommet des rameaux.

La floraison a lieu d'août en octobre.

Le tabac, originaire d'Amérique, fut importé en Europe par les Espagnols en 1518, et introduit en France vers 1560 par Jean Nicot, notre ambassadeur qui lui donna le nom de nicotiane.

Il ne fut considéré d'abord que comme plante médicinale à laquelle on attribua beaucoup de propriétés, mais bientôt on en fit usage en fumant ses feuilles et en prisant sa poudre.

Le tabac agit sur tout le système nerveux, il prédispose aux congestions cérébrales, fait perdre la vivacité de l'imagination et irrite l'estomac en faisant cracher abondamment.

Avant d'être accepté dans toute l'Europe, le tabac rencontra une vive opposition dans les classes privilégiées. « Les rois, dit M. Pouchet, semblèrent se liguer pour l'anéantir tout à fait : Jacques Ier déclara en Angleterre que le tabac devait être extirpé comme une herbe suspecte, et ce roi publia même une satire contre les fumeurs.

Les papes Urbain VIII et Clément XI ne dédaignèrent pas de lancer des bulles et de fulminer l'excommunication contre ceux qui prendraient du tabac dans les églises. Elisabeth d'Angleterre enjoignit même aux bedeaux de confisquer leurs tabatières. Une ordonnance de Transylvanie menaça de la perte des biens ceux qui cultivaient cette plante.

La cruauté fut encore poussée plus loin en Perse, en Turquie et en Russie, ou l'on vit Amurat IV et le grand duc de Moscovie en défendre l'usage sous peine de perdre le nez ou même la vie ; cependant, ni le ridicule, ni les menaces n'arrêtèrent la propagation du tabac, que la violence de ses détracteurs fit peut-être désirer davantage. »

Les feuilles de cette plante sont extrêmement âcres ; à l'état frais, leur odeur est forte et vireuse ; par la dessiccation, elle devient piquante et aromatique.

Elles renferment un alcaloïde volatil appelé *nicotine.*

Le tabac est employé à l'intérieur en décoction légère, sous forme de breuvage et de lavement, à l'extérieur, en lotion ou en pommade.

Tabac en feuilles sèches.

Doses : Grands animaux. 32 à 96 grammes.
      Moyens. . . .   6 à 16   »
      Petits . . . .   1 à 2   »

Indications. — Il est rarement usité à l'intérieur, cependant quelques auteurs ont recommandé le tabac contre l'inappétence prolongée à titre de sialagogue, contre la constipation, les vers intestinaux, les hydropisies, les paralysies, le tétanos. On prétend que les maquignons l'administrent aux chevaux vicieux pour les rendre moins excitables.

Les lavements de tabac sont prescrits dans les affections comateuses de l'encéphale, (32 grammes pour 2 litres d'eau) le vertige abdominal, la hernie étranglée, la rétention d'urine, la paraplégie, la parturition languissante, etc...

Les lotions de tabac sont employées pour combattre les affections de la peau, notamment la gale de tous les animaux. Le jus de tabac des manufactures est souvent conseillé en ce cas. Les bergers traitent la gale localisée du mouton, en déposant le jus du tabac qu'ils mâchent, (chique) sur les régions atteintes.

La décoction de tabac mélangée au vinaigre est d'une grande efficacité pour détruire les poux et les ectozoaires de nos différents animaux.

M. Mégnin a guéri la gale du cheval à l'aide de trois frictions de la décoction suivante :

Tabac. . . 100 grammes.
Huile grasse. 1 litre.

Cet agent conserve à la peau sa souplesse et à la robe son brillant.

Tanaisie.

F. des Synanthérées, L.   *Tanacetum vulgare.*

La tanaisie est très commune le long des chemins, des haies, sur le bord des bois et des fossés.

Elle est vivace et herbacée, a des tiges nombreuses, dressées, atteignant jusqu'à un mètre de hauteur ;

Des feuilles d'un vert sombre, grandes, profondément divisées et dentées ;

Des fleurs jaunes, nombreuses, disposées en corymbes à l'extrémité supérieure de chaque tige, et ayant la forme d'un petit bouton, parfaitement rond ;

Des graines très petites et fort nombreuses et employées en médecine comme vermifuge.

L'odeur de la tanaisie est très forte et aromatique ; toutes les parties de la plante, feuilles, fleurs et semences possèdent les mêmes propriétés ; leur saveur est amère. Les sommités fleuries sont employées en médecine vétérinaire, comme excitants, toniques, vermifuges et emménagogues. Elles ont été recommandées autrefois comme un préventif de la cachexie aqueuse du mouton.

Tilleul.

F. des Tiliacées. L.   *Tilia Europea.*

C'est un bel arbre à feuillage épais et d'un beau vert. Il est très commun dans les bois, dans les forêts de la plupart des contrées de la France ; il est aussi très répandu dans les parcs et sur les promenades publiques.

Il fleurit en juillet.

Il fournit à la médecine ses fleurs nombreuses, petites, jaunâtres, d'une odeur suave, d'une saveur mucilagineuse et amère. Leur récolte doit se faire par un temps sec et elles doivent être séchées à l'ombre.

En infusion ou en décoction, elles sont calmantes, antispamodiques et sudorifiques.

Les médecins l'emploient à la dose de 15 à 30 grammes par litre d'eau pour combattre la migraine, les vertiges, les lourdeurs de la tête, l'agacement nerveux.

En médecine vétérinaire, l'infusion de tilleul et de sureau est recommandée comme sudorifique dans le cas de refroidissement brusque de la peau, au début et au déclin des maladies de la poitrine, pour favoriser les éruptions cutanées, etc.

A l'extérieur, on se sert des fleurs de tilleul et de sureau pour confectionner des cataplasmes résolutifs, (œdèmes, engorgements) et des collyres.

Valériane.

F. des Valérianées. L.   *Valériana officinalis.*

La valériane est une plante herbacée, vivace, à tige dressée, simple, fistuleuse, peu rameuse, ronde, d'un vert pâle

Ses feuilles sont opposées, peu nombreuses, découpées et d'un vert foncé.

Ses fleurs blanches, légèrement rosées, sont disposées en bouquets à l'extrémité supérieure de la tige.

Désignée aussi sous le nom *d'herbe aux chats*, parce que ces petits carnassiers ont pour son odeur une véritable passion, la valériane officinale se rencontre dans les bois humides, les prairies basses et sur le bord des eaux.

Sa racine possède une odeur forte, pénétrante, nauséeuse et une saveur très amère ; elle contient une huile essentielle et un acide appelé acide *valérianique* qui en se combinant avec la quinine, le zinc, forme des produits usités en médecine humaine.

La racine de valériane, souvent employée dans la médecine des animaux, se réduit en poudre et se donne en électuaire ou en bols, quelquefois en breuvages et en lavements ; elle est souvent associée au camphre, à l'assafœtida, à la digitale, etc.

Doses :   Grands animaux   64 à 125 grammes.
          Moyens . . .   16 à 32   »
          Petits. . . .   4 à 8   »

Ces doses peuvent être répétées plusieurs fois par jour.

Propriétés. — La valériane est stimulante, vermifuge et antispasmodique.

Indications. — C'est un excellent remède contre l'épilepsie et les convulsions épileptiformes causées par les vers intestinaux.

La valériane unie au camphre a triomphé plusieurs fois du tétanos, du vertige, des maladies vermineuses, des palpitations et de la fièvre vitulaire des vaches fraîches vêlées.

QUATRIÈME PARTIE

CHAPITRE 1ᵉʳ.

ÉLÉMENTS DE JURISPRUDENCE VÉTÉRINAIRE

La jurisprudence est la connaissance du droit. On appelle droit ce qui est juste. La jurisprudence commermerciale vétérinaire est l'étude des choses justes dans le commerce des animaux domestiques.

Le droit s'entend aussi de l'ensemble des lois ; c'est ainsi qu'on le divise en *droit naturel, droit des gens, droit public, droit civil.* Ce dernier comprend les lois qui régis. sent les rapports des particuliers les uns avec les autres ; c'est dans le droit civil que rentrent les lois de vente et de garantie.

On nomme *code* la réunion des lois. La loi est une règle établie par une autorité à laquelle on est tenu d'obéir. Elle ordonne ou défend certaines choses.

Les lois sont divisées en *naturelles* et en *positives.*

Les lois naturelles sont celles qui sont tellement justes qu'elles sont imprimées partout dans la nature comme dans le cœur de l'homme ; elles ont pour devise : « Ne fais pas à autrui ce que tu ne voudrais pas qu'on te fît. »

Les lois *positives* sont celles que les hommes se sont faites.

Promulguer une loi c'est la faire connaître et la publier par les moyens légaux.

Déroger à une loi c'est ne pas l'appliquer dans certaines dispositions.

Abroger une loi c'est l'anéantir et la remplacer par une autre.

La *sanction* d'une loi c'est l'approbation donnée par le chef de l'Etat à une loi approuvée par les chambres.

On distingue dans la loi la lettre et l'esprit.

La *lettre*, c'est le sens que lui donne son texte.

L'*esprit* d'une loi, c'est l'interprétation de la lettre et du sens.

Interpréter une loi c'est l'expliquer, c'est rechercher l'esprit dans le texte qui n'est pas toujours très clair.

Biens.

On appelle *bien* tout ce qui peut être possédé. Suivant qu'ils peuvent être transportés ou non, les biens sont distingués en *meubles* et *immeubles*.

Certaines choses, meubles par leur nature, peuvent devenir immeubles par leur destination, ainsi les animaux domestiques qui font partie d'une exploitation, d'une ferme sont regardés comme immeubles à la condition qu'ils y soient placés par le propriétaire de l'exploitation ou de la ferme.

Propriétés.

L'article 544 définit ainsi la propriété : « Le droit de jouir et de disposer des choses de la manière la plus absolue, pourvu qu'on n'en fasse pas un usage prohibé par les lois et par les règlements. »

Le législateur a ajouté cette clause : « pourvu qu'on n'en fasse pas un usage prohibé » pour sauvegarder les intérêts

publics, il a sacrifié l'intérêt particulier à l'intérêt général. — Exemple :

Si nous avons un cheval vicieux, il nous est défendu de
le mettre dans certaines conditions qui pourraient nuire
à la propriété d'autrui. La loi est encore plus sévère à
l'égard des maladies contagieuses, elle empêche de mettre
en vente les animaux atteints de ces maladies.

Droit d'accession.

L'article 546 dit : « La propriété d'une chose, soit mobiliè-
re, soit immobilière, donne droit sur tout ce qu'elle produit et
sur ce qui s'y unit accessivement, soit surnaturellement, soit
artificiellement. » Ainsi j'achète une vache qui doit m'être
livrée dans huit jours, et elle vêle le surlendemain, le veau
m'appartient ; c'est un accessoire naturel

Si j'achète un cheval, il faut qu'il me soit livré avec le
licol et les fers, ce sont des accsssoires artificiels ; si je
restitue plus tard le cheval pour un cas rédhibitoire, je
dois rendre le licol et les fers.

C'est là ce qui constitue le droit d'accession.

Convention.

On appelle *convention* un accord fait entre plusieurs
personnes sur une ou plusieurs choses, la convention
n'oblige pas de sa nature, mais le contrat oblige. Il est
défini par l'article 1101 qui dit: « Le contrat est une convention par laquelle une ou plusieurs personnes s'obligent envers
une ou plusieurs autres, à donner, à faire ou à ne pas faire
quelque chose. »

Article 1108. — « Quatre conditions sont essentielles pour
la validité d'une convention ; ce sont :

1° Le consentement de la partie qui s'oblige.

2° Sa capacité de contracter.

3° Un objet certain qui forme la matière de l'engagement.

4° Une cause licite dans l'obligation.

Article 1109. — « Il n'y a point de convention valable, si le consentement n'a été donné que par erreur, ou s'il a été extorqué par violence ou par dol. »

EXEMPLE : J'ai vu, il y a trois mois, un cheval bai brun à M. P. Je rencontre aujourd'hui P. et lui propose de me vendre son cheval bai brun, il accepte et me livre quelques jours après, un cheval qui n'est pas celui que j'avais vu d'abord ; la convention entre nous ne vaut rien.

AUTRE EXEMPLE : J'achète un cheval 1000 francs parce que je le crois fils de tel étalon, mais il est de tel autre ; trompé, le contrat est nul.

Si dans d'autres circonstances, l'acquéreur est enivré par le vendeur et que ce dernier fait donner le consentement au premier pour un marché en train, il doit être considéré comme nul.

Dol.

On appelle *dol* toute manœuvre frauduleuse employée par l'une des parties pour tromper l'autre.

EXEMPLE : J'achète à Ferdinand une paire de chevaux appareillés. Le lendemain de l'achat, je m'aperçois que l'un des chevaux a une fausse queue ; dès lors, ils ne sont plus appareillés et le contrat est nul.

Les marchands ont souvent pour habitude de limer les dents des chevaux qui tiquent sans usure, pour faire d'un cas rédhibitoire, un vice non rédhibitoire. S'il est prouvé que c'est le fait du marchand, il y a dol et par conséquent le cheval qu'il vend dans ces conditions doit lui être retourné.

Le dol ne se présume pas, il doit être prouvé, comme le dit l'article 1116.

Article 1116. — « Le dol est une cause de nullité de la convention, lorsque les manœuvres pratiquées par l'une des parties sont telles qu'il est évident que sans ces manœuvres l'autre partie n'aurait pas contracté. Il ne se présume pas et doit être prouvé. »

Capacité de contracter.

Article 1123 — « Toute personne peut contracter, si elle n'en est pas déclarée incapable par la loi. »

Article 1114. — « Les incapables sont les mineurs, les interdits, les femmes mariées, dans les cas exprimés par la loi et généralement tous ceux à qui la loi interdit certains contrat. »

La loi ne dit pas : ceux qui au moment où ils ont contracté étaient ivres et surtout ivres d'avoir bu avec des marchands de chevaux, sont considérés comme incapables ; mais elle sous-entend si la chose est bien prouvée.

Quant aux femmes mariées, voici comment le code civil s'exprime dans son article 217.

Article 217. — « La femme même non commune ou séparée de biens, ne peut donner, aliéner, hypothéquer, acquérir a titre gratuit ou onéreux sans le concours de son mari dans l'acte, ou sans son consentement par écrit. »

Article 220. — « La femme si elle est marchande publique, peut sans l'autorisation de son mari. s'obliger pour ce qui concerne son négoce, et au cas dit, elle oblige aussi son mari s'il y a communauté entre eux. — Elle n'est pas réputée marchande publique, si elle ne fait que détailler la marchandise du commerce de son mari, mais seulement quand elle fait un commerce séparé. »

Ainsi, il est évident que la femme ne peut s'obliger en rien pour ce qui concerne le commerce de son mari, à moins que celui-ci lui en ait donné l'autorisation *expresse* ou *tacite*.

Autorisation expresse — C'est celle donnée par écrit, c'est la plus sûre.

Autorisation tacite. — C'est celle qui est sous-entendue ; par exemple, s'il est de notoriété publique que dans plusieurs circonstances, le mari a donné son adhésion à des actes consentis par sa femme et que cela soit bien prouvé par plusieurs faits, il y a *autorisation tacite*.

Généralement, sans autorisation expresse, il ne faut pas traiter avec les femmes de marchands. Exemple :

Un maquignon vend à Ernest un cheval qu'il sait être poussif. Il le vend en toute garantie ; Ernest emmène son cheval, le fait visiter par son vétérinaire qui lui dit : Votre cheval est poussif, voyez votre marchand, arrangez vous avec lui, ou mettez-vous en règle. — Ernest va voir le marchand qui est absent ; la femme signe un billet de prolongation de garantie et dit à l'acheteur : Ne vous inquiétez pas, tout s'arrangera, revenez dans dix jours, mon mari sera de retour. — Mais les délais de garantie sont passés. Ernest montre le billet de prolongation ; le marchand conteste et dit : « c'est ma femme qui vous a signé ce billet, cela ne me regarde pas ; tant pis pour vous. » — L'acheteur est obligé de garder son cheval poussif.

Objets certains.

Article 1126. — « Tout contrat a pour objet une chose qu'une partie s'oblige à donner ou qu'une partie s'oblige à faire ou à ne pas faire. »

Article 1127. — L'usage ou la simple possession d'une chose peut être comme la chose même l'objet du contrat. » Louage d'un cheval, d'une voiture, etc.

Article 1129. — « Il faut que l'obligation ait pour objet une chose au moins déterminée quant à son espèce, la quotité de la chose peut être incertaine, pourvu qu'elle puisse être déterminée. »

Exemple : Un vendeur dit à un acheteur : Je vous vendrai demain dix animaux pour 3000 fr. — Oui ; mais quels sont ces animaux ! — Il ne peut y avoir de contrat dans des cas semblables.

Cause.

Article 1131. — L'obligation sans cause ou sur une fausse cause ou sur une cause illicite ne peut avoir aucun effet.

Article 1132. — L'obligation est valable quoique la cause n'y soit point exprimée.

Article 1113. — La cause est illicite quand elle est prohibée par la loi, quand elle est contraire aux mœurs ou à l'ordre public.

Exemple : La loi défend de mettre en vente des animaux atteints de maladies contagieuses ; mais si un marchand dérogeait à la loi, le contrat serait nul.

De l'effet des obligations.

Article 1133.— Les conventions légalement formées tiennent lieu de loi à ceux qui les ont faites. Elles ne peuvent être révoquées que de leur consentement mutuel ou pour les causes que la loi autorise, elles doivent être exécutées de bonne foi.

Dans le commerce des animaux domestiques, il n'est pas besoin de stipulation de garantie pour les cas que la loi regarde comme rédhibitoires.

Article 1135. — Les conventions obligent, non seulement à ce qui y est exprimé, mais encore à toutes les suites que l'équité, l'usage ou la loi donnent à l'obligation d'après sa nature.

Interprétation des Conventions.

Article 1136. — L'obligation de donner emporte celle de livrer la chose et de la conserver jusqu'à la livraison, à peine de dommages et intérêts envers le créancier.

Article 1137. — L'obligation de veiller à la conservation de la chose, soit que la convention n'ait pour objet que l'utilité de l'une des parties, soit qu'elle ait pour objet leur utilité commune, soumet celui qui en est chargé à y apporter tous les soins d'un bon père de famille.

Article 1138. — L'obligation de livrer la chose est parfaite par le seul consentement des parties contractantes. — Elle rend le créancier propriétaire et met la chose à ses risques dès l'instant où elle a dû être livrée, à moins que le débiteur ne soit en demeure de la livrer ; auquel cas la chose reste aux risques de ce dernier.

Article 1139. — Le débiteur est constitué en demeure par sommation ou un acte équivalent.

Article 1156. — On doit dans les conventions rechercher qu'elle a été la commune intention des parties contractantes, plutôt que de s'arrêter au sens littéral des termes.

Il faut aussi s'attacher à reconnaître l'esprit des conventions comme le dit l'article 1175.

Article 1175. — Toute condition doit être accomplie de la manière que les parties ont vraisemblablement voulu et entendu qu'elle le fût.

Article 1157. — Lorsqu'une clause est susceptible de deux sens, on doit plutôt l'entendre dans celui avec lequel elle peut avoir quelque effet, que dans le sens avec lequel elle n'en pourrait produire aucun.

Article 1158. — Les termes susceptibles de deux sens doivent être pris dans le sens qui convient le plus à la matière du contrat.

Article 1159. — Ce qui est ambigu s'interprète par ce qui est d'usage dans le pays où le contrat est passé.

Article 1160. — On doit suppléer dans le contrat les clauses qui y sont d'usage, quoiqu'elles n'y soient pas exprimées.

Article 1161. — Dans le doute, la convention s'interprète contre celui qui a stipulé, et en faveur de celui qui a contracté l'obligation.

Article 1164. — Lorsque dans un contrat on a exprimé un cas pour l'explication de l'obligation, on n'est pas censé avoir voulu par là restreindre l'étendue que l'engagement reçoit de droit aux cas non exprimés.

Ainsi j'achète un cheval, sous la condition écrite que, si le cheval est rétif, le vendeur le reprendra. J'ai le droit de l'obliger à le reprendre si le cheval est atteint de ce vice, car mon écrit fait force de loi. — Mais il n'en est pas de même quand il s'agit de maladies contagieuses, car pour ces cas le billet de non garantie est nul, attendu que la chose est illicite (art. 1133). Pour tous les autres cas, il est loisible aux parties de stipuler la non garantie et cette convention est une loi obligatoire.

Diverses espèces d'obligations.

Article 1158. — L'obligation est conditionnelle lorsqu'on la fait dépendre d'un événement futur et incertain, soit en la suspendant jusqu'à ce que l'évènement arrive, soit en la résiliant selon que l'évènement arrivera ou n'arrivera pas.

Des obligations contractées sous une condition suspensive.

Article 1187. — L'obligation contractée sous une condition suspensive est celle qui dépend ou d'un évènement futur et incertain, ou d'un évènement actuellement arrivé, mais encore inconnu des parties. — Dans le 1er cas l'obligation ne peut être exécutée d'après l'évènement. — Dans le second cas, l'obligation a son effet du jour où elle a été contractée.

EXEMPLE : — Léon achète à Ferdinand un cheval de telle robe et de telle taille, mais à condition que dans huit jours Ferdinand lui trouvera un second cheval de même taille et de même robe que le 1er. Le marché n'est conclu que lorsque Ferdinand a livré le second cheval et jusqu'alors il reste toujours le propriétaire du premier. Si ce cheval venait à mourir avant la livraison du second, la perte serait pour le compte de Ferdinand.

Article 1182. — Lorsque l'obligation a été contractée sous une condition suspensive, la chose qui fait la matière de la convention demeure au risque du débiteur qui ne s'est obligé de la livrer que dans le cas de l'évènement de la condition. — Si la chose est complètement périe sans la faute du débiteur, l'obligation est éteinte. — Si la chose est détériorée par la faute du débiteur, le créancier a le droit ou de résoudre l'obligation ou d'exiger la chose dans l'état où elle se trouve avec des dommages intérêts.

De la condition résolutoire.

Article 1183. — La condition résolutoire est celle qui, lorsqu'elle s'accomplit, opère la révocation de l'obligation et qui remet les choses au même état que si l'obligation n'avait pas existé. — Elle ne suspend point l'exécution de l'obligation ; elle oblige seulement le créancier à restituer ce qu'il a reçu, dans le cas où l'évènement prévu par la condition arrive.

EXEMPLE : — J'achète une vache sous la condition qu'elle est pleine, au bout de quelque temps je m'aperçois qu'elle ne l'est pas ; c'est une condition résolutoire et la vache doit retourner à son ancien propriétaire.

AUTRE EXEMPLE : — J'achète une vache sous la condition qu'elle donnera 20 litres de lait par jour pendant un mois ; le lendemain et les jours suivants les traites d'une journée ne rapportent que 12 litres ; j'ai le droit de renvoyer la vache d'où elle vient. Il est bien entendu qu'il faut pour cela un écrit ou des témoins.

Mais si la vache vient à mourir avant le temps nécessaire à l'accomplissement de la condition résolutoire, la perte est pour moi, acquéreur, qui suis propriétaire à partir du moment de la vente ; dans ce cas, il est naturellement impossible de constater la résolution et je ne puis restituer la vache en l'état où je l'ai reçue.

De la preuve des obligations.

Article 1315. — Celui qui réclame l'exécution d'une obligation doit la prouver.

Réciproquement, celui qui se prétend libéré, doit justifier le paiement ou le fait qui a produit l'extinction de son obligation.

Les premiers moyens de prouver sont les titres et les témoignages ; on appelle *preuve* tout ce qui tend à établir la vérité d'un fait.

Titres.

On nomme *titre,* tout écrit établissant l'existence d'un fait. On connaît le titre authentique et le titre sous seing privé

Article 1317. — L'acte authentique est celui qui a été reçu par officiers publics ayant le droit d'instrumenter dans le lieu où l'acte a été rédigé et avec les solennités requises.

Les officiers publics sont les notaires, les avoués et les juges de paix ; les titres authentiques sont rares dans le commerce des animaux.

L'acte sous seing privé est au contraire bien commun.

On appelle ainsi un écrit intervenu entre les deux parties et fait ou non par devant témoins.

Jamais il n'est fait devant les officiers publics, mais toujours il doit être signé par les parties contractantes.

Article 1318. — « L'acte qui n'est point authentique par l'incompétence ou l'incapacité de l'officier, ou par un défaut de forme, vaut comme écriture privée, s'il a été signé des parties.

Article 1322. — « L'acte sous seing privé reconnu par celui auquel on l'oppose, ou légalement tenu pour reconnu, a, entre ceux qui l'ont souscrit et entre leurs héritiers et ayant cause, la même foi que l'acte authentique.

L'approbation des renvois n'est pas nécessaire, l'acte sous seing privé est souvent fait sur papier libre, mais pour le reproduire en justice, il faut le faire enregistrer. Si, sur un contrat, les deux parties s'obligent et qu'il y a deux intérêts, il faut deux sous-seings privés. Si cet acte n'avait qu'un exemplaire, un des deux contractants pourrait l'égarer ou le détruire.

Article 1325. — « Les actes sous seing privé qui contiennent des conventions synallagmatiques ne sont valables qu'autant qu'ils ont été faits en autant d'originaux qu'il y a de parties ayant un intérêt distinct. Il suffit d'un original pour toutes les personnes ayant le même intérêt. Chaque original doit contenir la mention du nombre des originaux qui ont été faits. Néanmoins, le défaut de mention que les originaux en ont été faits doubles, triples, etc., ne peut être opposé par celui qui a éxécuté de sa part la convention portée plus haut.

Pour ce qui est de la signature à apposer au bas des actes sous seing privé, celle des parties qui n'a pas écrit l'acte doit, pour que celui-ci soit valable, écrire : approuvé l'écriture ci-dessus et signer.

On trouve encore des gens qui, ne sachant pas signer, font une *croix*, mais pour qu'elle ait la valeur d'une signature, il faut qu'elle ne soit pas niée par celui qui l'a faite ou qu'elle soit reconnue par deux témoins notables ou par un officier public.

Le reçu du marchand peut être présenté pour établir l'existence de la vente.

Du témoignage verbal ou preuve testimoniale.

Article 1341. — « Il doit être passé acte devant notaires ou sous signature privée, de toutes choses excédant la somme ou valeur de cent cinquante francs, même pour dépôts volontaires ; et il n'est reçu aucune preuve par témoins contre et outre le contenu aux actes, ni sur ce qui serait allégué avoir été dit avant, lors ou depuis les actes, encore qu'il s'agisse d'une somme ou valeur moindre de cent cinquante francs. »

Article 283 du Code de procédure civile. — « Pourront être reprochés, les parents ou alliés de l'une ou de l'autre des parties jusqu'au degré de cousin issu de germain inclusivement ; les parents et alliés des conjoints au degré ci-dessus, si le conjoint est vivant, ou si la partie ou le témoin en a des enfants vivants ; en cas que le conjoint soit décédé, et qu'il n'ait pas laissé de descendant, pourront être reprochés les parents et alliés en ligne directe, les frères, beaux-frères, sœurs et belles-sœurs. — Pourront aussi être reprochés le témoin héritier présomptif ou donataire, celui qui aura bu ou mangé avec la partie, et à ses frais, depuis la prononciation du jugement qui a ordonné l'enquête, celui qui aura donné des certificats sur les faits relatifs au procès, les serviteurs et domestiques, le témoin en état d'accusation ; celui qui aura été condamné à une peine afflictive ou infamante, ou même à une peine correctionnelle pour cause de vol.

Article 284. — « Le témoin reproché sera entendu dans sa déposition. »

Ainsi donc le vétérinaire désigné comme expert dans une affaire en litige, pourra entendre la déposition des parents, amis et domestiques, mais à titre de renseignements ; il faut chercher aussi à connaître la moralité des témoins.

Article 282. — « Pourront les individus âgés de moins de quinze ans révolus être entendus, sauf à avoir à leurs dépositions tel égard que de raison. »

De la vente.

Le contrat le plus ordinaire, par lequel la propriété se transfère de l'un à l'autre, est la *vente*, qu'il ne faut pas confondre avec l'échange.

Article 1582 du Code civil. — « La vente est une convention par laquelle l'un s'oblige à livrer une chose et l'autre à la payer. Elle peut être faite par acte authentique ou sous seing-privé. »

Ce qui caractérise la vente, c'est qu'il y a une chose

donnée pour une somme d'argent considérée comme l'équivalent de la chose avec le consentement naturel des parties. La vente n'est parfaite que lorsque ces trois conditions existent. Généralement, la vente des animaux domestiques se fait verbalement, il est rare qu'il y ait un écrit et la loi le permet. Mais il est des cas où le vendeur pourrait contester la vente quand l'acquéreur ne s'est pas livré de la chose.

Supposons qu'après la vente terminée, il arrive un second acquéreur pour l'animal déjà vendu, le marchand trouve un prix plus avantageux et il le lui vend.

Le premier acquéreur se présente ensuite pour prendre livraison et le vendeur lui répond qu'il ne le connaît pas et qu'il ne lui a rien vendu. Si le premier acquéreur n'a rien à opposer aux dires du marchand, il ne peut rien faire ; dans le cas contraire, il a le droit d'intenter une action en dommages et intérêts pour le tort que le vendeur lui a fait en ne lui livrant pas l'animal.

Le *billet de garantie* suffit pour prouver une vente, mais pour le produire en justice, il faut le faire enregistrer.

Quand l'acheteur a payé un *acompte*, cela est suffisant pour prouver la vente dans le cas où le marchand viendrait à nier le fait.

Pour qu'elle soit accomplie, il n'est pas nécessaire que le vendeur ait livré l'animal et que l'acquéreur lui en ait payé le montant.

Voici ce que dit à ce sujet le Code civil.

Article 1583. — « La vente est parfaite entre les parties et la propriété est acquise de droit à l'acheteur à l'égard du vendeur, dès qu'on est convenu de la chose et du prix, quoique la chose n'ait pas encore été livrée ni le prix payé. »

Ainsi donc, quoique le vendeur n'ait pas livré la chose, ni l'acheteur payé le montant, si l'animal vient à être taré ou blessé c'est aux risques et périls de l'acquéreur. Ce cas a été prévu par l'article 1138 du Code civil.

Article 1138. — « L'obligation de livrer la chose est parfaite par le seul consentement des parties contractantes. Elle rend le créancier propriétaire et met la chose à ses risques dès l'instant où elle a dû être livrée, encore que la tradition n'en ait point été faite, à moins que le débiteur ne soit en demeure de la livrer, auquel cas la chose reste aux risques de ce dernier. »

Échange.

Article 1702. — « L'échange est un contrat par lequel les parties se donnent respectivement une chose pour une autre. »

Quand il y a simple échange sans indemnité de l'une ou l'autre partie, on dit qu'il y a du troc pour troc, mais quand l'une des parties donne à l'autre une chose plus une somme d'argent, l'échange est dit avec *retour* ou avec *soulte*.

Promesse de vente.

Article 1589. — « La promesse de vente vaut vente, lorsqu'il y a consentement réciproque des deux parties sur la chose et sur le prix. »

Exemple : Léon possède un cheval dont il a encore besoin pour quelque temps, il me dit : je vous le vendrai dans un mois pour 750 francs.

J'accepte ces conditions et dès ce moment la vente est parfaite. Ce qui différencie la vente de la promesse de vente, c'est que dans la première la restitution des arrhes ne peut rompre le marché, tandis que dans la seconde, cette restitution suffit pour la réaliser ; dans ce cas, celui qui a donné les arrhes, les perd ; et celui qui les a reçues rend le double, comme le dit l'article 1590.

Article 1590. — « Si la promesse de vente a été faite avec des arrhes, chacun des contractants est maître de s'en départir. Celui qui les a données, en les perdant. Et celui qui les a reçues, en restituant le double. »

Vente à l'essai.

Article 1588. — « La vente faite à l'essai est toujours présumée faite sous une condition suspensive. »

Ainsi la vente n'est parfaite que lorsque l'essai est terminé et que l'acheteur ayant été satisfait de l'animal, déclare qu'il lui convient ; comme l'essai n'est pas de l'essence de la vente, il doit être stipulé dans celle-ci, soit par écrit soit en présence de témoins.

Il ne faut pas oublier d'en indiquer la durée pour éviter les contestations. Dans le cas ou l'acquéreur laisse passer la durée de l'essai sans rendre l'animal au vendeur, il est regardé comme en étant définitivement propriétaire, il ne peut plus le rendre, il est trop tard.

Si pendant la durée de l'essai, l'animal vient à se tuer ou à se blesser, c'est aux risques du vendeur qui en est encore le propriétaire puisque la vente n'est pas faite.

Cependant si l'accident survenu est imputable au futur acquéreur, il en est responsable ; par exemple, si la charge était trop lourde pour le cheval. — De même quand l'acquéreur prolonge l'essai au-delà des limites fixées par son vendeur, tout ce qui peut arriver est à ses risques et périls.

Dans la vente à l'essai, le délai de garantie doit partir du lendemain du jour où l'acquéreur aura déclaré que l'animal lui convient et qu'il le garde.

Il y a un cas qui se présente souvent et sur lequel la loi reste muette. Exemple : Je prends un cheval de gros trait à l'essai, pendant quatre jours, pour m'assurer qu'il peut traîner un tombereau chargé de mille kilog. comme mon vendeur me l'affirme. Le troisième jour, je fais reconduire ledit cheval chez le marchand et lui dis qu'il ne me convient pas. Mais il me semble qu'il peut exiger la preuve de ce que j'avance, puisqu'il me le vendait à l'essai, c'est qu'il le croyait assez fort pour mon service. A mon avis, il peut nommer un expert qui essaiera l'animal et jugera s'il convient ou non pour le service auquel je l'avais destiné. Dans le 1er cas, je dois garder le cheval.

Des choses qui peuvent être vendues.

Par rapport aux choses qui peuvent être vendues, le code dit :

Article 1598. — « Tout ce qui est dans le commerce peut être vendu, lorsque des lois particulières n'en ont pas prohibé l'aliénation ».

Pour ce qui concerne les animaux domestiques, la dernière partie de cet article s'applique aux maladies contagieuses car on ne peut vendre, ni exposer en vente des animaux atteints de ces maladies.

Des obligations du vendeur.

Le vendeur est obligé de livrer la chose, de la garantir et de s'expliquer en termes clairs et nets. S'il y a quelque chose d'obscur, tout s'interprète contre lui, car l'acquéreur est considéré comme connaissant moins bien la chose qu'il achète que celui qui la lui vend. On peut considérer, et souvent avec raison, que ce qui est douteux dans l'écrit du vendeur a été prémédité pour cacher les défauts de la chose.

Article 1602. — « Le vendeur est tenu d'expliquer clairement ce à quoi il s'oblige. Tout pacte obscur ou ambigu s'interprète contre le vendeur.

Article 1603. — « Il y a deux obligations principales, celle de délivrer et celle de garantir la chose qu'il vend.

Article 1162. — « Dans le doute, la convention s'interprète contre celui qui a stipulé et en faveur de celui qui a contracté l'obligation. »

De la délivrance ou livraison.

Article 1604 — « La délivrance est le transport de la chose vendue en la puissance et possession de l'acheteur. »

Il est important de stipuler par écrit l'époque à laquelle la livraison devra être faite et où elle devra s'effectuer pour éviter les contestations qui peuvent s'élever dans le cas où des accidents surviendraient à l'animal vendu.

Les accidents qui arrivent avant le jour fixé pour la livraison sont au compte de l'acquéreur à moins de conventions particulières entre celui-ci et le vendeur.

Si à l'époque fixée pour la livraison, elle n'est pas effectuée par le vendeur, celui-ci est responsable de tout ce qui peut survenir à l'animal.

C'est toujours au lieu où la vente s'est faite que doit s'effectuer la livraison comme le dit l'article 1609.

Article 1609. — La délivrance doit se faire au lieu où était au temps de la vente, la chose qui en fait l'objet, s'il en a été autrement convenu. »

Article 1610. — « Si le vendeur manque à faire la livraison dans le temps convenu entre les parties, l'acquéreur pourra à son choix, demander la résolution de la vente, ou sa mise en possession, si le retard ne vient que du fait du vendeur. »

Dans quel état le vendeur doit-il livrer les animaux vendus.

Supposons que j'achète un cheval exempt de tares, et que huit jours après on me le livre boiteux ou borgne. Suis-je obligé de le prendre en pareil cas. Evidemment oui, s'il est reconnu, que dans tout cela, il n'y a pas de la faute du vendeur. Cependant, si les crins sont faits, ou si la queue est écourtée en balai, toutes choses qui n'existaient pas au moment de la vente, je suis autorisé à refuser le cheval, ou à demander des dommages et intérêts ; le vendeur ayant fait acte de propriété.

Article 1245. — « Le débiteur d'un corps certain et déterminé est libéré par la remise de la chose en l'état où elle se trouve lors de la livraison, pourvu que les détériorations qui y sont survenues ne viennent point de son fait ou de sa faute, ni de celles des personnes dont il est responsable, ou qu'avant ces détériorations il ne fût pas en demeure »

Article 1614 — « La chose doit être livrée en l'état où elle se trouve au moment de la vente ; depuis ce jour, tous les fruits appartiennent à l'acquéreur. »

Cet article a trait aux femelles pleines dont les fruits appartiennent de droit à l'acquéreur, si les femelles portent au moment de la vente.

Article 1615. — « L'obligation de livrer la chose comprend tous ses accessoires et tout ce qui a été destiné à son usage perpétuel. »

Pour nos animaux domestiques, l'usage est de fournir un licol en fil.

De la garantie en cas d'éviction.

L'article 1625 que nous avons déjà cité, porte que la garantie que le vendeur doit à l'acquéreur a deux objets.

1° La possession paisible de la chose vendue. Le législateur a voulu par là que l'acquéreur put jouir paisiblement de ce qu'il a acheté et empêcher l'éviction. En terme de loi, *évincer* quelqu'un d'une chose, c'est lui enlever la chose qu'il a achetée, le déposséder de cette chose.

Article 1626. — Quoique lors de la vente, il n'ait été fait aucune stipulation sur la garantie, le vendeur est obligé de droit de garantir l'acquéreur de l'éviction qu'il souffre dans la totalité ou partie de l'objet vendu, ou des charges prétendues sur cet objet, et non déclarées lors de la vente. »

Article 1627. — « Les parties peuvent, par des conventions particulières, ajouter à cette obligation de droit ou en diminuer l'effet ; elles peuvent même convenir que le vendeur ne sera soumis à aucune garantie. »

Article 1628. — « Quoiqu'il soit dit que le le vendeur ne sera soumis à aucune garantie, il demeure cependant tenu de celle qui résulte d'un fait qui lui est personnel : toute convention contraire est nulle. »

Article 1129. — « Dans le même cas de stipulation de non-garantie, le vendeur, en cas d'éviction, est tenu à la restitution du prix, à moins que l'acquéreur n'ait connu, lors de la vente, le danger de l'éviction, ou qu'il n'ait acheté à ses risques et périls. »

Les articles 1628 et 1629 peuvent s'appliquer à la vente des *animaux volés*. Dans ces cas, l'acquéreur a le droit de se faire rembourser le prix, à moins que le vendeur ne l'ait prévenu qu'il pourrait y avoir éviction, auquel cas l'acquéreur est considéré comme ayant acheté à ses risques et périls.

2° Les défauts cachés de cette chose ou les vices rédhibitoires.

Des vices rédhibitoires,
ou défauts cachés de la chose vendue.

Garantir une chose, c'est répondre des qualités de la chose pendant un certain temps.

Dans le commerce des animaux domestiques, on entend garantir que la chose à vendre n'a pas tel ou tel défaut caché, ou seulement dévoilé par l'homme de l'art. Ce sont ces défauts que l'on a qualifié, de rédhibitoires, parce qu'ils donnent droit à l'acquéreur, de rendre au vendeur, la chose qui lui avait été livrée et de s'en faire restituer le prix. Mais ce droit de garantie a une durée limitée, c'est le délai de garantie. Passé ce temps, l'acquéreur perd ses droits et n'a plus aucun recours contre son vendeur.

Article 1641. — « Le vendeur est tenu de la garantie à raison des défauts cachés de la chose vendue qui la rendent impropre à l'usage auquel on la destine, ou qui diminuent tellement cet usage que l'acheteur ne l'aurait pas acquise, ou n'en aurait donné qu'un moindre prix s'il les avait connus. » Le fait par le vendeur d'un cheval, de dissimuler une seime, à l'aide de manœuvres délosives, par exemple, en la bouchant avec un un corps gras mélangé de goudron, constitue le dol par réticence entraînant la nullité de la vente et rendant le vendeur passible de dommages et intérêts. Articles 1641 et 1645.

Article 1642. — « Le vendeur n'est pas tenu des vices apparents et dont l'acheteur a pu se convaincre lui-même. »

On comprend aisément que dès qu'un vice est apparent,

l'acquéreur doit le voir en contractant le marché et qu'on le considère alors, comme ayant acheté à ses risques et périls.

Article 1643. — « Le vendeur est tenu de la garantie des vices cachés, quand même il ne les aurait pas connus, à moins que, dans ce cas, il n'ait stipulé qu'il ne sera obligé à aucune garantie. »

Article 1644. — « Dans le cas des articles 1641 et 1643, l'acheteur a le droit de rendre la chose et de se faire restituer le prix, ou de garder la chose et de se faire rendre une partie du prix, telle qu'elle sera arbitrée par des experts. »

Article 1645. — Si le vendeur connaissait les vices de la chose, il est tenu, outre la restitution du prix qu'il en a reçu ; de tous les dommages et intérêts envers l'acheteur. »

Article 1646. — « Si le vendeur ignorait les vices de la chose, il ne sera tenu qu'à la restitution du prix et à rembourser à l'acquéreur les frais occasionnés par la vente. »

Article 1647. — « Si la chose qui avait des vices, a péri par suite de la mauvaise qualité, la perte est pour le vendeur, qui sera tenu envers l'acheteur, à la restitution du prix, et aux dédommagements expliqués dans les deux articles précédents. Mais la perte arrivée par cas fortuit sera pour le compte de l'acheteur. »

Article 1648. — « L'action résultant des vices rédhibitoires doit être intentée par l'acquéreur dans le plus bref délai, suivant la nature des vices rédhibitoires et l'usage du lieu où la vente a été faite. »

Comme nous le verrons plus loin, la loi du 2 août 1884, donne la marche à suivre pour la durée de garantie dans les cas rédhibitoires.

Article 1649. — « Elle n'a pas lieu dans les ventes faites par autorité de justice. »

Ainsi quand on achète une chose dans ces conditions, on ne peut intenter d'action rédhibitoire, l'acquéreur achète à ses risques et périls. La loi du 2 août 1884 a abolila loi du 20 mai 1838 ; elle donne la liste des animaux et les vices rédhibitoires, qui seuls, donneront lieu à l'action en garantie.

Comme nous l'avons vu dans les articles précédents, l'action en garantie donne à l'acheteur le choix entre une demande en résolution de la vente ou d'une demande en réduction du prix et elle n'a lieu qu'en cas de vente ou d'échange.

Le vendeur peut toujours arrêter l'action en réduction en offrant de reprendre l'animal et en restituant à l'acheteur le prix et les frais occasionnés par l'achat ; la vente d'un animal entaché d'un vice rédhibitoire ne donnant pas lieu à une action publique du ministère et la loi ne prononçant pas de peine contre le vendeur.

Loi du 21 Juillet 1881

*concernant les maladies contagieuses des animaux
et les mesures sanitaires qui leur sont applicables :*

La loi de 1881 sur la police sanitaire des animaux a pour but de protéger la santé publique, d'assurer la conservation d'une richesse nationale et de favoriser le commerce honnête en réprimant la vente d'animaux malades.

Article 1er. — Les maladies des animaux qui sont réputées contagieuses et qui donnent lieu à l'application des dispositions de la présente loi sont : *La peste bovine* dans toutes les espèces de ruminants ; la *péripneumonie contagieuse* dans l'espèce bovine ; — la *clavelée* et la *gale* dans les espèces ovine et caprine ; — la *fièvre aphteuse* dans les espèces bovine, ovine, caprine et porcine ; — la *morve*, le *farcin*, la *dourine* dans les

espèces chevaline et asine ; — la *rage* et le *charbon* dans toutes les espèces

Article 2. — Un décret du Président de la République,
rendu sur le rapport du Mininistre de l'Agriculture, après avis du
comité consultatif des épizooties, pourra ajouter à la momencla-
ture des maladies réputées contagieuses dans chacune des espèces d'animaux énoncées ci-dessus, toutes autres maladies contagieuses dénommées ou non qui prendraient un caractère dangereux. Les dispositions de la présente loi pourront être
étendues par un décret rendu dans la même forme, aux animaux d'espèces autres que celles ci-dessus désignées.

Article 3 — Tout propriétaire, toute personne ayant à
quelque titre que ce soit, la charge des soins ou la garde d'un
animal atteint ou soupçonné d'être atteint d'une maladie contagieuse, dans les cas prévus par les articles 1er et 2, est tenu d'en
faire sur-le-champ la déclaration au maire de la commune où
se trouve cet animal. — Sont également tenus de faire cette
déclaration, tous les vétérinaires qui seraient appelés à le soigner.
— L'animal atteint ou soupçonné d'être atteint de l'une des
maladies spécifiées dans l'article 1er devra être immédiatement
et avant même que l'autorité administrative ait répondu à l'aver-
tissement, séquestré, séparé et maintenu isolé autant que possible des autres animaux susceptibles de contracter cette maladie.
— Il est interdit de le transporter avant que le vétérinaire
délégué par l'administration l'ait examiné. La même interdiction
est applicable à l'enfouissement, à moins que le maire, en cas
d'urgence, n'en ait donné l'autorisation spéciale.

Article 4 — Le maire devra, dès qu'il aura été prévenu,
s'assurer de l'accomplissement des prescriptions contenues dans
l'article précédent et y pourvoir d'office s'il y a lieu. — Aussitôt
que la déclaration prescrite par le paragraphe 1er de l'article
précédent a été faite, ou à défaut de déclaration, dès qu'il a
connaissance de la maladie, le maire fait procéder sans retard
à la visite de l'animal malade ou suspect, par le vétérinaire

36

chargé de ce service. Ce vétérinaire constate et, au besoin, prescrit la complète exécution des dispositions du troisième alinéa de l'article 3 et les mesures de désinfection immédiatement nécessaires. — Dans le plus bref délai, il adresse son rapport au préfet.

Article 5. — Après la constatation de la maladie, le préfet statue sur les mesures à mettre à exécution dans le cas particulier, etc.

Article 6. — Lorsqu'un arrêté du préfet a constaté l'existence de la peste bovine dans une commune, les animaux qui en sont atteints et ceux de l'espèce bovine qui auraient été contaminés, alors même qu'ils ne présenteraient aucun signe apparent de maladie, sont abattus par ordre du maire conformément à la proposition du vétérinaire délégué et après évaluation.

Article 7. — Dans le cas prévu par l'article précédent, les animaux malades sont abattus sur place, sauf le cas où le transport du cadavre au lieu de l'enfouissement sera déclaré par le vétérinaire plus dangereux que celui de l'animal vivant; le transport en vue de l'abattage peut être autorisé par le maire conformément à l'avis du vétérinaire délégué, pour ceux qui ont été seulement contaminés.

Article 8. — Dans le cas de morve constatée, et dans le cas de farcin, de charbon, si la maladie est jugée incurable par le vétérinaire délégué, les animaux doivent être abattus sur ordre du maire. — S'il y a contestation entre le vétérinaire délégué et le vétérinaire traitant, le préfet en désigne un troisième, qui prononce sans appel.

Article 9. — Dans le cas de péripneumonie contagieuse, le préfet devra ordonner l'abattage, dans le délai de deux jours, des animaux reconnus atteints de cette maladie par le vétérinaire délégué, et l'inoculation des animaux d'espèce bovine, dans les localités reconnues infectées de cette maladie.

Article 10. — La rage, lorsqu'elle est constatée chez les

animaux de quelque espèce qu'ils soient, entraîne l'abattage, qui ne peut être différé sous aucun prétexte.

Article 11. — Dans les épizooties de clavelée, le préfet peut, par arrêté pris sur l'avis du Comité consultatif des épizooties. ordonner la clavelisation des troupeaux infectés. — La clavelisation ne devra pas être exécutée sans autorisation du préfet.

Article 12. — L'exercice de la médecine dans les maladies contagieuses des animaux est interdit à quiconque n'est pas pourvu du diplôme de vétérinaire.

Article 13. — La vente ou la mise en vente des animaux atteints ou soupçonnés d'être atteints de maladies contagieuses est interdit.

Article 14. — La chair des animaux morts de maladies contagieuses, quelles qu'elles soient, ou abattus comme atteints de la peste bovine, de la morve, du farcin, du charbon et de la rage, ne peut être livrée à la consommation. — Les cadavres ou débris des animaux morts de la peste bovine et du charbon, ou abattus comme atteints de ces maladies, devront être enfouis avec la peau tailladée, à moins qu'ils ne soient envoyés à un atelier d'équarrissage régulièrement autorisé.

Article 15. — La chair des animaux abattus comme ayant été en contact avec des animaux atteints de la peste bovine peut être livrée à la consommation, mais leurs peaux, abats et issues ne peuvent être sortis du lieu de l'abattage qu'après avoir été désinfectés.

Indemnités.

Article 17. — Il est alloué aux propriétaires des animaux abattus pour cause de peste bovine, en vertu de l'article 7, une indemnité des trois quarts de leur valeur avant la maladie. — Il est alloué aux propriétaires d'animaux abattus pour cause de péripneumonie contagieuse ou morts par suite d'inoculation, en vertu de l'article 9, une indemnité ainsi réglée : — La moitié de leur valeur avant la maladie, s'ils en sont reconnus atteint ; — Les trois quarts, s'ils ont seulement été contaminés ; — la totalité, s'ils sont morts des suites de l'inoculation de la péripneumonie contagieuse. — L'indemnité à accorder ne peut dépasser la somme de 400 fr. pour la moitié de la valeur de l'animal ; celle de 600 fr. pour les trois quarts, et celle de 800 fr. pour la totalité de sa valeur.

Article 18. — Il n'est alloué aucune indemnité aux propriétaires d'animaux importés des pays étrangers, abattus pour cause de péripneumonie contagieuse dans les trois mois qui ont suivi leur introduction en France.

Article 19. — Lorsque l'emploi des débris d'un animal abattu pour cause de peste bovine ou de péripneumonie contagieuse a été autorisé pour la consommation ou en usage industriel, le propriétaire est tenu de déclarer le produit de la vente de ces débris. Ce produit appartient au propriétaire jusqu'à concurrence de la valeur laissée à sa charge, l'excédent appartient à l'État.

Article 20. — Avant l'abattage, il est procédé à une évaluation des animaux par le vétérinaire délégué et un expert désigné par la partie. — Il est dressé un procès-verbal de l'expertise ; le maire et le juge de paix le contresignent et donnent leur avis.

Article 21. — La demande d'indemnité doit être adressée au Ministre de l'Agriculture dans le délai de trois mois, à dater du jour de l'abattage, sous peine de déchéance.

Article 22. — Toute infraction aux dispositions de la présente loi ou des règlements rendus pour son exécution peut entraîner la perte de l'indemnité.

Article 23. — Il n'est alloué aucune indemnité aux propriétaires des animaux abattus par suite de maladies contagieuses, autres que la peste bovine, et la péripneumonie contagieuse dans les conditions spéciales indiquées dans l'article 9.

Pénalités.

Article 30. — Toute infraction aux dispositions des articles 3, 5, 6, 9, 10, 11 de la présente loi sera punie d'un emprisonnement de six jours à deux mois et d'une amende de 16 à 400 francs.

Article 31. — Seront punis d'un emprisonnement de deux mois à six mois et d'une amende de 100 à 1000 francs : — 1° Ceux qui, au mépris des défenses de l'administration, auront laissé leurs animaux infectés communiquer avec d'autres ; — 2° Ceux qui auraient vendu ou mis en vente des animaux qu'ils savaient atteints ou soupçonnés d'être atteints de maladies contagieuses ; — 3° Ceux qui, sans permission de l'autorité, auront déterré ou sciemment acheté des cadavres ou débris d'animaux morts de maladies contagieuses quelles qu'elles soient ou abattus comme atteints de la peste bovine, du charbon, de la morve, du farcin et de la rage ; — 4° Ceux qui, même avant l'arrêté d'interdiction, auront importé en France des animaux qu'ils savaient atteints de maladies contagieuses ou avoir été exposés à la contagion.

Article 32. — Seront punis d'un emprisonnement de six mois à trois ans et d'une amende de 100 fr à 2000 fr. . — 1° Ceux qui auront vendu ou mis en vente de la viande provenant d'animaux qu'ils savaient morts de maladies contagieuses quelles qu'elles soient, ou abattus comme atteints de la peste bovine, du charbon, de la morve, du farcin et de la rage : — 2° Ceux qui se seront rendus coupables des délits prévus par les articles précédents, s'il est résulté de ces délits une contagion parmi les autres animaux.

Décret du 22 Juin 1882

*portant règlement d'administration publique
sur la police sanitaire des animaux.*

Mesures communes à toutes les maladies contagieuses.

Article 1er. — Lorsqu'une maladie contagieuse est signalée dans une commune, le maire en informe, dans les vingt-quatre heures, le préfet du département et lui fait connaître les mesures et les arrêtés qu'il a pris conformément à la loi sur la police sanitaire et au présent règlement d'administration publique, pour empêcher l'extension de la contagion. Le préfet accuse réception au maire dans le même délai et prend un arrêté pour prescrire les mesures à mettre à exécution. — Les arrêtés des maires et des préfets sont transmis, sans délai, au Ministre de l'Agriculture, qui peut prendre par un arrêté spécial, des mesures applicables à plusieurs départements,

Article 2. — Les arrêtés pris par le maire sont exécutoires, même avant l'approbation du Préfet.

Article 3. — Dans le cas où un animal atteint ou soupçonné d'être atteint d'une maladie contagieuse meurt ou est abattu avant la déclaration prescrite par l'art. 3 de la loi sur la police sanitaire, le maire commet un vétérinaire à l'effet de constater la nature de la maladie. Le procès-verbal de constatation est remis au maire qui transmet sans retard une copie au Préfet. — Le vétérinaire délégué, chef du service sanitaire du département, est envoyé sur place, s'il y a lieu, pour vérifier les constatations de son collègue.

Article 4. — Les cadavres ou parties de cadavres des animaux morts de maladies contagieuses ou abattus comme atteints de ces maladies doivent être conduits à l'atelier d'équarrissag e, s'il s'en trouve un dans la commune — S'il n'y a pas d'atelier d'équarrissage, le maire prescrit l'enfouissement dans le terrain du propriétaire ; l'emplacement doit être agréé par le maire. — A défaut de terrain appartenant au propriétaire, l'enfouissement a lieu dans un terrain communal spécialement affecté à cet effet. Le terrain est entouré d'une clôture et il est interdit d'y faire paître les animaux. — Enfin si la commune elle-même ne possède pas d'emplacements appropriés, les cadavres sont détruits sur place ou transportés à l'atelier d'équarrissage le plus voisin. — Dans les cas d'enfouissement, les fosses ont une profondeur suffisante pour qu'il y ait au-dessus du corps une couche de terre de 1^m50 au moins.

Article 5. — Les locaux, cours, enclos, herbages où ont séjourné les animaux atteints de maladies contagieuses doivent être désinfectés.

Article 6 — Il est interdit, sous aucun prétexte, de conduire, même pendant la nuit, aux abreuvoirs communs les animaux atteints de maladies contagieuses et ceux qui ont été exposés à la contagion.

Indemnités.

Article 65. — Dans le cas d'abattage pour cause de peste bovine ou de péripneumonie contagieuse prévu par les art. 7 et 9 de la loi, ou dans le cas d'inoculation prévu par le même art. 9 (loi du 21 Juillet 1881), le procès-verbal d'estimation des animaux est immédiatement dressé et déposé à la mairie. Le maire, après l'avoir contresigné et fait contresigner par le juge de paix, le transmet au préfet dans les cinq jours de sa date.

Article 66. — A ce procès-verbal sont jointes les pièces suivantes : — 1° La demande d'indemnité formée par le propriétaire ; 2° Une copie, certifiée conforme par le maire, de l'ordre d'abattage ou d'inoculation ; 3° Un certificat du maire attestant que l'ordre d'abattage a reçu son exécution ; ou dans le cas de mort par suite de l'inoculation de la péripneumonie, un certificat du vétérinaire attestant que l'inoculation est réellement la cause de la mort ; ce dernier certificat doit être visé par le maire ; 4° Une copie certifiée de la déclaration, faite à la mairie par le propriétaire, de l'apparition de la maladie dans ses étables ou bergeries ; 5° Un certificat du maire constatant que le propriétaire s'est conformé à toutes les autres prescriptions de la loi ; 6° Une déclaration du propriétaire faisant connaître le produit de la vente des animaux ou de leur chair ou débris. — A ces pièces doivent être joints le procès-verbal d'autopsie des animaux pour la perte desquels l'indemnité est réclamée et un certificat d'origine constatant qu'ils n'ont pas été introduits en France dans les trois mois qui ont précédé l'abattage.

Loi du 2 Août 1884

concernant les vices rédhibitoires dans la vente et échanges d'animaux domestiques.

Article 1er. — L'action en garantie, dans les ventes ou échanges d'animaux domestiques, sera régie, à défaut de conventions contraires, par les dispositions suivantes, sans préjudice des dommages et intérêts qui peuvent être dus s'il y a dol.

Article 2. — Sont réputés vices rédhibitoires et donneront seuls ouverture aux actions résultant des articles 1641 et suivants du code civil, sans distinction des localités où les ventes et échanges auront lieu, les maladies ou défauts ci-après, savoir :

Pour le cheval, l'âne et le mulet.

La *morve*, le *farcin*, l'*immobilité*, l'*emphysème pulmonaire*, le *cornage chronique*, le *tic* proprement dit, avec ou sans usure des dents ; les *boiteries anciennes intermittentes*, la *fluxion périodique des yeux*.

Pour l'espèce ovine.

La *clavelée ;* cette maladie reconnue chez un seul animal entraîne la rédhibition de tout le troupeau s'il porte la marque du vendeur.

Pour l'espèce porcine.

La *ladrerie.*

Article 3. — L'action en réduction de prix, autorisée par l'art. 1644 du code civil, ne pourra être exercée dans les ventes et échanges d'animaux énoncés à l'article précédent lorsque le vendeur offrira de reprendre l'animal vendu, en restituant le prix et en remboursant à l'acquéreur les frais occasionnés par la vente

Article 4. — Aucune action en garantie, même en réduction de prix, ne sera admise pour les ventes ou pour les échanges d'animaux domestiques, si le prix, en cas de vente, ou la valeur en cas d'échange, ne dépasse pas 100 francs.

Article 5. — Le délai pour intenter l'action rédhibitoire sera de neuf jours francs. non compris le jour fixé pour la livraison, excepté pour la fluxion périodique, pour laquelle ce délai sera de trente jours, non compris le jour fixé pour la livraison.

Article 6. — Si la livraison de l'animal a été effectuée hors du lieu du domicile du vendeur ou si, après la livraison et dans le délai ci-dessus, l'animal a été conduit hors du lieu du domicile du vendeur, le délai pour intenter l'action sera augmenté en raison de la distance. suivant les règles de la procédure civile.

Article 7 — Quel que soit le délai pour intenter l'action, l'acheteur, à peine d'être non recevable, devra provoquer, dans les délais de l'art 5, la nomination d'experts, chargés de dresser procès-verbal ; la requête sera présentée, verbalement ou par écrit, au juge de paix du lieu où se trouve l'animal ; ce juge constatera dans son ordonnance la date de la requête et nommera immédiatement un ou trois experts qui devront opérer dans le plus bref délai. — Ces experts vérifieront l'état de l'animal, recueilleront tous les renseignements utiles, donneront leur avis et, à la fin de leur procès-verbal, affirmeront, par serment, la sincérité de leurs opérations.

Article 8. — Le vendeur sera appelé à l'expertise, à moins qu'il n'en soit autrement ordonné par le juge de paix, à raison de l'urgence et de l'éloignement. — La citation à l'expertise devra être donnée au vendeur dans les délais déterminés par les articles 5 et 6 ; elle énoncera qu'il sera procédé même en son absence. — Si le vendeur a été appelé à l'expertise, la demande pourra être signifiée dans les trois jours à compter de la clôture du procès-verbal, dont copie sera signifiée en tête de l'exploit. — Si le vendeur n'a pas été appelé à l'expertise, la demande devra être faite dans les délais fixés par les art. 5 et 6.

Article 9 — La demande est portée devant les tribunaux compétents, suivant les règles ordinaires du droit. — Elle est dispensée de tout préliminaire de conciliation et, devant les tribunaux civils, elle est instruite et jugée comme matière sommaire.

Article 10 — Si l'animal vient à périr, le vendeur ne sera pas tenu de le garantir, à moins que l'acheteur n'ait intenté une action régulière dans le délai légal, et ne prouve que la perte de l'animal provient de l'une des maladies spécifiées dans l'article 2.

Article 11. — Le vendeur sera dispensé de la garantie résultant de la morve et du farcin pour le cheval, l'âne et le mulet, et de la clavelée pour l'espèce ovine, s'il prouve que l'animal, depuis la livraison a été mis en contact avec des animaux atteints de ces maladies.

Article 12. — Sont abrogés tous réglements imposant une garantie exceptionnelle aux vendeurs d'animaux destinés à la boucherie. Sont également abrogées la loi du 20 mai 1838 et toutes les dispositions contraires à la présente loi.

Décret du 28 Juillet 1888

ajoutant de nouvelles maladies à la nomenclature des maladies des animaux qui sont réputées contagieuses.

Article 1er. — Sont ajoutées à la nomenclature des maladies des animaux qui sont réputées contagieuses et qui donnent lieu à l'application des dispositions de la loi du 21 Juillet 1881 : — Le *charbon symptomatique ou emphysémateux* et la *tuberculose* dans l'espèce bovine. — Le *rouget* et la *pneumo-entérite infectieuse* dans l'espèce porcine.

Un **arrêté** ministériel en date du 28 Juillet 1888 détermine celles des dispositions du décret du 22 Juin 1882 à appliquer pour combattre les nouvelles maladies contagieuses ; telles sont : la surveillance des animaux par un vétérinaire sanitaire ; la destruction des cadres et des litières, la désinfection des locaux où ont séjourné des animaux malades.

À propos de la *tuberculose* il est dit :

Tout animal reconnu tuberculeux est isolé et séquestré. L'animal ne peut être déplacé si ce n'est pour être abattu. L'abattage a lieu sous la surveillance du vétérinaire sanitaire qui fait l'autopsie de l'animal et envoie au préfet le procès-verbal de cette opération dans les cinq jours qui suivent l'abattage.

Les viandes provenant d'animaux tuberculeux sont exclues de la consommation ; 1° Si les lésions sont généralisées, c'est-à-dire non confinées exclusivement dans les organes viscéraux et leurs ganglions lymphatiques ; 2° Si les lésions, bien que localisées, ont envahi la plus grande partie d'un viscère, où se traduisent par une éruption sur les parois de la poitrine ou de la cavité abdominale. — Ces viandes, exclues de la consommation ainsi que les viscères tuberculeux, ne peuvent servir à l'alimentation des animaux et doivent être détruites.

L'utilisation des peaux n'est permise qu'après désinfection.

La vente et l'usage du lait provenant de vaches tuberculeuses sont interdits.

Si on compare la liste des maladies contagieuses énumérées dans la loi de 1881 et le décret de 1888 avec la liste des vices rédhibitoires de la loi de 1884 on constate que la *morve* et le *farcin* chez le cheval, l'âne et le mulet et la *clavelée* dans l'espèce ovine figurent dans les deux listes et sont à la fois maladies contagieuses et vices rédhibitoires. — Il résulte de là des contradictions dans l'application de ces lois qui édictent des procédures, des délais et des actions différentes.

Une nouvelle loi devait faire cesser cet état de choses, la loi du 31 Juillet 1895 l'a fait en supprimant de la liste des vices rédhibitoires la *morve*, le *farcin*, et la *clavelée* qui sont des maladies contagieuses soumises désormais à la loi de 1881.

Loi du 31 Juillet 1895

portant modification aux lois du 21 Juillet 1881
et du 2 Août 1884,
relative aux ventes et échanges d'animaux domestiques.

Article 1er. — L'article 13 de la loi du 21 Juillet 1881 est complété par les quatre paragraphes suivants: « Et si la vente a eu lieu, elle est nulle de droit, que le vendeur ait connu ou ignoré l'existence de la maladie dont son animal était atteint ou suspect. — Néanmoins, aucune déclaration de la part de l'acheteur, pour raison de la dite nullité, ne sera recevable lorsqu'il se sera écoulé plus de quarante-cinq jours depuis le jour de la livraison, s'il n'y a pas poursuite du ministère public.

— Si l'animal a été abattu, le délai est réduit à dix jours à partir du jour de l'abattage, sans que toutefois l'action puisse jamais être introduite après l'expiration du délai de garantie de cinq jours. En cas de poursuite du ministère public, la prescription ne sera opposable à l'action civile, comme au paragraphe précédent, que conformément aux règles du droit commun. — Toutefois, en ce qui concerne la tuberculose dans l'espèce bovine, la vente ne sera nulle que lorsqu'il s'agira d'un animal soumis à la séquestration ordonnée par les autorités compétentes.

Article 2. — L'article 2 de la loi du 2 août 1884 est modifié ainsi qu'il suit : sont réputés vices rédhibitoires, et donnent seuls ouverture aux actions résultant des articles 1641 et suivants du code civil, sans distinction des localités où les ventes et échanges auront lieu, les maladies ou défauts ci-après, savoir :

« Pour le cheval, l'âne et le mulet. — L'immobilité, l'enphysème pulmonaire, le cornage chronique, le tic proprement dit, avec ou sans usure de dents, les boiteries intermittentes, la fluxion périodique des yeux ; — Pour l'espèce porcine : la ladrerie.

La loi de 1895 a complété l'art. 13 de la loi du 21 Jui let 1881 en énumérant les conséquences que l'acheteur d'un animal dans ces conditions peut en tirer.

En ce qui concerne la tuberculose dans l'espèce bovine, l'acheteur d'un animal atteint de cette maladie ne peut demander la nullité de la vente qu'après avoir déclaré la maladie à l'autorité compétente et après que celle-ci aura ordonné la *séquestration* de l'animal malade.

Cette question de séquestration est très controversée sur l'application stricte de la loi de 1895. Doit-elle être *antérieure* ou *postérieure* à la vente ? Le *texte* de la loi donne toute latitude, mais *l'esprit* conforme au bon sens semble exclure la *séquestration antérieure ;* on ne s'explique pas comment un animal soumis à la séquestration pourrait être *vendu*, la chose étant illicite et sous le coup du ministère public.

Néanmoins des jugements ont été rendus dans ce sens. Nous allons citer à titre de curiosité celui du tribunal de paix de Navarreux du 20 Janvier 1896.

Cédassé contre Ladousse et Testegutte.

Ainsi jugé dans les circonstances suivantes·

Le 11 Décembre 1895, le sieur Ladousse a vendu à un sieur Cédassé une vache pour le prix de 150 francs : Ladousse l'avait acheté à un sieur Testegutte le 27 novembre précédent. Le 6 Janvier 1896, un arrêté du Préfet ordonne la séquestration de cette vache comme atteinte de tuberculose.

Le 17 Janvier, Cédassé cite Ladousse en nullité de la vente, et le 20 Janvier, Ladousse cite Testegutte en garantie. Le jugement de cette affaire a été rendu dans les termes suivants :

« Attendu que la loi du 31 Juillet porte en termes formels : » Toutefois, en ce qui concerne la tuberculose dans l'espèce bovine, la vente ne sera nulle que lorsqu'il s'agira d'un animal soumis à la séquestration ordonnée par l'autorité compétente. »

« Que ce paragraphe entache de nullité la vente et rien que la vente d'un animal soumis à la séquestration; que certains interprétateurs veulent faire dire à ce texte que la vente sera nulle lorsque l'animal aura été séquestré *postérieurement* à la vente ; mais que cette interprétation est en contradiction avec l'esprit de la loi de 1895 qui a créé une exception formelle en ce qui concerne la race bovine et a édicté que la mise hors commerce pour les bovidés n'existerait qu'après l'intervention de la puissance publique; que, tandis qu'en ce qui concerne tous les autres animaux, la vente est nulle de plein droit s'il s'agit d'un animal atteint de maladie contagieuse, le vendeur connaissant ou ne connaissant pas l'existence de la maladie; il n'y a nullité de vente, au contraire, quand il s'agit de bovidés, que lorsque la vente a porté sur un animal soumis à la séquestration par l'autorité compétente :

« Que ce texte exigeant, pour qu'il y ait nullité de vente, que le bovidé soit frappé de séquestration au *moment de la vente*, et, dans l'espèce, cette séquestration n'ayant eu lieu que *postérieurement* à la vente ; il n'y a pas lieu de prononcer la nullité :

« Par ces motifs, rejette...».

Le tribunal civil de Paris a rendu un jugement dans un sens contraire à celui que nous venons de reproduire ; nous nous rangeons volontiers de son côté, car dans ses motifs nous voyons percer la clairvoyance du juge, sa bonne foi, la justesse de son raisonnement et le bon sens. Nous ne pouvons résister au désir de donner quelques passages de ce jugement.

En droit :

« Attendu qu'il est de principe que la vente ou la mise en vente des animaux atteints ou soupçonnés d'être atteints de maladies contagieuses est interdite, c'est-à-dire que les animaux ainsi contaminés sont hors de commerce.

Que si la vente a eu lieu, cette vente est nulle de droit, que le vendeur ait connu etc...

« Qu'il est constant que la tuberculose, dans l'espèce bovine, est considérée comme maladie contagieuse ;

« Attendu, toutefois, en ce qui touche la tuberculose dans l'espèce bovine, qu'aux termes de l'art. 13 de la loi du 21 juillet 1881, *complété* par la loi du 31 Juillet 1895, la vente ne doit être frappée de nullité que lorsqu'il s'agit d'un animal soumis à la séquestration ordonnée par les autorités compétentes ;

« Attendu que pour se soustraire à l'action dirigée contre lui, Mazonnabe fait valoir et plaider que la loi nouvelle, en employant ces mots: « *soumis à la séquestration* », n'a pu viser que les animaux se trouvant, au moment de la vente, dans les conditions de séquestration indiquées, et non ceux qui pourraient y être plus tard ;

« Qu'il soutient que le législateur de 1895 a proclamé de la sorte, la liberté des ventes et échanges, pour tous les bovidés *non soumis à une séquestration antérieure et préalable ;*

« Mais attendu que l'amendement de 1895 comporte deux interprétations différentes et contraires :

« Qu'il a été voté sans discussion ;

Que si les auteurs de l'amendement n'ont eu en vue que la séquestration ordonnée *antérieurement à la vente.* le rapporteur au sénat a visé une séquestration pouvant être ordonnée *ultérieurement à la vente.*

« Qu'ainsi le Tribunal est forcément conduit à interpréter la loi ; Attendu que le juge, se rappelant que le Législateur a voulu empêcher la propagation des maladies contagieuses et le trafic des viandes malsaines, doit concilier, dans la mesure du possible, ces grands intérêts en présence.

« Qu'il est à considérer, d'autre part, que si la loi nouvelle n'avait prononcé la nullité de la vente que pour les animaux *déjà soumis* à la séquestration, cette loi demeurerait à peu près inapplicable :

« Qu'il faut reconnaître que la vente d'un animal séquestré est, pour ainsi dire, irréalisable :

« Que l'on s'explique mal qu'un pareil animal puisse trouver acquéreur ;

« Que, dans les cas, le vendeur ferait un acte nul et

s'exposerait aux pénalités de l'art. 31 de la loi de 1881 .
etc., etc.

Par ces motifs . condamne Mazonnabe. . . .

La Cour de Paris par un avis rendu le 24 Mars 1896 a
confirmé ce jugement.

Arrêté

réglant les saisies des viandes en cas de tuberculose.

Le Ministre de l'Agriculture,

Vu la loi du 21 juillet 1881 ;

Vu le décret du 22 juin 1882;

Vu le décret du 28 juillet 1888 ;

Vu l'article XI de l'arrêté ministériel du 28 Juillet 1888
qui détermine les cas dans lesquels les viandes provenant
d'animaux tuberculeux doivent être exclues de la consommation ;

Vu l'avis du comité consultatif ;

Sur le rapport du directeur de l'Agriculture.

ARRÊTE :

Art. 1er. — L'article XI de l'arrêté ministériel du 28
Juillet 1888 est modfié ainsi qu'il suit :

Les viandes provenant d'animaux tuberculeux sont
saisies et exclues en totalité ou en partie de la consommation suivant la nature et l'étendue des lésions consta-
tées, ainsi qu'il est ci-dessous déterminé. Elles sont saisies et exclues en totalité de la consommation :

1° Quand les lésions tuberculeuses, quelle que soit leur
importance, sont accompagnées de maigreur ;

2° Quand il existe des tubercules dans les muscles ou
les ganglions intra-musculaires ;

3° Quand la généralisation de la tuberculose se traduit
par des éruptions miliaires de tous les parenchymes et
notamment de la rate ;

4° Quand il existe des lésions tuberculeuses importantes à la fois sur les organes de la cavité thoracique et sur ceux de la cavité abdominale.

Elles sont saisies et exclues en partie de la consommation :

1° Quand la tuberculose est localisée soit à la cavité thoracique, soit à la cavité abdominale ;

2° Quand les lésions tuberculeuses, bien qu'existant à la fois dans la cavité thoracique et dans la cavité abdominale, sont peu étendues.

La saisie et l'exclusion de la consommation ne portent, dans ce cas, que sur les portions de viande (parois costales ou abdominales) qui sont directement en contact avec les parties malades de la plèvre ou du péritoine.

Dans tous les cas les organes tuberculeux sont saisis et détruits quelle que soit l'étendue de la lésion.

Art. 2. — Les Préfets des départements sont chargés, chacun en ce qui les concerne, de l'exécution du présent arrêté.

Fait à Paris, le 28 Septembre 1896.

Jules MÉLINE.

Instructions ministérielles.

Mesures sanitaires à appliquer à propos de la tuberculose (Août 1897).

Monsieur le Préfet,

A diverses reprises mon administration a été consultée sur la question de savoir quelles mesures sanitaires il convient d'appliquer :

1° Aux animaux de l'espèce bovine qui ont cohabité avec un animal tuberculeux.

2° A ceux qui, sans présenter aucun symptôme de tuberculose, ont simplement « réagi » à l'épreuve de la tuberculine.

Avec le Comité des épizooties que j'ai saisi de la question, j'estime qu'en l'état actuel de la législation aucun texte ne donne à l'autorité administrative le droit de prescrire une mesure quelconque à l'égard de l'une ou de l'autre des catégories d'animaux dont il s'agit.

En effet, l'arrêté du 28 juillet 1888 qui prescrit les mesures à prendre en cas de tuberculose ne renferme aucune disposition applicable aux animaux ayant cohabité avec les malades. Les mesures rigoureuses qu'il édicte visent les seuls « animaux reconnus tuberculeux » et, par cette expression, il faut entendre uniquement ceux chez lesquels la maladie se traduit par des signes cliniques, c'est-à-dire par des signes extérieurs suffisants pour que le vétérinaire puisse affirmer son existence. Il faut remarquer qu'en 1888, les vétérinaires n'avaient pas d'autre moyen de faire le diagnostic de la tuberculose, la tuberculine étant encore inconnue. Les prescriptions de l'arrêté du 28 juillet 1888 ne sauraient donc être appliquées aux animaux qui ne présentent aucun des signes cliniques de la tuberculose et chez lesquels la maladie n'a pu être reconnue que par la réaction de la tuberculine.

Vous voudrez bien rappeler aux agents du service vétérinaire que l'épreuve de la tuberculine ne peut être appliquée, même dans une étable où la tuberculose a été constatée, qu'avec le *consentement* du propriétaire.

J'ajouterai que chaque fois que la tuberculose aura été constatée sur un animal de l'espèce bovine, que cet animal soit encore vivant ou qu'il ait été livré à la boucherie ou à l'équarrissage, il y aura lieu de faire visiter, par le vétérinaire sanitaire, les animaux qui ont cohabité avec le malade. Si l'examen clinique permet d'affirmer que certains de ces animaux sont tuberculeux, il leur sera fait application des dispositions de l'arrêté du 28 juillet 1888. Aucune mesure sanitaire ne pourra être prescrite contre les autres bovidés habitant la même étable, alors même que le propriétaire aurait consenti à l'emploi de la tuberculine et que certains d'entr'eux auraient éprouvé la réaction caractéristique ; enfin je le répète, *en aucun cas*, l'injection ne pourra être pratiquée sans l'assentiment du propriétaire.

J'attire, Monsieur le Préfet, toute votre attention sur ces instructions et je vous prie de les porter, dans le plus bref délai possible, à la connaissance du service vétérinaire.

Le Président du Conseil, Ministre de l'Agriculture,
J. MÉLINE.

Viandes saisies pour cause de tuberculose. — Indemnités.

(Exécution de la loi de finances du 13 avril 1898).

La loi de finances du 13 avril 1898 contient en son article 81 les dispositions suivantes :

« Dans le cas de saisie de viande pour cause de tuberculose, des indemnités sont accordées aux propriétaires qui se sont conformés aux prescriptions des lois et règlements sur la police sanitaire.

« Le montant de cette indemnité sera égal à la moitié de la valeur de la viande saisie en cas de tuberculose généralisée, aux trois quarts de cette valeur dans le cas de tuberculose localisée.

« L'indemnité sera égale à la totalité de la valeur de l'animal abattu par mesure administrative, s'il résulte de l'abatage que cet animal n'était pas atteint de tuberculose. Dans le dernier cas, la valeur de la viande vendue par les soins du propriétaire, sous le contrôle du Maire, sera déduite de l'indemnité prévue. »

Le législateur, en accordant des indemnités pour les viandes tuberculeuses saisies, a voulu inciter les propriétaires à envoyer à l'abattoir leurs animaux atteints de tuberculose, animaux qui sont une menace pour les troupeaux sains et présentent des dangers de contagion pour l'espèce humaine. C'est pour répondre à cette préoccupation que le parlement n'a accordé d'indemnités que pour les saisies de viandes qui proviennent d'animaux de l'espèce bovine dont les propriétaires se sont conformés aux prescriptions des lois et règlements sur la police sanitaire.

Dans le dernier paragraphe de l'article 81, le Parlement a prévu des indemnités pour les animaux abattus par mesure administrative. Cette disposition a été introduite dans la loi afin de pouvoir accorder des indemnités dans le cas d'abatage des animaux, cas qui était prévu dans le projet de Code rural discuté devant les Chambres en même temps que la loi de finances de 1898. Mais le Parlement n'ayant pas encore adopté le projet en question. il en résulte que la dernière disposition contenue dans l'article 81 ne trouve pas actuellement son application, attendu qu'au·une loi existante n'autorise l'abatage par mesure administrative des animaux pour cause de tuberculose.

L'adoption du Code rural aurait entraîné l'établissement d'un règlement d'administration publique qui, entre autres dispositions, aurait réglementé la question des saisies de viande. A son défaut j'estime qu'il convient de faire application dès maintenant de l'article 81 dans la mesure où il peut l'être et, à cet effet, je vous adresse à titre provisoire des instructions pour déterminer les conditions dans lesquelles doivent être accordées les indemnités pour saisies de viandes. Je me suis inspiré, pour cette réglementation, des prescriptions qui ont été adoptées précédemment pour les indemnités en cas de peste bovine et de péripneumonie contagieuse.

Le paragraphe 1 de la loi de finances n'accorde d'indemnités qu'aux propriétaires qui se sont conformés aux lois et règlements sur la police sanitaire.

Aux termes des dispositions contenues dans notre législation sanitaire, tout propriétaire, qui soupçonne ses animaux d'être atteints de tuberculose, doit en faire la déclaration au Maire de sa commune. Lorsque la tuberculose, est constatée, le Préfet prend un arrêté pour mettre ces animaux sous la surveillance du vétérinaire sanitaire. Les animaux reconnus tuberculeux sont isolés et séquestrés ; ils ne peuvent être déplacés si ce n'est pour être abattus, L'abatage a lieu sous la surveillance du vétérinaire sanitaire qui fait l'autopsie de l'animal et envoie au Préfet le procès-verbal de cette opération dans les cinq jours qui suivent l'abatage.

Sur la demande du propriétaire, l'abatage peut avoir lieu dans l'abattoir le plus voisin ; mais, dans ce cas, le déplacement de l'animal n'est effectué que sous les garanties exigées par l'article 30 du règlement d'administration publique du 22 juin 1882, c'est-à-dire qu'il est délivré par le Maire un laissez-passer qui doit lui être retourné dans le délai de cinq jours revêtu de l'attestation du vétérinaire chargé de la surveillance de l'abattoir que l'animal a bien été abattu.

Si l'examen d'un animal sacrifié dans ces conditions donne lieu à l'application de l'article 2 de l'arrêté du 28 juillet 1888, modifié par l'arrêté du 28 septembre 1896, il devra être dressé un procès-verbal de saisie et d'estimation des parties exclues de la consommation.

Ce procès-verbal de saisie et d'estimation sera donc établi, soit par le vétérinaire sanitaire, soit par le vétérinaire inspecteur de l'abattoir.

Il devra porter le nom et le domicile du propriétaire ; la date du laissez-passer du Maire de la commune où l'animal était séquestré lorsque cet animal aura été déplacé pour être abattu ; l'étendue de la maladie, c'est-à-dire si elle était localisée ou généralisée, la nature des morceaux saisis ; leur poids et leur valeur.

Pour simplifier les écritures, le procès-verbal devra être établi conformément au modèle (A) ci-joint.

Le vétérinaire, pour terminer la valeur des parties saisies, tiendra compte de la qualité marchande de l'animal et du prix de la catégorie à laquelle appartiennent les morceaux saisis, au cours du jour.

Le procès-verbal devra être approuvé du propriétaire ; si ce dernier était absent ou refusait d'accepter l'évaluation du vétérinaire, il en serait fait mention.

Ce procès-verbal sera établi en deux exemplaires originaux. L'un sera remis à l'intéressé, l'autre après avoir été visé par le Maire de la commune où l'animal a été abattu vous sera adressé par ses soins dans les cinq jours qui suivront la saisie.

Les indemnités ne peuvent être accordées que sur la demande des intéressés ; c'est auprès de vous que ceux-ci auront à se pouvoir ; ils devront vous adresser leur demande, visée par le Maire de leur commune, dans le délai maximum de trois mois

Vous voudrez donc bien constituer, pour chaque affaire un dossier comprenant avec la demande du propriétaire :

1° Une copie certifiée de la déclaration faite à la mairie par le propriétaire de l'apparition de la maladie dans ses étables ;

2° Le laissez-passer délivré par le Maire pour l'envoi de

l'animal à la boucherie lorsque l'animal aura été déplacé pour être abattu ;

3° Une copie de l'arrêté de séquestration ;

4° Le procès verbal de saisie et d'estimation établi comme il est dit ci-dessus et visé par le Maire ;

5° Un certificat attestant que la désinfection a été faite sous la surveillance du vétérinaire sanitaire

Je tiendrais à ce que les indemnités soient payées dans le plus bref délai possible. Aussi je vous laisse le soin d'en fixer le montant toutes les fois qu'elles ne dépasseront pas 100 francs Au-dessus de ce chiffre, je vous prierai de me transmettre les dossiers.

Pour les indemnités que vous aurez à régler, vous voudrez bien prendre un arrêté et toutes les pièces énoncées ci-dessus devront être jointes à l'appui du mandat que vous aurez à délivrer à chaque intéressé.

Je mettrai à votre disposition au commencement de chaque mois le crédit que vous estimerez nécessaire pour permettre le payement des indemnités à effectuer durant ce laps de temps. Dans le cas où il ne vous serait pas possible au début du fonctionnement du service de me renseigner à ce sujet, j'ordonnancerai à votre nom une somme égale à celle qui sera portée sur le premier état mensuel que vous me ferez parvenir.

Dans le cas où le propriétaire qui a livré l'animal à l'abattoir résiderait dans un département autre que celui où aura eu lieu la saisie, vous devrez transmettre le procès-verbal à votre collègue qui sera chargé de l'instruction de l'affaire, de la liquidation et du payement de l'indemnité.

Je vous prierai de m'adresser, au commencement de chaque mois, un état conforme au modèle (B), indiquant chacune des saisies opérées, dans les conditions de l'article 81 de la loi de finances, pendant la période mensuelle précédente. Vous voudrez bien indiquer dans la colonne observations les saisies qui n'ont pas eu de suite.

J'estime qu'il serait utile de porter à la connaissance des cultivateurs, par voie d'affiches, dans toutes les communes, les principales conditions à remplir pour avoir droit aux indemnités.

____

Exécution de l'article 36 du Code rural.

La loi du 21 juin 1898 sur le Code rural établit en son article 36 que :

« Dans les cas de morve et de farcin, de tuberculose « dûment constatés, les animaux doivent être abattus sur « ordre du maire.

« Quand il y a contestation sur la nature de la maladie « entre le vétérinaire sanitaire et le vétérinaire que le « propriétaire aurait fait appeler, le Préfet désigne un « troisième vétérinaire, conformément au rapport duquel « il est statué. »

D'autre part, il résulte de l'article 52 du Code rural et de l'article 81 de la loi de finances du 13 avril 1898, qu'au cas où l'autopsie de l'animal abattu par ordre démontrerait que cet animal n'était pas atteint de tuberculose, le propriétaire aurait droit à une indemnité égale à la totalité de la valeur de l'animal abattu diminuée du produit de la vente de la viande.

En attendant le règlement d'administration publique qui doit intervenir pour l'exécution du Code rural, dès que toutes ses dispositions auront été votées par le Parlement, il m'a paru qu'il y avait lieu de fixer dès à présent les conditions dans lesquelles devront être effectués les abatages d'animaux prescrits par l'article 36.

Cet article assimile complètement la tuberculose à la morve et au farcin et n'établit aucune différence entre ces maladies quant à la procédure à suivre en matière d'abatage. Il s'ensuit que pour la tuberculose comme pour la morve, l'abatage ne devra être prescrit que dans le cas seulement où la maladie sera dûment constatée, c'est-à dire quand elle s'accusera par des symptômes, par des signes cliniques résultant sans aucun doute de lésions organiques de nature tuberculeuse.

Quant aux bovidés qui auront réagi à la tuberculine sans présenter de signe clinique de la maladie, ils ne pourront en aucun cas faire l'objet d'un ordre d'abatage.

Le diagnostic de la tuberculose est difficile à établir, même à une période avancée de la maladie. Avant de demander l'abatage d'un animal suspect, le vétérinaire sanitaire devra donc s'assurer par tous les moyens dont il peut disposer que cet animal est réellement tuberculeux.

Dans la grande majorité des cas, l'injection de tuberculine lui permettra d'attribuer aux signes cliniques la signification qui leur appartient. Si dans ces conditions, l'animal suspect réagit nettement à la tuberculine il peut affirmer l'existence de la tuberculose.

Mais il arrive parfois que certains animaux tuberculeux ne donnent à l'épreuve de la tuberculine qu'une réaction douteuse, ébauchée en quelque sorte, ne permettant pas une conclusion ferme. Ce sont le plus souvent des animaux gravement tuberculeux arrivés à la dernière période de la maladie, phtisiques au sens propre du terme ; alors les symptômes de la maladie sont manifestes et le diagnostic peut être établi sans recourir à la tuberculine.

C'est dans ce cas surtout que le propriétaire et son vétérinaire pourront contester la nature de la maladie et s'opposer à l'abatage en se basant sur ce que l'animal n'aura pas réagi à la tuberculine. Vous devrez alors, conformément aux dispositions du deuxième paragraphe de l'article 36, faire trancher le différend par un troisième vétérinaire, qui me paraît, dans la circonstance, devoir être le vétérinaire délégué, chef du service sanitaire du département.

On évitera ainsi toute chance d'erreur de diagnostic et l'on sauvegardera tout à la fois les intérêts du propriétaire et ceux du Trésor public.

Néanmoins, il faut prévoir le cas où cette erreur en se produisant donnerait lieu à l'application du troisième paragraphe de l'article 81 de la loi de finances du 13 avril 1898.

A cet effet, l'exécution de l'ordre d'abatage devra être précédée de l'évaluation de l'animal faite par le vétérinaire sanitaire et un expert désigné par la partie ; à défaut d'expert, le vétérinaire sanitaire opérera seul.

Il sera dressé un procès-verbal de l'expertise et le maire ainsi que le juge de paix le contresigneront en donnant leur avis.

Dans le cas où l'autopsie démontrerait que l'animal abattu n'était pas atteint de tuberculose, le procès-verbal d'expertise devra être adressé dans un délai de trois mois à mon administration qui effectuera le règlement des indemnités.

Ce procès-verbal sera accompagné des pièces suivantes :

1° La demande d'indemnité formée par le propriétaire ;

2° Une copie certifiée conforme par le maire de l'ordre d'abatage ;

3° Un certificat constatant que l'ordre d'abatage a reçu son exécution ;

4° Une déclaration du propriétaire faisant connaître pour chaque tête de bétail abattu, le produit de la vente des animaux ou de leurs chairs et débris ; cette pièce doit être certifiée par le maire ou le vétérinaire inspecteur de l'abattoir dans lequel l'animal a été sacrifié.

Je vous prie de vouloir bien assurer dans votre département l'application des dispositions qui précèdent.

Exécution de l'article 41 de la loi]de finances du 30 mai 1899.

La loi de finances du 30 mai 1899 contient en son article 41 les dispositions suivantes :

« L'article 81 de la loi de finances du 13 avril 1898, accordant des indemnités dans le cas de saisie de viande et l'abatage d'animaux pour cause de tuberculose, est remplacé par les dispositions suivantes :

» Dans le cas de saisie de viande et d'abatage d'animaux pour cause de tuberculose, des indemnités sont accordées aux propriétaires qui se sont conformés aux lois et règlements sur la police sanitaire.

» Ces indemnités seront réglées ainsi qu'il suit :

» 1° Au tiers de la valeur qu'avait l'animal au moment de l'abatage, lorsque la tuberculose est généralisée ;

» 2° Aux trois quarts de cette valeur, lorsque la maladie est localisée ;

» 3° A la totalité de la valeur de l'animal abattu par mesure administrative, s'il résulte de l'abatage que cet animal n'était pas atteint de tuberculose ;

» Dans tous les cas, la valeur de la viande et des dépouilles vendues par les soins du propriétaire, sous le contrôle du maire, sera déduite de l'indemmité prévue ;

» Cette indemnité ne pourra être supérieure à 200 francs pour le tiers de la valeur et à 450 francs pour les trois quarts. »

Il résulte de cette nouvelle disposition législative que l'indemnité accordée pour saisie de viande provenant d'un animal tuberculeux livré volontairement à la boucherie par son propriétaire ou abattu par mesure administrative, n'est plus basée sur la valeur des parties saisies comme l'indiquait la précédente loi du 13 avril 1898, mais sur la valeur qu'avait l'animal au moment de l'abatage.

C'est une modification complète de la base d'évaluation adoptée précédemment pour les viandes saisies, et par suite les dispositions de la circulaire ministérielle en date du 23 mai 1898, qui déterminaient les conditions dans lesquelles devaient être accordées les indemnités prévues par l'article 81 de la loi de finances du 13 avril 1898, ne sont plus applicables.

J'ai l'honneur de vous transmettre ci-après les nouvelles instructions que je reçois de M. le Ministre de l'Agriculture :

» Les indemnités ne peuvent être accordées que sur la demande des intéressés, et c'est auprès du Préfet, que ceux-ci auront à se pourvoir dans le délai maximum de trois mois.

Indemnités pour saisies de viandes. — Pièces à produire.

Le dossier de chaque affaire sera constitué comme suit :

1° La demande de l'intéressé rédigée sur papier timbré et visée par le maire de sa commune ;

2° Une copie certifiée de la déclaration de la maladie faite à la mairie. Cette pièce indiquera la date exacte à laquelle cette formalité aura été remplie ;

3° Le laissez-passer délivré par le maire pour l'envoi de l'animal à l'abattoir, lorsque cet animal aura été déplacé pour être sacrifié ;

4° Le procès-verbal d'expertise dressé ainsi qu'il est indiqué ci-après ;

5° Le procès-verbal de saisie établi par le vétérinaire inspecteur de l'abattoir dans lequel l'animal aura été abattu sur place, cette pièce sera établie par le vétérinaire sanitaire qui doit assister à l'abatage et qui certifiera que cet abatage a été effectué en sa présence ;

6° Une déclaration du propriétaire faisant connaître pour chaque tête de bétail abattu le produit de la vente des animaux ou de leurs chairs et débris. Cette pièce devra être certifiée par le maire ou le vétérinaire inspecteur de l'abattoir dans lequel l'animal aura été sacrifié.

7° Un certificat du vétérinaire sanitaire attestant que l'étable qui renfermait l'animal malade a été désinfectée conformément aux prescriptions de l'arrêté du 1er avril 1898.

Procès-verbal d'expertise.

Le procès-verbal d'expertise devra être dressé au moment de l'abatage. L'évaluation sera effectuée par le vétérinaire sanitaire ou par le vétérinaire chargé de l'inspection de l'abattoir dans lequel l'animal sera conduit et un expert désigné par le propriétaire ; à défaut d'expert, l'un de ces vétérinaires opérera seul. Le procès-verbal d'expertise ainsi dressé devra nécessairement contenir indépendamment du nom et de l'adresse du propriétaire et des appréciations des signataires, l'indication du poids de l'animal sur pied et il devra être approuvé par le propriétaire ; si ce dernier était absent ou refusait d'accepter l'évaluation, il en serait fait mention.

Procès-verbal de saisie.

Le procès-verbal de saisie sera établi séparément du procès-verbal d'expertise. Il sera dressé, soit par le vétérinaire sanitaire, soit par le vétérinaire inspecteur de l'abattoir ; il devra porter le nom et le domicile du propriétaire, la date du laissez-passer du maire de la commune où l'animal était séquestré lorsque cet animal aura été déplacé pour être abattu ; l'étendue de la maladie, c'est-à-dire si elle était localisée ou généralisée, la nature des morceaux saisis et leur poids.

Les deux procès-verbaux d'expertise et de saisie devront être établis en deux exemplaires originaux. L'un des exemplaires sera remis à l'intéressé ; l'autre, après avoir été visé par le maire de la commune où l'animal a été abattu, vous sera adressé par ses soins dans les cinq jours qui suivront la saisie.

Dans le cas où le propriétaire qui a livré l'animal à l'abattoir résiderait dans un département autre que celui où aura lieu la saisie, vous devrez transmettre le procès-verbal à votre collègue de ce département.

Ces dispositions qui concernent les indemnités accordées pour saisie de viande provenant d'animaux tuberculeux livrés volontairement à la boucherie par leurs propriétaires, après avoir effectué la déclaration prescrite par la loi, sont également applicables aux indemnités accordées dans le cas où les animaux ont été abattus par mesure administrative. Les mêmes pièces doivent être fournies par le propriétaire, notamment la copie de la déclaration de la maladie faite à la mairie.

Obligation de la déclaration de la maladie.

Je vous signalerai tout particulièrement l'importance de cette formalité et je vous rappellerai que le législateur en allouant des indemnités pour saisies de viande provenant d'animaux tuberculeux a voulu inciter les propriétaires à faire connaître leurs animaux malades et, à cet effet, il les dédommage du préjudice que peut leur causer l'application des mesures prescrites par la loi et qui ne permettent dans ce cas de ne vendre ces animaux pour une autre destination que la boucherie. Les intéressés ne peuvent donc prétendre à ces indemnités que s'ils se sont conformés aux prescriptions de notre législation sanitaire dont la plus importante, celle qui est fondamentale, est la déclaration à la mairie de toute bête atteinte ou soupçonnée d'être atteinte d'une des maladies contagieuses énumérées dans la loi. Il est bien évident que si l'autorité municipale ou les agents du service sanitaire, en faisant prescrire la séquestration d'un animal tuberculeux ont agi d'office, c'est-à-dire sans que le propriétaire, son représentant ou son vétérinaire ait fait de déclaration, ce propriétaire ne peut prétendre à une indemnité si la viande provenant de l'animal dont il s'agit est l'objet d'une saisie totale ou partielle. Il en est de même lorsque la tuberculose est constatée après l'abatage sur un animal qui n'a été l'objet d'aucune déclaration. Dans le premier cas, le propriétaire a contrevenu aux prescriptions de la loi en ne faisant pas connaître qu'il possédait un animal manifestement atteint de tuberculose, qui devait lui paraître tout au moins suspect ; il doit, par ce fait, être déchu de tout droit à une indemnité. Dans le second cas, il ne lui a été causé aucun préjudice, puisqu'il a toujours conservé la libre disposition de son animal et il ne peut par suite prétendre au bénéfice de la loi du 30 mai 1899.

L'allocation de l'indemnité prévue par cette loi pour saisie de viande provenant d'un animal tuberculeux est donc surbordonnée à la déclaration préalable. Ce n'est seulement que lorsqu'un animal abattu par mesure administrative, c'est-à-dire par ordre de l'autorité, ne serait pas reconnu tuberculeux à l'abatage que la formalité de la déclaration ne doit pas être exigée.

Procès-verbal d'expertise et procès-verbal d'autopsie.

L'évaluation de la valeur de l'animal devra avoir lieu au moment de l'abatage et être effectuée dans les mêmes conditions que celles qui sont indiquées dans la présente circulaire pour les animaux livrés volontairement à la boucherie. En outre du procès-verbal d'expertise établi à la suite de cette évaluation, il devra être dressé par le vétérinaire inspecteur de l'abattoir dans lequel l'animal aura été sacrifié ou par le vétérinaire sanitaire qui aura assisté à l'abatage, lorsque cet abatage aura lieu sur place, un procès-verbal d'autopsie.

Indemnités pour abatage par ordre d'animaux non reconnus tuberculeux. — Pièces à fournir.

Les pièces à fournir à l'appui des demandes d'indemnité pour les animaux abattus par mesure administrative et reconnus non tuberculeux après l'abatage sont les suivantes :

1° Demande du propriétaire ;

2° Rapport du vétérinaire sanitaire à la suite duquel l'abatage aura été ordonné ;

3° Copie certifiée conforme par le maire de l'ordre d'abatage ;

4° Certificat constatant que l'ordre d'abatage a reçu son exécution ;

5° Procès-verbal d'expertise ;

6° Procès-verbal d'autopsie ;

7° Déclaration du propriétaire faisant connaître pour chaque tête de bétail abattue le produit de la vente des animaux ou de leurs chairs et débris ; cette pièce doit être certifiée par le maire ou le vétérinaire inspecteur de l'abattoir dans lequel l'animal a été sacrifié.

Rappel aux intéressés des prescriptions de la loi.

Les dispositions de l'article 11 de la loi des finances n'étant applicables qu'aux propriétaires qui se sont conformés aux lois et règlements sur la police sanitaire, je vous serai obligé de vouloir bien inviter les maires à faire connaître à leurs administrés les obligations que la loi leur impose.

Aux termes de notre législation sanitaire, tout propriétaire qui soupçonne un de ses animaux d'être atteint de tuberculose doit en faire sur le chanp la déclaration au maire de sa commune et tenir cet animal isolé jusqu'à ce que l'autorité soit intervenue.

Après visite du vétérinaire sanitaire, cet animal est placé, s'il y a lieu, sous la surveillance de ce vétérinaire. Dans ce cas il est maintenu isolé et séquestré, c'est-à-dire séparé dans l'étable de ceux qui sont restés indemnes, et il ne peut être vendu que pour la boucherie.

Lorsqu'un propriétaire veut faire sacrifier un animal ainsi placé sous la surveillance du vétérinaire sanitaire, il doit en prévenir le maire qui délègue ce vétérinaire pour assister à l'abatage, lorsque cette opération est effectuée sur place, ou qui délivre un laissez-passer lorsque l'animal doit être sacrifié dans un abattoir.

Un animal placé en surveillance peut être utilisé pour la reproduction et le travail ; mais son propriétaire ne doit, comme il est dit plus haut, s'en défaire que pour le livrer à la boucherie. S'il s'agit d'une vache laitière, le lait ne devra pas être vendu ; mais après avoir été bouilli, il pourra être utilisé sur place pour l'alimentation des animaux.

Enfin les veaux nés de vaches en surveillance devront dès leur naissance être séparés de leur mère.

De la garantie conventionnelle.

On nomme garantie conventionnelle, celle qui résulte des stipulations particulières faites entre le vendeur et l'acquéreur au moment de la vente.

L'acquéreur peut se faire immédiatement garantir des vices dont la loi ne s'est pas occupée ; on la désigne encore sous le nom de *garantie de fait* pour la distinguer de celle qui est accordée par la loi et qui est la *garantie de droit*. L'une de ces garanties est aussi obligatoire que l'autre.

En effet, il résulte de la teneur des articles 1134 et 1135 déjà cités, que les conventions sont obligatoires quand elles ont été faites légalement ; elles ne peuvent être révoquées que pour des causes autorisées par la loi ; par exemple, quand la vente a porté sur des animaux atteints de maladies contagieuses ; ici la cause est illicite, et la convention est nulle. L'acheteur a toujours le droit, dans ce cas, de faire reprendre les animaux vendus. La garantie conventionnelle est tantôt une extension du droit de garantie, tantôt au contraire, elle est une restriction de ce droit.

Extension de la garantie.

La loi du 2 Août 1884 n'a changé en rien les principes qui servent à la garantie conventionnelle, elle reste sous l'empire du droit commun. L'acquéreur peut faire garantir certaines qualités, certaines aptitudes ou bien certains défauts ou vices qui ne sont pas compris dans la loi ; il peut demander aussi une prolongation du délai de garantie.

Il est nécessaire que la convention soit écrite et signée par le vendeur qui la remettra à l'acquéreur. Quand l'obligation est réciproque, le billet doit être fait en double et signé des deux parties. On peut faire cette obligation sur papier libre ou sur papier timbré ; ce dernier est préférable, car si l'affaire va en justice, on est obligé de faire enregistrer le sous-seing privé pour lui donner de l'authenticité et de payer un double droit.

En l'absence de *billet de garantie*, on pourrait fournir la preuve par témoins, mais on sait qu'en matière civile le témoignage n'est reçu que pour les choses dont la valeur ne dépasse pas 150 francs. En matière commerciale, on est libre de recevoir les témoins ou de ne pas les recevoir au-dessous de cette valeur.

Les conventions dont ces billets sont l'objet doivent être exprimées en termes clairs et nets, afin de prévenir les contestations qui pourraient survenir par suite de l'obscurité, de l'ambiguité de leur rédaction. Les juges et les arbitres se basent sur l'équité, mais si la difficulté est trop grande pour reconnaître la véritable intention des parties, on applique l'article 1602. — Tout pacte ambigu s'interprète contre le vendeur.

Il arrive souvent que les marchands vous disent : Je garantis tous les vices rédhibitoires ; c'est une manière détournée pour induire en erreur les gens peu habitués au commerce des animaux domestiques, car ces vices sont garantis par la loi du 2 Août 1884. Leur billet ne sert donc à rien.

Quand le marchand garantit tous les défauts, il faut comprendre par là, ceux qui modifient tellement la valeur de la chose que l'acheteur ne l'aurait pas acquise ou n'en aurait donné qu'un moindre prix s'il les avait connus. — Art. 1641 du Code Civil.

Le marchand garantit quelquefois des qualités ; il vend, par exemple, une jument en la garantissant comme excellente trotteuse ; si elle ne l'est pas, l'acquéreur peut faire reprendre l'animal ; car souvent, chez les chevaux, les prix varient avec les aptitudes (gros trait, course, etc).

Il arrive aussi que le vendeur garantisse une jument ou une vache pleine ; si elle ne l'est pas, il y a lieu à rédhibition.

S'il garantit une vache non pleine et que l'acquéreur (boucher, par exemple) trouve un veau de cinq mois, ce dernier demande une réduction.

Si le vendeur garantit une vache pouvant donner 30 litres de lait par jour pendant un mois, et qu'elle ne les donne pas, il y a lieu à rédhibition ou à une réduction de prix.

Le vendeur peut aussi prolonger les délais de garantie de 5, 6, 7 jours à son gré pour éviter des frais de justice ; l'acquéreur ne doit pas se borner à une prolongation verbale ; il doit exiger une prolongation écrite.

Pour ce qui concerne la garantie écrite d'un vice non compris dans la loi du 2 Août 1884, il faut recourir aux principes du droit commun en se guidant sur l'art. 1648 du Code civil (déjà cité).

Restriction de la garantie.

Si on peut étendre la garantie par des conventions légalement formées, de même aussi on peut la restreindre pourvu qu'on ne déroge pas à l'ordre public. Le vendeur peut dire à son acquéreur ; je ne vous garantis pas tel ou tel vice rédhibitoire et dès que l'acquéreur consent.

à l'accomplissement de la vente selon ces conditions, il n'est plus en droit d'intenter une action rédhibitoire pour ces mêmes vices, excepté pour les cas où les animaux faisant l'objet de la vente sont atteints de maladies contagieuses. Ici le vendeur a beau stipuler la non garantie, il n'en est pas moins responsable devant la loi.

Lors de rédhibition, comment la chose doit-elle être restituée.

Quand le vice rédhibitoire est constaté, l'acquéreur rend l'animal qui fait le sujet de la contestation, le vendeur lui en remet le prix et paie de plus les frais du procès.

Si l'animal n'est plus dans les mêmes conditions qu'au moment de la vente ; si on lui a coupé la queue, ou si on lui a fait des frictions d'onguent fondant sur une mollette, par exemple, ces actes ont été faits dans le but d'améliorer la chose et il ne serait pas juste que cela mit obstacle à la rédhibition. En effet, à partir du moment de la vente, l'acquéreur est propriétaire et il a le droit de disposer de la chose en bon père de famille jusqu'à ce que le vice rédhibitoire soit constaté.

Si l'animal a été détérioré par la négligence de l'acquéreur, qu'il a été couronné, je suppose, la rédhibition peut encore avoir lieu, mais l'acquéreur doit payer les dommages-intérêts estimés en raison des détériorations que la chose a subies.

De la rédhibition dans le cas ou des animaux sont vendus en bloc.

Supposons deux chevaux appareillés vendus pour la somme de 3,000 francs. — Quelques jours après, l'acqué_

reur s'aperçoit que l'un deux est atteint d'un vice rédhibitoire et intente une action à son vendeur. La rédhibition aura-t-elle lieu pour les deux chevaux ? Evidemment oui. — Ces deux chevaux appareillés doivent être
considérés comme un ensemble qu'on ne saurait séparer
sans donner à chaque partie une valeur bien moindre.
La rédhibition intégrale doit donc avoir lieu.

Si on admet qu'un prix ait été fait pour chaque cheval,
doit-il y avoir rédhibition du tout ? M. Renault pense
que oui, car du moment qu'on achète une paire de chevaux, on n'est pas considéré comme en ayant acheté
deux séparément.

Si on vend ensemble 5 ou 6 chevaux, pour la somme
de 4 000 francs et que l'un d'eux soit atteint de pousse,
par exemple ; la rédhibition doit se borner à ce seul
cheval, car les animaux ont été vendus avec leur valeur
individuelle et l'acquéreur peut très bien garder les chevaux qui lui restent sans être lésé. Les experts estiment
le cheval qui fait le sujet de la rédhibition en le consi-
dérant comme sain, et sa valeur est restituée à l'acquéreur.

Accessoire de la chose vendue.

Une chose vendue avec ses accessoires naturels ou
artificiels doit être rendue de même lors de rédhibition,
car si elle a lieu pour l'objet principal, elle entraîne celle
des accessoires.

Conduite des experts.

Lorsque l'acquéreur vient demander l'opinion d'un
vétérinaire, ce dernier doit se borner à une réponse ver-

bale ; jamais il ne doit donner son opinion par un écrit qui serait sans valeur dans le cas de procès et empêcherait ce vétérinaire d'être nommé expert dans cette circonstance.

L'article 283 du code de procédure civile déclare que les témoins qui auront donné des certificats touchant la matière du procès pourront être reprochés.

Et l'article 310. — « Les experts pourront être recusés pour les motifs pour lesquels les témoins peuvent être reprochés. »

Mise en règle.

La mise en règle pour conserver ses droits de garantie comprend deux actes : la *requête* et l'*assignation* ; il^s doivent être faits pendant les délais.

Requête. — La requête est une demande en introduction d'une affaire devant un tribunal.

Elle doit être adressée au juge de paix du lieu où l'animal se trouve ; elle peut être verbale ; elle est faite par l'acquéreur ou par une personne qu'il a commise. Le juge de paix nomme immédiatement un ou trois experts pour l'éclairer et faire la base de sa sentence.

Assignation. — C'est l'acte par lequel le demandeur appelle le défenseur à comparaître devant le tribunal.

C'est au domicile du vendeur que l'assignation doit parvenir. Elle doit être portée par l'huissier et à domicile.

Article 59 du Code de procédure civile. — « En matière personnelle, le défenseur sera assigné, devant le tribunal de sa résidence. En matière de garantie, devant le juge où la demande originale sera pendante. »

Article 420 (même code). — « Le demandeur pourra, à son choix, assigner devant le tribunal du domicile du vendeur, devant celui de l'arrondissement duquel le paiement devait être effectué. »

Si les parties ne sont pas commerçantes, le vendeur devra être assigné devant le juge de paix de son domicile si le prix n'est pas supérieur à 200 francs.

Les juges de paix jugent en dernier ressort jusqu'à la valeur de 100 fr., et à charge d'appel jusqu'à la valeur de 200 fr.

Si le prix dépasse 200 fr., le vendeur sera assigné au tribunal civil.

Si la vente a été faite par un marchand à un propriétaire, elle a, à l'égard du vendeur, le caractère commercial et l'action en rédhibition pourra être dirigée devant le tribunal de commerce ; mais si le vendeur n'est pas commerçant, l'assignation sera faite devant le tribunal civil de son domicile.

Fourrières.

En même temps qu'on intente une action, on doit mettre l'animal en fourrière, c'est-à-dire chez un aubergiste, pour y être nourri et soigné ; les frais seront payés par celui qui gardera l'animal et ne compteront qu'à partir du jour où l'animal est mis véritablement en fourrière.

La personne qui a la garde de l'animal ne doit laisser entrer dans l'écurie ni le vendeur ni l'acquéreur, à moins qu'elle ne les accompagne.

Requête.

La requête doit être faite sur papier timbré.

Modèle.

A Monsieur le juge de paix du canton d

arrondissement d   *département d*

—

Le sieur Léon P., demeurant à R., a l'honneur de vous exposer que le 18 octobre 1894, il a acheté du sieur Ferdinand Dangre, un cheval de race bretonne, propre au trait léger, sous poil bai brun, liste terminée par du ladre à la lèvre supérieure, de l'âge de 8 ans, taille de 1^m58 c., moyennant la somme de 800 fr. payée comptant ; que ce cheval lui semble atteint du vice rédhibitoire connu sous le nom de pousse.

C'est pourquoi le sieur Léon P. requiert, qu'il vous plaise, Monsieur le juge de paix, nommer un expert vétérinaire à l'effet de constater si le cheval dont il s'agit est atteint de pousse ou de tout autre vice rédhibitoire, et en cas de mort, de procéder à l'ouverture dudit animal pour du tout dresser procès-verbal.

Fait à R   , ce 18 octobre 1894.

Signé :

Transaction.

On appelle transactions, tous les moyens qui peuvent terminer une affaire sans qu'il soit besoin de recourir aux tribunaux.

Article 2044. — « La transaction est un contrat par lequel les parties terminent une contestation née, ou préviennent une contestation à naître. — Ce contrat doit être rédigé par écrit. »

Article 2045. — « Pour transiger, il faut avoir la capacité de disposer des objets compris dans la transaction. — Le tuteur ne peut transiger pour le mineur ou l'interdit que conformément à l'article 467 au titre de la minorité, de la tutelle et de l'émancipation ; et il ne peut transiger avec le mineur devenu majeur, sur le compte de tutelle que conformément à l'article 572 du même titre. Les communes et établissements publics ne peuvent transiger qu'avec l'autorisation expresse du gouvernement. »

Article 2046. — « On peut transiger sur l'intérêt civil qui résulte d'un délit. — La transaction n'empêche pas la poursuite du ministère public. »

Il peut arriver qu'un cheval méchant ait blessé des personnes, on peut transiger pour les dommages-intérêts que réclament les blessés, mais cette transaction n'empêche pas les poursuites du ministère public contre le propriétaire du cheval qui a commis le délit.

De même, si un cheval morveux a été mis dans une écurie avec d'autres chevaux qui ont contracté la morve, le propriétaire de ces derniers peut demander des dommages au propriétaire du cheval morveux, qui pourra également être poursuivi par le ministère public.

Article 2047. — » On peut ajouter à une transaction, la stipulation d'une peine contre celui qui manquera de l'exécuter.

Article 2048. — « Les transactions se renferment dans leur objet ; la renonciation qui y est faite à tous droits, actions et prétentions, ne s'entend que de celui qui est relatif au différend qui a donné lieu. »

Article 2052. — « Les transactions ont, entre les parties, l'autorité de la chose jugée en dernier ressort. »

Article 2053. — « Néanmois, une transaction peut être rescindée, lorsqu'il y a erreur dans la personne ou sur l'objet de la contestation. »

Article 2056. — « La transaction sur un procès terminé par un jugement passé en force de chose jugée, dont les parties ou l'une d'elles n'avaient point connaissance, est nulle. — Si le jugement ignoré des parties, était susceptible d'appel, la transaction serait valable. »

Article 2057. — « Lorsque les parties ont transigé généralement sur toutes les affaires qu'elles pouvaient avoir ensemble, les titres qui leur étaient alors inconnus et qui avaient été postérieurement découverts, ne sont point une cause de rescision, à moins qu'il n'aient été retenus par le fait de l'une des parties. — Mais la transaction serait nulle si elle n'avait qu'un objet sur lequel il serait constaté, par des titres nouvellement découverts que l'une des parties n'avait aucun droit ».

Article 2058. — « L'erreur du calcul dans une transaction doit être réparé. »

Modèle de transaction.

Je soussigné, Henry, demeurant à Lille, et Joseph D., demeurant à Dunkerque désirant terminer entre nous le différend élevé pour un cheval gris rouan, âgé de 8 ans, taille, 1 m 62, que Henry a acheté pour la somme de huit cents francs, lequel cheval est atteint de cornage chronique, vice qui n'a pas été aperçu lors de la vente, et pour toutes contestations ultérieures, conviennent les parties de cesser toutes poursuites, pour cette maladie, devant les tribunaux.

Fait en double à Lille, ce

Henry.   Joseph D.

Toujours la transaction devra être faite en double et sur papier timbré ; si elle est simple, elle reste chez l'arbitre ou chez un tiers.

Arbitrage.

C'est une opération par laquelle des personnes choisies par les parties, prononcent successivement sur les contestations qui leur sont soumises, à moins que celles-ci ne se réservent le droit d'appel.

Les arbitres nommés par le tribunal prennent le nom d'arbitres rapporteurs. S'ils sont nommés par les parties on les appelle arbitres simples ou amiables *compositeurs*.

L'acte par lequel les parties s'engagent à se conformer au jugement d'un ou de plusieurs experts qu'ils nomment, s'appelle *compromis*. Il devra toujours être fait en double.

Modèle de compromis

Nous, soussignés, Ferdinand, marchand de chevaux, à Angre et Delrue, marchand de chevaux à Saint-Amand, convenons relativement au marché de deux chevaux, que nous avons fait le 20 octobre, à la foire de Valenciennes, et à la contestation qui s'est élevée à la suite de ce marché de prendre le sieur Delsaut, vétérinaire, pour arbitre, et renonçons à en appeler sur son jugement, nous en rapportant entièrement à sa décision qui devra être donnée aujourd'hui.

Fait à Saint-Amand, ce 23 octobre 1894.

CHAPITRE II

DES MÉDICAMENTS USUELS

LEURS DOSES

LEURS PROPRIÉTÉS

LEURS USAGES

& LEURS MODES D'EMPLOI.

RAPPORT DES ANCIENS POIDS AUX POIDS DÉCIMAUX

Le grain . . . . équivaut à	0 gr. 05.
Le scrupule valait 24 grains . » à	1 gr. 30.
Le gros valait 72 grains . . » à	4 gr.
L'once valait 8 gros . . . . » à	32 gr.
Le quarteron valait 4 onces . » à	125 gr.
La livre valait 16 onces . . » à	500 gr.

EVALUATIONS DE QUANTITÉS DIVERSES.

Une cuillerée à café d'eau .   . équivaut à   5 gr.
Une cuillerée à soupe d'eau .   »   à   20 gr.
Une cuillerée à soupe de sirop   »   à   25 gr.
Une poignée de graines. . .   »   de 70 à   85 gr.
Une poignée de farine de lin.   »   à 100 gr,
Une poignée de feuilles. . .   »   de 30 à   40 gr.
Une pincée de feuilles . . .   »   à 1 à   2 gr.

Acétate d'ammoniaque.

(Esprit de minderus).

Propriétés. — C'est un liquide neutre possédant des propriétés stimulantes, sudorifiques, diurétiques et anti-putrides.

Doses : Grands animaux.   100 à 150 grammes.
         Moyens animaux.   20 à 30   »
         Petits animaux .   10 à 15   »

Usages. — A l'intérieur il sert à combattre les maladies gangréneuses et l'anasarque ; à l'extérieur, les piqûres d'insectes.

Mode d'emploi. — A l'intérieur en boissons et en breuvages. A l'extérieur, en lotions.

Acétate de cuivre *(Vert de gris).*

Propriétés. — Astringent et légèrement caustique.

Usages. — Est indiqué contre les plaies anciennes, les crevasses, le crapaud, les plaies articulaires et tendineuses, le piétin, la limace, etc.

Mode d'emploi. — On s'en sert exclusivement à l'extérieur sous forme d'onguent égyptiac ou de pommade.

1° Onguent égyptiac.

Vert de gris.   500 grammes.
Vinaigre . .   500   »
Miel . . .   1000   »

Faites cuire dans un vase.

2° Pommade de Rodier.

Vert de gris.   32 grammes.
Axonge . .   128   »
Miel . . .   quantité suffisante.

Incorporez à froid.

Acétate de plomb liquide ou extrait de saturne.

Propriétés. — Astringent, dessiccatif et calmant.

Usages. — L'extrait de saturne est indiqué contre les plaies, les contusions, les entorses, la fourbure, les écoulements mucoso-purulents, les crevasses, les engorgements récents, et les maladies des yeux.

Mode d'emploi. — L'extrait de saturne s'emploie sous forme d'eau blanche en injections, en collyres, en bains, en lotions et pour délayer l'argile et former des cataplasmes défensifs.

1° Eau blanche.

Extrait de saturne. 32 grammes.
Eau de source . .   1 litre.

L'eau blanche mélangée à l'alcool forme l'eau de Goulard.

Proportion : Eau blanche. 1 litre.
              Alcool. . . 64 gr.

2° Onguent populeum saturné.

Onguent populeum. 30 grammes.
Extrait de saturne. 4   »

Incorporez à froid. Excellent contre les crevasses du pâturon chez le cheval.

Acide arsénieux. (*Arsenic*).

Propriétés. — C'est un corps solide employé comme caustique et comme altérant. A titre de *caustique* il ne peut être employé que par des mains habiles, car il peut donner lieu à l'absorption et à l'empoisonnement. Comme *altérant* c'est un médicament d'une grande puissance.

Arsenic en poudre.

Doses : Grands animaux. 0,50 à 2 grammes.
Petits ruminants. 0,50 à 1   »
Porcs . . . . 15 à 30 centigr.
Carnivores. . . 1 à 3   »

Usages. — Il est indiqué contre la paralysie, les vers intestinaux, la pousse, la chorée ; on le préconise pour combattre la maigreur et comme tonique des voies digestives.

Mode d'emploi. — Se donne en poudre mêlé au son ou à l'avoine.

Acide azotique.

(Acide nitrique, eau forte).

Propriétés. — Liquide caustique.

Usages. — S'emploie pour cautériser les verrues, les fics et pour réduire la hernie ombilicale des poulains.

Mélangé à l'eau dans la proportion de 10 gr. d'acide pour un litre d'eau il est indiqué pour combattre l'hématurie, le scorbut et la fièvre aptheuse.

Acide borique.

Propriétés. — Est antiseptique et non irritant.

Usages et mode d'emploi. — Mêlé à la poudre de charbon de bois, à l'écorce de chêne moulue, à l'aloès il sert pour le pansement des plaies de mauvaise nature.

En solution aqueuse à 4 p. % il a été employé dans le traitement du catarrhe auriculaire du chien et pour faire des injections dans les trayons des vaches atteintes de mammite contagieuse.

Acide chlorhydrique.
(Acide muriatique, esprit de sel).

Propriétés. — Liquide fumant employé à titre de *caustique* ; mélangé à l'eau dans la proportion de 1 % il est *tempérant*.

Usages.—Comme caustique on l'emploie sur les plaies blafardes, les eaux aux jambes, le crapaud.

Comme tempérant il est indiqué contre la fièvre aphteuse et les indigestions chroniques.

Acide phénique.

Propriétés. — Pur, il est caustique ; étendu d'eau, il est astringent, stimulant et antiputride.

Doses : Grands animaux.   8 à 16 grammes.
Moyens animaux.   2 à 4   »
Petits animaux .   0,25 à 1   »

Mode d'emploi. — A l'extérieur il s'emploie pur, en solution aqueuse, ou en pommade ; à l'intérieur il se donne en breuvage.

Usages. — Comme caustique on le prescrit contre le javart, le crapaud, les eaux aux jambes, les caries ligamenteuses et cartilagineuses.

L'eau phéniquée est employée dans le mal de garrot et les fistules diverses, sur les plaies, pour combattre les dartres, la gale, etc. A l'intérieur l'eau phéniquée 1 % se donne contre la diarrhée, les affections vermineuses, la gangrène et l'empoisonnement septique produit par la non-délivrance.

1° Eau phéniquée 1%

Acide phénique cristallisé.   10 grammes.
Eau ordinaire . . . .   1 litre.

2° Pommade phéniquée.

Acide phénique cristallisé.   4 grammes.
Axonge. 32   »

3° Poudre désinfectante.

Acide phénique cristallisé.   10 grammes.
Plâtre pulvérisé. . . .   1   »

Acide salicylique.

Antiseptique dont les propriétés et les usages sont en tout comparables à ceux de l'acide phénique.

Acide sulfurique.

Propriétés. — Pur ou à l'état d'eau de Rabel, il est caustique ; mélangé à l'eau il est tempérant.

Usages. — Pauleau le recommande contre les gonflements articulaires des vaches. A l'intérieur il est usité dans la proportion de 1%, contre la fièvre aphteuse et l'hématurie des ruminants.

Eau de Rabel.

Acide sulfurique   1   partie.
Alcool ordinaire   3   »

Mélangez.

Acide tannique (*Tannin*).

Propriétés. — C'est une poudre jaunâtre possédant des propriétés astringentes, hémostatiques et antiputrides. C'est le contre-poison des alcaloïdes végétaux.

Doses : Grands animaux   5   à 15 grammes.
        Moyens   »   2   à 4   »
        Petits   »   0,10 à 0,25 centigrammes.

Usages. — A l'extérieur on s'en sert contre les maladies externes de l'œil et les plaies synoviales. A l'intérieur contre la diarrhée, les hémorrhagies diverses, l'hématurie et les maladies septiques.

Mode d'emploi. — A l'intérieur le tannin se donne en boisson ou en breuvage, quelquefois en électuaire. A l'extérieur il s'emploie en poudre ou en injections et en pommade.

1° Injection tannique.

Acide tannique   15 grammes.
Eau distillée .   1 litre.

2° Collyre tannique.

Acide tannique   2 grammes.
Eau de rose . 100   »

3° Pommade tannique.

Acide tannique   4 grammes.
Axonge . . . 32   »

Alcool.

Propriétés. — L'alcool est un excitant du tube digestif et du système nerveux.

Doses : Grands animaux   125 à 250 grammes.
      Moyens   »   32 à 64   »
      Petits   »   16 à 32   »

Mode d'emploi. — A l'extérieur il s'emploie **pur**
comme cicatrisant, excitant et antiputride. A l'intérieur il
se donne dilué avec l'eau ou la camomille, d'autres fois en
électuaire.

Usages. — Est usité à l'extérieur sur les plaies et les
distensions articulaires. A l'extérieur il est indiqué contre
la diarrhée atonique, l'indigestion, les affections putrides,
la pneumonie et les maladies typhoïdes du cheval.

Alun.

On connaît deux sortes d'alun, l'alun cristallisé et l'alun
calciné ; le 1er est astringent, le 2e caustique.

L'alun cristallisé est appliqué en solution sur les plaies et les fistules, en injection il sert à combattre les écoule-ments, le catarrhe auriculaire, le coryza, etc. ; délayé dans un blanc d'œuf il donne un moyen contentif énergique dans les cas de distensions articulaires et de fractures. L'alun calciné s'emploie sur les plaies bourgeonneuses et les ulcères.

Amidon.

Propriétés. — Emollient et astringent.

Mode d'emploi. — A l'extérieur, l'amidon s'emploie en poudre ou en cataplasme. A l'intérieur, en boisson et en lavement.

Usages. — En poudre il est usité à l'extérieur sur toutes les parties enflammées, en cataplasme sur les organes congestionnés, en lavement contre la diarrhée des veaux. A l'intérieur on le donne contre la diarrhée et la dyssenterie.

Ammoniaque *(Alcali volatif)*.

Propriétés. — A l'extérieur l'ammoniaque est vésicante ou caustique selon la durée de l'application. A l'intérieur, diluée par l'eau, c'est un stimulant des voies digestives.

Mode d'emploi. — A l'extérieur s'emploie en frictions sous forme de liniment, à l'intérieur se donne en breuvage avec l'eau ou la camomille.

Doses : Grands animaux. . . . 32 à 64 grammes.
Solipèdes. . . . . . 16 à 32 »
Petits ruminants et porcs. 4 à 8 »
Carnivores . . . . . 4 à 8 gouttes.

Indications. — A l'extérieur le liniment ammoniacal est employé contre les tumeurs articulaires, les piqûres d'insectes, le rhumatisme et la paralysie. A l'intérieur l'ammoniaque est indiquée contre les indigestions et la météorisation des ruminants.

Liniment ammoniacal.

Ammoniaque liquide. 1 partie.
Huile d'olive . . 2 »

Agitez vivement dans un flacon bien bouché.

Azotate de potasse.
(Nitrate de potasse, sel de nitre).

Propriétés. — Donné en petite quantité le sel de nitre est diurétique ; s'il est pris pendant longtemps il irrite les voies urinaires et dissout le sang.

Mode d'emploi. — S'administre à l'intérieur en dissolution dans les boissons.

Doses : Grands animaux. . 16 à 32 grammes.
Moyens. . . . . 4 à 8 »
Petits . . . . . 1 à 2 »

Usages. — Indiqué contre les hydropisies des séreuses et du tissu cellulaire, les inflammations franches et le rhumatisme articulaire.

Bromure de potassium.

Propriétés. — Il diminue la sensibilité du système nerveux, il est antinévralgique et antispasmodique.

Mode d'emploi. — Se donne en boissons ou en breuvages.

```
Doses :  Grands animaux.      8 à 16 grammes
         Moyens.   .  .  .    2 à 4        »
         Petits .  .  .  .  0,25 à 1       »
```

Usages. — Préconisé contre l'épilepsie, la chorée, le tétanos, les convulsions, la nymphomanie, etc.

Camphre.

Propriétés. — Il est stimulant, antiputride, antispasmodique et vermifuge.

Mode d'emploi. — A l'extérieur, il s'emploie en poudre, en huile ou en pommade. A l'intérieur en breuvage et en lavement après l'avoir émulsionné avec un jaune d'œuf.

```
Doses :  Solipèdes.  .  .  .   8,    16    à 32 grammes.
         Grands ruminants.  8,    19    à 24      »
         Petits ruminants .  2,     4    à 8       »
         Porcs.  .  .  .  .   1,     2    à 4       »
         Chiens  .  .  .  .  0,25  0,50  à 2       »
```

Usages. — A l'extérieur il est indiqué d'en faire

usage sur les plaies de mauvaise nature, sur les **engorge-**
ments divers et le rhumatisme.

A l'intérieur, dans les affections urinaires, les coliques,
les vers intestinaux et la gangrène chez les grands ruminants.

1° Eau-de-vie camphrée.

Camphre	1 partie
Eau-de-vie	32 parties

2° Alcool camphré.

Camphre	1 partie
Alcool.	8 parties

3° Huile camphrée.

Camphre.	1 partie
Huile d'olive . . .	8 parties

4° Pommade camphrée.

Camphre.	1 partie
Axonge	4 parties

Cantharides.

Propriétés. — A l'extérieur, toutes les préparations
cantharidées sont vésicantes ; à l'intérieur, elles irritent
les voies génito-urinaires.

Mode d'emploi. — A l'intérieur, on administre les
cantharides en breuvage ou en bol. A l'extérieur, elles
sont usitées à titre de vésicant sous forme d'onguent, de
teinture, d'huile ou de feu liquide.

Cantharides en poudre.

Doses : Grands ruminants . 1 à 3 grammes.
Solipèdes . . . . 1 à 5 »
Moutons et porcs . 0,25 à 0,50 centigrammes.
Carnivores. . . . 0,02 à 0,10 »

Usages. — A l'intérieur on a préconisé les cantharides contre l'impuissance. A l'extérieur, comme dérivatif
dans les maladies des voies respiratoires et des centres
nerveux, sur les fistules, les tumeurs et les engorgements.

1° Onguent vésicatoire.

Poudre de cantharides. . 600 grammes
Poudre d'euphorbe. . . 200 »
Résine et poix noire . . 400 »
Cire jaune. . . . . 300 »
Huile grasse . . . . . 1200 »

Faites fondre les résines et la cire, ajoutez l'huile, les
poudres et remuez jusqu'à refroidissement.

2° Huile de cantharides.

Poudre de cantharides . . 100 grammes
Huile d'olive. . . . . . 1000 »

3° Teinture de cantharides.

Poudre de cantharides . . 100 grammes
Alcool à 80°. . . . . . 1000 »

Chlorate de potasse.

Propriétés. — C'est un spécifique des inflammations

de la bouche et de la gorge par des effets locaux ; passé dans le sang il produit une forte diurèse.

Mode d'emploi. — Se donne en solution aqueuse.

```
Doses : Grands animaux.  .  8 à 16 grammes
        Moyens.  .  .  .  .  2 à 4      »
        Petits  .  .  .  .  .  1 à 2      »
```

Usages. — Il est employé en lotion contre la stomatite et l'angine ; en injections dans les fosses nasales, il sert à combattre le coryza chronique.

Perchlorure de fer.

Propriétés. — A l'extérieur, le perchlorure de fer est astringent, hémostatique et antiputride ; à l'intérieur, c'est un astringent d'une grande puissance.

Mode d'emploi. — S'emploie toujours plus ou moins étendu d'eau à l'intérieur comme à l'extérieur.

```
Doses : Grands animaux.  .  8 à 16 grammes
        Moyens  .  .  .  .  2 à 4      »
        Petits  .  .  .  .  .  1 à 2      »
```

Usages. — On s'en sert contre les hémorrhagies internes et externes, les plaies sanieuses, les dartres graves, les eaux aux jambes et le chancre de l'oreille du chien.

Bichlorure de mercure — Sublimé corrosif.

Propriétés. — C'est un caustique très énergique à l'extérieur. A l'intérieur il est altérant.

Mode d'emploi. — A l'extérieur il s'emploie en nature ou en pâte. A l'intérieur, il se donne en breuvage sous forme de liqueur de Van Svieten.

Doses : Grands animaux. . 0,50 à 1 gramme.
     Moyens » . . 5 à 10 centigrammes.
     Petits   » . . 1 à 5   »

Usages. — Les maladies suivantes réclament souvent son emploi : le clou de rue pénétrant, le javart cartilagineux, le mal de garrot, le mal de taupe, les plaies et les fistules synoviales, les dartres, les eaux aux jambes, les crevasses, les tumeurs et les engorgements divers.

1° Liqueur de Van Svieten.

Sublimé corrosif. . 1 gramme.
Alcool. . . . . 100 »
Eau distillée. . . 900 »

Dissolvez le sel dans l'alcool et ajoutez l'eau.

2° Solution de sublimé pour combattre l'avortement épizootique chez la vache.

Eau de pluie. . . . 20 litres.
Glycérine. . . . ⎰
Alcool à 36°. . . ⎱ 100 grammes.
Bichlorure de mercure. 10 »

Mode d'emploi. — Une injection vaginale chaque jour.

Protochlorure de mercure — Calomel
Mercure doux.

Propriétés. — Il est purgatif et vermifuge.

Mode d'emploi. — Se donne en bol, en électuaire. ou en breuvage dans de l'eau gommeuse.

```
Doses : Solipèdes.  .  .  .   4    à 8     grammes.
        Grands ruminants .   2    à 4        »
        Porcs .  .  .  .  .   1    à 2        »
        Petits ruminants  .  0,20 à 0.30 centigrammes.
        Carnivores  .  .  .  0,25 à 1      gramme.
```

Usages. — Chez le cheval il est employé comme purgatif et vermifuge ; c'est le médicament préféré de quelques praticiens pour combattre la pleurésie et la péritonite. Chez le chien c'est un purgatif fidèle, très vanté surtout dans l'ictère grave.

Chlorure de sodium — sel marin

Propriétés. — C'est un tonique énergique des voies digestives et de tout l'organisme.

Mode d'emploi. — Il s'emploie en nature ou en solution à l'extérieur comme à l'intérieur.

Usages. — Indiqué contre l'inappétence, l'indigestion, la paresse de l'estomac et les maladies atoniques de l'appareil digestif.

Bichromate de potasse.

Propriétés. — C'est un léger caustique.

Mode d'emploi. — On s'en sert exclusivement à l'extérieur sous forme de pommade.

Usages. — Il est indiqué contre les formes, les surots et les éparvins calleux.

Il sert aussi à réduire les hernies ombilicales des poulains.

1° Pommade simple.

Bichromate de potasse. . 0,50 centigrammes.
Axonge . . . . . . 10 grammes.

2° Pommade composée.

Bichromate de potasse. 2 grammes.
Iodure de potassium . 3 »
Pommade mercurielle . 32 »
Onguent vésicatoire . 16 »

Incorporez à froid.

Crésyl.

Propriétés. — C'est un antiseptique et un antiparasitaire.

Mode d'emploi. — S'emploie à l'intérieur comme à l'extérieur avec l'eau, qui forme en se mélangeant une émulsion blanche opaque.

Doses : Grands animaux. 10 à 20 grammes.
Petits . . . . 0,50 à 2 »

Usages. — A l'intérieur on s'en sert comme vermifuge ; à l'extérieur contre la plupart des maladies de la peau. Il est employé en injections utérines dans les cas de non-délivrance et de catarrhe de la matrice, la solution est de 0,50 %. Pour désinfecter les écuries, les étables, etc., la solution est de 4 à 5 %.

Émétique — Tartre stibié.

Propriétés. — Chez les carnivores et le porc il est vomitif. Passé dans le sang, il est contre-stimulant chez tous les animaux lorsqu'il est administré à petites doses; de plus, il est purgatif et diurétique.

Mode d'emploi. — A l'extérieur on en fait usage sous forme de pommade. A l'intérieur on le donne en boisson ou en breuvage.

Doses :				
Grands ruminants.	.	8	à 16	grammes.
Solipèdes.	. . . .	6	à 12	»
Petits ruminants	. .	1	à 2	»
Porcs.	. . . . .	0,50 à	1	»
Chiens	. . . . .	0,10 à	0,20	centigrammes.
Chats.	. . . . . .	0,05 à	0,10	»

Usages. — Chez les animaux qui peuvent vomir, il est indiqué contre les empoisonnements, l'embarras gastrique, les affections de la gorge, etc.

A titre de contre-stimulant on en use contre les jetages persistants, la bronchite, l'angine, la pneumonie, la pleurésie, le rhumatisme, l'encéphalite, les arthrites, la fourbure, etc.

Essence de térébenthine.

Propriétés. — A l'extérieur, l'essence de térébenthine est excitante à petite dose et irritante à grande dose. A l'intérieur, elle est diurétique et antiputride.

Mode d'emploi. — A l'extérieur, elle est employée pure ou associée à d'autres agents irritants ; à l'intérieur, on la donne en breuvage ou en lavement.

```
Doses : Grands animaux  .  32 à 48 grammes.
        Moyens  .   .   .    4 à 12     »
        Petits .  .   .   .   2 à  4    »
```

Usages. — L'essence de térébenthine est employée à l'extérieur sur les engorgements et les articulations malades, les tumeurs causées par les sétons, les plaies du pied, les maladies de la peau, etc,

On s'en sert à l'intérieur contre l'engorgement du feuillet, les pelotes stercorales, l'indigestion, les vers intestinaux, l'hydropisie et le charbon.

Ether sulfurique.

Propriétés. — Passé dans le sang, l'éther est stimulant par ses effets primitifs et stupéfiants par ses effets consécutifs ; c'est un anesthésique sûr lorsqu'il est aspiré par les voies respiratoires.

Mode d'emploi. — L'éther s'emploie en vapeurs dans les voies respiratoires ; à l'intérieur, on le donne en breuvage ou en lavement.

```
Doses : Grands animaux .  16 à 125 grammes.
        Moyens .   .   .    4 à  12     »
        Petits  .   .    .   1 à   4    »
```

Usages. — A l'extérieur, il est indiqué à titre de calmant contre les brûlures et les douleurs locales.

A l'intérieur, on s'en sert contre les indigestions, les empoisonnements, les coliques nerveuses, la météorisation, etc.

Euphorbe.

Propriétés. — L'euphorbe est un vésicant, adjuvant ordinaire de la cantharide.

Mode d'emploi. — Elle fait partie d'une foule de préparations vésicantes.

Usages. — Unie aux autres vésicants, elle est indiquée toutes les fois qu'il s'agit de produire une révulsion profonde, ou comme fondant des tumeurs et engorgements divers.

Glycérine — principe doux des huiles.

Propriétés. — C'est un émollient et un assouplissant de la peau.

Mode d'emploi. — La glycérine s'emploie seule ou associée à d'autres agents.

Usages. — La glycérine est indiquée sur les gerçures, les crevasses, les excoriations produites par les hernies, les maladies de peau et les affections de l'œil.

Glycérine iodée.

Teinture d'iode . 1 partie
Glycérine. . . 4 parties

Mélangez.

Goudron de bois.

Propriétés. — A l'extérieur il est astringent et antiseptique. A l'intérieur il est diurétique et anticatarrhal.

Mode d'emploi. — Le goudron de bois se donne en fumigations, en bol, en électuaire et à l'état d'eau de goudron.

    Doses : Grands animaux. 32 à 64 grammes.
             Moyens. . . .   8 à 16   »
             Petits . . . .   2 à 6   »

Usages. — Seul ou associé à d'autres agents antipsoriques le goudron est indiqué pour combattre les maladies de la peau, les eaux aux jambes, la fourchette pourrie, les solutions de continuité, etc. L'eau de goudron sert à faire des injections pour arrêter les écoulements de certaines muqueuses.

A l'intérieur ; il est employé pour tarir la sécrétion des bronches et des voies génito-urinaires. En fumigations, il est conseillé contre les jetages mucoso-purulents chroniques.

1° Eau de goudron

    Goudron de bois. . 100 grammes
    Eau ordinaire . .   1 litre

2° Pommade de goudron

    Goudron de bois. .   8 grammes
    Axonge 22   »

3º Goudron caustique de Cagnat.

Goudron de Norvège . . . . 25 grammes
Acide sulfurique. . . . . , 5 »

Ce dernier a été conseillé pour combattre les plaies du genou avec écoulement synovial.

Huile de cade.

Propriétés. — Elle est antiseptique à l'extérieur et anthelminthique à l'intérieur.

Mode d'emploi. — On s'en sert à l'extérieur, seule, ou associée à divers agents.
Doses : les mêmes que pour le goudron de bois.

Usages. — Elle est employée depuis de longues années dans le traitement de la gale du mouton et des plaies. Quelques vétérinaires en ont conseillé l'emploi pour traiter les seimes. Associée au vert-de-gris jusqu'à consistance de miel elle est vantée comme moyen efficace pour combattre le crapaud.

Huile de foie de morue.

Propriétés. — C'est un tonique puissant.

Mode d'emploi. — Se donne pure aux petits animaux et en électuaire aux grands.

Doses : Grands animaux . 100 à 150 grammes
      Moyens . . . . 32 à 64 »
      Petits. . . . . 16 à 32 »

Usages. — C'est un remède puissant contre les affections des voies respiratoires des jeunes animaux et la maladie des chiens.

Huile empyreumatique.

Propriétés. — A l'intérieur, elle jouit de propriétés vermifuges ; à l'extérieur, elle est irritante.

Mode d'emploi. — Se donne en électuaire ou en émulsion.

Doses : Grands animaux. 24 à 48 grammes.
         Moyens. . . .   4 à 8   »
         Petits . . . .   2 à 4   »

Usages. — Indiquée contre les vers intestinaux.

Huile de ricin.

Propriétés. — C'est un purgatif laxatif doux.

Mode d'emploi. — Se donne seule ou mélangée à l'huile d'olive, d'œillette, etc.

Doses : Grands herbivores. 500 gr. à 1 litre.
         Petits ruminants .   64 à 150 grammes.
         Porcs . . . . .   32 à 96   »
         Carnivores . . .   16 à 64   »

Usages. — Employée contre l'engorgement du feuillet chez les ruminants et les coliques d'indigestion intestinale chez le cheval. Pour les jeunes animaux, ce purgatif est préféré, parce qu'il n'irrite pas la muqueuse de l'intestin.

Iode.

Propriétés. — A l'extérieur il est caustique, passé dans le sang il est altérant ou fondant.

Mode d'emploi. — A l'extérieur, il s'applique en teinture et se donne en fumigations ; à l'intérieur, il s'administre en breuvage ou en bol.

```
Doses :  Grands animaux.  4    à  8 grammes.
         Moyens.   .  .  .   0,50 à  2      »
         Petits .   .   .  .      10 à 25 centigrammes.
```

Usages. — Les injections iodées ont donné de bons résultats dans les hydropisies des bourses muqueuses et articulaires, la pleurésie, la péritonite, etc.

Teinture d'iode.

```
Iode.   .   .   .    1 partie.
Alcool à 90°  .   12 parties.
```

Pour les injections, on ajoute 2 ou 3 parties d'eau ou une dissolution d'iodure de potassium.

Biiodure de mercure.

Propriétés. — C'est un irritant et un fondant local.

Mode d'emploi. — S'applique à l'extérieur sous forme de pommade.

Pommade de biiodure de mercure.

> Biiodure de mercure. 4 grammes.
> Axonge 32   »

Usages. — Cette pommade est employée avec succès contre toutes les hydarthroses et toutes les exostoses. Les glandes rebelles et les affections chroniques de la peau cèdent à son action.

Iodure de potassium.

Propriétés. — A l'intérieur comme à l'extérieur c'est un fondant ; il est de plus diurétique.

Mode d'emploi. — A l'intérieur, l'iodure de potassium se donne en boisson et en breuvage, à l'extérieur, il s'applique en pommade.

> Doses : Grands animaux. 6 à 12 grammes.
> Moyens. . . . 1 à 3   »
> Petits . . . . 25 à 50 centigrammes.

Usages. — A l'intérieur il est recommandé contre le cornage, les engorgements lymphatiques et glandulaires. A l'extérieur, comme fondant des mêmes engorgements.

Pommade d'iodure de potassium.

> Iodure de potassium. 8 grammes.
> Axonge 32   »

En ajoutant 4 gr. d'iode on a la pommade d'iodure iodurée de potassium.

Kermès minéral.

Propriétés. — Le kermès est vomitif chez les carnivores, passé dans le sang il est contre stimulant et diurétique.

Mode d'emploi. — Se donne en électuaire, en bols
ou en pilules.

    Doses : Grands animaux. 16 à 32 grammes.
            Moyens. . . .   5 à 8   »
            Petits . . . . 2 à 4   »

Usages. — S'emploie contre la bronchite et la pneumonie.

Magnésie.

Propriétés. — C'est un purgatif laxatif et un anti-
acide.

Mode d'emploi. — Se donne en boisson ou mélangée
aux aliments.

    Doses : Grands animaux. 32 à 96 grammes.
            Moyens . . .   8 à 10   »
            Petits . . . . 4 à 8   »

Usages. — S'emploie avec succès contre la diarrhée
des veaux à la mamelle et l'appétit dépravé.

Manne.

Propriétés. — Purgatif peu employé.

Mode d'emploi. — Se donne en breuvage et en lavement.

```
Doses : Grands animaux.  250 à 500 grammes.
        Moyens.  . . .    61 à 125    »
        Petits .  . . .   32 à  64    »
```

Usages. — On s'en sert quelquefois pour purger les petits animaux.

Mercure — Vif argent.

Propriétés. — C'est un antipsorique et un fondant d'une grande puissance sur les tissus altérés. Passé dans le sang il est altérant et peut déterminer l'infection mercurielle s'il est absorbé en certaine quantité. Le chlorate de potasse est un très bon antidote de cet empoisonnement.

Mode d'emploi. — S'applique à l'extérieur sous forme de pommade.

Usages. — La pommade mercurielle est employée contre les tumeurs chroniques, l'engorgement des testicules, des mamelles, la péritonite et les affections localisées de la peau.

1° Pommade mercurielle simple.

Mercure. . . 1 partie.
Axonge. . . 2 parties.

2° Pommade mercurielle double.

Mercure. . . 2 parties.
Axonge . . . 1 partie.

Miel.

Propriétés. — A l'extérieur, il est adoucissant, roso-lutif et cicatrisant ; passé dans le sang, il est émollient et expectorant. A haute dose, il est purgatif.

Mode d'emploi. — Se donne en électuaire ou dans les boissons. A l'extérieur s'applique en cataplasme.

Doses : Grands animaux. . . 100 à 150 grammes.
Moyens. . . . . . 32 à 64   »
Petits . . . . . . 16 à 32   »

Usages. — A l'intérieur il est indiqué contre les affections des voies respiratoires. A l'extérieur, contre les irritations de la peau, des yeux et des glandes.

Morphine.

Propriétés. — La morphine est narcotique comme l'opium d'où elle est retirée.

Mode d'emploi. — S'emploie à l'extérieur en friction sous forme d'huile de morphine ; à l'intérieur en bols, en pilules et en injections sous-cutanées.

Chlorhydrate ou acétate de morphine.

Doses : Grands animaux.   1 à 2 grammes.
        Moyens . . . 15 à 25 centigrammes.
        Petits. . . . 5 à 10   »

Huile de morphine.

Acétate de morphine.   25 centigrammes.
Huile. . . . . . 125 grammes.

Noix de galle.

Propriétés. — Astringent énergique.

Mode d'emploi. — La poudre de noix de galle se donne à l'intérieur en bol ou en électuaire. A l'extérieur, en nature ou en décoction.

Doses : Grands animaux. 15 à 45 grammes.
        Moyens. . . 6 à 12   »
        Petits . . . . 30 à 75 centigrammes.

Usages. — A l'extérieur, on en fait usage contre les écoulements muqueux et les affections externes de l'œil. A l'intérieur, contre la diarrhée, les hémorrhagies passives et les altérations septiques du sang.

Noix vomique.

Propriétés. — C'est un stimulant de l'estomac et un excitateur du système nerveux.

Mode d'emploi. — A l'intérieur, la noix vomique rapée se donne en électuaire et en bol. A l'extérieur, en frictions à l'état de teinture de noix vomique.

<pre>
Doses : Grands ruminants. 5 à 25 grammes.
        Solipèdes . . . 4 à 16   »
        Petits ruminants . 1 à 5   •
        Porcs. . . . . 1 à 2   »
        Chiens . . . . 5 à 25 centigr.
        Chats. . . . . 1 à 5   »
</pre>

Usages. — La noix vomique est d'un usage fréquent pour combattre les affections atoniques du tube digestif, les paralysies et les maladies nerveuses telles que le tétanos, la chorée, l'immobilité, etc.

Opium.

Propriétés. — Narcotique énergique. A haute dose, il congestionne le cerveau.

Mode d'emploi. — Se donne brut ou sous forme d'extrait aqueux, en breuvage, en bol ou en électuaire. Le laudanum s'emploie en breuvage et en lavement.

<pre>
Doses : Grands ruminants. 8   à 16 grammes.
        Solipèdes . . . 6   à 8   »
        Petits ruminants . 2   à 4   »
        Porcs. 1   à 2   »
        Chiens . . . . 0,50 à 1   »
        Chats. 5   à 15 centigrammes.
</pre>

Usages. — A l'extérieur, les préparations d'opium sont indiquées pour calmer les points douloureux.

A l'intérieur l'opium sert à combattre la diarrhée, la dyssenterie, les coliques, les spasmes, l'épilepsie, la chorée, le tétanos, etc.

1° **Extrait d'opium.**

```
Opium brut.  .  .  .    1 partie.
Eau pure  .  .  .  .   12 parties.
```

2° **Teinture d'opium.**

```
Extrait d'opium.  .   10 grammes.
Alcool à 60°.  .  .   120      »
```

3° **Laudanum de Rousseau.**

```
Opium.  .  .   125 grammes.
Miel blanc.  .  380       »
Eau.  .  .  .  888       »
Levure de bière  8       »
```

4° **Laudanum de Sydenham.**

```
Opium de Smyrne.  .   64 grammes.
Safran  .  .  .  .  .   32      »
Cannelle.  .  .  .  .    4      »
Clous de girofle  .  .    4      »
Vin blanc généreux  .  500      »
```

Se donne à doses doubles de l'opium.

5° **Cérat opiacé.**

```
Extrait d'opium.  .   4 grammes.
Cérat simple.  .  .  64      »
```

Oxyde rouge de fer (*colcothar*).

Propriétés. — Tonique ferrugineux.

Mode d'emploi. — Se donne en électuaire.

Doses : Grands animaux. . 64 à 96 grammes.
       Moyens. . . . . 16 à 32   »
       Petits . . . . . 4 à 8   »

Usages. — Employé contre l'anémie et toutes les maladies débilitantes.

Phosphore.

Propriétés. — Localement le phosphore est caustique A l'intérieur il est diurétique.

Mode d'emploi. — Se donne à l'état d'huile phosphorée dans de l'eau gommeuse ou de l'huile d'œillette.

Huile phosphorée.

Grands animaux. 16 à 32 grammes.
Moyens. . . . 2 à 5   »
Petits . . . . 1 à 2   »

Usages. — L'huile phosphorée a été vantée contre l'influenza, les affections typhoïdes et gangréneuses, la cataracte et l'amaurose.

Huile phosphorée.

Phosphore. . . . . . . 1 gramme.
Huile d'amandes douces . 100   »

Potasse caustique.

Propriétés. — Caustique puissant.

Mode d'emploi. — S'applique à l'extérieur, pure ou à l'état de poudre de Vienne.

Usages. — On se sert de la poudre de Vienne sur les plaies granuleuses et les indurations diverses.

Poudre de Vienne.

Chaux vive finement pulvérisée. 60 grammes.
Potasse caustique 40   »

Sulfate de quinine

Propriétés. — C'est un antifébrile, antipériodique, antiputride et antinévralgique.

Mode d'emploi. — Se donne en bols, en pilules et en breuvages. S'emploie aussi en injections sous cutanées.

Doses : Grands animaux . 5 à 10 grammes.
         Solipèdes . . . 4 à 8   »
         Moyens animaux . 1 à 2   »
         Petits animaux   . 25 à 50 centigrammes.

Usages. — Sert à combattre la fièvre dans le rhumatisme, l'arthrite aiguë, la méningite, la fièvre intermittente et le tétanos.

Son prix est trop élevé pour en faire un grand usage en médecine vétérinaire.

Quinquina.

Propriétés. — C'est un tonique énergique de l'estomac, il est de plus antiseptique, antipériodique et antinévralgique.

Mode d'emploi. — *La poudre* de quinquina se donne en bols ou en pilules ; la décoction, se donne en breuvage.

Poudre :

```
Doses :  Grands ruminants.  32 à 150 grammes.
         Solipèdes  . . .   32 à 125      »
         Moyens animaux .    8 à  16      »
         Petits animaux  .   4 à   8      »
```

Usages. — A l'extérieur, la poudre de quinquina unie au camphre et au charbon de bois est employée pour cicatriser les plaies de mauvaise natnre. A l'intérieur elle est usitée contre les mêmes affections que son alcaloïde, le sulfate de quinine.

Salicylate de soude.

Propriétés. — Il jouit de propriétés analogues à celles du sulfate de quinine.

Mode d'emploi. — Se donne en breuvage et en électuaire.

```
Doses :  Grands animaux.  32 à 64 grammes.
         Moyens. . . .     4 à  6      »
         Petits . . . .    2 à  4      »
```

Usages. — Il est vanté contre le rhumatisme articulaire et les inflammations des séreuses (pleurésie, péritonite, etc.)

Seigle ergoté.

Propriétés. — Active les contractions du plan charnu de la matrice et des vaisseaux sanguins.

Mode d'emploi. — Réduit en poudre on l'administre en bol ou en électuaire ; en décoction, il se donne en breuvage.

```
Doses :  Grands animaux .  .  16 à 32 grammes.
         Moyens .  .  .  .  4 à  8    »
         Petits .  .  .  .  .  2 à  4    »
```

Usages. — Le seigle ergoté est usité dans la parturition laborieuse, la non-délivrance, les hémorrhagies passives de la matrice, des reins et de l'intestin.

Soufre.

Propriétés. — Le soufre jouit de propriétés purgatives et expectorantes.

Mode d'emploi. — Se donne à l'intérieur, mélangé aux aliments, en bol et en électuaire. A l'extérieur il s'emploie en pommade.

```
Doses :  Grands animaux.  32 à 64 grammes.
         Moyens.  .  .  .  8 à 16    »
         Petits .  .  .  .  4 à  8    »
```

Usages. — Le soufre est indiqué contre les affections

```
Doses : Grands animaux.  250 à 500 grammes.
        Moyens.  .  .  .   50 à 100    »
        Petits .  .  .  .   25 à  50    »
```

Usages. — Est préférable au sulfate de soude pour purger les ruminants.

Sulfate de soude *(Sel de Glauber).*

Propriétés. — A petite dose c'est un condiment ; à haute dose c'est un purgatif laxatif.

Mode d'emploi. — Se donne en boisson et en breuvage.

```
Doses : Grands animaux.  500 à 750 grammes.
        Moyens  .  .  .   100 à 250    »
        Petits .  .  .  .   40 à 100    »
```

Usages. — C'est le purgatif préféré pour le cheval.

Sulfate de zinc. *(Couperose blanche).*

Propriétés. — A l'extérieur, le sulfate de zinc est astringent ; à l'intérieur, il est vomitif, passé dans le sang il est astringent et contre-stimulant.

Mode d'emploi. — A l'extérieur il s'emploie en bains, lotions et injections ; à l'intérieur en breuvages, en bols et en pilules.

```
Doses : Grands animaux.  .  .   4    à 12 grammes.
        Moyens.  .  .  .  .  .  1    à  3    »
        Petits .  .  .  .  .  .  0,50 à  2    »
```

Usages. — Quelquefois indiqué comme vomitif chez le porc dans le cas d'angine grave. A l'extérieur on s'en sert pour combattre les maladies des yeux, du pied, le catarrhe auriculaire du chien, etc.

Sulfure d'antimoine.

Propriétés. — Dans le tube digestif il est vomitif chez le porc et le chien. Passé dans le sang de tous les animaux il est expectorant et contre-stimulant.

Mode d'emploi. — Se donne en électuaire ou en bol.

```
Doses : Grands animaux.  32 à 48 grammes.
        Moyens.   .  .  .     8 à 12      »
        Petits .  .  .  .      4 à 8       »
```

Usages. — Le sulfure d'antimoine est usité contre les affections anciennes de la poitrine et de la peau.

Sulfure de potasse. (*Foie de soufre*).

Propriétés. — A l'extérieur il est irritant. A l'intérieur il est vomitif et purgatif. Passé dans le sang il est diurétique et sudorifique.

Mode d'emploi. — A l'extérieur on en fait usage en bains, lotions et injections. A l'intérieur, dans les boissons ou en breuvages.

```
Doses : Grands animaux.  8    à 16    grammes.
        Moyens.  .  .  .  2    à 5         »
        Petits .  .  .  .  0,25 à  0,50 centigrammes.
```

Usages. — Sert à combattre les maladies de la peau et les affections du système lymphatique.

Tartrate de potasse. *(Crême de tartre).*

Propriétés. — Purgatif laxatif.

Mode d'emploi. — Se donne dans les boissons.

```
Doses : Grands animaux.  .  .   100 à 150 grammes.
        Moyens.  .  .  .  .  .    16 à  32     »
        Petits .  .  .  .  .  .     8 à  16     »
```

Usages. — Employé contre l'entérite chronique du bœuf, la jaunisse, la métro-péritonite, etc.

Térébenthine.

Propriétés. — A l'extérieur elle est excitante ; à l'intérieur elle est excitante et diurétique.

Mode d'emploi. — A l'extérieur elle s'emploie en nature ; à l'intérieur, en breuvage après émulsion dans un jaune d'œuf. ⋅

```
Doses : Grands animaux.  32 à 64 grammes.
        Moyens.  .  .  .   4 à 12      »
        Petits .  .  .  .   2 à  4      »
```

Usages. — A l'extérieur la térebenthine s'applique sur les plaies du pied ; à l'intérieur on s'en sert contre les hydropisies, les écoulements des voies génito-urinaires et l'hématurie des grands ruminants.

Onguent digestif.

Térébenthine.   .   .   .   64 grammes.
Huile d'olive   16   »
Miel ou jaune d'œuf   .   n° 2.

Vin.

Propriétés. — C'est un stomachique et un stimulant.

Mode d'emploi. — S'emploie à l'extérieur, en lotions ;
à l'intérieur, en breuvages.

Doses : Grands animaux.   .   500 à 1000 grammes.
      Moyens..   .   .   .   125 à 250   »
      Petits .   .   .   .   .   64 à   96   »

Usages. — Est indiqué à l'extérieur comme cicatrisant des plaies. A l'intérieur il est usité contre la débilité
gastrique ; le refroidissement, le part laborieux, etc.

CHAPITRE II.

FORMULAIRE

Contenant quelques recettes utiles dans le traitement des animaux domestiques.

Poudre dessicative contre la fourchette pourrie.

Sous-acétate de cuivre.	} *aa* 10 parties.
Alun calciné.	
Fleur de tan.	30 parties.

Mêlez. Saupoudrez une fois chaque jour, jusqu'à guérison complète, la lacune médiane et les lacunes latérales de la fourchette.

Poudre contre la toux rebelle du cheval.

Emétique.	10 grammes.
Graines de ciguë	8 grammes.
Camphre.	4 grammes.
Bleu de Prusse.	1 gramme.

Mêlez exactement et incorporez à 100 grammes de miel. — En une dose.

Poudre de Dower, employée avec succès contre la bronchite du chien.

Sulfate de potasse	12 grammes.
Nitrate de potasse	12 grammes,
Poudre d'ipéca	3 grammes
Poudre de réglisse	3 grammes.
Extrait d'opium pulvérisé . .	3 grammes.

Mêlez. Dose : 20 à 60 centigrammes dans du lait.

Poudre tonique amère contre l'anémie et la diarrhée des grands animaux.

Gentiane pulvérisée. . . .	120 grammes.
Écorce de saule pulvérisée. .	80 grammes.
Tan	80 grammes.
Houblon pulvérisé	40 grammes.
Camomille id.	40 grammes.
Noix vomique rapée. . . .	20 grammes.

Dose : 50 à 60 grammes dans du miel ou de la mélasse.

Poudre contre la cachexie des ruminants.

Sel marin	100 grammes.
Sulfate de soude	100 grammes.
Sulfate de fer	100 grammes.

Dose : 32 grammes pour le bœuf et 4 grammes pour le mouton — à donner dans les boissons.

Poudre purgative laxative à donner une fois chaque mois aux chevaux qui travaillent beaucoup et qui sont abondamment nourris.

Sulfate de soude	100 grammes.
Sulfate de magnésie. . . .	100 grammes.
Crème de tartre soluble. . .	50 grammes.

Mêlez. En une dose, en breuvage.

Poudre fébrifuge et diurétique.

Emétique	10 grammes.
Sel de nitre	40 grammes.
Sulfate de soude.	100 grammes.

Mêlez. A donner en deux doses dans les boissons.

Breuvage contre les coliques avec météorisation.

Camphre pulvérisé . . . . .   4 grammes.
Ether sulfurique. . . . . . 30 grammes.
Huile d'olive . . . . . . 100 grammes.

A donner en deux fois dans un litre d'eau de graine de lin.

Autre breuvage contre les coliques du cheval.

Ether . . . . 15 grammes.
Camphre. . . . . 10 grammes.
Assa-fœtida. . . . . . . 15 grammes.

Dissolvez le camphre et l'assa-fœtida dans l'éther, ajoutez 1/2 litre d'eau et administrez.

Breuvage contre les indigestions chroniques accompagnées de météorisation chez les ruminants.

Sulfate de soude . . . . . 300 grammes.
Aloès . . . . 40 grammes.
Ammoniaque. . . . . . . 20 grammes.
Eau . . . .   2 litres.

Dissolvez le sulfate dans un litre d'eau, l'aloès dans l'autre litre, mélangez les solutions, ajoutez l'ammoniaque et donnez-en deux doses à trois heures d'intervalle.

Liqueur de Villatte employée avec succès dans les cas de fistules, d'ulcères, de caries, etc.

Sulfate de cuivre. . . . . . 64 grammes.
Sulfate de zinc . . . . . . 64 grammes.
Extrait de saturne . . . . 125 grammes.
Vinaigre . . . .   1 litre.

Dissolvez les sulfates dans le vinaigre et ajoutez l'extrait de saturne. — Agitez avant de vous en servir.

Solution contre les eaux aux jambes, les crevasses.

Sulfate de zinc	60 grammes.
Sulfate de cuivre	60 grammes.
Acétate de cuivre	60 grammes.
Eau	500 grammes.

Dissolvez à froid.

Solution contre les démangeaisons.

Sublimé corrosif.	1 gramme.
Camphre	2 grammes.
Alcool	150 grammes.
Eau.	un demi-litre.

Dissolvez le sublimé dans l'eau, le camphre dans l'alcool
et mélangez les deux solutions.

**Collyre sec contre les ophthalmies chroniques
et les tâches de la cornée.**

Sel ammoniacal	5 grammes.
Alun calciné	5 grammes.
Sucre.	12 grammes.

Pulvérisez et mélangez intimement. Insufflez gros
comme un petit pois de cette poudre, chaque jour, dans
l'œil malade

Collyre liquide contre les tâches de la cornée.

Savon blanc	5 grammes.
Blanc d'œuf	Un.
Eau-de-vie	16 grammes.
Eau.	16 grammes.

Dissolvez le blanc d'œuf dans l'eau, le savon dans l'eau-
de-vie et mélangez.

**Collyre contre les inflammations
douloureuses des yeux.**

Extrait de belladone. . . .	20 grammes.
Eau . . . :	225 grammes.

Dissolvez et filtrez.

Fumigation contre les inflammations
des voies respiratoires.

Feuilles de mauve . . . . 4 poignées.
Son . . . . 4 poignées.
Eau . . . . 6 litres.

Faites bouillir, mettez dans un seau et placez sous le nez des malades.

Autre fumigation contre les inflammations aiguës
des organes respiratoires.

Têtes de pavots . . . . . hnit.
Morelle noire . . . . . . 2 poignées.
Jusquiame . . . . 2 poignées.
Belladone . . . . 2 poignées.
Eau . . . . 5 litres.

Faites bouillir et placez le vase qui contient la décoction sous le nez des animaux.

Liniment révulsif employé avec avantage contre les
écarts, foulures, lumbago, maladies des
articulations, etc.

Teinture de cantharides . . 500 grammes.
Essence de lavande. . . . 60 grammes.
Acide chlorhydrique. . . . 5 grammes.

Mêlez et agitez Une friction chaque jour pendant 3 jours sur la région malade en ayant soin de laver le lendemain de chaque friction.

Cataplasme astringent contre la fourbure
et les diverses contusions.

Suie de cheminée . . . . ⎫
Argile. . . . . ⎬ parties égales.
Vinaigre, quantité suffisante pour délayer la
  suie et l'argile.

Liniment ammoniacal camphré employé pour combattre
les douleurs rhumatismales
et les engorgements articulaires récents

Huile camphrée . . . . . ⎫
Ammoniaque liquide . . . ⎬ parties égales.

Mélangez.

Liniment contre les crevasses

Huile de lin. . . . . 30 grammes.
Alcool . . . . 30 grammes.

Battez les liquides jusqu'à mélange parfait et appliquez de suite.

Savon contre la gale.

Savon vert. . . . . 100 grammes.
Suie de cheminée . . . . 100 grammes.
Essence de térébenthine . . 100 grammes.

Savon contre les dartres.

Savon vert. . . . . 100 grammes.
Goudron . . . . 100 grammes.

Pommade contre la gale rebelle du cheval.

Soufre en poudre. . . . . 64 grammes.
Sulfure d'antimoine. . . . 32 grammes.
Euphorbe pulvérisée. . . . 8 grammes.
Poudre de cantharides . . . 8 grammes.
Axonge. . . . . 500 grammes.

Incorporez

Pommade contre les dartres du cheval et du bœuf.

Pommade mercurielle. . . 15 grammes.
Onguent vésicatoire . . . 15 grammes.
Pommade soufrée . . . . 30 grammes.

Incorporez.

Pommade contre les crevasses rebelles du genou et du jarret.

Camphre. . . . . 4 grammes.
Acétate de plomb . . . . . 2 grammes.
Pommade mercurielle . . . 32 grammes.

Incorporez.

Pommade contre l'engorgement des mamelles.

Sel ammoniacal.	2 grammes.
Camphre	3 grammes.
Axonge	32 grammes.

Mêler exactement.

Pommade contre l'induration des mamelles.

Pommade camphrée. . . .	8 grammes.
Pommade mercurielle . . .	16 grammes.
Pommade d'iodure de potassium	4 grammes.

Bien mélanger

**Pommade pour frictionner le dessous du ventre
dans les cas de coliques violentes.**

Cantharides pulvérisées. . .	16 grammes.
Emétique	12 grammes.
Essence de térébenthine . .	16 grammes.
Axonge	64 grammes.

Faites une pommade.

**Onguent vésicatoire employé comme dérivatif
de toutes les maladies internes.**

Cire.	600 grammes.
Poix noire.	200 grammes.
Poix résine	200 grammes.
Huile grasse	1300 grammes.
Cantharides pulvérisées . . .	800 grammes.

Faites fondre la cire, les poix, ajoutez l'huile et les cantharides, bien mélanger.

Onguent de pied.

Axonge.	600 grammes.
Goudron de bois.	100 grammes.
Miel.	100 grammes.
Cire jaune.	100 grammes.

Faites fondre la cire et l'axonge, retirez du feu et ajoutez par petites portions le goudron et le miel.

**Onguent contre les démangeaisons de l'encolure
et de la queue.**

Goudron.	16 grammes.
Essence de térébenthine. .	8 grammes.
Calomel.	8 grammes.
Axonge	50 grammes.

Faites un onguent en mélangeant le goudron à l'axonge
et à l'essence de térébenthine ; incorporez ensuite le calomel.

Chloral. — Médicament obtenu en faisant agir le chlore sur l'alcool dans certaines conditions. Son prix élevé fait qu'il est rarement employé dans la médecine des animaux. Cependant il est quelquefois prescrit sous forme de lavements, à la dose de 50 grammes, comme calment du système nerveux dans le tétanos.

Chloroforme. — Liquide d'aspect huileux, obtenu en traitant l'alcool par l'hypo-chlorite de chaux. Très employé dans la médecine opératoire de l'homme pour endormir les sujets à opérer, il est presque délaissé dans la médecine des animaux. Il serait très indiqué en inhalations contre le tétanos si l'éther n'avait pas sur lui l'avantage d'être bon marché.

Cœcum. — Première portion du gros intestin se prolongeant intérieurement en cul-de-sac.

Collier à chapelet. — Appareil formé de bâtons écartés les uns des autres de 10 centimètres environ et reliés à chaque extrémité par une ficelle. Il sert à entourer l'encolure des chevaux ou des poulains qui ont subi l'opération de la hernie ombilicale ou auxquels on a fait des frictions révulsives sur les membres. Ce collier immobilise la tête et empêche l'animal dese mordre les parties douloureuses.

Collyre. — Médicament destiné à être appliqué sur l'œil ou sur la conjonctive. (Voyez formulaire).

Couronné (Cheval). — Blessure consécutive à une chute sur la face antérieure du genou ; elle laisse des traces plus ou moins marquées suivant que la peau a été entamée plus ou moins profondément.

Le premier moyen auquel on a recours est le lavage de la plaie avec de l'eau phéniquée 1 °/₀ ou du cognac salé. Un très bon remède pour activer la sécrétion des follicules pileux est d'appliquer sur la partie contusionnée une couche d'onguent vésicatoire.

Lorsqu'il y a plaie suppurante on emploie l'onguent égyptiac ou l'onguent digestif ; s'il y a écoulement synovial, on traite comme il est indiqué à l'article : *plaies articulaires* voir page 183. Une spécialité qui rend de précieux services est le *régénérateur Tricart* que l'on emploie en lotions et en compresses.

Crapaudine (Mal d'âne). — Affection qui a son siège à la région antérieure de la couronne et qui est caractérisée par la formation de crevasses qui rendent la corne rugueuse et la font ressembler à l'écorce d'un vieil arbre.

Pour permettre aux animaux de travailler il est urgent d'amincir à la rainette la corne crevassée, et d'appliquer à sa surface une couche d'onguent de pied au goudron. On recommence l'opération toutes les fois qu'elle est jugée nécessaire, car il est extrêmement rare que cette maladie guérisse radicalement.

Créoline ou crésyl. — Antiseptique dérivant de la créosote de houille. Il a l'avantage de s'émulsionner entièrement dans l'eau, d'être peu irritant et peu cher. Il est recommandé en médecine vétérinaire comme désinfectant des plaies en solution 1 °/₀.

Cyanose. — Teinte bleuâtre que présentent les muqueuses, lors de troubles de l'appareil respiratoire ou de l'appareil circulatoire.

Débrider. — Synonyme de élargir, agrandir.

Décubitus. — Mot qui sert à exprimer l'attitude du corps de l'animal couché ; ainsi on dit qu'un cheval est en *décubitus latéral* lorsqu'il est couché sur le côté, *décubitus ventral*, s'il est sur le ventre, *décubitus dorsal* s'il est sur le dos, etc...

Dépilation. — Chute des poils occasionnée par les différentes affections de la peau, ou les applications à sa surface, de médicaments irritants tels que : feu liquide, onguent vésicatoire, sinapismes répétés, etc...

Dérivatif. — Se dit de médicaments ou d'opérations employés dans les vues d'attirer sur un organe peu important, (la peau par exemple) une maladie interne qui compromet l'existence du sujet. Les saignées, les vésicatoires, les sinapismes, les purgatifs, les sétons sont des dérivatifs.

Diète. — Régime qui consiste dans la suppression totale ou partielle des aliments. Elle doit être observée rigoureusement dans toutes les maladies inflammatoires et en particulier dans celle de l'appareil digestif.

Douche. — La douche consiste en un jet d'eau lancé avec plus ou moins de force sur une région déterminée. Quand la colonne liquide est entière, la douche est dite *en colonne*, elle est dite *en pluie* si elle est divisée.

Elle peut se donner avec une seringue ou avec un petit instrument, espèce de pompe foulante dont l'extrémité inférieure repose dans un seau ou un vase plein d'eau. Les maladies qui réclament l'emploi des douches sont : les ecchymoses, les capelets, les éponges, les exostoses récentes, les luxations, les entorses, les distensions articulaires, les molettes, les vessigons, les écarts, etc.

Dyspnée. — Terme par lequel on désigne la difficulté de respirer.

Dysphagie. — Difficulté d'avaler.

Eau blanche. — Liquide astringent obtenu en mélangeant une cuillerée à bouche d'extrait de saturne dans un litre d'eau de pluie ou de rivière (pour les usages, voyez médicament).

Electuaire. — Préparation pharmaceutique dans laquelle entre le miel ou la mélasse avec un principe actif pour base. Exemple :

ELECTUAIRE ANTI-BRONCHIQUE.

Kermès minéral. . .	20 grammes
Poudre de belladone .	10 grammes
Poudre de réglisse. .	quantité suffisante
Miel commun . . .	600 grammes

Bien mélanger le tout. A donner en deux fois dans les 24 heures.

Embrocation. — Action d'enduire ou d'arroser en frictionnant légèrement, une partie du corps avec une pommade ou un agent liquide.

Emplâtre. — Sorte d'onguent adhérant aux parties sur lesquelles on les place. Il est souvent utile pour réunir les plaies. (Emplâtre agglutinatif).

Emphysème. — Tumeur crépitante due à l'introduction de l'air dans le tissu cellulaire. L'emphysème pulmonaire a pour cause la dilatation ou la rupture des vésicules pulmonaires.

Emphysémateux. — Qui a rapport à l'emphysème.

Enzootique. — Synonyme d'endémique. — Se dit de certaines maladies qui règnent constamment dans une contrée sur une espèce animale. Exemple : le charbon est enzootique dans les montagnes d'Auvergne.

Epizootie. — Maladie qui attaque un grand nombre d'animaux à la fois, elle est toujours due à la contagion.

Ergotine. — Principe actif de l'ergot de seigle. Se donne en granules ou en injections sous-cutanées dans les cas d'hémorrhagies passives, surtout dans celles de la matrice et des reins.

Exsudat. — Nom donné aux produits épanchés résultant de certaines inflammations. Ils se forment surtout lorsque les parois des vaisseaux capillaires ont été modifiées, de manière à laisser filtrer une partie des principes du sang. L'épanchement qui se produit dans la poitrine, lors de la pleurésie ; dans l'abdomen, lors de la péritonite, est un exsudat.

Exutoire. — Suppuration entretenue volontairement comme dérivatif d'une maladie. Les sétons, les vésicatoires répétés sont des exutoires.

Farcin. — Nom donné autrefois à une affection reconnue aujourd'hui pour être de même essence que la morve.

Fer porphyrisé. — Fer réduit en poudre.

Feu. — Expression par laquelle on désigne la cautérisation à l'aide de fer rouge.

Feu liquide ou liniment irritant. — Préparation liquide s'appliquant en frictions sur la peau ; elle est recommandée contre les paralysies, les boiteries et les diverses maladies des articulations.

Formule de feu anglais.

Essence de lavande.	625	grammes
Huile d'olive.	315	»
Poudre de cantharide.	30	»
Poudre d'euphorbe.	30	»

Faites digérer les poudres dans l'huile tiède et ajoutez l'essence.

Fouille rectale. — C'est l'exploration des organes du bassin et des environs avec la main introduite dans le rectum.

Friction sinapisée. — Action de frotter une partie du corps avec de la farine de moutarde délayée dans l'eau tiède. Les frictions se font généralement avec la main nue ou avec un linge de flanelle. Elles sont indiquées au début de toutes les maladies internes.

Fumigation. — C'est l'opération qui consiste à diriger des vapeurs sur la peau ou dans les organes respiratoires comme dans le cas de coryza, d'angine, de bronchite, etc.

Ganache. — Partie de l'extérieur du cheval, représentée par les branches de l'os maxillaire inférieur.

Glycérine phéniquée. — Produit obtenu en mélangeant la glycérine avec l'acide phénique dans certaines proportions. Elle est dite à 5 p. °/₀ quand il entre 5 parties d'acide pour 100 de glycérine.

Hygroma. — Hydropisie des bourses muqueuses déterminée par un frottement réitéré. Il siège au genou, en avant du boulet, sur la nuque, etc.. (Voir aux maladies).

Hypocondre. — Partie latérale et supérieure du ventre qui longe les fausses côtes.

Induré. — Se dit de certains tissus qui deviennent durs par suite d'inflammation.

Injection. — Action d'introduire un produit liquide dans une cavité du corps ou dans un trajet fistuleux. Les injections se font à l'aide d'une seringue proportionnée à la quantité du liquide à injecter.

Inviagination. — Rentrée de l'intestin en lui-même ; cette rentrées s'effectue à la manière d'un bonnet de nuit. (Voir colique du cheval).

Irrigation. — L'irrigation consiste à arroser une partie du corps avec de l'eau fraîche. Elle se pratique à l'aide de divers appareils. Le plus simple se compose d'un tonneau muni à sa partie inférieure d'un robinet, auquel s'adapte un tube de caoutchouc, qui conduit directement l'eau sur la région à irriguer.

Ivraie. — Plante de la famille des graminées. Elle pousse dans le froment, le seigle, l'orge et peut produire l'empoisonnement si elle est prise en grande quantité par les animaux.

Kératogène. — Tissu qui secrète la corne du pied.

Kermès. — Composé d'antimoine, employé comme expectorant dans les affections des bronches et du poumon.

Laudanum. — Préparation calmante composée d'opium, de miel, de levure et d'eau. (Voir opium aux médicaments).

Liniment ammoniacal camphré. — Préparation obtenue en mélangeant par parties égales de l'huile camphrée avec de l'ammoniaque liquide.

Employée avec succès pour combattre les paralysies et les douleurs rhumatismales.

Mâches. — Voir page 29.

Manne. — Purgatif léger employé chez les petits animaux. Ce produit est retiré de certaines espèces de frênes qui croissent en Calabre et en Sicile.

Méconium. — Matières excrémentielles qui s'accumulent dans les intestins du fœtus pendant la gestation. — Le méconium est rendu dans les premiers jours de la naissance.

Moucheture. — Etroite incision pratiquée avec le bistouri pour donner écoulement à de la sérosité amassée sous la peau de certaines régions Les mouchetures sont aussi indiquées pour dégager les parties congestionnées.

Mucoso-purulent. — Sécrétion provenant de la surface des membranes muqueuses et ayant acquis la couleur du pus.

Muqueuse. — Mince membrane qui recouvre la face interne de certains organes. Muqueuse de la bouche, de l'estomac, de l'intestin, des yeux, etc.

Nielle. — Plante nuisible qui croît dans les blés.

Nitrate d'argent. — Produit caustique très soluble dans l'eau. Lorsqu'il est monté en petit cylindre, il prend le nom de *pierre infernale*. Ses applications externes sont nombreuses, on s'en sert surtout contre les plaies, les ulcères, les fistules et les maladies de l'œil.

Nitrate de pilocarpine. — Sel obtenu par l'action de l'acide nitrique sur la pilocarpine, principe actif du jaborandi. Employé en injections sous-cutanées, il excite toutes les secrétions et en particulier, celle des glandes salivaires. Il est recommandé pour ramollir les excréments dans les cas de coliques intestinales ; on l'associe volontiers au sulfate d'éserine dans la proportion de cinq centigrammes de chaque pour une injection. Le nitrate de pilocarpine favorise aussi la sueur dans les cas de refroidissements brusques.

Œdème. — Gonflement siégeant aux parties décisives ; il est formé de sérosité infiltrée dans le tissu cellulaire.

Onguent de laurier. — Préparé avec les feuilles et les baies de laurier dans les proportions suivantes :

Feuilles fraîches de laurier. . .	1 partie.
Baies de laurier	1 partie.
Axonge	2 parties.

Il est employé comme calmant et pour faire mûrir les abcès.

Onguent populeum. — Employé contre les engorgements laiteux des mamelles, contre les crevasses, et pour la formation des abcès ; il est préparé de la manière suivante :

Bourgeons de peuplier.	60 grammes.
Axonge.	480 grammes.
Feuilles fraîches de pavot, de jusquiame, de belladone, de morelle, de jourbarbe	15 gr. de chaque.

Onguent de Méré. — Spécialité inventée par Méré de Chantilly. Cet onguent fondant renferme, dit-on, du biodure de mercure et de la cantharidine.

Onguent Egyptiac. — Voyez médicaments.

Onguent de pied. — Voyez formulaire.

Onguent vésicatoire. — Voyez formulaire.

Onguent scillitique. — Produit préparé avec le vinaigre scillitique et le miel. (Voyez scille).

Papier de tournesol. — Papier imprégné de matière colorante. d'un beau violet, qui sert à déceler l'acidité des liquides. Si on le plonge dans l'urine acide, il prend la couleur rouge, si on le trempe ensuite dans l'urine alcaline, il reprend sa couleur bleue primitive.

Pétéchies. — Petites tâches rouges siégeant à la peau et aux muqueuses apparentes. Elles résultent d'une hémorrhagie capillaire et se montrent surtout dans le cours de maladies par altération du sang (fièvre typhoïde, anasarque, etc..).

Pétrole. — Liquide qui découle des fentes des pierres. A l'extérieur, il est employé en frictions sur la peau dans les cas de gale ; on s'en trouve également bien pour combattre les boiteries rhumatismales et celles dont le siège est inconnu. Deux ou trois frictions de tout le membre malade suffisent.

Phlegmoneux. — Qui est de la nature de l'abcès.

Phosphate. — Nom donné aux sels résultant de l'action de l'acide phosphorique sur des bases telles que la chaux, la soude, etc...

Pléthore. — Surabondance de sang ; la pléthore prédispose aux congestions.

Plumasseau. — Etoupe préparée pour le pansement des plaies.

Prodrome. — Signe avant-coureur d'une maladie.

Prurit. — Sensation qui porte les animaux à se frotter. Synonyme de chatouillement, de démangeaison.

Rectum. — Dernière portion de l'intestin.

Sibilant. — Se dit du bruit plus ou moins aigu qui accompagne le murmure respiratoire dans les maladies des poumons et des bronches.

Sinapisme. — Cataplasme composé de farine de moutarde et d'eau tiède, souvent employé pour obtenir une révulsion dans les cas de maladies internes.

Solipèdes. — Animaux n'ayant qu'un sabot à chaque pied ; cheval, âne, etc...

Sous-cutané. — Sous la peau.

Suie. — Poussière noire que la fumée dépose dans la cheminée. Employée en médecine comme astringent.

Sulfate d'ésérine. — Produit obtenu en faisant agir l'acide sulfurique sur le principe actif de la fève de Calabar. Employé avec succès pour animer les contractions péristalliques de l'intestin dans les cas de coliques.

Suture. — Réunion des bords d'une plaie pour en obtenir la cicatrisation ; elle se fait au moyen d'une aiguille et du fil, ou à l'aide d'épingles implantées de distance en distance dans les lèvres de la plaie. (Voyez déchirure des paupières).

Synovie. — Liquide visqueux, filant, secrété par les membranes qui tapissent les cavités articulaires.

Thoracenthèse. — Ponction de la poitrine avec le trocart pour donner issue au liquide épanché dans le cas de pleurésie.

Trépanation. — Opération qui consiste à percer les os de la tête avec un vilebrequin pour donner écoulement au pus qui se trouve amassé dans les sinus frontaux ou pour extraire le cœnure du crâne.

Trocart. — Instrument composé d'une tige de fer cylindrique, terminée par une pointe triangulaire et munie d'un manche à l'autre bout. Une canule en maillechort recouvre exactement la tige et laisse la pointe à découvert.

Pour pratiquer une ponction, on fait pénétrer la pointe de l'intrument dans la cavité à ouvrir, on la retire ensuite en laissant la canule dans la plaie.

Vertèbres coccygiennes. — Nom donné aux derniers os qui composent la colonne vertébrale, c'est-à-dire les os de la queue.

Vinaigre. — Produit résultant de la fermentation du vin. Il est souvent employé en frictions révulsives sur les membres ; il sert aussi à confectionner des cataplasmes astringents avec la suie ou la terre glaise (argile).

Volvulus. — Torsion de l'intestin occasionnant des coliques violentes auxquelles on a donné le nom vulgaire de *miserere*.

TABLE DES MATIÈRES [1]

---

(1) **Avis.** — Pour faciliter les recherches, nous informons le lecteur que l e premier numéro indiqué dans la table, après le nom, est celui de l'objet même. Ceux qui suivent sont des articles dans le livre où l'on reparle de ces objets.

Du Cheval.

Du Bœuf.

Du Mouton. — De la Chèvre.

Du Porc.

Du Chien.

Du Chat.

Du Lapin.

Maladies des Oiseaux de basse-cour.

— 725 —

Des plantes médicinales.

Des noms vulgaires des plantes médicinales.

De la Jurisprudence vétérinaire.

Produits pharmaceutiques et leur emploi.

Formules et Recettes.

TABLE DES GRAVURES COLORIÉES

Animaux.

TABLE DES GRAVURES NOIRES

Arras. — Imp. et Lith. Théry et Plouvier, rue Saint-Maurice, 76.